SQL查询的艺术

张权 郭天娇 著

人民邮电出版社
北京

图书在版编目（CIP）数据

SQL查询的艺术 / 张权，郭天娇著. -- 北京 : 人民邮电出版社，2014.1
ISBN 978-7-115-33340-7

Ⅰ. ①S… Ⅱ. ①张… ②郭… Ⅲ. ①SQL语言 Ⅳ. ①TP311.132

中国版本图书馆CIP数据核字(2013)第241867号

内 容 提 要

SQL 是一种数据库查询和程序设计语言，用于存取数据以及查询、更新和管理关系数据库系统。SQL 是数据库领域的一种标准语言。任何需要从事数据库相关工作的程序员，都必须学习和掌握 SQL。

本书全面地介绍了数据库的基础知识和 SQL 查询的技巧，通过丰富的实例，帮助读者掌握常见的 SQL 应用。全书共分 19 章，按照数据定义、数据查询、数据操纵、数据控制、事务控制和程序化 SQL 的顺序，详细地讲解 SQL 编程的基础知识。全书共包括大小实例近 300 个，突出了实例教学、学用结合的特点。

本书适合于学习 SQL 编程的读者阅读，尤其适合于 SQL 初学者阅读；本书对数据库架构师、数据库管理员也有一定的参考价值。

◆ 著　　张 权　郭天娇
责任编辑　陈冀康
责任印制　程彦红　焦志炜

◆ 人民邮电出版社出版发行　北京市丰台区成寿寺路 11 号
邮编 100164　电子邮件 315@ptpress.com.cn
网址 http://www.ptpress.com.cn
固安县铭成印刷有限公司印刷

◆ 开本：800×1000 1/16
印张：32　　2014 年 1 月第 1 版
字数：611 千字　　2024 年 7 月河北第 14 次印刷

定价：59.00 元

读者服务热线：(010)81055410　印装质量热线：(010)81055316
反盗版热线：(010)81055315

前 言

关系数据库已经成为数据库系统的主流。目前广泛使用的数据库软件都是基于关系模型的。SQL 的全称是 Structured Query Language（结构化查询语言），是关系数据库中最常用的语言。SQL 不仅可以用来管理数据库中的数据，还可以用来管理关系数据库本身。读者可以通过交互式客户端应用程序利用 SQL 直接访问 SQL 数据库。本书从 SQL 基本知识开始，结合流行的数据库软件（SQL Server 和 Oracle），讲述了数据操作与系统管理的方方面面。

本书特点

■ 内容全面、结构清晰、查询方便

本书依照 SQL 语句要素，按照数据定义、数据查询、数据操纵、数据控制、事务控制和程序化 SQL 的顺序讲解 SQL 语言，内容全面。

本书中，大多数 SQL 语句都是采用“语法、说明、实例、实例代码、运行结果”的顺序结构来阐述的，方便读者学习和速查。

■ 实例丰富、紧密结合实际应用

本书共包括大小实例 321 个，可以让读者在学习 SQL 语言原理的同时掌握其用法。

本书还兼顾了 SQL 语句在各数据库产品中的实现。对于 SQL Server 和 Oracle 中差别不大的语句，本书在实例部分只介绍其在 SQL Server 中的实现过程；而对于 SQL Server 和 Oracle 中差别比较大的语句，本书在实例部分分别介绍其在 SQL Server 和 Oracle 中的实现。

本书内容

第 1 章是本书的开篇，主要介绍了关系数据库和关系模型，这些是 SQL 的基础。本章还从整体上介绍了 SQL 以及 SQL 环境的组成。

第 2 章是本书的预备知识，简单介绍了常用的关系数据库系统 SQL Server 的基本情况，

以及它支持的 SQL 扩展语言 Transact-SQL 的基本概念和主要内容，为后面介绍 SQL 的具体应用打下了基础。

第 3 章主要介绍了 SQL 中常用的数据类型以及 SQL 中表的定义语句，其中讲解了使用 CREATE TABLE 语句创建表，使用 ALTER TABLE 语句修改表（包括增加列、删除列和修改列），以及使用 DROP TABLE 语句删除表。

第 4 章介绍了索引、视图的基本概念，在 SQL 中创建、销毁索引和视图的语法及实现实例，并且给出了它们的使用原则。

第 5 章介绍了 SQL 查询语句（SELECT 语句）的基本语法结构和执行步骤，主要介绍了一些常用的简单查询，包括列的查询、使用 ORDER BY 子句对查询结果排序，同时介绍了使用条件字句 WHERE 为查询设置简单搜索条件。

第 6 章介绍了在 WHERE 子句中经常使用的复杂的条件查询，包括组合查询条件、IN 运算符、NOT 运算符，以及使用 LIKE 运算符和通配符进行模糊查询等。

第 7 章介绍了在 SQL 数据查询时，如何通过连接符、数学运算以及函数等在查询过程中对数据进行一些处理，并且将处理后的结果提供给用户。

第 8 章介绍了在 SQL 中如何运用聚合函数对数据进行聚合分析。在使用聚合函数时，本章还介绍了使用 GROUP BY 子句进行分组聚合分析以及使用 HAVING 子句对分组信息进行进一步筛选。

第 9 章从基本的连接入手，介绍了表的自连接、自然连接、内连接和外连接，其中内连接介绍了等值连接和不等值连接两种基本形式；外连接介绍了左外连接、右外连接和全外连接。

第 10 章讲解了子查询，包括创建和使用返回单值的子查询、返回多行的子查询、相关子查询和嵌套子查询等内容。

第 11 章介绍了使用 INSERT 语句向表中插入数据，详细介绍了单行记录、多行记录的插入以及表中数据的复制操作，还介绍了数据库中经常用到的数据的导入/导出操作。

第 12 章介绍了使用 UPDATE 语句更新表中的数据和使用 DELETE 语句删除表中的数据，分别介绍了更新和删除表中的一行、多行以及所有行数据的操作。

第 13 章介绍了 SQL 对数据库的安全性控制功能；在介绍 SQL 安全模式的基础上，详细介绍了 SQL 中的角色管理与权限管理；最后，对 SQL Server 和 Oracle 中的安全管理进行了详细的论述。

第 14 章介绍了与表有关的约束：NOT NULL 约束、UNIQUE 约束、PRIMARY KEY 约束、FOREIGN KEY 约束和 CHECK 约束、域约束以及断言，最后对 SQL Server 提供的规则对象与缺省值对象作了详细介绍。

第 15 章介绍了 SQL 中的存储过程与函数。本章主要以 SQL Server 数据库为例，结合实例讲解了存储过程和函数的开发调用过程，最后对 Oracle 的存储过程与函数开发作了简单的介绍。

第 16 章介绍了 SQL 中触发器的有关概念和操作。

第 17 章介绍了 SQL 中通过游标提取和维护数据的方法，然后详细介绍了在 SQL Server 和 Oracle 中，游标的扩展应用实例。

第 18 章介绍了事务的概念、事务控制的实现以及多用户访问数据库的并发控制，然后介绍了在 SQL Server 和 Oracle 中并发控制的具体实现。

第 19 章介绍了嵌入式 SQL 的基本概念及其应用，然后通过具体的实例详细阐述了在 C 语言中嵌入 SQL 语句访问 SQL Server 和 Oracle 的过程。

本书具有知识全面、讲解细腻、指导性强等特点，力求以全面的知识及丰富的实例指导读者掌握 SQL 编程的基础知识。

作者简介

本书由张权和郭天娇编写，其中，张权编写了本书第 1～10 章，郭天娇编写了第 11～19 章。

张权，现为天津红翔吉瑞网络科技有限公司 CEO，硅谷访问学者，国内顶级数据库专家，主研移动终端与大数据交互；拥有多家上市公司移动终端解决方案实施经验，曾为国内外多家知名互联网企业提供移动终端技术咨询服务。

郭天娇，现就职于吉林工程技术师范学院，长期从事计算机科学与技术及软件工程专业的教学与科研工作。

本书主要读者对象

本书结构清晰、讲解精炼，并辅以了大量实例，便于新手理解和学习 SQL，另外本书也可以作为数据库开发人员的参考手册，适合 PHP、Java、.NET 等各类程序员使用。

目　录

第1章 数据库与SQL基础

目前应用最广泛的数据库系统是关系数据库系统，如 SQL Server、Oracle、DB2 等。关系数据库系统是通过 SQL 对数据库进行查询和更新的。本章主要介绍一些有关数据库和 SQL 的基础知识，为后面章节的学习打下基础。

1.1 数据库的基本概念

“数据库”一词起源于 20 世纪 50 年代，当时美国为了战争的需要，把各种情报收集在一起，存储在计算机里，称为 Data Base（简称为 DB）。

数据库的出现，使得计算机应用渗透到各个领域及各行各业，事务处理系统、管理信息系统、办公自动化系统、决策支持系统等都是使用了数据库技术的计算机应用系统。可以这样说，数据库系统是计算机信息系统的基础和主要组成部分。

1.1.1 数据库的由来

数据库主要用于数据处理。数据处理是对各种形式的数据进行收集、存储、加工和传播的一系列活动的集合。在使用计算机之后，数据处理速度及规模都有了巨大提高。随着数据处理量的不断增加，数据管理技术应运而生，其演变过程随着计算机硬件和软件的发展，大体经历了以下 3 个阶段。

1．人工管理阶段

20 世纪 50 年代中期之前，计算机的软硬件均不完善。由于这个阶段还没有软件系统对数据进行管理，程序员在程序中不仅要规定数据的逻辑结构，还要设计其物理结构，包括存储结构、存取方法、输入/输出方式等。当数据的物理组织或存储设备改变时，用户程序就必须重新编写。不同的计算机程序之间不能共享数据，导致不同的应用之间存在大量的重复数据，很难保证应用程序之间数据的一致性。人工管理阶段程序与数据的关系如图 1-1 所示。

2．文件系统阶段

20 世纪 50 年代中期至 60 年代中期，操作系统的出现标志着数据管理进入了一个新阶段。数据以文件为单位，与计算机程序脱离，由操作系统统一管理。用户的程序与数据可分别存放在外存储器上，各个应用程序可以共享一组数据，实现了以文件为单位的共享。

但是，因为数据的组织仍然是面向程序的，所以存在大量的数据冗余，并且数据的逻辑结构不能方便地修改和扩充；同时，文件之间是相互孤立的，不能反映现实世界中事务之间的联系。文件系统阶段程序与数据的关系如图 1-2 所示。

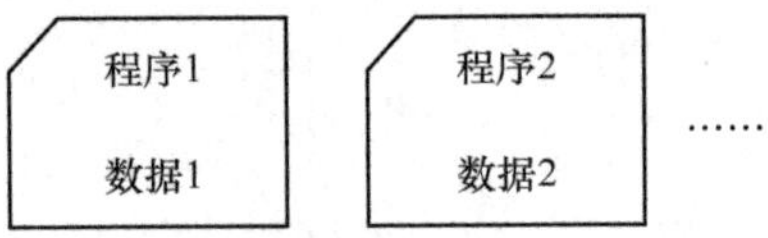

图 1-1　人工管理阶段程序与数据的关系

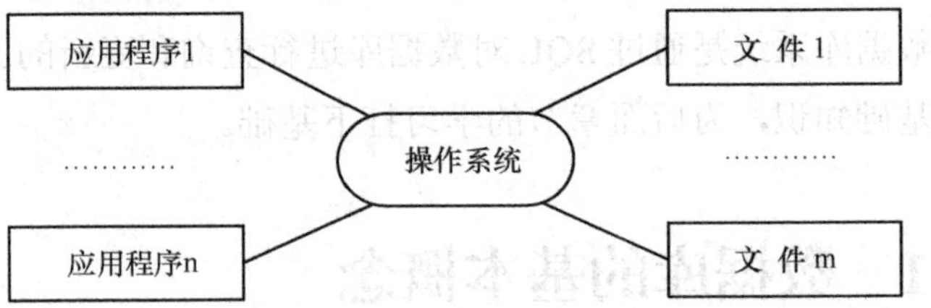

图 1-2　文件系统阶段程序与数据的关系

3．数据库系统阶段

20 世纪 60 年代以后，随着计算机在数据管理领域的普遍应用，用户对数据管理技术提出了更高的要求，包括希望减少数据的冗余，提供更高的共享能力；要求程序和数据具有较高的独立性，当数据的逻辑结构改变时，不涉及数据的物理结构，也不影响应用程序，以降低应用程序研制与维护费用。数据库技术正是在这样一个需求的基础上发展起来的，它具有如下特点。

- 以数据为中心，通过组织数据形成综合性的数据库，为各应用共享。
- 数据冗余小，易修改、易扩充。不同的应用程序根据自己的需求，从数据库中获取需要的数据，减少了数据的重复存储，同时也便于增加新的数据结构。
- 采用一定的数据模型。数据模型不仅描述数据本身的特点，而且描述了数据之间的联系。
- 程序和数据具有较高的独立性。数据库系统通过映像使数据的物理结构独立于全局逻辑结构，也使全局逻辑结构独立于应用程序。
- 具有良好的用户接口，用户可以方便地开发和使用数据库。
- 对数据进行统一管理和控制，保证了数据的安全性、完整性。

在数据库系统阶段，程序与数据的关系如图 1-3 所示。

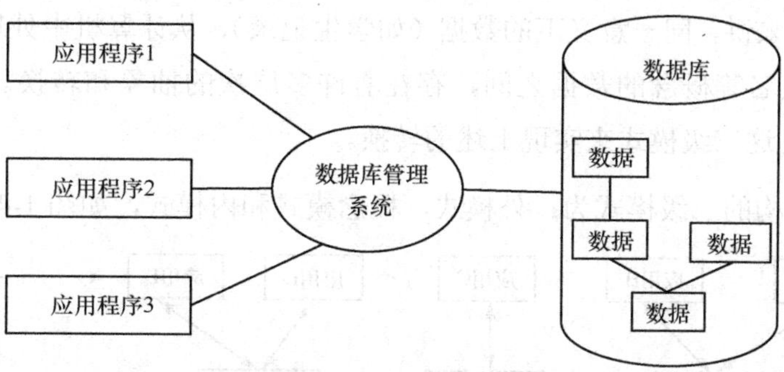

图 1-3　数据库系统阶段程序与数据的关系

1.1.2　数据库系统的概念

实际上，数据库只不过是一些信息的聚集。通常意义下，“数据库”这个术语是指由数据库管理系统（DataBase Management System，简称 DBMS）管理的数据集。一个数据库系统应该具有以下 4 种特性。

（1）允许使用数据定义语言（Data Definition Language），建立新的数据库，指定它们的模式（schema）。

（2）能够查询数据和更新数据，所使用的语言通常称为“查询语言”或“数据操作语言”。

（3）支持存储大量的数据，并且经过很长一段时间以后仍保证安全，使其免遭意外或非授权的使用，同时允许对数据库查询和更新的有效访问。

（4）控制多用户的同时访问，使一个用户的访问不影响其他用户，保证同时访问不会损坏数据。

1.2　数据库系统的结构、组成及工作流程

前面我们介绍了数据库系统的基本概念，本节将介绍数据库系统的体系结构、数据库系统的组成以及工作流程。

1.2.1　数据库的体系结构

数据库体系结构是数据库的一个总的框架。尽管实际的数据库系统软件产品多种多样、支持不同的数据模型、使用不同的数据库语言、建立在不同的操作系统之上，但绝大多数数据库系统在总的体系结构上，都具有三级模式的结构特性。

从另一个角度来讲，同一意义下的数据（如学生记录），从计算机中处理的二进制表示到用户处理的学生姓名等概念的数据之间，存在着许多层次的抽象和转换。数据库管理系统（DBMS）就是通过这三级模式来实现上述的转换。

数据库体系结构的三级模式为：外模式、概念模式和内模式，如图 1-4 所示。

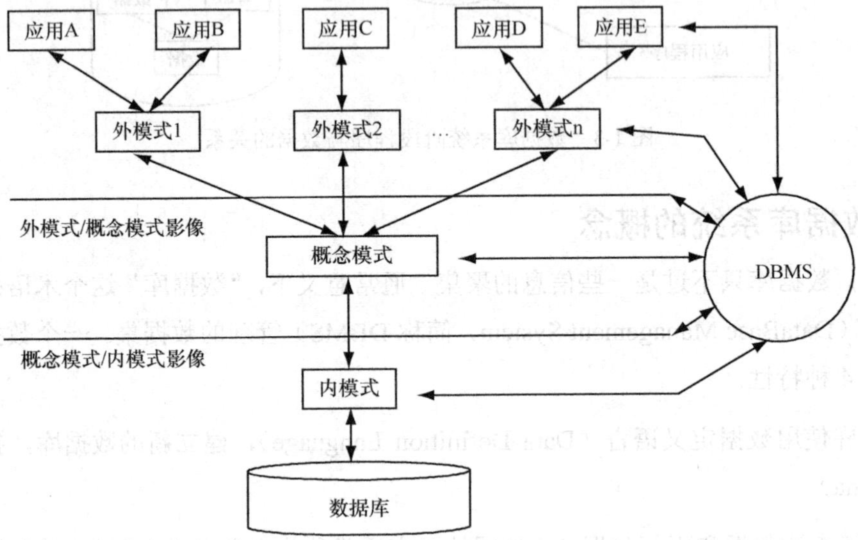

图 1-4　数据库系统的三级模式

1. 内模式

内模式又称存储模式，是对数据的物理结构和存储方式的描述。例如，数据记录如何存储，是顺序存储还是按照索引存储，索引以什么方式组织等。内模式是由数据库系统提供的数据定义语言定义的。

2. 概念模式

概念模式又叫作数据库模式（简称模式），是数据库中全部数据的逻辑结构的描述。概念模式以某种数据模型为基础，并用模式定义语言定义这些内容，它可以看作是现实世界中的实体在具体数据库系统中的实现。概念模式与具体的应用程序无关，同时也不涉及数据的存储细节和硬件环境。

3. 外模式

外模式又称为用户模式或子模式，通常由概念模式导出，是概念模式的子集，其主要功能是定义允许用户操作的数据。我们可以将外模式理解为用户看到的数据视图，即与某一应用有关的数据的逻辑表示。不同用户的需求不同，使用的数据内容不同，对数据的保密要求不同，因此不同数据的外模式是不同的。

4. 内模式/概念模式映像

内模式到概念模式之间的映像保证了数据的物理独立性。当数据的物理结构发生变化时，如对数据增加索引、改变数据的存储位置、改变存储设备等，不影响数据的逻辑结构。当数据库管理员根据应用程序对数据的存取要求对数据的物理组织进行优化后，并不需要对概念模式和外模式进行重新定义，也不需要修改应用程序。

5. 概念模式/外模式映像

概念模式到外模式之间的映像保证了数据的逻辑独立性。当数据的整体逻辑结构发生变化时，如在概念模式中增加新的数据类型、在原有的记录类型间增加新的联系等，可以通过修改概念模式到外模式之间的映像而外模式不受影响。

数据库的这种多层次的体系结构，保证了高度的数据独立性，其中数据库的全局逻辑描述是独立于其他所有结构的。在定义数据库结构时，我们应首先定义概念模式。内模式是将概念模式中定义的数据进行适当地组织并加以存储，达到较好的运行效率。

1.2.2 数据库系统的组成

一个完整的数据库系统由数据库、数据库管理系统、软件支持系统、硬件系统和数据库管理员及相关人员 5 部分组成。

1. 数据库

这里所说的数据库指的是物理数据库，是按照一定的数据模型组织并存放在外存储设备上的数据集合。例如，在学生选课信息管理系统中，应用程序获取的数据来自选课管理数据库，这个数据库中可能存放着学生信息、课程信息、教师信息等。

除了用户直接使用的数据外，还有另一类数据，它们是有关数据库的定义信息，如用户表及权限、数据库表的定义等。这些信息通常存放在数据字典中，用户一般不能改动数据字典的内容。

2. 数据库管理系统——DBMS（DataBase Management System）

数据库管理系统是对数据进行管理的软件系统，是数据库系统的核心软件。数据库系统的一切操作，如创建表、视图、索引，向表中插入数据，对数据进行检索、修改、删除等，都是通过数据库管理系统实现的。

一般而言，数据库管理系统主要提供了数据定义、数据存储、数据库管理等功能。

3. 软件支持系统

数据库系统的软件除了 DBMS 之外，还需要一个软件支撑环境，包括操作系统、应用系统开发工具、各种宿主语言以及实用程序等。

4. 硬件支持系统

硬件支持系统主要是指计算机。对于分布式数据库而言，计算机网络也是基础环境。

5. 数据库管理员及相关人员

数据库有关人员主要包括数据管理员（DBA）、系统分析员、应用程序员和普通用户。数据库系统中，不同人员可操控不同级别的数据，如图 1-5 所示。

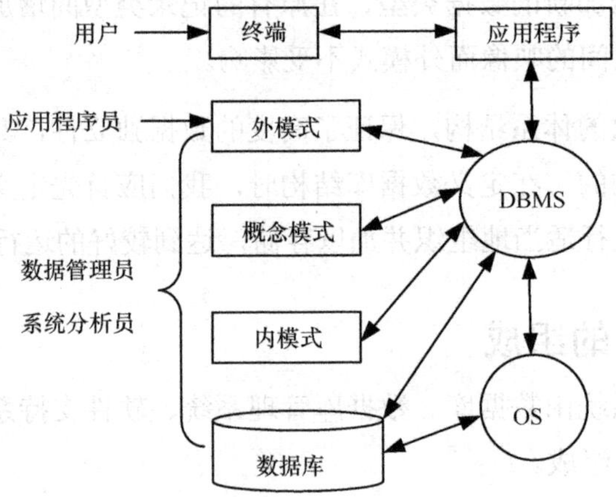

图 1-5 数据库人员可操控的抽象数据

1.2.3 数据库的工作流程

数据库系统的层次结构如图 1-6 所示。

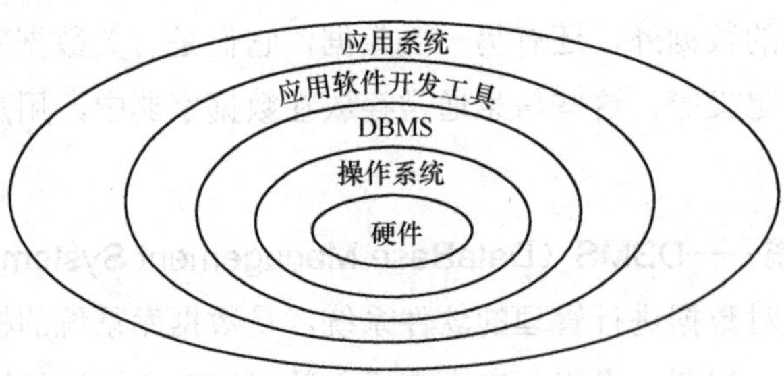

图 1-6 数据库系统层次结构图

下面我们以用户查询数据库中的一组数据为例，说明数据库系统的工作流程。数据库的工作流程图如图 1-7 所示。

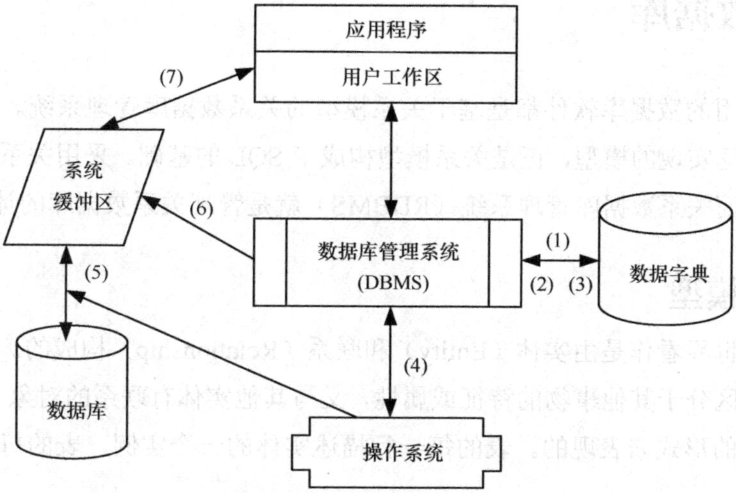

图 1-7　数据库工作流程图

（1）DBMS 首先对数据查询语句进行语法检查，然后从数据字典中找到该用户对应的外模式，同时进行权限检查；若发现错误，则将错误信息返回给用户。

（2）DBMS 根据找到的外模式，利用概念模式/外模式映像，将其映像到概念模式，确定概念模式应该读入哪些数据。

（3）DBMS 利用内模式/概念模式映像，将概念模式映像到内模式，确定数据库应读入哪些物理记录及其具体的地址。

（4）DBMS 根据地址信息向操作系统发出读取记录的命令。

（5）操作系统执行读取数据的命令，并将数据从硬盘读入系统缓冲区，将执行结果通知 DBMS。

（6）DBMS 根据查询语句及数据字典定义的信息，将系统缓冲区中的数据转换成用户所需的记录格式。

（7）DBMS 将数据记录从系统缓冲区传送到用户工作区。

由此可见，在数据库系统中，数据库管理系统，即 DBMS 处于中心地位。

注意　DBMS 并不是直接读取数据库中的数据，而是通过操作系统访问数据库，数据库系统是基于操作系统的。

1.3　关系数据库

目前广泛使用的数据库软件都是基于关系模型的关系数据库管理系统。关系模型是现代数据库产品最广泛实现的模型，正是关系模型构成了 SQL 的基础。采用关系模型的数据库称为关系数据库，而关系数据库管理系统（RDBMS）就是管理关系数据库的计算机软件。

1.3.1　关系模型

关系模型把世界看作是由实体（Entity）和联系（Relationship）构成的。所谓实体就是指现实世界中具有区分于其他事物的特征或属性，又与其他实体有联系的对象。在关系模型中，实体通常是以表的形式来表现的。表的每一行描述实体的一个实例，表的每一列描述实体的一个特征或属性。

关系是关系模型的核心，是汇集在表结构中的行和列的集合。每个关系由一个或多个属性（列）组成，属性将类型相似的数据归纳在一起。属性与关系直接的关联如图 1-8 所示。

属性

NO	NAME	SEX	DEPARTMENT
9701	王大为	男	机械工程
9702	李华	女	机械工程
9703	童正	男	电子工程
9704	李尚华	男	电子工程

关系

数组

图 1-8　属性与关系

图 1-8 所示的关系是由 NO、NAME、SEX、DEPARTMENT 4 个属性组成的。数据以数组（行）的方式存储在关系中，每个数组代表相关数据的一个记录。

> **说明** 关系、属性和数组这 3 个术语在涉及到关系模型时使用，SQL 在描述这些术语时使用的是表、列和行。

所谓联系就是指实体之间的关系，即实体之间的对应关系。联系可以分为以下 3 种。

- 一对一的联系：第一个关系中的某个数组只能与第二个关系中的一个数组有关；同样，第二个关系中的某个数组只能与第一个关系中的一个数组有关。例如，NO 关系和 NAME 关系之间是一对一的联系，对应于第一个关系列出的每个学号，第二个关系只能列出一个姓名，反之亦然。

- 一对多的联系：第一个关系中的某个数组可以与第二个关系中的一个或多个数组有关，但是第二个关系中的某个数组只能与第一个关系中的一个数组有关。例如，SEX 关系和 NO 关系就是一对多的联系，反之，NO 关系和 SEX 关系就是多对一的联系。
- 多对多的联系：在这种联系中，第一个关系中的某个数组可以与第二个关系中的一个或者多个数组有关，并且第二个关系中的某个数组也可以与第一个关系中的一个或者多个数组有关。例如，SEX 关系和 DEPARTMENT 关系就是多对多的联系。

> 注意　多对多的联系在物理上实现时，必须在第一个关系和第二个关系之间添加第三个关系，以创建两个一对多的联系。如在图 1-8 中，SEX 关系和 DEPARTMENT 关系通过 NO 关系就形成了两个一对多的联系。

1.3.2 Codd 十二法则

关系数据库是由 E.F.Codd 博士于 1970 年在一篇名为“一种存储大型共享数据的关系模型”的论文中提出的。一个完美的、完全符合数据库技术的关系数据库系统，需要满足 Codd 博士提出的十二条法则。

- 信息法则：关系型数据库的所有信息都被清楚地表示成表中的数据，即表行中的列值。
- 授权存储法则：保证关系数据库中的每一个数据项，都可以通过“表名+主键+列名”的组合来访问。
- NULL 值的系统处理：DBMS 对 NULL 值（未知或不可使用的数据）应提供系统支持。NULL 值并不是零，也不是空白的字符串。
- 一个活跃的、在线数据字典应作为关系型表来储存：在逻辑上，数据库的描述及其内容都被表示为表的形式，并能用数据库语言进行查询。
- 必须提供数据存取语言进行存取访问：至少有一种具有严格、统一语法的语言，该语言必须支持数据定义、视图定义、数据操作、安全性、完整性约束规则、授权和事务处理。
- 视图更新法则：所有理论上能被更新的视图应当是可被系统更新的。
- 集合级的插入、更新和删除：DBMS 不仅支持集合级上的检索，还应支持集合级的插入、更新和删除操作。
- 数据的物理独立性：应用不依赖于物理结构，当数据的存储结构或者物理存取方法改变时，应用程序在逻辑上应不受影响。

- 数据的逻辑独立性：如果一个表被分成两个部分，则可应用视图连接在一起，以便不会对应用产生影响。
- 数据完整性的独立性：数据库语言必须能够定义完整性规则，这些完整性规则应该储存在数据字典中。
- 分布独立性：一个数据库即使被分布，也应该能工作。
- 非破坏性原则：如果允许采用低级语言存取数据，则该低级语言一定不能绕过用数据库语言定义的安全性和完整性原则。

> **说明**　虽然没有一个商业上可用的数据库完全遵循 Codd 的所有 12 条法则，但是 Codd 规则从历史的角度来看是重要的，这些规则有助于判断一个 DBMS 是否基于关系模型。

1.3.3　范式

构造数据库必须遵循一定的规则，在关系数据库中，这种规则就是范式。范式是符合某一种级别的关系模式的集合。关系数据库中的关系必须满足一定的要求，即满足不同的范式。目前关系数据库有 6 种范式：第一范式（1NF）、第二范式（2NF）、第三范式（3NF）、第四范式（4NF）、第五范式（5NF）和第六范式（6NF）。满足最低要求的范式是第一范式（1NF）。在第一范式的基础上进一步满足更多要求的称为第二范式（2NF），其余范式以此类推。一般说来，数据库只需满足第三范式（3NF）就可以了。下面举例介绍第一范式（1NF）、第二范式（2NF）和第三范式（3NF）。

1．第一范式（1NF）

在任何关系数据库中，第一范式（1NF）是对关系模式的基本要求，不满足第一范式（1NF）的数据库就不是关系数据库。第一范式主要包括以下指导原则。

- 数据库表的每一列都是不可分割的基本数据项，同一列中不能有多个值，即实体中的某个属性不能有多个值或重复的属性。如果出现重复的属性，数据库就可能需要定义一个新的实体，新的实体由重复的属性构成，新实体与原实体之间为一对多关系。
- 表的每一行只包含一个实例的信息。

例如图 1-9 所示的员工信息表，不能将员工信息都放在一列中显示，也不能将其中的两列或多列在一列中显示；员工信息表的每一行只表示一个员工的信息，一个员工的信息在表中只出现一次。简而言之，第一范式就是无重复的列。

EMP_ID	NAME	SEX	DEPT_ID	WAGE	BIRTHDAY
72001	王虎	男	101	1200	78-8-2
72002	李宾	男	103	1300	69-5-1
72003	王艳	女	102	2100	75-5-23
72004	刘华	女	101	980	79-9-4
72005	王大明	男	103	1100	81-1-12

图 1-9　员工信息表

2．第二范式（2NF）

第二范式（2NF）是在第一范式（1NF）的基础上建立起来的，即满足第二范式（2NF）必须先满足第一范式（1NF）。

第二范式（2NF）要求数据库表中的每个实例或行必须是唯一的。为实现区分，我们通常需要为表加上一个列，以存储各个实例的唯一标识。如员工信息表中加上了员工编号 EMP_ID 列，每个员工的编号是唯一的，因此每个员工可以被唯一区分。这个唯一属性列被称为主关键字或主键、主码。

第二范式（2NF）要求实体的属性完全依赖于主关键字。所谓完全依赖是指不能存在仅依赖主关键字一部分的属性。如果存在，那么这个属性和主关键字的这一部分应该分离出来形成一个新的实体，新实体与原实体之间是一对多的关系。为实现区分，我们通常需要为表加上一个列，以存储各个实例的唯一标识。简而言之，第二范式就是非主属性非部分依赖于主关键字。

3．第三范式（3NF）

满足第三范式（3NF）必须先满足第二范式（2NF）。简而言之，第三范式（3NF）要求一个数据库表中不包含已在其他表中包含的非主关键字信息。例如一个部门信息表，其中每个部门有部门编号 DEPT_ID、部门名称、部门简介等信息。那么我们在员工信息表中列出部门编号 DEPT_ID 后，就不能再将部门名称、部门简介等与部门有关的信息加入员工信息表中。如果不存在部门信息表，则根据第三范式（3NF）也应该构建它，否则就会有大量的数据冗余。

1.4　SQL 语言基础

SQL 全称是"结构化查询语言（Structured Query Language）"，最早是 IBM 公司的圣约瑟研究实验室为其关系数据库管理系统 SYSTEMR 开发的一种查询语言。它的前身是 SQUARE 语言。

SQL 语言结构简洁，功能强大，简单易学，因此自从 IBM 公司 1981 年推出以来，SQL 语言得到了广泛的应用。如今无论是 Oracle、SQL Server 这些大型的数据库管理系统，还是 Access 这些常用的数据库开发系统，都支持 SQL 语言作为查询语言。

1.4.1　SQL 的历史

在 20 世纪 70 年代初，E.E.Codd 博士首先提出了关系模型。70 年代中期，IBM 公司在研制 SYSTEM R 关系数据库管理系统中研制了 SQL 语言，最早的 SQL 语言（SEQUEL2）是在 1976 年 11 月的 IBM Journal of R&D 上公布的。

1979 年，Oracle 公司首先提供商用的 SQL，IBM 公司在 DB2 和 SQL/DS 数据库系统中也实现了 SQL。

1986 年 10 月，美国 ANSI 采用 SQL 作为关系数据库管理系统的标准语言（ANSI X3.135-1986），后来被国际标准化组织（ISO）采纳为国际标准。

1989 年，美国 ANSI 采纳在 ANSI X3.135-1989 报告中定义的关系数据库管理系统的 SQL 标准语言，称为 ANSI SQL 89，替代了 ANSI X3.135-1986 版本。该标准为下列组织所采纳。

- 国际标准化组织（ISO），为 ISO 9075-1989 报告——“Database Language SQL With Integrity Enhancement”。
- 美国联邦政府，发布在 The Federal Information Processing Standard Publication（FIPS PUB）127。

1992 年，SQL 又出现了新版本 SQL-92，或简称 SQL2。SQL-92 代表了 SQL 的主要版本，扩展并改进了早期版本的功能特性。7 年之后，即 1999 年，SQL 标准的最新版本 SQL:1999 发布，对 SQL-92 版本又新增了一些特性，标志着 SQL 在满足用户需求方面又前进了一大步。

> 说明　各数据库厂家都对 SQL 语言作了不同扩充，但都支持 SQL 语言的标准。本书主要针对主流的 SQL-92 版本进行讲解，对 SQL:1999 的一些新增特性也作了一些介绍。

1.4.2　SQL 语言的组成

SQL 可以创建、维护、保护数据库对象，并且可以操作对象中的数据，因此 SQL 被认为是一种完整的语言。依据 SQL 语言的执行功能，可以将 SQL 分为以下几部分。

- 数据定义语言（DDL，Data Definition Language）：主要用于创建、修改或删除数据库对象，如表、视图、模式、触发器和存储过程等，与其相关的主要 SQL 关键字包括 CREAT、ALTER 和 DROP。

- 数据查询语言（DQL，Data Query Language）：主要用于数据的检索查询，与其相关的主要 SQL 关键字为 SELECT。
- 数据操纵语言（DML，Data Manipulation Language）：主要用于添加、修改或删除存储在数据库对象中的数据，与其相关的主要 SQL 关键字包括 INSERT、UNPDATE 和 DELECT。
- 数据控制语言（DCL，Data Control Language）：可以控制访问数据库中特定对象的用户，还可以控制用户对数据库的访问类型，与其相关的主要 SQL 关键字包括 GRANT、DENY 和 REVOKE。
- 其他语言要素（Additional Language Elements）：SQL 除了包括上述 4 种功能语言外，还包括如事务控制、程序化语言等其他语言要素。

SQL 语句数目种类较多，其主体大约由 40 条语句组成，如表 1-1 所示。

表 1-1 主要的 SQL 语句

模 块	语 句	功 能
数据定义	CREATE TABLE	创建一个数据库表
	DROP TABLE	从数据库中删除表
	ALTER TABLE	修改数据库表结构
	CREATE VIEW	创建一个视图
	DROP VIEW	从数据库中删除视图
	CREATE INDEX	为数据库表创建一个索引
	DROP INDEX	从数据库中删除索引
	CREATE PROCEDURE	创建一个存储过程
	DROP PROCEDURE	从数据库中删除存储过程
	CREATE TRIGGER	创建一个触发器
	DROP TRIGGER	从数据库中删除触发器
	CREATE SCHEMA	向数据库添加一个新模式
	DROP SCHEMA	从数据库中删除一个模式
	CREATE DOMAIN	创建一个数据值域
	ALTER DOMAIN	改变域定义
	DROP DOMAIN	从数据库中删除一个域
数据查询	SELECT	从数据库表中检索数据行和列

续表

模　块	语　句	功　能
数据操纵	INSERT	向数据库表添加新数据行
	DELETE	从数据库表中删除数据行
	UPDATE	更新数据库表中的数据
数据控制	GRANT	授予用户访问权限
	DENY	拒绝用户访问
	REVOKE	解除用户访问权限
事务控制	COMMIT	结束当前事务
	ROLLBACK	中止当前事务
	SET TRANSACTION	定义当前事务数据访问特征
程序化 SQL	DECLARE	为查询设定游标
	EXPLAN	为查询描述数据访问计划
	OPEN	检索查询结果打开一个游标
	FETCH	检索一行查询结果
	CLOSE	关闭游标
	PREPARE	为动态执行准备 SQL
	EXECUTE	动态地执行 SQL
	DESCRIBE	描述准备好的查询

1.4.3 SQL 语句的结构

所有的 SQL 语句均有自己的格式，如图 1-10 所示。

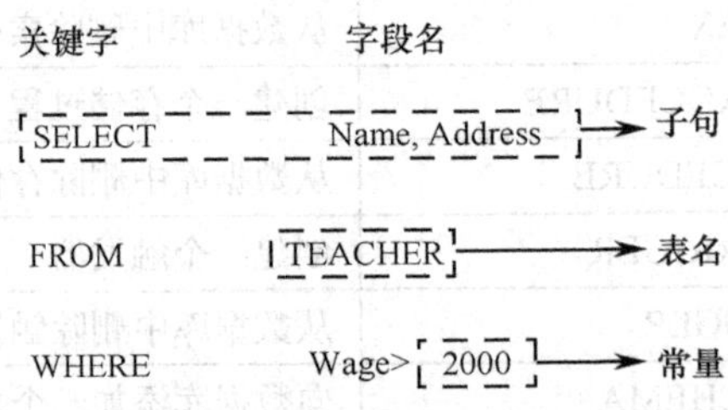

图 1-10 SQL 语句结构

每条 SQL 语句均由一个谓词开始，该谓词描述这条语句要产生的动作，如 SELECT 关键字。谓词后紧接着一个或多个子句（Clause），子句中给出了被谓词作用的数据或提供谓词动作的详细信息。每一条子句由一个关键字开始，如 WHERE。

1.4.4 SQL 的优点

1. 非过程化语言

SQL 是一个非过程化的语言，因为它一次处理一个记录，对数据提供自动导航。SQL 允许用户在高层的数据结构上工作，而不对单个记录进行操作，可操作记录集。所有 SQL 语句接受集合作为输入，返回集合作为输出。SQL 的集合特性允许一条 SQL 语句的结果作为另一条 SQL 语句的输入。SQL 不要求用户指定对数据的存放方法。

这种特性使用户更易集中精力于要得到的结果。所有 SQL 语句都使用查询优化器，它是关系数据库管理系统（RDBMS）的一部分，由它决定对指定数据最快速度存取的手段。查询优化器知道存在什么索引，在哪儿使用合适，而用户从不需要知道表是否有索引，表有什么类型的索引。

2. 统一的语言

SQL 可用于所有用户的数据库活动模型，包括系统管理员、数据库管理员、应用程序员、决策支持系统人员及许多其他类型的终端用户。基本的 SQL 命令只需很少时间就能学会，最高级的命令在几天内也可掌握。SQL 为许多任务提供了以下命令。

- 查询数据
- 在表中插入、修改和删除记录
- 建立、修改和删除数据对象
- 控制对数据和数据对象的存取
- 保证数据库一致性和完整性

以前的数据库管理系统为上述各类操作提供单独的语言，而 SQL 将全部任务统一在一种语言中。

3. 是所有关系数据库的公共语言

由于所有主要的关系数据库管理系统都支持 SQL 语言，用户可将使用 SQL 的技能从一个 RDBMS 转到另一个。所有用 SQL 编写的程序都是可以移植的。

1.4.5 SQL 的执行

除了定义如何使用语言外，SQL:1999 标准还详细说明了如何执行 SQL 语句——共用 4 种执行方法。

- 直接调用：利用这种方法，可以从前端应用程序，如 SQL Server 中的 Query Analyzer（查询分析器）、Oracle 中的 SQL*Plus Worksheet，直接与 SQL 服务器上的数据库进行通信。我们只要把查询输入到应用程序窗口，然后执行 SQL 语句，就可以获取查询结果。这种方法可以迅速检查数据、验证连接和观察数据库对象。

> 说明　本书中，SQL 代码实例均是在 SQL Server 中的 Query Analyzer（查询分析器）环境下直接实现的。

- 嵌入式 SQL：在这种方法中，SQL 语句直接编码（嵌入）在主机编程语言中。例如，我们可以将 SQL 语句嵌入 C 应用程序代码中。在编译代码之前，预处理器将分析 SQL 语句，并把这些语句从 C 代码中分离出来。SQL 代码被转换成一种能为 RDMS 理解的格式，其余的 C 代码则按照正常的方式进行编译。
- 模块绑定：这种方法可以创建和主机编程语言相分离的 SQL 语句代码块，即模块。模块在创建后就被组合到应用程序中。
- CLI（调用层接口）：通过把作为参数值的 SQL 语句传递到子例程，CLI 可以通过接口调用 SQL 语句。这些语句在嵌入式 SQL 和模块绑定中，并不进行预编译，RDMS 将直接执行这些语句。

虽然直接调用不是最通用的方法，但是因为它直接将查询提交给数据库，并且可以立即生成结果，所以本书采用了这种方法。在实际应用中，嵌入式 SQL 是最常用的方法。本书的第 19 章将对嵌入式 SQL、模块绑定、CLI 进行详细讨论。

1.5　SQL 环境

SQL 环境实际上可以理解为一个框架，数据在其中可以存在，而数据的 SQL 操作在其中可以执行。

1.5.1　环境

实际上，可以把 SQL 环境看作是运行在某个设备上的数据库管理系统。SQL 环境由很多组件构成，各组件协同工作，以支持 SQL 操作，如创建和修改对象、存储和查询数据，修改和删除数据等。这些组件加起来构成一个模型，RDBMS 以该模型为基础。

基本的数据库元素，比如基本表、视图，都是在 SQL 环境中定义的。这些元素组成了层次结构，每个元素起着不同的作用。SQL 环境中元素的体系结构如图 1-11 所示。

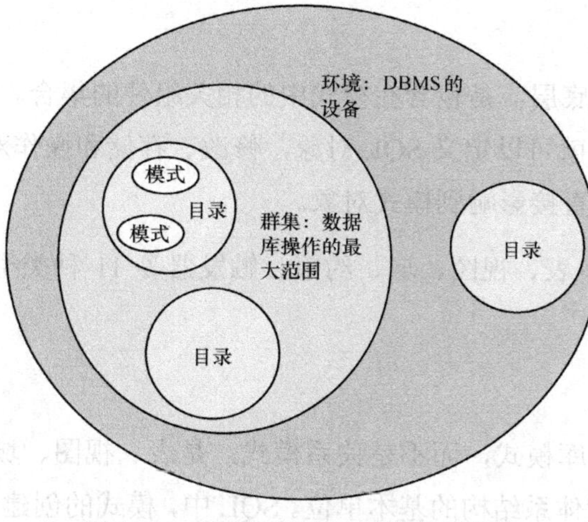

图 1-11 SQL 环境中元素的体系结构

> **说明** 图中的群集是目录的聚集。每个用户都有相关的群集，也就是该用户可以访问的所有目录的集合。群集是数据库可以操作的最大范围，因此，对于特定的用户，群集就是“数据库”。

1.5.2 SQL 的层次结构

目录是 SQL 环境的重要组分，是模式的集合。这里我们可以把目录看作是一个继承结构，继承结构的顶部是 SQL 环境，目录是父对象，模式是子对象，如图 1-12 所示。

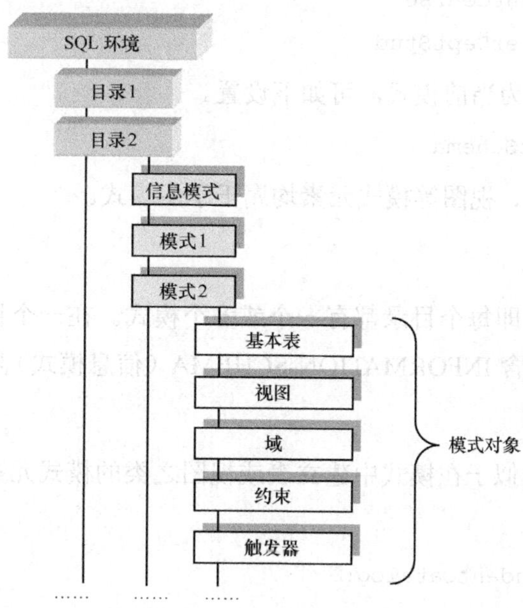

图 1-12 目录的层次结构

1．模式对象

模式对象位于目录的底层，是包含在模式中的相关组件的集合。SQL 数据就存储在这一层。通过使用 SQL，我们就可以定义 SQL 对象，修改、存储和操作对象中的数据。实际上，本书所做的大部分工作都直接影响到模式对象。

SQL:1999 定义了基本表、视图、域、约束、触发器等 11 种类型的模式对象，这些对象构成了 SQL 环境的基础。

2．模式（Schema）

这里的模式是指数据库模式，而不是关系模式，是表、视图、域等数据库模式对象的聚集。模式是整个 SQL 环境体系结构的基本单位。SQL 中，模式的创建采用 CREATE SCHEMA 语句，其语法如下。

```
CREATE SCHEMA <模式名> <模式元素>
```

比如创建一个学生模式，包括学生、课程和学生选课等 3 个关系以及计算机系学生视图，其说明简要描述如下。

```
CREATE SCHEMA StudentSchema
CREATE TABLE Student
CREATE TABLE Course
CREATE TABLE StudentCourse
CREATE VIEW ComputerDeptStud
```

如果要把学生模式作为当前模式，可如下设置。

```
SET SCHEMA StudentSchema
```

于是，随后定义的表、视图等模式元素均属于学生模式。

3．目录（Catalog）

目录是模式的聚集，即每个目录都有一个或多个模式。在一个目录中，模式的名字必须是唯一的。每个目录都包含 INFORMATION-SCHEMA（信息模式）特殊模式，该模式包含该目录中所有模式的信息。

在目录中建立模式类似于在模式中建立表或视图之类的模式元素。可以用如下语句建立学生目录。

```
CREATE CATALOG StudentCatalog
```

它后面跟着属于学生目录的模式及模式的说明。可以用 SET CATALOG（设置目录）语句设置当前目录。例如，要把学生目录作为当前目录，可如下设置。

```
SET CATALOG StudentCatalog;
```

于是，随后定义的模式将属于学生目录。

1.5.3 客户程序和服务程序系统

服务程序一般运行在存有数据库的大型主机上，而客户程序一般运行在另一台主机上。当然，有时客户程序和服务程序也会运行在同一台主机上。SQL 的客户程序和服务程序与连接、会话和模块这 3 个概念紧密地联系在一起。SQL 的客户程序和服务程序的相互作用如图 1-13 所示。

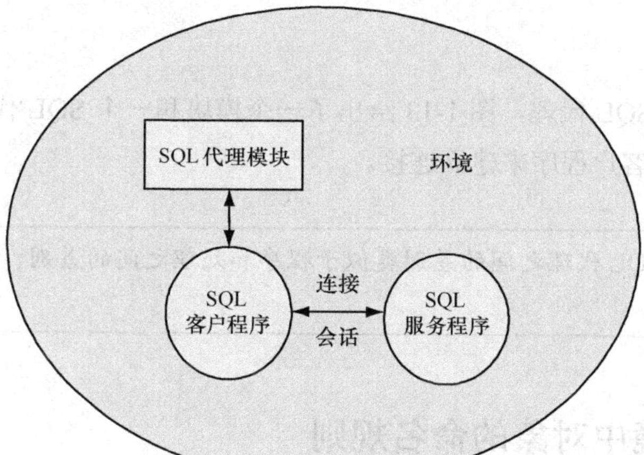

图 1-13 客户程序和服务程序的相互作用

1. 连接

连接把客户程序和服务程序连接起来。可用如下的 SQL 连接语句，在客户程序和服务程序之间打开连接。

```
CONNECT TO <服务程序名>
AS <连接名>
```

我们一般把服务器名作为服务程序名。

说明 用户可以打开几个连接，但在任何时间只能有一个是活动的。

2．会话

当连接激活时，所执行的 SQL 操作将在客户程序和服务程序之间形成请求——响应式的交往，这种操作序列被称为会话（Session）。

会话与建立它的连接处于同一状态。当连接处于待用状态时，会话也处于待用状态，当连接被激活时，会话也被激活。每个会话都有当前目录和该目录中的当前模式。

3．模块

SQL2 标准建议 SQL 实现至少为用户提供以下 3 种类型的应用程序（称为模块，Module）之一。

- 通用 SQL 接口
- 嵌入式 SQL
- 实际模块

模块的执行称为 SQL 代理，图 1-13 给出了一个模块和一个 SQL 代理，并且把二者作为一个整体，调用 SQL 客户程序来建立连接。

> 注意：模块与 SQL 代理之间的差别类似于程序和处理之间的差别，前者为代码，而后者是代码的执行。

1.5.4　SQL 环境中对象的命名规则

在研究 SQL 之前，我们有必要介绍一下 SQL 对象标识符。标识符为 SQL 对象赋予名称，最多可以达到 128 个字符，且必须遵守一定的规则。SQL 语句创建的任何对象，如表、列、视图或模式等，都必须有名字，也就是标识符。

SQL:1999 标准定义了两种类型的标识符，即正则标识符和定界标识符，二者具有不同的约定。实际应用中，采用最多的是正则标识符规则，因此这里只介绍正则标识符规则，简述如下。

- 标识符名称不区分大小写，即大小写是等效的，如 StudentName 等同于 STUDENTNAME 和 studentname。
- 标识符只允许使用字母、数据和下划线，可以创建如 First_Name，Table1 之类的标识符。
- 不允许使用 SQL 保留关键字。

> **说明** 关键字是一个单词，是 SQL 词汇的一部分。SQL 关键字有两种类型：保留关键字和非保留关键字。保留关键字只能用在 SQL 语句中，而不能用于其他任何用途。非保留关键字则没有这样的限制。

一个完整的模式对象标识符应包括目录的名称、模式的名称和模式对象的名称，各个名称之间以点（.）隔开。如 Student 表在 StudentSchema 模式中，而这个模式又在 StudentCatalog 目录中，那么该表完全合格的名称就是 StudentCatalog.StudentSchema.Student。

第2章 主要的关系数据库与SQL

SQL Server 是目前应用最广泛的大型关系数据库系统。本章主要介绍它们的基本概念以及执行 SQL 语句的交互环境，最后简单介绍一下 SQL Server 对 SQL 的扩展语言。

2.1 SQL Server

SQL Server 是一个后台数据库管理系统，它功能强大，操作简便，日益为广大数据库用户所喜爱，越来越多的开发工具提供了 SQL Server 的接口。作为微软公司的产品之一，SQL Server 能够很好地与微软的其他产品集成，如 Office 下的 Excel、Access 等，都可以用表的形式转换到 SQL Server 数据库中。

2.1.1 SQL Server 的结构

SQL Server 采用单进程多线程的系统结构、客户端/服务器体系结构，并且支持分布式数据库结构。

1．单进程多线程的系统结构

SQL Server 采用单进程、多线程结构，由执行核心即线程来分配多用户对数据库的存取，这样减少了多进程方式对数据库存取时的协调时间，提高了执行效率。由于是单进程，它就不需要进程之间的通信机制。线程的操作由数据库引擎来指定，在执行时把这些指令发送给操作系统。SQL Server 单进程多线程的系统结构如图 2-1 所示。

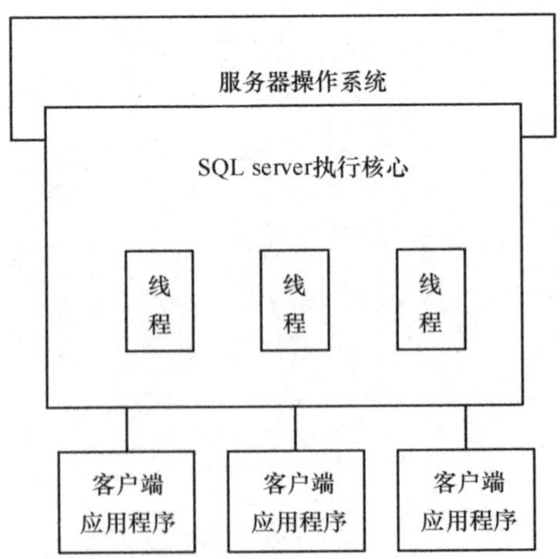

图 2-1 SQL Server 单进程多线程的系统结构

2．客户端/服务器体系结构

SQL Server 是按客户端/服务器体系结构设计的。需要用户频繁干预的任务，如输入、显示数据等，由客户端完成；而对于数据库的存取和控制任务，则由服务器完成。当用户需要读取数据库中的数据时，就会通过网络向服务器提出申请，服务器对客户端的数据库请求做出相应的处理，然后仅将结果传给客户端，这样就大大减少了网络流量。

在 SQL Server 中，有一个包含 1024 个工作线程的线程池，用以响应用户的连接请求。SQL Server 为不同的用途准备了不同的线程池，包括磁盘备份管理、用户连接等。

3．支持分布式数据库结构

一个网络中可以有多个 SQL Server，用户可以将数据分别存放在各个 SQL Server 上，成为分布式数据库结构。客户端可以分别或同时向多个 SQL Server 存取数据，这样可以降低单个 SQL Server 的处理负担，提高系统的执行效率。

2.1.2 数据库访问标准化接口——ODBC

SQL Server 是按客户端/服务器体系结构设计的，客户端可以通过 ODBC 与 SQL Server 连接。

ODBC（Open Database Connection，开放数据库互连标准），实际上是一个数据库的访问库，适用于客户端/服务器体系结构，定义客户程序用于连接到数据库系统和发出 SQL 命令的 API。

ODBC 有一个驱动程序管理器，驱动程序管理包含在 ODBC.DLL 中，可连接到所有的应用程序中，它负责管理应用程序中 ODBC 函数与 DLL 中函数的绑定。对于大型的客户端/服务器数据库管理系统，其支持的 ODBC 驱动程序并不直接访问数据库，这些驱动程序实际上是数据库用于远程操作网络通信协议的一个界面，如图 2-2 所示。

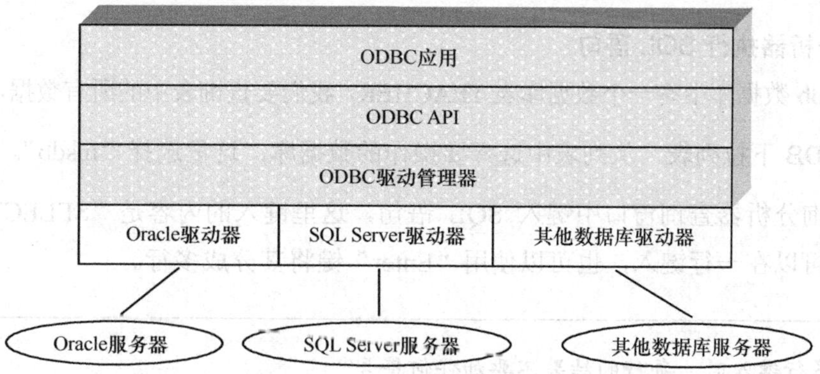

图 2-2　ODBC 与数据库的连接

2.1.3　使用查询分析器执行 SQL 语句

在 SQL Server 中，我们可使用查询分析器（Query Analyzer）来执行 SQL Server 支持的任何 SQL 语句。查询分析器具有图形用户界面（GUI），可用来提出交互式的查询，并向 SQL Server 发送 SQL 命令。下面我们说明如何使用查询分析器执行 SQL 语句。

1．启动查询分析器

当用户单击查询分析器运行程序时，Windows 将显示连接 SQL Server 对话框，如图 2-3 所示。在 SQL Server 连接对话框中，我们键入想要连接的 SQLServer 名称、设定登录方式后，单击“确定”按钮，即可进入查询分析器的查询窗口，如图 2-4 所示。

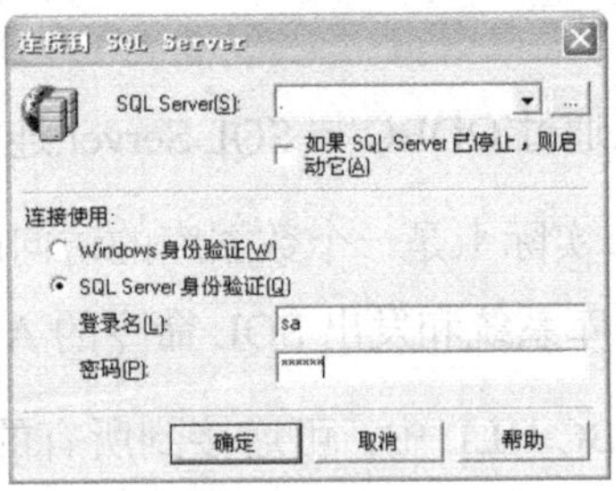

图 2-3　连接 SQL Server 对话框

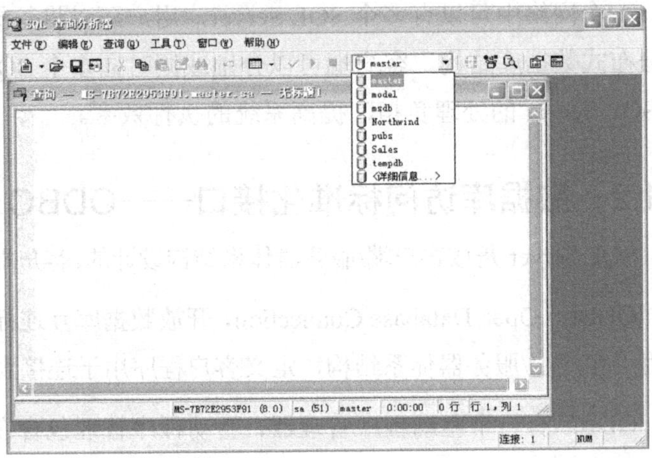

图 2-4　查询分析器的查询窗口

在安装 SQLServer 时，安装程序创建了几个数据库，如图 2-4 查询窗口工具栏右侧的 DB 下拉列表所示。在使用查询分析器向 SQL Server 发送 SQL 语句之前，我们必须选择一个数据库。

2．查询分析器执行 SQL 语句

假设在 msdb 数据库中有一个数据库表 TEACHER，我们要查询表中的所有数据，步骤如下。

（1）单击 DB 下拉列表，从列表中选择要操作的数据库，这里选择“msdb”。

（2）在查询分析器查询窗口中键入 SQL 语句，这里键入的内容是“SELECT * FROM TEACHER”，可以在一行键入，也可以使用“Enter”键将其分成多行。

注意　多行键入时，每行的结果不要加任何符号。

（3）执行 SQL 语句。SQL 语句可以通过单击“查询”|“执行”菜单命令执行，也可以通过快捷键 F5 或 Ctrl+E 来实现。查询分析器将在查询窗口下面的窗格中显示 SQL 语句的执行结果，如图 2-5 所示。

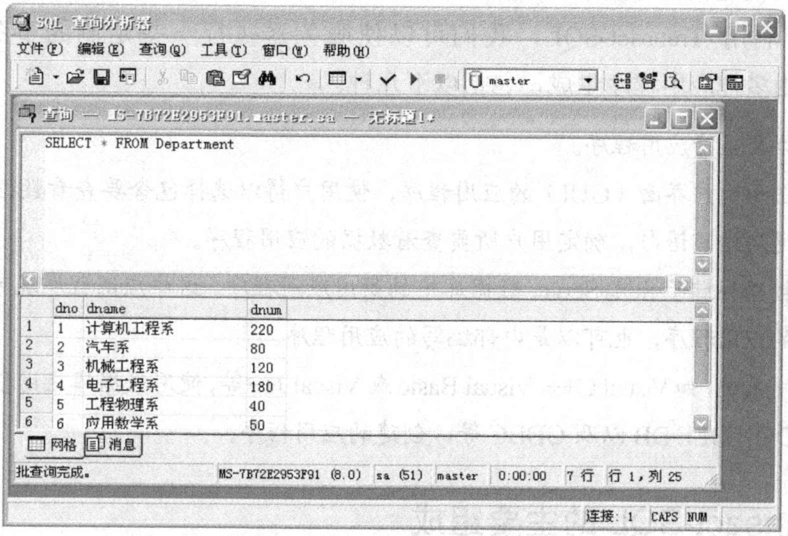

图 2-5　查询分析器执行 SQL 语句及结果显示

使用时我们需要注意：无论何时执行 SQL 语句，查询分析器都会向 SQL Server 发送查询窗口中的所有语句，以便处理。

如果在查询窗口中有多条语句，我们既可以删除那些不想执行的语句，也可以选中需要向 SQL Server 发送用于处理的语句，而后执行即可。

2.2　Transact-SQL

SQL 属于第四代语言（4GL），其执行特点是非过程化，即不用指明执行的具体方法和途径，而是简单地调用相应语句来直接取得结果。显然，这种不关注任何实现细节的语言对于开发者来说有着极大的便利。然而，对于有些复杂的业务流程，又要求相应的程序来描述，那么 4GL 就有些无能为力了。

Transact-SQL 是 ANSI SQL 的加强版语言，提供了标准的 SQL 命令，另外还对 SQL 命令做了许多扩充，提供类似 BASID、Pascal、C 等第三代语言的基本功能，如变量说明、程序流程控制语言、功能函数等。

2.2.1　Transact-SQL 概述

Transact-SQL 是一套定义完善的语言，开发人员可以通过这种语言来进行应用程序和数据库服务器之间的通信，并能够对数据库服务器进行编程处理。Transact-SQL 是 ANSI-SQL 的一个超集，利用 Transact-SQL，我们可以使服务器执行一些定制的事务逻辑处理。Transact-SQL 由多种应用程序生成，包括以下几种。

- 通用办公生产应用程序。
- 使用图形用户界面（GUI）的应用程序，使用户得以选择包含要查看数据的表和列。
- 使用通用语言语句，确定用户所要查看数据的应用程序。
- 将其数据存储于 SQL Server 数据库中的商用应用程序。这些应用程序既可以是来自其他厂商的应用程序，也可以是内部编写的应用程序。
- 由开发系统，如 Visual C++、Visual Basic 或 Visual J++等，使用数据库应用程序接口（API），如 ADO、OLE DB 以及 ODBC 等，创建的应用程序。

2.2.2　Transact-SQL 的主要组成

在 Transact-SQL 中，标准的 SQL 语句畅通无阻。Transact-SQL 也有类似于 SQL 语言的分类，不过做了许多扩充。Transact-SQL 的分类如下。

- 数据定义语言（DDL，Data Definition Language）
- 数据操纵语言（DML，Data Manipularion Language）
- 数据控制语言（DCL，Data Control Language）
- 系统存储过程（System Stored Procedure）
- 一些附加的语言元素

数据定义语言、数据操纵语言和数据控制语言与第 1 章介绍的标准 SQL 的数据定义语言、数据操纵语言和数据控制语言相差不大，这里不再介绍。

系统存储过程在本书第 15 章存储过程中会有详细介绍。下面我们主要介绍一下附加的语言元素，主要包括以下几部分。

1．注释

注释是程序代码中不执行的文本字符串（也称为注解）。在 SQL Server 中，我们可以使用两种类型的注释字符，一种是 ANSI 标准的注释符“--”，用于单行注释；另一种是与 C 语言相同的程序注释符号，即“/*　*/”，可用于多行注释。

2. 变量

变量是一种语言中必不可少的组成部分。Transact-SQL 中有两种形式的变量，一种是用户自己定义的局部变量，另外一种是系统提供的全局变量。

局部变量是一个能够拥有特定数据类型的对象，它的作用范围仅限于程序内部。局部变量可以作为计数器来计算循环执行的次数，或是控制循环执行的次数。

全局变量是 SQL Server 系统内部使用的变量，作用范围并不仅仅局限于某一程序，而是任何程序都可以随时调用。全局变量通常存储一些 SQL Server 的配置设定值和统计数据。使用全局变量时，我们应该注意以下几点：

- 全局变量不是由用户的程序定义的，是在服务器级定义的。
- 用户只能使用预先定义的全局变量。
- 引用全局变量时，必须以标记符“@@”开头。
- 局部变量的名称不能与全局变量的名称相同，否则会在应用程序中出现不可预测的结果。

3. 运算符

运算符是一些符号，能够用来执行算术运算、字符串连接、赋值以及在字段、常量和变量之间进行比较。在 SQL Server 中，运算符主要有以下 6 大类：算术运算符、赋值运算符、位运算符、比较运算符、逻辑运算符以及字符串串联运算符。

4. 函数

在 Transact-SQL 中，函数用来执行一些特殊的运算以支持 SQL Server 的标准命令。Transact-SQL 编程语言提供了 3 种函数。

- 行集函数：行集函数可以在 Transact-SQL 语句中当作表引用。
- 聚合函数：聚合函数用于对一组值执行计算并返回一个单一的值。
- 标量函数：标量函数用于对传递给它的一个或者多个参数值进行处理和计算，并返回一个单一的值。

5. 流程控制语句

流程控制语句是指那些用来控制程序执行和流程分支的命令。在 SQL Server 中，流程控制语句主要用来控制 SQL 语句、语句块或者存储过程的执行流程。

2.2.3 Transact-SQL 的一些重要命令

本节介绍几个 Transact-SQL 中常用的命令，这些命令在通用 SQL 语句中是不支持的。

1. 使用 COMPUTE 命令创建汇总报表

Transact-SQL 也有创建数据库报表的机制，即使用 COMPUTE 命令。比如，我们要从 Teacher 表中产生一个报表，显示所有教师的姓名、工资以及平均工资信息，其报表生成代码可表示如下。

```
SELECT      Name, Wage
FROM        Teacher
COMPUTE     AVG(Wage)
```

在该例中，COMPUTE 命令将整个报表作为一个整体执行运算，而 COMPUTE BY 命令则在指定的组或整个报表上执行运算。

2. PRINT 命令

PRINT 命令向客户端返回一个用户自定义的信息，即显示一个字符串。显示字符串的最大长度为 255 个字符、局部变量或全局变量。如果变量值不是字符串，必须先用数据类型转换函数 CONVERT 将其转换为字符串。

语法表示如下。

```
PRINT 'any ASCII text' | @local_variable | @@FUNCTION | string_expression
```

string_expression 是可返回一个字符串的表达式，表达式的长度可以超过 8000 个字符，但超过 8000 的字符将不会显示。

3. DECLARE 命令

DECLARE 命令用于声明一个或多个局部变量、游标变量或表变量。在用 DECLARE 命令声明之后，所有的变量都被赋予初值 NULL。我们需要用 SELECT 或 SET 命令来给变量赋值。变量类型可为系统定义的或用户定义的类型，但不能为 TEXT、NTEXT、IMAGE 类型。

语法表示如下。

```
DECLARE {{ @local_variable data_type }| { @cursor_variable_name CURSOR }
| { table_type_definition }} [ ...n]]
```

CURSOR 指明变量是局部的游标变量。

4. EXECUTE/KILL 命令

EXECUTE 命令用来执行存储过程，KILL 命令用于终止某一过程的执行，具体用法请参见第 15 章。

5. SQL Server 的诊断工具——SET 命令

Transact-SQL 提供了一组 SET 命令，我们使用这些命令能设置某些选项，帮助分析 Transact-

SQL 语句。这里我们介绍几个常用的 SET 命令。

- SET STATISTICS IO ON：使服务器返回所请求的物理和逻辑页数。
- SET STATISTICS TIME ON：使服务器显示一条 SQL 语句的执行时间。
- SET SHOWPLAN ON：使服务器显示指定查询的执行计划。
- SET NOEXEC ON：使服务器从语法上分析指定的查询，但不执行该查询。
- SET PARSONLY ON：使服务器检查指定查询的格式（句法），但不执行该查询。
Transact-SQL 还具有下列控制查询结果显示方式的命令。
- SET ROWCOUNT n：使服务器仅显示查询结果中的前 n 行，即在返回指定结果行后便停止查询处理。
- SET NOCOUNT ON：使服务器不报告查询返回的结果的行数。

当然，我们可以通过 SET…OFF 命令取消选项的设置。下面我们以 SET ROWCOUNT 命令为例，介绍一下使用过程。

实例 1　使用查询分析器

这里通过 SET ROWCOUNT 命令，使服务器仅显示查询结果中的前 3 行，在查询分析器中键入如下命令。

```
SET ROWCOUNT 3
SELECT * FROM Department
```

运行结果如图 2-6 所示。

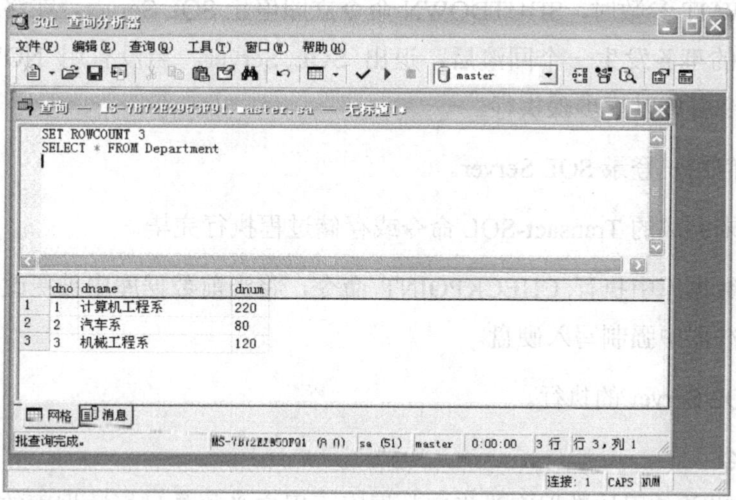

图 2-6　查询分析器运行结果

与图 2-5 对比不难发现，此时服务器确实只查询了 3 列信息就停止查询了。而如果要取消设置的 SET ROWCOUNT 命令，我们只需要执行 SET ROWCOUNT 0 即可。取消 SET ROWCOUNT 命令后的执行结果如图 2-7 所示。

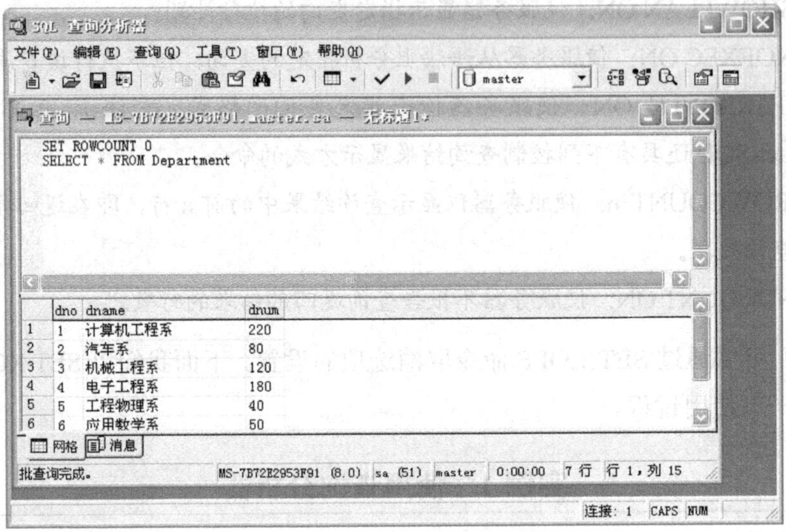

图 2-7　查询分析器运行结果

6．SHUTDOWN 命令关闭数据库

SHUTDOWN 命令用于停止 SQL Server 的执行。语法表示如下。

```
SHUTDOWN  [WITH NOWAIT]
```

当使用 NOWAIT 参数时，SHUTDOWN 命令立即停止 SQL Server，在终止所有的用户过程并对每一现行的事务发生一个回滚后，退出 SQL Server。当没有用 NOWAIT 参数时，SHUTDOWN 命令将按以下步骤执行。

（1）终止任何用户登录 SQL Server。

（2）等待尚未完成的 Transact-SQL 命令或存储过程执行完毕。

（3）在每个数据库中执行 CHECKPOINT 命令，将当前数据库中被更改过的数据页或日志页，从数据缓冲器中强制写入硬盘。

（4）停止 SQL Server 的执行。

7．USE 命令

USE 命令将当前使用的数据库为指定数据库。用户必须是目标数据库的用户成员，或目标数据库建有 GUEST 用户账号时，使用 USE 命令才能成功切换到目标数据库。

当然，Transact-SQL 提供的命令远不只是这些，还包括 BACKUP 命令备份数据库，DBCC 命令验证数据库完整性、查找错误、分析系统使用情况，READTEXT、WRITETEXT 命令读写 TEXT、NTEXT 或 IMAGE 类型的数据等。

说明　本节只是对 Transact-SQL 作一下简单介绍，因为本书的一些章节要用到 Transact-SQL 的有关知识。关于 Transact-SQL 的详细信息，读者可参阅 SQL Server 数据库系统的手册。

第3章 创建、修改和删除表

SQL 的数据定义功能主要体现在对表、索引、视图的创建、修改和删除功能。在 SQL 环境中，表是数据管理的基本单元，大部分 SQL 编程都与它有一定关系。SQL 提供了 3 种语句用于定义、修改和删除表：CREAT TABLE 语句用户创建表，ALTER TABLE 语句用户修改表，DROP TABLE 用于删除表。

3.1 表的基础知识

关系数据库通常包含多个表。数据库实际是表的集合，数据库的数据或信息都是存储在表中的。表是对数据进行存储和操作的一种逻辑结构。对用户而言，一个表表示一个数据库对象。例如，一个公司数据库中，会有雇员表、部门表、库存表、销售表、工资表等。

3.1.1 表的基本结构

数据库中的表与人们日常生活中使用的表格类似，也是由行（Row）和列（Column）组成。列由同类的信息组成，每列又称为一个字段，每列的标题称为字段名。行包括了若干列信息项，一行数据称为一条记录，表达有一定意义的信息组合。一个表由一条或多条记录组成，没有记录的表称为空表。每个表中通常都有一个主关键字，用于唯一地确定一条记录。

经常见到的成绩表就是一种表，它由行和列组成，并且可以通过名字来识别数据，列包含了列的名字、数据类型以及列的其他属性；行包含了列的记录或者数据。下面我们给出一个成绩表 MARK，其中学号、姓名、语文、数学、英语都是列，而行包含了这个表的数据，即每个人的各科成绩，表的结构如图 3-1 所示。

在 SQL 中，表有如下规定。

- 每张表都有一个名字，通常称为表名或关系名。表名必须以字母开头，最大长度为30 个字符。
- 一张表可以由若干列组成。同一张表中，列名唯一，列名也称为属性名或字段。
- 同一列的数据必须有相同的数据类型。
- 表中的每一列值必须是不可分割的基本数据项。
- 表中的一行称为一个元组，相当于一条记录。

字段

NO	NAME	CHINESE	MATHEMATICS	ENGLISH
9701	刘小静	89	84	93
9702	王军	78	72	83
9703	李彤	76	87	76
9704	张平	69	91	88

行

列

图 3-1　MARK 表结构

3.1.2　表的种类

在 SQL 中，并不是所有的表都是相同的。有些表是永久的，有些表则是临时的。有些表是模式对象，而有些表则包含在模块中，所有的模块表也是临时的。

> **说明** 模块是指与主机编程语言相分离的 SQL 语句代码块，是一个包含 SQL 语句、例程或过程的对象。

SQL 支持以下 3 种类型的表。

1．永久表

永久表保存存储在数据库中的 SQL 数据。它是一种最常见的表，如果没有特别说明，通常所说的表就是指永久表。只要表的定义存在，永久表就始终存在。它的创建语句为 CREAT TABLE。

2．全局临时表

这种表只有在 SQL 会话的上下文引用该表的定义时实际的表才会存在，对话结束后表就不再存在，不能从一个 SQL 会话访问在另一个会话中创建的表。全局临时表的创建语句为 CREAT GLOBAL TEMPORARY TABLE。

说明　SQL 会话是指用户与 SQL 之间的连接。在连接期间，一系列的 SQL 语句被该用户调用，然后执行。

3．局部临时表

和全局临时表一样，局部临时表只有在 SQL 会话的过程中才能被引用，并且不能从另一个 SQL 会话对其进行访问。而与全局临时表不同之处在于：我们在 SQL 会话内的任何地方都可以访问全局临时表；而局部临时表只有在相关的 SQL 模块内才能被访问。局部临时表的创建语句为 CREAT LOCAL TEMPORARY TABLE。

本章介绍的表的创建、修改和删除操作，所指的表都是永久表。

3.2　SQL 数据类型

表中的列包含了列的名字、数据类型等属性，在介绍表的创建之前我们有必要介绍一下有关 SQL 支持的数据类型。SQL 支持的数据类型主要包括预定义的数据类型和用户自定义的数据类型，其中，SQL 预定义的数据类型主要包括：字符型数据、数字型数据、日期时间型数据和二进制数据。

3.2.1　字符型数据

在数据库表中，字符型数据是最常用的数据类型之一。例如经常用到的通信录中的姓名、地址、电子信箱甚至电话号码都是字符型的。

字符型变量又可分为两种——固定长度型字符变量和可变长度字符变量。固定长度型字符变量的字符数在数据库表创建的时候就指定了，并分配了存储空间。如指定通信录表姓名的字符数为 20，如果用户输入姓名的字符数超过 20，那么数据库只记录前 20 个字符；如果输入的字符数少于 20，则数据库会自动在字符右边以空格填补到 20 个字符。

可变长度字符串可以存储任意长度的字符（其最大存储长度取决于采用的数据类型和数据库管理系统（DBMS）），它不需要预先指定存储长度，而是根据用户的输入动态地分配存储空间。既然可变长度字符变量用起来如此灵活，那么为什么我们还要采用固定长度字符变量呢？这是因为固定长度字符变量相比于可变长度字符变量，有以下两点优势。

- DBMS 在进行排序或处理字符时，对固定长度字符变量的处理效率要远远高于可变长度字符变量。
- 许多 DBMS 不允许为可变长度字符变量创建索引，而只允许对固定长度字符变量创建索引。

SQL 常用的字符型数据类型如表 3-1 所示。

表 3-1 字符型数据类型

数据类型	说明
Char(size)	固定长度的字符串型。size 是圆括号中指定的参数，可以由用户随意设置，但是不能超过 255 个字节 实例：NAME CHAR(10) 如果 NAME 实际只有 6 个字符，那么其余 4 个字符就是空格
Varchar(size)	变长度的字符串型。它的最大长度是由括号中的参数 size 设定的。此时，存储的字符数目正好等于输入的字符数目，没有在值中添加空格
NChar(size)	Char 类型的拓展，支持多字节和 Unicode 字符
NVarchar(size)	Varchar 类型的拓展，支持多字节和 Unicode 字符

在数据库中，字符型数据的应用是十分灵活与广泛的。如前面提到的电话号码信息，虽然是一些数字信息，但是一般均采用字符型数据进行存储。如某人的电话号码为“01067846050”，采用数字数据存储，则最左边的“0”将被忽略，记录的信息实际为“1067846050”；而采用字符型数据进行存储则不会出现这个问题。

3.2.2 数字型数据

数字型数据主要用来存储数据信息。所有的数字数据类型都有精度，有些数据类型还有范围。精度是指可以存储的数字的数据，范围是指该值的小数部分（小数点右边的数字）数字的数目。比如，数字 3428.54 的精度是 6，范围是 2。范围不能是负数，也不能大于精度。范围为 0 表示该数字是一个整数，不包含小数部分。

多数数据库管理系统支持多种类型的数字型数据，不同的类型支持不同的数字形式与数字范围。SQL 常用的数字型数据类型如表 3-2 所示。

表 3-2　数字型数据类型

数据类型	说明
Bit	单比特数据，只能取值为“0”或“1”。如果输入 0 或 1 以外的值将被视为 1。Bit 类型不能定义为 NULL 值
Int（或 Interger）	4 比特的整数，其数值范围为-2147483648～2147483647
Real	4 比特的浮点数，可以指定精度，但没有范围
Double Precision	双精度型浮点数
Float	Float 数据类型可精确到第 15 位小数，每个 Float 类型的数据占用 8 个字节的存储空间，可以指定精度，而不指定范围
SmallInt	2 比特的整数，其数值范围为–32768～32767
TinyInt	1 比特的整数，其数值范围为 0～255
Number（Decimal）	可存放实型和整型。如果形式为 Number(size)，则表明最大数字的位数由括号中的参数 size 设置；如果形式为 Number(size,d)，则表明最大数字的位数由括号中的参数 size 设定，而括号中的参数 d 是设置小数点的位数

注意　不同的数据库管理系统所支持的数据类型不尽相同。如在 SQL Server 中，Number 数据类型被写成 Decimal 或 Numeric。

当处理那种只有两个值的数据时，我们可以使用 Bit 数据类型，如可使用 Bit 字段来存储 Yes/No 或者 Ture/Fasle 调查问题的答案。按照通常的约定，在 Bit 中的 1 表示 True，0 表示 Fasle。

在数据库中，Number 数据类型运用最普遍，它常用两种形式 Number(size)和 Number(size,d)，具体含义如表 3-3 所示。

表 3-3　Number 数据类型的具体含义

实际值	数据类型	存储值
1234567.89	Number	1234567.89
1234567.89	Number(8)	1234568
1234567.89	Number(6)	出错，最大位数少于实际值
1234567.89	Number(9,1)	1234567.9
1234567.89	Number(9,3)	出错，小数的位数多与实际值
1234567.89	Number(7,2)	出错，实际的最大位数应该为 8 而不是 7
1234567.89	Number(5,-2)	1234600
1234511.89	Number(5,-2)	1234500
1234567.89	Number(5,-4)	1230000
1234567.89	Number(*,1)	1234567.9

另外，多数数据库管理系统提供了一种特殊的数字类型数据——货币数据类型。货币数据类型用于存储货币值，在使用货币数据类型时，应在数据前加上货币符号，系统才能辨识其为哪国的货币。如果不加货币符号，则默认为“￥”。

在 SQL Server 数据库系统中，货币数据类型有 MONEY 和 SMALLMONEY 两种类型，如表 3-4 所示。

表 3-4 货币数据类型

数据类型	说明
MONEY	8 比特数据，数据是一个有 4 位小数的 DECIMAL，其取值 −922 337 203 685 477.5808 ～+922 337 203 685 477.5807，数据精度为万分之一货币单位
SMALLMONEY	4 比特数据，存储的货币值范围比 MONEY 数据类型小，其取值-214,748.3648 ～+214,748.3647

3.2.3 日期数据类型

和数字型数据类型一样，DBMS 提供了多种日期类型，用于存储不同精度和范围的时间、日期数据。SQL-92 标准指定了 5 种日期数据类型，如表 3-5 所示。

表 3-5 日期数据类型

数据类型	说明
DATA	使用 10 个字符保存 4 位数的年、两位数的月和两位数的日的日期值，其格式为 2006-6-5。由于使用 4 位数的年，可使用它来代表任何从 0001 年到 9999 年的任何日期
TIME	时间数值型，指定时、分、秒的值。时是两位数，范围为 00～23；分是两位数，范围为 00～59；秒至少为两位数，范围为 00～59.999。除非指定，否则秒不包含小数。如，TIME(3)表示秒含有 3 位小数
TIMESTAMP	既包括日期也包括时间。使用 26 个字符，其中 10 个字符用于保存日期，后跟一空格，再用 15 个字符表示时间，其中包括了默认的 6 个小数位的小于 1 秒的部分。通过加入参数，如 TIMESTAMP(3)，可以指定不同的小数数目
TIME WITH TIME ZONE	指定的信息与 TIME 数据类型相同，只是值还包括专用于 UTC 和时区的信息
TIMESTAMP WITH TIME ZONE	指定的信息与 TIMESTAMP 数据类型相同，只是值还包括专用于 UTC 和时区的信息

然而，并不是所有的 DBMS 产品都支持所有这 5 种标准的 SQL 日期时间数据类型。不同 DBMS 中往往采用的时间、日期数据类型也不尽相同。

如在 Oracle 数据库中，日期型数据，用 7 个字节表示，每个日期型数据包含如下内容。

- Century（世纪）
- Year（年）
- Month（月）
- Day（天）
- Hour（小时）
- Minute（分）
- Second（秒）

在 SQLServer 数据库系统中，用到的日期和时间数据类型为 DATETIME 和 SMALL DATETIME。

- DATETIME 数据类型用于存储日期和时间的结合体。它可以存储从公元 1753 年 1 月 1 日零时起到公元 9999 年 12 月 31 日 23 时 59 分 59 秒之间的所有日期和时间，其精确度可达三百分之一秒，即 3.33 毫秒。DATETIME 数据类型所占用的存储空间为 8 个字节，其中前 4 个字节用于存储 1900 年 1 月 1 日以前或以后的天数，数值分正负，正数表示在此日期之后的日期，负数表示在此日期之前的日期；后 4 个字节用于存储从此日零时起所指定的时间经过的毫秒数。如果我们在输入数据时省略了时间部分，则系统将 12:00:00:000AM 作为时间缺省值；如果省略了日期部分，则系统将 1900 年 1 月 1 日作为日期缺省值。
- SMALLDATETIME 数据类型与 DATETIME 数据类型相似，但其日期时间范围较小，为从 1900 年 1 月 1 日到 2079 年 6 月 6 日。精度较低，只能精确到分钟，以 30 秒为界进行四舍五入。如 DATETIME 时间为 14:38:30.283 时，SMALLDATE TIME 认为是 14:39:00。SMALLDATETIME 数据类型使用 4 个字节存储数据，其中前两个字节存储从基础日期 1900 年 1 月 1 日以来的天数，后两个字节存储此日零时起所指定的时间经过的分钟数。

说明　DATETIME 数据类型在 SQL Server、SQLBase、Sybase 数据库系统中均支持。

下面我们以 SQL Server 数据库系统为准，介绍日期和时间的输入格式。

1. 日期输入格式

日期的输入格式很多，大致可分为 3 类。

（1）英文+数字格式：此类格式中，月份可用英文全名或缩写，且不区分大小写；年和月日之间可不用逗号；年份可为 4 位或两位，当其为两位时，若值小于 50，则视为 20××年，若大于或等于 50，则视为 19××年；若日部分省略，则视为当月的 1 号。以下格式均为正确的日期格式。

```
June 21 2000      Oct 1 1999      January 2000       2000 February
2000 May 1       2000 1 Sep       99 June            July 00
```

（2）数字+分隔符格式：允许把斜杠（/）、连接符（-）和小数点（.）作为用数字表示的年、月、日之间的分隔符，如下所示。

```
YMD :    2000/6/22    2000-6-22    2000.6.22
MDY :    3/5/2000     3-5-2000     3.5.2000
DMY :    31/12/1999   31-12-1999   31.12.2000
```

（3）纯数字格式：纯数字格式是以连续的 4 位、6 位或 8 位数字来表示日期。如果输入的是 6 位或 8 位数字，系统将按年、月、日来识别，即 YMD 格式，并且月和日都是用两位数字来表示；如果输入的数字是 4 位数，系统认为这 4 位数代表年份，其月份和日缺省为此年度的 1 月 1 日，如下所示。

```
20000601——2000 年 6 月 1 日
991212——1999 年 12 月 12 日
1998——1998 年
```

2．时间输入格式

在输入时间时，我们必须按“小时、分钟、秒、毫秒”的顺序来输入，在其间用冒号“:”隔开，毫秒部分可以用小数点“.”分隔，其后第一位数字代表十分之一秒，第二位数字代表百分之一秒，第三位数字代表千分之一秒。

当使用 12 小时制时，我们用 AM（am）和 PM（pm）分别指定时间是午前或午后，若不指定，系统默认为 AM。AM 与 PM 均不区分大小写，如下所示。

```
3:5:7.2pm——下午 3 时 5 分 7 秒 200 毫秒
10:23:5.123Am——上午 10 时 23 分 5 秒 123 毫秒
```

在 SQL Server 中，我们可以使用 SET DATEFORMAT 命令来设定系统默认的日期时间格式。

3.2.4 二进制数据类型

与前面介绍的数据类型不同，二进制数据类型不专门用于存储特定类型的数据，几乎可以存储任何类型的数据，包括图形图像、多媒体和字处理文档等。SQL 中常用的二进制数据类型如表 3-6 所示。

表 3-6　二进制数据类型

数据类型	说　　明
BINARY	定长二进制数据，最大长度从 255 到 8000 个字节不等，要根据具体的 DBMS 的定义
VARBINARY	可变长二进制数据，最大长度从 255 到 8000 个字节不等，要根据具体的 DBMS 的定义
RAW	定长二进制数据，最大长度为 255 个字节
VARRAW	可变长二进制数据，最大可达到 2GB

SQL Server 数据库系统中，采用的二进制数据类型为 BINARY 和 VARBINARY。一般情况下，BINARY 数据类型长度固定，因此它比 VARBINARY 类型的处理速度快。我们分别作一下简单介绍。

1．BINARY

BINARY 数据类型用于存储二进制数据。其定义形式为 BINARY（*n*），*n* 表示数据的长度，取值为 1 到 8000。在使用时必须指定 BINARY 类型数据的大小，至少应为 1 个字节。BINARY 类型数据占用 *n*+4 个字节的存储空间，在输入数据时必须在数据前加上字符“0x”作为二进制标识，例如要输入“abc”则应输入“0xabc”，如果输入的数据过长，将会截掉其超出部分；如果输入的数据位数为奇数，则会在起始符号“0x”后添加一个 0，如上述的“0xabc”会被系统自动变为“0x0abc”。

2．VARBINARY

VARBINARY 数据类型的定义形式为 VARBINARY（*n*）。与 BINARY 类型相似，*n* 的取值也为 1 到 8000，如果输入的数据过长，将会截掉其超出部分。不同的是，VARBINARY 数据类型具有变动长度的特性，因为 VARBINARY 数据类型的存储长度为实际数值长度+4 个字节。当 BINARY 数据类型允许 NULL 值时，将被视为 VARBINARY 数据类型。

3.2.5　文本和图形数据类型

另外，SQL Server 还提供了文本和图形数据类型，这类数据类型用于存储大量的字符或二进制数据，分别介绍如下。

1．TEXT

TEXT 数据类型用于存储大量文本数据，其容量理论上为 $1\sim2^{31}-1$（2 147 483 647）个字节，在实际应用时需要视硬盘的存储空间而定。

2. NTEXT

NTEXT 数据类型与 TEXT 类型相似。不同的是，NTEXT 类型采用 UNICODE 标准字符集（Character Set），因此其理论容量为 $2^{30}-1$（1 073 741 823）个字节。

3. IMAGE

IMAGE 数据类型用于存储大量的二进制数据（Binary Data），理论容量为 $2^{31}-1$（2 147 483 647）个字节，存储数据的模式与 TEXT 数据类型相同。它通常用来存储图形等 OLE（Object Linking and Embedding，对象连接和嵌入）对象。在输入数据时同 BINARY 数据类型一样，我们必须在数据前加上字符“0x”作为二进制标识。

3.2.6 自定义数据类型

除了使用系统提供的数据类型外，用户还可以用自定义的数据类型来定义表的列或声明变量。SQL 提供的 CREATE TYPE 语句用于自定义数据类型，如下面语句将创建一个基于 NUMERIC 数据类型的用户自定义的类型。

```
CREATE TYPE  Wage  AS NUMERIC(6,1)
```

创建了这个用户定义的数据类型后，我们就可以像其他预定义数据类型一样使用了。因此 Wage 数据类型就代表 NUMERIC 数据类型，其精度为 6，范围为 1。

然而，创建自定义数据类型的方法和数据库产品有很大的关系，如在 SQL Server 中，我们就不能采用 CREATE TYPE 语句定义用户的数据类型，可以采用其提供的企业管理器（Enterprise Manager）创建一个用户定义的数据类型。

实例 1 使用企业管理器建一个用户定义的数据类型

我们同样以创建 Wage 数据类型为例，讲解其创建步骤。

（1）启动企业管理器（Enterprise Manager），找到要操作的数据库。

（2）右击该数据库名，打开快捷菜单，选择“新建”→“用户定义的数据类型”命令，如图 3-2 所示。

说明 也可以通过主窗口“操作”→“新建”→“用户定义的数据类型”菜单项执行该命令。

（3）在弹出的用户定义的数据类型对话框中，在“名称”区域键入数据类型的名称。对于本例，键入“Wage”。

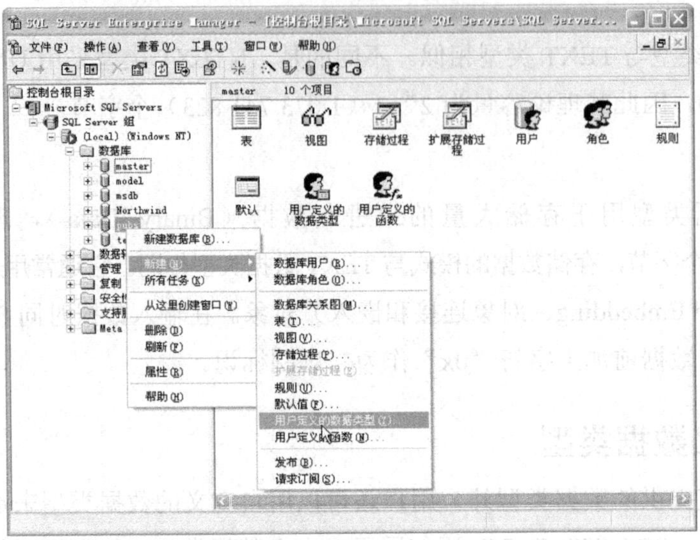

图 3-2　企业管理器执行操作界面

（4）在“数据类型”下拉列表中选择一个数据类型，对于本例来说，选择“numeric”。

（5）在“长度”区域键入数据长度，对于本例键入“6,1”。如果想要对用户定义的数据类型的列允许 NULL 值，则选中“允许 NULL 值”复选框，对话框的设置如图 3-3 所示。

（6）单击“确定”按钮即可实现数据类型的定义。

完成后，企业管理器将把数据类型定义保存在 DBMS 的系统表中。这样我们就可以使用刚才定义的数据类型了。

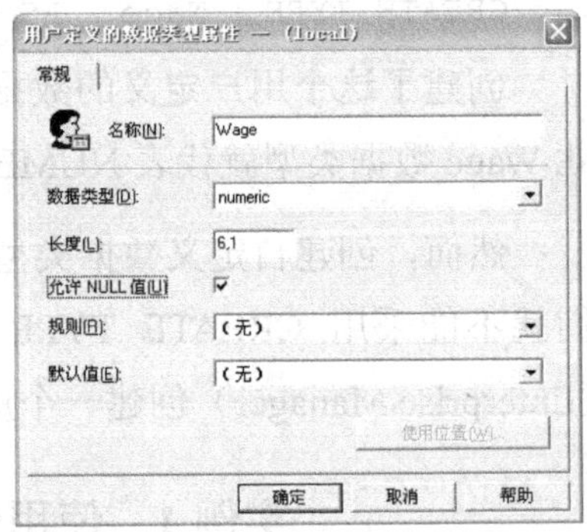

图 3-3　用户定义的数据类型对话框

3.3　表的创建（CREATE）

常用的创建数据库表的方法有两种：一种是通过数据库管理系统（DBMS）提供的交互式创建工具创建，另一种是通过 SQL 直接创建。本节主要讨论通过 SQL 直接创建数据库表。

3.3.1　创建基本表

在 SQL 中，创建数据库表的基本关键字为 Create Table，在其后要指明创建的数据库表的名称，接着要分别定义表中各列的名称、数据类型等。语法如下。

```
CREATE TABLE table_name
(
column_name1    data_type,
column_name2    data_type,
......
)
```

表的名字对大小写不敏感。表名要紧接在 Create Table 关键词的后面，且第一个字符必须是 A～Z 之一，其余的字符可以是字母，也可以是“_”、“#”、“$”和“@”等符号。表中各列的定义在括号中完成，且各列之间以逗号隔开。不同的表，其列名可以相同，但是在同一个表中，不允许出现相同的列名。在定义了列名后，我们一定要指明该列的数据类型。

说明　前面已经讲过，如果没有特别说明，本书的实例代码均是在 SQL Server 数据库系统中通过查询分析器编译运行的。

实例 2　创建数据库表

创建一个学生表（student），包含学号（sno，DECIMAL 型）、姓名（sname，CHAR 型）、性别（sex，CHAR 型）、出生年月（birthday，DATETIME 型）、系号（dno，CHAR 型）等几个字段信息。实现代码如下。

```
CREATE TABLE student
(
 sno  DECIMAL,
 sname  CHAR,
 sex  CHAR,
 birthday  DATETIME,
 dno  CHAR
)
```

运行结果如图 3-4 所示。

列名	数据类型	长度	允许空
sno	decimal	9	√
sname	char	1	√
sex	char	1	√
birthday	datetime	8	√
dno	char	1	√

图 3-4　学生表

> 说明　运行结果为在 SQL Server 中通过企业管理器查看生成表的结构，下同。

默认情况下，SQL Server 会根据类型不同，为每个字段设定最大数据长度。用户实际创建表时，都需要根据自己的数据特点，定义字段的最大存储长度。

实例 3　指定表字段的最大长度

如果最多有几万个学生，那么学号 sno 则有五位数就可以了，即可以定义为：sno DECIMAL (5)。对实例 2，指定最大字段长度可用以下代码实现。

```
CREATE TABLE student
(
sno DECIMAL (5) ,
 sname  CHAR(6) ,
 sex  CHAR(2) ,
 birthday  DATETIME ,
 dno  CHAR(3)
)
```

运行结果如图 3-5 所示。

列名	数据类型	长度	允许空
sno	decimal	5	✓
sname	char	6	✓
sex	char	2	✓
birthday	datetime	8	✓
dno	char	3	✓

图 3-5　修正的学生表

> 注意　创建表，必须要保证该表名在数据库中不存在，否则数据库会提示创建失败。如果需要创建已经存在的表，我们必须先将原来的表删除，再重新创建。

3.3.2　非空约束

SQL 允许表中列的值为 NULL，即空值。表中某列的值为 NULL，表明该列不存在值。创建数据库表时，数据库管理系统允许通过 NOT NULL 关键字为创建的每列指明非空约束，这样在添加数据时，如果该列的值为 NULL，那么数据库就会报错，添加失败。

非空约束在实际应用中是十分有用的，它保证了信息的完整性，避免了由于用户的误操作而导致的数据的不完整。

实例 4　创建非空约束

创建与 3.3.1 节相同的学生表（student），为学号（sno）、姓名（sname）、性别（sex）3 列添加非空约束。代码如下。

```
CREATE TABLE student
(
 sno  DECIMAL(5)   NOT NULL,
 sname  CHAR(6)   NOT NULL,
 sex  CHAR(2)     NOT NULL,
 birthday  DATETIME ,
 dno  CHAR(3)
)
```

运行结果如图 3-6 所示。

列名	数据类型	长度	允许空
sno	decimal	5	
sname	char	6	
sex	char	2	
birthday	datetime	8	✓
dno	char	3	✓

图 3-6　非空约束表

实例 4 创建的表中，sno、sname 和 sex 3 列为非空（NOT NULL）的，即如果插入的值为 NULL，则数据库会报错，插入失败。而余下的 birthday 和 dno 两列则允许为空（NULL）。在创建表时，各列缺省设置认为是允许为 NULL 的，除非指明 NOT NULL 属性。

例如，通过如下代码向 student 表中添加数据。

```
INSERT INTO student(sno,sex,birthday,dno)
VALUES (12,'男','1979/9/4',5)
```

由于没有给非空字段 sname 赋值，数据库系统会报告错误信息，插入操作被取消。在查询分析器的 Result 窗格将显示如下信息。

```
    Cannot insert the value NULL into column 'sname', table 'pubs.dbo.student';
column does not allow nulls. INSERT fails.
    The statement has been terminated.
```

实例 5　允许为空字段的插入操作

当然，如果对允许为空的字段不给赋值，插入操作也会正确地执行，如下面代码所示。

```
INSERT INTO student(sno,sname,sex,dno)
VALUES (12,'王小二','男',5)
SELECT * FROM student
```

运行结果如图 3-7 所示。

	sno	sname	sex	birthday	dno
1	12	王小二	男	NULL	5

图 3-7　数据插入

我们可以发现，虽然没有对 birthday 字段赋值，但是因为它可以为 NULL，所以插入数据操作能够成功执行。

注意　这里所讲的 NULL 与空字符串是不同的。如，我们可以通过“‘ ’”（两个单引号，中间没有任何值）设置空字符串，但它不是 NULL。

3.3.3　DEFAULT 指定缺省值

采用 SQL 创建表时，允许为每列指定缺省值。即向表中插入值时，当不指明该列的值时，数据库会自动地采用缺省值。指定缺省值是通过 DEFAULT 关键字来实现的。

具有缺省值的列定义的简单语法如下。

```
<column name> <data type> DEFAULT <default value>
```

在 DEFAULT 关键字后面指定该列的缺省值，该值可以是 SQL 数据值、日期值或者与会话有关的用户功能。无论<default value>使用什么类型的值，它都必须符合在列定义中指定的数据要求。比如，如果我们使用 INT 数据类型，那么指定的默认值也必须是 INT 数据类型的。

实例 6　指定表中列的缺省值

创建与 3.3.2 节相同的学生表（student），为性别（sex）列指定缺省值为“男”。

实例的代码如下。

```
CREATE TABLE student
(
 sno  DECIMAL(5)   NOT NULL,
 sname  CHAR(6)    NOT NULL,
 sex  CHAR(2)      NOT NULL   DEFAULT  '男',
 birthday  DATETIME,
 dno  CHAR(3)
)
```

当向表 student 中插入记录时，如果不指明 sex 的值，则数据库会为其添加缺省值“男”，如下面的插入数据代码。

```
INSERT INTO student(sno,sname,dno)
VALUES (12,'王小二',5)
```

代码并没有给 sex 字段插入数据，而 sex 字段设置有非空约束，但是因为在创建表时，为 sex 字段指定了默认值，所以数据库系统并没有报错，插入操作成功完成。

```
SELECT * FROM student
```

运行结果如图 3-8 所示。

	sno	sname	sex	birthday	dno
1	12	王小二	男	NULL	5

图 3-8 查询结果表

在设置日期类型值时，我们通常指定当前日期为缺省日期。在 SQL Server 中，我们可采用 DEFAULT GETDATE()指定当前日期为缺省日期，而在 Oracle 数据库系统则是通过 DEFAULT SYSDATE 来实现。表 3-7 列出了不同数据库系统获取当前日期的函数。

表 3-7 获取当前日期的函数

数据库系统	日 期 函 数	数据库系统	日 期 函 数
Access	NOW()	PostgreSQL	CURRENT_DATE
DB2	CURRENT_DATE	SQL Server	GETDATE()
MySQL	CURRENT_DATE()	Sybase	GETDATE()
Oracle	SYSDATE		

3.4 表的修改

在实际设计和创建数据库表的时候，我们很难做到一步到位，往往需要在使用的过程中，不断地修改完善。在 SQL 中，我们可以采用 ALTER TABLE 命令来修改已经创建的表结构。使用 ALTER TABLE 命令可以向表中增加新列、删除已有的列、也可以修改已经创建的列。

注意

对表定义的修改，不同的数据库系统有不同的限制。例如，Oracle 数据库就限制对列的修改只能是加大列的宽度而不能是缩小，而且不能删除列。

3.4.1 增加新列

给表增加新列在数据库的应用中是经常需要用到的。当一个数据库表创建完成后，在使用过程中随着时间的推移，往往就需要向其中增加新的信息。如前面介绍的 student 表，应用中我们还需要统计每个学生的 Email 信息，由于 student 表中可能包含了大量的数据，再重新创建表显然已经不现实了，这时，就可以采用 SQL 提供的 ADD 关键字向表中添加新列。语法如下。

```
ALTER TABLE          table_name
ADD     column_name           data_type
```

table_name 指的是要修改的表的名字，ADD 关键字后面接要创建列的列名、数据类型等，当然也可以对列设置非空约束和缺省值。

当用 ALTER TABLE 语句向表中添加新列时，DBMS 向表的列定义的尾部添加列，即在查询中将位于表的最右边。除非指定默认值，DBMS 为已有行上的新列设 NULL 值。

由于 DBMS 为已有行上的新列设 NULL 值，当使用 ALTER TABLE 语句向表中添加新列时，我们不能简单地添加 NOT NULL 约束，还必须提供缺省值。因为如果没有提供缺省值，DBMS 假设已有行上的新列为 NULL 值，这就和 NOT NULL 约束相抵触。当然，如果表中不存在数据，则不存在这个问题。

实例 7 向已有表中增加非空约束的列

这里向 3.3.3 节创建的学生表（student）中添加一列 Email 信息，并要求该列具有非空约束。

因为该 student 表中已经有了一条记录，所以如果对增加列采用 NOT NULL 约束而不指定缺省值，如下面的代码所示。

```
ALTER TABLE    student
ADD     Email  CHAR(15)  NOT NULL
```

则 SQL Server 数据库系统会报错，在查询分析器的 Result 窗格将显示如下信息。

```
ALTER TABLE only allows columns to be added that can contain nulls or have a
DEFAULT definition specified. Column 'Email' cannot be added to table 'student'
because it does not allow nulls and does not specify a DEFAULT definition.
```

实例 8 增加非空约束的列，指明缺省值

对增加的列采用 NOT NULL 约束，必须指明缺省值。实例代码如下。

```
ALTER TABLE    student
ADD    Email  CHAR(15)  NOT NULL DEFAULT 'No Email'
```

运行结果如图 3-9 所示。

Column Name	Data Type	Length	Allow Nulls
sno	decimal	5	
sname	char	6	
sex	char	2	
birthday	datetime	8	✓
dno	char	3	✓
Email	char	15	

图 3-9　增加列

查看 student 表中的数据，代码如下。

```
SELECT * FROM student
```

结果如图 3-10 所示。

	sno	sname	sex	birthday	dno	Email
1	12	王小二	男	NULL	5	No Email

图 3-10　增加列结果

我们可以发现，在表的最右边增加了一列 Email，并将记录中该列的值设为默认值“No Email”。

3.4.2　删除列

同样，在使用数据库表的过程中，如果其某列信息已经无效或不再需要，为了节省数据库空间，提高查询性能，我们可以采用 DROP COLUMN 关键字删除表中的某列，语法如下。

```
ALTER TABLE table_name
DROP COLUMN  column_name
```

table_name 是要修改的表的名字，DROP COLUMN 关键字后面接要删除列的名字。当然，一次可以删除多个列，只需要在 DROP COLUMN 关键字后面依次列出要删除的列的名字，中间用逗号分开即可。

实例 9　删除学生表中的 birthday 列

将 3.4.1 节中最终生成的学生表（student）中的 birthday 列删除。实例代码如下。

```
ALTER TABLE     student
DROP COLUMN     birthday
```

运行结果如图 3-11 所示。

	Column Name	Data Type	Length	llow Null
	sno	decimal	5	
	sname	char	6	
	sex	char	2	
	dno	char	3	✓
	Email	char	15	

图 3-11　删除列

我们可以发现 birthday 列被删除，当然，birthday 列中的数据也就不复存在。

然而，在 SQL Server 中，那些赋予默认值的列、作为主键或者在另外表中标识为外键约束的列将不能被删除。而具有非空约束的列则可以被删除。

实例 10　直接删除具有非空约束的列

继续删除 student 表中的 sex 列。

```
ALTER TABLE     student
DROP COLUMN     sex
```

查询分析器的 Result 窗格将显示如下信息。

```
Server: Msg 5074, Level 16, State 1, Line 1
The object 'DF__student__sex__4CA06362' is dependent on column 'sex'.
Server: Msg 4922, Level 16, State 1, Line 1
ALTER TABLE DROP COLUMN sex failed because one or more objects access this
column.
```

由此可见，；因为 sex 列设有默认值，所以系统不允许直接删除 sex 列。如果一定要删除该列，我们必须首先采用 ALTER TABLE 语句删除默认值约束。语法如下。

```
ALTER TABLE table_name
DROP CONSTRAINT  constraint_name
```

constraint_name 为要删除的约束对应的约束名，是由 DBMS 创建的。对于 sex 列的缺省值约束来说，约束名可从直接删除该列系统的出错报告信息中获取，为“DF__student__sex__4CA06362”。

实例 11　删除约束后，删除非空约束的列

删除 sex 列的约束后，再删除 sex 列的代码如下。

```
ALTER TABLE     student
```

```
DROP CONSTRAINT      DF__student__sex__4CA06362
ALTER TABLE     student
DROP COLUMN     sex
```

运行结果如图 3-12 所示。

Column Name	Data Type	Length	llow Null
sno	decimal	5	
sname	char	6	
dno	char	3	✓
Email	char	15	

图 3-12 删除列结果

可见，sex 列已经被成功删除。

注意：DBMS 赋予未命名约束的名称在每次创建约束时都不相同，即使删除并重新指定同一约束，其名称也是不同的。

3.4.3 修改列

如果发现数据库表中某列的结构不能满足实际的需求，在不破坏数据的情况下，SQL 允许利用 MODIFY 关键字修改表中某列的结构。常用的修改操作主要包括字符长度限制的修定和非空约束的限制或取消，语法如下。

```
ALTER TABLE table_name
MODIFY column_name data_type
```

table_name 是要修改的表的名字，MODIFY 关键字后面接要修改列的列名和修改后的数据条件。

注意：在 SQL Server 数据库系统中，并不支持 MODIFY 关键字。要修改数据库中的列，我们可以通过 ALTER COLUMN 关键字实现，即将 MODIFY 替换为 ALTER COLUMN 即可。

实例 12 修 改 列

在 3.4.2 节中最终生成的学生表（student）中，将 Email 列的最大字符数由 15 增加到 25。实例代码如下。

```
ALTER TABL      student
```

```
ALTER COLUMN Email  CHAR(25)
```

运行结果如图 3-13 所示。

	Column Name	Data Type	Length	llow Null
▶	sno	decimal	5	
	sname	char	6	
	dno	char	3	✓
	Email	char	25	✓

图 3-13　修改列

我们可以发现，Email 列的数据允许的最大长度已经更改为 25。

注意　用户可以通过 MODIFY 关键字或者 ALTER COLUMN 关键字增加或减少表中某列的最多字符数，但是，当要减少表中某列的最多字符数要特别慎重。当数据库表中该列存在已有记录的字符数多于减少后的最多字符限制时，表的修改就会失败。

当然，我们也可以通过 MODIFY 或者 ALTER COLUMN 关键字增加或取消表中某列的非空约束。

实例 13　取消 student 表中 sname 列的非空约束

```
ALTER TABLE     student
ALTER COLUMN        sname  CHAR(10)  NULL
```

运行结果如图 3-14 所示。

	Column Name	Data Type	Length	llow Null
	sno	decimal	5	
	sname	char	10	✓
	dno	char	3	✓
	Email	char	25	✓

图 3-14　修改列结果

修改表中的某列，为其增加非空约束时，我们必须要确保该列已经存在的所有记录中没有 NULL 值。

与许多 DBMS 产品不同，SQL Serve 不仅允许改变列的数据长度，而且还允许改变其数据类型。但是当列为以下情况时，我们则不能改变其数据类型。

- 列是 TEXT、IMAGE、NTEXT 或 TIMESTAMP 类型。
- 列是索引的一部分。

- 列是 PRIMARY 或者 KEY FOREIGN KEY 的一部分。
- 列具有缺省值约束。
- 列具有 CHECK 约束。
- 列具有 UNIQUE 约束。

当改变列的数据类型时，列中已有的数据必须与新的数据类型兼容。比较常用的转换是从 INTEGER 转换为字符型，因为 CHAR 列可保存数字、字母和特殊符号。但是，如果要将 CHAR 类型转换为 INTEGER 类型，必须保证表的每行上所转换的 CHAR 字段具有数字或 NULL 值。

实例 14　将 student 表的 sno 列的类型转换为 CHAR 类型

```
ALTER TABLE      student
ALTER COLUMN          sno CHAR(5)  NOT NULL
```

运行结果如图 3-15 所示。

	Column Name	Data Type	Length	llow Null
	sno	char	5	
	sname	char	10	✓
	dno	char	3	✓
	Email	char	25	✓

图 3-15　修改列类型

我们可以发现，sno 列的数据类型已经变为 CHAR 类型了。

```
SELECT * FROM student
```

结果如图 3-16 所示。

	sno	sname	dno	Email
1	12	王小二	5	No Email

图 3-16　查看结果

sno 列的记录并没有变化，实际上只是变为字符“12”而已。

注意：使用 ALTER TABLE 修改表要特别慎重，因为有些操作对数据库影响很大，且是不可逆的。如用户采用 DROP COLUMN 关键字删除表中的某列，则该列所有已经存在的数据记录均会被删除。

3.5　表的删除与重命名

3.5.1　重命名表

在创建表的时候，表的名字就被确定了，但在实际应用中，有时候需要修改表的名字而不改变其他信息，这时候就可以采用 SQL 的重命名表命令。

不同的 DBMS 对表的重命名提供的命令不尽相同。在 DB2、MySQL,、Oracle 数据库系统中可采用 RENAME 关键词，而在 SQL Server 和 Sybase 数据库系统中可采用 SP_RENAME 关键词重命名表。

实例 15　重 命 名 表

将学生表（student）重命名为 Mystudent。

```
SP_RENAME  'student' , 'Mystudent'
```

运行结果如下。

```
The object was renamed to 'Mystudent'
```

此时我们会发现数据库中的 student 表不见了，取而代之的是表 Mystudent。

除了可以对表进行重命名以外，我们还可以对表中的列进行重命名。在 SQL Server 数据库系统中，重命名表中的列同样使用 SP_RENAME 关键词。

实例 16　重命名表中的列

将 Mystudent 表（由 student 表重命名生成的表）中的 sname 列更名为 Studentname。

```
SP_RENAME  'Mystudent.sname' , 'Studentname', 'COLUMN'
```

运行结果如下。

```
The COLUMN was renamed to 'Studentname'.
```

此时，表 Mystudent 的结构如图 3-17 所示。

Column Name	Data Type	Length	llow Null
sno	char	5	
Studentname	char	10	✓
dno	char	3	✓
Email	char	25	✓

图 3-17　重命名表结果

3.5.2 删除表

表的删除非常容易，使用 DROP TABLE 关键词即可实现。语法如下。

```
DROP TABLE table_name
```

只要在 DROP TABLE 关键词后面接上要删除表的名字即可。这里表的删除不仅删除了表内存储的数值，而是整个表结构都被删除了，也就是该表不存在了。下面我们通过一个具体的实例说明表的删除操作。

实例 17 删 除 表

将学生表（Mystudent）删除。

实例代码如下。

```
DROP  TABLE      Mystudent
```

执行该语句后，我们会发现 Mystudent 已经从数据库中删除。

注意　当某表与其他的表存在关联关系时，一些 DBMS 会不允许用户通过 DROP TABLE 语句来删除该表，只有当这种关联关系被删除以后，才能删除该表。

3.6 创建、删除数据库

本章主要介绍表的相关操作，然而表是存在于特定的数据库中的。如本章前面表的有关操作实例都是在 pubs 数据库中进行的。对于那些支持多数据库的数据库系统，一般都支持基于 SQL 语言的 CREATE DATABASE 语句创建数据库，这些数据库系统包括 Oracle、MySQL、SQL Server 等。而删除数据库则通过 DROP DATABASE 语句来实现。

3.6.1 数据库的创建

虽然我们可以基于 CREATE DATABASE 语句创建数据库，但是该语句可以定义哪些参数，执行该语句需要什么许可，以及系统如何实现数据库对象等，都会因为数据库产品的不同而不同。不过，大部分产品都使用相同的语法创建数据库对象。语法如下。

```
CREATE  DATABASE   database_name
additional parameters
```

这里，CREATE DATABASE 语句创建数据库，除了要指明数据库名字外，还需要设置数据库的一些基本参数。

3.6.2 SQL Server 中数据库的创建

SQL Server 允许为每个数据库服务创建多个数据库。在 MS-SQL Server 中，使用 CREATE DATABASE 语句创建数据库的完整语法如下所示。

```
CREATE DATABASE  database_name
[ ON
    [ < filespec > [ ,...n ] ]
    [ , < filegroup > [ ,...n ] ]
]
[ LOG ON { < filespec > [ ,...n ] } ]
```

其中< filespec >定义为：

```
 ( [ NAME = logical_file_name , ]
   FILENAME = 'os_file_name'
   [ , SIZE = size ]
   [ , MAXSIZE = { max_size | UNLIMITED } ]
   [ , FILEGROWTH = growth_increment ] ) [ ,...n ])
```

各关键字和选项的含义如表 3-8 所示。

表 3-8 CREATE DATABASE 语句中关键字和选项的含义

关键字/选项	含 义
database_name	数据库名称
ON < filespec >	保存数据库的数据部分的磁盘文件名。MS-SQL Server 允许用户将单个数据库分成多个文件
LOG ON < filespec >	保存事务处理日志的磁盘文件名
logical_file_name	MS-SQL Server 将用来引用数据库或事务处理日志的名称
os_file_name	指向数据库或事务处理日志的全路径
SIZE	以 MB 量度的数据库或事务处理日志的起始尺寸。如果对事务处理日志未指定起始尺寸，系统将把其尺寸设置为总数据库文件尺寸的 25%
MAXSIZE	数据库和事务处理日志可增长到的最大尺寸。如果指定为 UNLIMITED，文件可增长到消耗全部的物理磁盘空间的程度
FILEGROWTH	当前文件中的自由空间用完时，可增加到事务处理日志或数据库文件的字节数

运用 CREATE DATABASE 语句的语法，可在 MS-SQL Server 的查询分析器中创建数据库。

注意

数据库文件的后缀名为“.mdf”，而事务处理日志文件的后缀名为“.ldf”。

实例 18　创建数据库

在 MS-SQL Server 中，创建一数据库 Sales。

```
CREATE DATABASE Sales
ON
( NAME = Sales_dat,
   FILENAME = 'c:\program files\microsoft sql
server\mssql\data\saledat.mdf',
   SIZE = 10,
   MAXSIZE = 50,
   FILEGROWTH = 5 )
LOG ON
( NAME = 'Sales_log',
   FILENAME = 'c:\program files\microsoft sql
server\mssql\data\salelog.ldf',
   SIZE = 5MB,
   MAXSIZE = 25MB,
   FILEGROWTH = 5MB )
```

在查询分析器中，运行该代码，即可完成数据库 Sales 的创建。此时查询分析器的 Result 窗格将显示如下信息。

```
The CREATE DATABASE process is allocating 10.00 MB on disk 'Sales_dat'.
The CREATE DATABASE process is allocating 5.00 MB on disk 'Sales_log'.
```

通过 SQL Server 企业管理器查看数据库 Sales 的结构和属性，结果如图 3-18 所示。

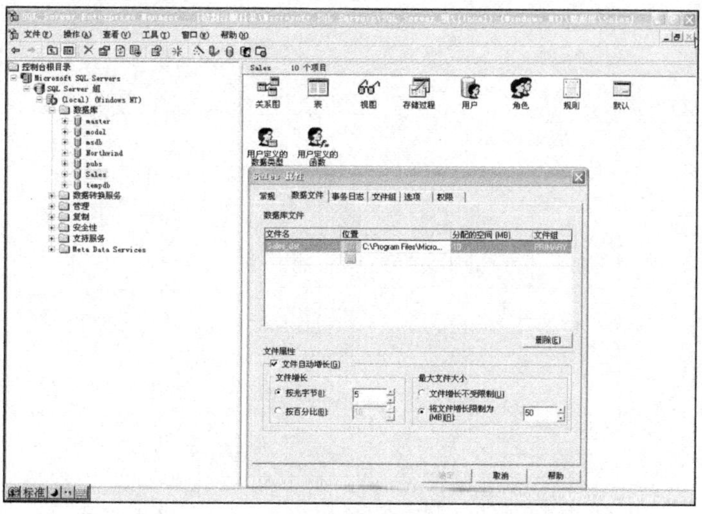

图 3-18　数据库 Sales 的结构和属性

3.6.3 删除数据库

与表的删除类似，数据库的删除是通过 DROP DATABASE 语句来实现的，语法如下。

```
DROP DATABASE database_name [ ,...n ]
```

实例 19 删除数据库

删除数据库 Sales。

```
DROP DATABASE Sales
```

此时，Sales 数据库被删除，查询分析器的 Result 窗格将显示如下信息。

```
    Deleting database file 'c:\program files\microsoft sql server\mssql\data\
salelog.ldf'.
    Deleting database file 'c:\program files\microsoft sql server\mssql\data\
saledat.mdf'.
```

如果该数据库正在被使用，通过 DROP DATABASE 语句删除数据库操作就会失败。

第4章 索引与视图的创建

和表一样，索引和视图也是数据库中的重要对象。本章将介绍索引、视图的概念及其创建与管理。

4.1 索引的基础知识

用户对数据库最频繁的操作是数据查询。一般情况下，数据库在进行查询操作时，需要对整个表进行搜索。当表中的数据很多时，搜索数据就需要很长的时间，这就造成了服务器的资源浪费。为了提高检索数据的能力，数据库引入了索引机制。

4.1.1 索引的概念

索引是一个单独的、物理的数据库结构，是数据库的一个表中所包含的值的列表，其中注明了表的各个值所在的存储位置。索引是依赖于表建立的，提供了编排表中数据的方法。

实际上，一个表的存储是由两部分组成的，一部分用来存放表的数据页面，另一部分存放索引页面，索引就存放在索引页面上。通常，索引页面相对于数据页面来说小得多。当进行数据检索时，系统先搜索索引页面，从中找到所需数据的指针，再通过指针从数据页面中读取数据。

从某种程度上，我们可以把数据库看作一本书，把索引看作书的目录，通过目录查找书中的信息。显然，与没有目录的书相比，这显得方便和快捷。

4.1.2 索引的结构

一般的数据库，如 SQL Server、Oracle 等，按存储结构的不同将索引分为两类，簇索引（ClusteredIndex）和非簇索引（Nonclustered Index）。

1. 簇索引

簇索引对表的物理数据页中的数据按列进行排序，然后再重新存储到磁盘上，即簇索引与数据是混为一体的，它的叶节点中存储的是实际的数据。

簇索引对表中的数据一一进行了排序，因此用簇索引查找数据很快。但由于簇索引将表的所有数据完全重新排列了，所需要的空间也就特别大，大概相当于表中数据所占空间的120%。

注意　表的数据行只能以一种排序方式存储在磁盘上，所以一个表只能有一个簇索引。

例如，在学生信息表中，为学号字段建立簇索引，索引的典型结构如图 4-1 所示。

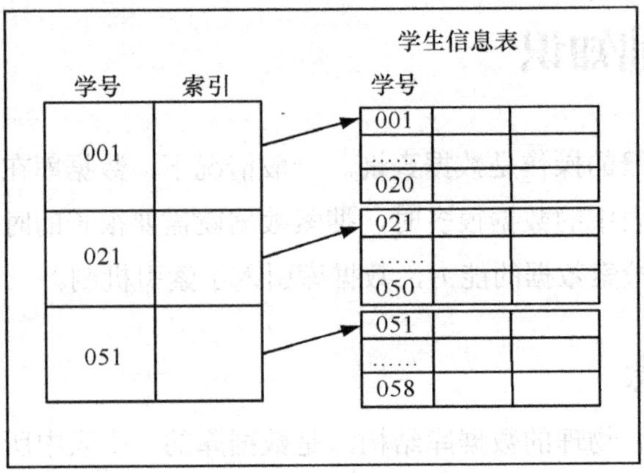

图 4-1　簇索引的结构

2. 非簇索引

非簇索引具有与表的数据完全分离的结构，使用非簇索引不必将物理数据页中的数据按列排序。非簇索引的叶节点中存储了关键字的值和行定位器。行定位器的结构和存储内容取决于数据的存储方式。如果数据是以簇索引方式存储的，则行定位器中存储的是簇索引的索引键；如果数据不是以簇索引方式存储的，则行定位器存储的是指向数据行的指针，这种方式又称为堆存储方式（Heap Structure）。非簇索引将行定位器按关键字进行排序，这个顺序与表的行在数据页中的排序是不匹配的。

由于非簇索引使用索引页存储，比簇索引需要更多的存储空间，且检索效率较低。但一个表只能建一个簇索引，当用户需要建立多个索引时，就需要使用非簇索引了。从理论上讲，一个表最多可以建 249 个非簇索引。

同样，在学生信息表中，为学号字段建立非簇索引，索引的典型结构如图 4-2 所示。

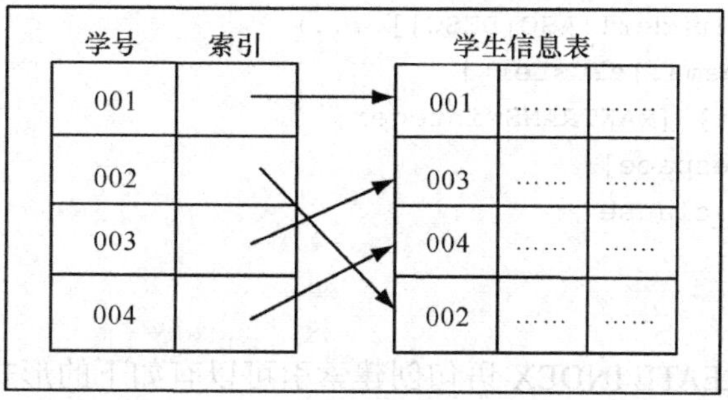

图 4-2　非簇索引的结构

4.2　索引的创建与销毁

在 SQL 中，创建索引是由 CREATE INDEX 关键字实现的。但在不同的数据库管理系统中，CREATE INDEX 语句有不同形式的扩展。索引的销毁则是由 DROP INDEX 关键字实现的。

4.2.1　基本创建语法

创建索引的基本关键字为 CREATE INDEX，在其后要指明创建索引的名称，并需要指明表的名字及创建索引的列。语法如下。

```
CREATE INDEX index_name
ON table_name(column_name1, [column_name2], ...);
```

每个索引必须有惟一的名字。ON 关键字后面为创建索引的表的名字，在括号内列出索引包含的列（当然，可以为多列）。

在不同的数据库管理系统中，创建索引语句有着不同形式的扩展。如在 SQL Server 中，CREATE INDEX 语句创建索引可以有如下的形式。

```
CREATE [ UNIQUE ] [ CLUSTERED | NONCLUSTERED ] INDEX index_name
ON { table | view } ( column [ ASC | DESC ] [ ,...n ] )
[ WITH { PAD_INDEX | FILLFACTOR = fillfactor | IGNORE_DUP_KEY |
DROP_EXISTING | STATISTICS_NORECOMPUTE | SORT_IN_TEMPDB} [ ,...n] ]
[ ON filegroup ]
```

在 Oracle 中，CREATE INDEX 语句创建索引可以有如下的形式。

```
CREATE INDEX [schema.]index
ON { [schema.]table (column [!!under!!ASC|DESC]
    [, column [!!under!!ASC|DESC]] ...)
  | CLUSTER [schema.]cluster }
[INITRANS integer] [MAXTRANS integer]
[TABLESPACE tablespace]
[STORAGE storage_clause]
[PCTFREE integer]
[NOSORT]
```

在 Informix 中，CREATE INDEX 语句创建索引可以有如下的形式。

```
CREATE [UNIQUE | DISTINCT] [CLUSTER] INDEX index_name
ON table_name (column_name [ASC|DESC],column_name [ASC|DESC]...)
```

用到的几个主要关键字含义如下。

- UNIQUE （DISTINCT）：惟一性索引，不允许表中不同的行在索引列上取相同值。若已有相同值存在，则系统给出相关信息，不建此索引。
- CLUSTERED/ NONCLUSTERED：聚集和非聚集索引，若为 CLUSTERED，则为聚集索引，即表中元组按索引项的值排序，并聚集在一起。一个基本表上只能建一个聚集索引。NONCLUSTERED 表示创建的索引为非聚集索引。缺省时，创建的索引为非聚集索引。
- ASC/DESC：索引表中索引值的排序次序，缺省为 ASC（正序排列）。

关于其他关键字和语句的含义，读者可参阅各数据库系统的参考手册。所有这些创建形式有一些共同点，即都包含了基本的创建语句：

```
CREATE INDEX index_name
ON table_name (column_name, ...)
```

本章介绍的索引操作就是围绕这个基本创建语句展开的。

4.2.2　本章实例用到的实例表

本章介绍索引和视图操作实例，共用到了 3 个实例表，分别为学生信息表（StudentInfo）、招生信息表（RecruitInfo）和院系信息表（Department）。

1．学生信息表（StudentInfo）

StudentInfo 表包含学号（sno）、姓名（sname）、性别（sex）、生源（address）、系号（dno）几个字段信息。该表的结构及数据如表 4-1 所示。

表 4-1 StudentInfo 表的结构及数据

学号（sno）	姓名（sname）	性别（sex）	生源（address）	系号（dno）
001	张平	女	湖南	2
002	李山	男	北京	4
003	王彤	女	湖北	2
004	张伟	男	浙江	1
005	高守传	男	山东	3
006	刘小静	女	山东	4
007	张勇	男	河北	6
008	刘红	女	河南	5
009	吴军	男	山西	4
010	张大山	男	陕西	7

该表的 SQL 生成代码如下。

```
CREATE TABLE  StudentInfo
(
   sno     char (3)   NOT NULL ,
   sname   char (8)  NOT NULL ,
   sex     char(2)   NOT NULL ,
   address  char(8)   NOT NULL ,
   dno     int       NOT NULL
)
INSERT INTO  StudentInfo  VALUES('001','张平','女', '湖南', 2)
INSERT INTO  StudentInfo  VALUES('002','李山','男', '北京', 4)
……
```

2. 招生信息表（RecruitInfo）

RecruitInfo 表包含生源（address）、录取分数（score）和招收人数（snum）3 个字段，其结构及数据如表 4-2 所示。

表 4-2 RecruitInfo 表的结构及数据

生源（address）	录取分数（score）	招收人数（snum）
北京	560	220
湖南	648.5	65
湖北	654	85
山东	650	80

续表

生源（address）	录取分数（score）	招收人数（snum）
浙江	638	76
河南	629.5	72
河北	625	58
山西	631	55
陕西	635	62

该表的 SQL 生成代码如下。

```
CREATE TABLE   RecruitInfo
(
    address  char(10)    NOT NULL,
    score     foat       NOT NULL,
    snum     int         NOT NULL
)
INSERT INTO  RecruitInfo  VALUES('北京',560, 220)
INSERT INTO  RecruitInfo  VALUES('湖南',648.5, 65)
……
```

3. 院系信息表（Department）

Department 表包含系号（dno）、系名（dname）和招收人数（dnum）3 个字段，其结构及数据如表 4-3 所示。

表 4-3　Department 表的结构及数据

系号（dno）	系名（dname）	招收人数（dnum）
1	计算机工程系	220
2	汽车系	80
3	机械工程系	120
4	电子工程系	180
5	工程物理系	40
6	应用数学系	50
7	材料工程系	60

该表的 SQL 生成代码如下。

```
CREATE TABLE   Department
(
    dno          int            NOT NULL,
    dname        char(20)       NOT NULL,
```

```
    dnum        int             NOT NULL
)
INSERT INTO  Department  VALUES(1,'计算机工程系', 220)
INSERT INTO  Department  VALUES(2,'汽车系', 80)
……
```

4.2.3 创建简单的非簇索引

当一个表的记录数很大时，为查询符合条件的记录，扫描整个表要花费很长时间。如在 StudentInfo 表中查询学生“吴军”的记录，查询语句如下。

```
SELECT * FROM StudentInfo WHERE sname='吴军'
```

假如 StudentInfo 表中有 100 000 条记录，为查询“吴军”学生的记录，我们就需要用 WHERE 条件对 100 000 条记录逐一进行核对，显然效率低下，而此时如果对 sname 字段建立了索引，该索引如同对 sname 字段内的所有记录进行了某种排序，通过分析姓名“吴军”，很快就会定位到它在表中的记录位置，从而提高了检索效率。

下面我们通过一个实例介绍一下非簇索引的创建和使用过程。该实例将为 StudentInfo 表中的姓名（sname）字段创建非簇索引 Name_Index。

1. 索引的创建

索引创建前，我们首先要查看学生信息表（StudentInfo）中的数据。

实例 1 查询创建索引前 StudentInfo 表中的数据

实例代码如下。

```
SELECT * FROM  StudentInfo
```

运行结果如图 4-3 所示。

	sno	sname	sex	address	dno
1	001	张平	女	湖南	2
2	002	李山	男	北京	4
3	003	王彤	女	湖北	2
4	004	张伟	男	浙江	1
5	005	高守传	男	山东	3
6	006	刘小静	女	山东	4
7	007	张勇	男	河北	6
8	008	刘红	女	河南	5
9	009	吴军	男	山西	4
10	010	张大山	男	陕西	7

图 4-3 学生信息表

实例 2　为 StudentInfo 表中的 sname 字段创建非簇索引

实例代码如下。

```
CREATE  INDEX  Name_Index
ON  StudentInfo  (sname )
```

执行该代码，系统会提示索引创建成功。在非簇索引中，DBMS 只对创建索引的列的键值进行排序（升序），而索引的表行不排序。

实例 3　查询索引的键字值

实例代码如下。

```
SELECT        sname
FROM          studentinfo
```

运行结果如图 4-4 所示。

	sname
1	高守传
2	李山
3	刘红
4	刘小静
5	王彤
6	吴军
7	张大山
8	张平
9	张伟
10	张勇

图 4-4　索引的键字值

由此可见，索引的键值按照升序进行了排序。

实例 4　查询创建索引后 StudentInfo 表中的所有数据

实例代码如下。

```
SELECT * FROM  StudentInfo
```

运行结果如图 4-5 所示。

	sno	sname	sex	address	dno
1	001	张平	女	湖南	2
2	002	李山	男	北京	4
3	003	王彤	女	湖北	2
4	004	张伟	男	浙江	1
5	005	高守传	男	山东	3
6	006	刘小静	女	山东	4
7	007	张勇	男	河北	6
8	008	刘红	女	河南	5
9	009	吴军	男	山西	4
10	010	张大山	男	陕西	7

图 4-5 创建索引后的学生信息表

结果与创建索引前的查询结果没有什么变化。这是因为这里创建的是非簇索引。它并没有改变表中数据存放的物理位置。

2. 非簇索引的使用

由于大多数数据库系统具有使用多个索引的能力，如 SQL Server，当在表上创建一个或多个索引后，SQL Server 的查询优化器会自动决定在查询执行期间使用哪个索引。

为了在 SQL Server 中使用索引，WHERE 子句中的列之一必须是索引所在列，对于本例来说就是 sname 列。

当然也可以不让 SQL Server 的查询优化器自动决定索引，而是强制使用某种索引，语法如下。

```
SELECT      column1,column2,……
FROM            table_name
WITH        (INDEX (index_name))
WHERE       condition
```

index_name 指明了要使用的索引名字。

实例 5 强制使用非簇索引查询表

强制使用 Name_Index 索引，查询学生信息表（StudentInfo）中的数据，代码如下。

```
SELECT      *
FROM        StudentInfo
WITH        (INDEX (Name_Index))
```

运行结果如图 4-6 所示。

	sno	sname	sex	address	dno
1	005	高守传	男	山东	3
2	002	李山	男	北京	4
3	008	刘红	女	河南	5
4	006	刘小静	女	山东	4
5	003	王彤	女	湖北	2
6	009	吴军	男	山西	4
7	010	张大山	男	陕西	7
8	001	张平	女	湖南	2
9	004	张伟	男	浙江	1
10	007	张勇	男	河北	6

图 4-6 强制索引使用的检索结果图

对比使用索引前后数据库表中的数据，我们可以发现，数据按照 sname 字段升序的方向重新排列。因为这里强制使用了 Name_Index 索引，所以该索引中，sname 字段是按照记录升序的方向排列的。

说明 对于查询表中的所有记录信息，使用索引是毫无意义的。这里这么做是为了演示索引的作用效果，下同。

在 SQL 的 SELECT 语句中，使用 ORDER BY 关键字同样可以对查找结果进行排序。

实例 6 使用 ORDER BY 关键字对查找结果排序

实例代码如下。

```
SELECT * FROM  StudentInfo
ORDER BY  sname
```

运行结果如图 4-7 所示。

	sno	sname	sex	address	dno
1	005	高守传	男	山东	3
2	002	李山	男	北京	4
3	008	刘红	女	河南	5
4	006	刘小静	女	山东	4
5	003	王彤	女	湖北	2
6	009	吴军	男	山西	4
7	010	张大山	男	陕西	7
8	001	张平	女	湖南	2
9	004	张伟	男	浙江	1
10	007	张勇	男	河北	6

图 4-7 按照姓名排序的结果

说明 有关 Select 语句，后面的章节中会有详细的介绍。

虽然从表面上看，使用 SELECT……ORDER BY 语句得到了相同的结果，但是，二者从本质上有很大的区别。ORDER BY 关键词在每次查询数据时，都要对数据进行排序；而创建索引后，数据库系统实际上创建了一个索引结构体，用户每次使用查询数据时，都使用相同的索引结构，从而节约了时间。

注意　当数据库表被删除时，和它相关的所有索引都将被删除。

4.2.4　多字段非簇索引的创建

SQL 允许用户在一个表中，在两个或多个字段上创建多字段索引，这种索引又被称为复合索引。有时，建立这类索引在实际应用中也是必要的。

例如，在学生选课表中，我们经常要查询某某同学（如张三）选修的某门课程（如数学）的成绩。这时，如果只在一个字段上建立索引，则查询效率要低些。比如，只在学生姓名字段上建立索引，执行查询时，系统将利用索引找出张三同学的所有选课记录，然后再对课程逐一扫描，找到课程为数学的记录；而如果只在课程字段上建立索引，执行查询时，系统将利用索引找出所有选修数学课程的学生记录，再对这些记录的姓名字段进行逐一扫描，找到姓名为张三的记录。这时，为了提高查询效率，我们可以同时为姓名和课程两个字段建立一个索引。

说明　因为学生数一般远远大于课程数，所以如果只在一个字段上建立索引，以建姓名字段为好。

实例 7　创建并强制使用多字段索引检索表

为 StudentInfo 表中的性别（sex）和姓名（sname）字段创建索引 SexName_Index。

实例代码如下。

```
CREATE  INDEX  SexName_Index
ON  StudentInfo (sex , sname )
```

强制使用 SexName_Index 索引，查询 StudentInfo 表中的所有记录。

```
SELECT   *
FROM          StudentInfo
WITH          (INDEX (SexName_Index))
```

运行结果如图 4-8 所示。

	sno	sname	sex	address	dno
1	005	高守传	男	山东	3
2	002	李山	男	北京	4
3	009	吴军	男	山西	4
4	010	张大山	男	陕西	7
5	004	张伟	男	浙江	1
6	007	张勇	男	河北	6
7	008	刘红	女	河南	5
8	006	刘小静	女	山东	4
9	003	王彤	女	湖北	2
10	001	张平	女	湖南	2

图 4-8　强制使用索引检索结果图

我们可以发现，在创建的索引中，sex 字段的优先级要高于 sname 字段。在创建多字段索引时，各字段的排列顺序决定了其优先级，排列越靠前，具有越高的优先级。

4.2.5　使用 UNIQUE 关键字创建惟一索引

惟一索引是指不允许在两行中存在相同的索引值。惟一索引可以拥有一行或者多行。如果用户试图使用 INSERT 或 UPDATE 语句，在拥有惟一索引的数据中生成一个重复的值，那么 INSERT 或者 UPDATE 就会被终止，SQL 服务器会生成一个错误信息。

实例 8　创建并强制使用惟一索引检索表

为 StudentInfo 表中的学号（sno）字段创建惟一索引 Sno_Index，且指定降序排序。

```
CREATE  UNIQUE  INDEX  Sno_Index
ON StudentInfo (sno DESC )
```

强制使用 Sno_Index 索引，查询 StudentInfo 表中的所有记录。

```
SELECT   *
FROM          StudentInfo
WITH          (INDEX (Sno_Index))
```

运行结果如图 4-9 所示。

	sno	sname	sex	address	dno
1	010	张大山	男	陕西	7
2	009	吴军	男	山西	4
3	008	刘红	女	河南	5
4	007	张勇	男	河北	6
5	006	刘小静	女	山东	4
6	005	高守传	男	山东	3
7	004	张伟	男	浙江	1
8	003	王彤	女	湖北	2
9	002	李山	男	北京	4
10	001	张平	女	湖南	2

图 4-9　强制使用索引检索所有的记录

如果用户要向 StudentInfo 表中插入具有相同学号的学生信息，如：

```
insert StudentInfo  (sno, sname, sex, address, dno)
values  ('006','刘备','男','河南',1)
```

SQL Server 会报错，在查询分析器的 Result 窗格将显示如下信息。

```
Cannot insert duplicate key row in object 'StudentInfo' with unique index
'Sno_Index'.
The statement has been terminated.
```

注意

当创建惟一索引时，我们应确保被索引的列不允许 NULL 值。例如，SQL Server 将 NULL 也看作是一个值，如果创建惟一索引的列允许 NULL 值，假定原先该列不存在 NULL 值，那么向其中插入 NULL 值时，第一个是合法的，第二个就会失败。因为两个 NULL 值被视为违背惟一性原则。

当然，创建惟一性索引的前提是，创建索引的列中已有的记录本身没有重复的值。否则，系统会报错，创建失败。

实例 9　具有重复值字段的惟一性索引的创建

为 StudentInfo 表中的 address 字段创建惟一索引 Address_Index。

```
CREATE  UNIQUE  INDEX  address_Index
ON  StudentInfo (address )
```

运行结果如下。SQL Server 数据库系统会报错，在查询分析器的 Result 窗格将显示如下信息。

```
CREATE UNIQUE INDEX terminated because a duplicate key was found for index ID
4. Most significant primary key is '山东    ☼'.
The statement has been terminated.
```

这是因为在 StudentInfo 表的 address 列中，其值不是惟一的（包含两个“山东”记录），因此对其创建惟一性索引将导致创建失败。

4.2.6　使用 CLUSTERDE 关键字创建簇索引

与非簇索引不同，簇索引改变了表中数据存放的物理位置。在带有簇索引的表中，行是以索引顺序存放的。簇索引不仅对索引中的键字值进行排序，而且对表中的行排序，以便使其与索引的排序相匹配。使用簇集索引主要有三点优势。

- 使用簇集索引的表将占用最小的磁盘空间。因为 DBMS 在插入新行时，会自动地重用以前分配给删除行的空间。

- 对基于簇集索引的列值进行查询时，会有更快的执行速度，因为所有值在物理磁盘上相互靠近。
- 基于簇集索引的列以升序显示数据查询，不再需要 ORDER BY 子句，因为表的数据本身已经按所要求的输出顺序排列。

当检索带有连续键值的多行时，如查询姓王的所有学生时，簇索引就显示出很多优势。一旦找到了第一个键值，后续索引值的行必定物理地排在后面，这样就无需进一步访问磁盘了。

实例 10　创建单字段簇索引并查询创建索引后的表

为 StudentInfo 表中的姓名（sname）字段创建簇索引 Snamecluseter_Index。

```
CREATE CLUSTERED INDEX Snamecluseter_Index
ON StudentInfo (sname )
```

此时查询学生信息表（StudentInfo）中的数据：

```
SELECT * FROM StudentInfo
```

运行结果如图 4-10 所示。

	sno	sname	sex	address	dno
1	005	高守传	男	山东	3
2	002	李山	男	北京	4
3	008	刘红	女	河南	5
4	006	刘小静	女	山东	4
5	003	王彤	女	湖北	2
6	009	吴军	男	山西	4
7	010	张大山	男	陕西	7
8	001	张平	女	湖南	2
9	004	张伟	男	浙江	1
10	007	张勇	男	河北	6

图 4-10　创建单字段簇索引后的表记录

由此可见，创建簇索引后，表中数据（行）存储的物理位置发生了变化，与非簇索引一样，也可以建立多字段簇集索引。

实例 11　创建多字段簇索引

为 StudentInfo 表中的 sex 和 address 字段创建簇索引 SexAddressCluseter_Index。当然，建立以前我们要删除已有的簇集索引 Snamecluseter_Index。

```
DROP INDEX studentinfo.Snamecluseter_Index
CREATE  CLUSTERED  INDEX  SexAddressCluseter_Index
ON  StudentInfo (sex , address )
```

此时，查询 StudentInfo 表中的所有记录：

```
SELECT       *
FROM         StudentInfo
```

运行结果如图 4-11 所示。

	sno	sname	sex	address	dno
1	002	李山	男	北京	4
2	007	张勇	男	河北	6
3	005	高守传	男	山东	3
4	009	吴军	男	山西	4
5	010	张大山	男	陕西	7
6	004	张伟	男	浙江	1
7	008	刘红	女	河南	5
8	003	王彤	女	湖北	2
9	001	张平	女	湖南	2
10	006	刘小静	女	山东	4

图 4-11 创建多字段簇索引后的表记录

我们可以发现，在创建的多字段簇集索引中，sex 字段的优先级要高于 address 字段。

注意 一个表中只能创建一个簇索引。因为表行必须以簇集索引的顺序排列，而单个表在磁盘上只能有一个物理记录排列方式。

在对表创建了一个簇集索引之后，在插入新行或是更新簇集索引一部分的列值时，DBMS 将自动地重新排序。因此，对那些经常大量插入行或更新索引列值的表，我们尽量不要建立簇集索引。

4.2.7 索引的销毁

在 SQL 中，无论是簇集索引还是非簇索引，都可以通过 DROP INDEX 关键字销毁。语法如下。

```
DROP  INDEX  index_name
```

销毁索引，我们只需在 DROP INDEX 关键字后写入索引的名称即可。

实例 12 销 毁 索 引

将为 StudentInfo 表中的 sname 字段创建的索引 Name_Index 销毁。

```
DROP  INDEX  StudentInfo.Name_Index
```

> **注意** 在 SQL Server 中，用 DROP INDEX 语句销毁索引时，我们一定要指明索引所在表的名字，如实例代码中的 StudentInfo.Name_Index。

4.2.8　使用索引的几点原则

前面我们介绍了索引的创建和销毁。在一个表中，什么时候需要创建索引，创建索引又需要注意些什么呢？下面是创建索引时，需要注意的几点。

- 对小的数据表来说，使用索引并不能提高检索效率，因此不需对其创建索引。
- 当用户要检索的字段的数据包含有很多数值或很多空值（NULL）时，为该字段创建索引，会大大提高检索效率。
- 当用户查询表中的数据时，如果查询结果包含的数据（行）较少，一般少于数据总数的 25%时，使用索引会显著提高查询效率。反之，如果用户的查询操作返回结果总是包含大量数据，那么索引的用处不大。
- 索引列在 WHERE 子句中应频繁使用。例如，我们在学生姓名字段上建了索引，但实际查询中并不是经常用姓名作为查询条件，该索引就没有发生作用。
- 我们要先装数据，后建索引。对于大多数的表，总有一批初始数据需要装入。该原则是说，建立表后，我们要先将这些初始数据装入表，然后再建索引，这样可以加快初始数据的录入。如果建表后就建索引，那么在输入初始数据时，每插入一个记录都要维护一次索引；当然，对于索引来说，早建和晚建都是允许的。
- 索引提高了数据检索的速度，但也降低了数据更新的速度。如果要对表中的数据进行大量更新，我们最好先销毁索引，等数据更新完毕再创建索引，这样会提高效率。
- 索引要占用数据库空间。在设计数据库时，我们要把需要的索引空间考虑在内。
- 我们要尽量把表和它的索引存放在不同的磁盘上，这样会提高查询速度。

4.3　视图的基础知识

视图是从一个或多个表中查询数据的另外一种方式。利用视图，用户可以集中、简化、定制数据库，同时还可以提供安全保证。

4.3.1 视图简介

视图是从一个或多个表中导出的表，其结构和数据是建立在对表的查询基础上的。和表一样，视图也是包括几个被定义的数据列和多个数据行，但就本质而言，这些数据列和数据行来源于它所引用的表。所以视图不是真实存在的基础表，而是一张虚表。

视图所对应的数据并不以视图结构存储在数据库中，而是存储在视图所引用的表中。关于视图的概念如图 4-12 所示。

学生信息表

sno	sname	sex	age	department
001	王盟	男	23	数学
002	李山	女	21	生物
003	王永军	男	23	计算机
004	刘小静	女	22	计算机
005	高伟	男	21	电子工程

学生信息视图

sno	sex	department
001	男	数学
002	女	生物
003	男	计算机
004	女	计算机
005	男	电子工程

图 4-12 视图的基本示意图

通过视图看到的数据只是存放在基本表中的数据。对视图的操作与对表的操作一样，我们可以对其进行查询、修改（有一定的限制）和删除。

当我们对视图中的数据进行修改时，相应的基本表数据也要发生变化；同时，如果基本表的数据发生变化，那么这种变化也可以自动地反映到视图中。

4.3.2 视图的优缺点

视图有很多优点，主要表现在简化操作、定制数据、合并分隔数据、安全性等方面。

- 简化操作。视图大大简化了用户对数据的操作。在定义视图时，视图本身就可以是一个复杂查询的结果集。因此，在每一次执行相同的查询时，不必重新写这些复杂的查询语句，只要一条简单的查询视图语句即可。
- 定制数据。视图能够让不同的用户、以不同的方式看到不同或相同的数据集。因此，当有许多不同水平的用户共用同一数据库时，这显得极为重要。比如，我们想让公司的用户访问某些职员记录，但不想让这些用户获得诸如医疗卡号或工资之类的信息，那么就可以创建一个视图，只为他们提供应该看到的信息。

- 合并分隔数据。在有些情况下，由于表中数据量太大，在表的设计时，常将表进行水平分割或垂直分割，但表的结构的变化却会对应用程序产生不良的影响。使用视图就可以重新保持原有的结构关系，从而使外模式保持不变，原有的应用程序仍可以通过视图来重载数据。
- 安全性。视图可以作为一种安全机制。通过视图，用户只能查看和修改他们所能看到的数据。其他数据库或表既不可见，也不可以访问。如果某一用户想要访问视图的结果集，必须授予其访问权限。视图所引用表的访问权限与视图权限的设置互不影响。

使用视图主要有两个缺点。

- 性能。由于视图是虚拟的表，在使用包括视图引用的 SQL 语句时，数据库除了执行所键入的 SQL 语句中的查询或更新之外，还要告诉 DBMS 执行定义视图的查询，这就影响了查询效率。
- 更新限制。不是所有的视图都是可更新的。目前，SQL 将可更新的视图限制为基于对单个表的，并且没有 GROUP BY 或者 HAVING 子句的查询。除此之外，为了使视图是可更新的，视图不能使用聚集函数、计算的列或 SELECT DISTINCT 子句。

由于 SQL 对更新视图的限制，用户不能总是用视图来代替表。另外，在使用视图的情况下，我们要综合考虑使用视图的优势和 DBMS 每次执行创建视图的 SQL 语句引起的性能损失。

4.4 视图的创建与销毁

与前面介绍的创建表、创建索引相似，视图的创建主要是由 CREATE VIEW 关键字实现的，视图的销毁则是由 DROP VIEW 关键字实现的。

4.4.1 基本创建语法

视图的创建主要由 CREATE VIEW 关键字实现，其数据则由 SELECT 语句定义。语法如下。

```
CREATE VIEW <view_name> [(column1, column2...)]
AS
SELECT <column_names>
FROM <table_name>
```

[(column1, column2...)]为可选项，缺省时，为子查询结果中的字段名。SELECT 语句指明了视图中的字段及其数据。关于视图我们还要强调两点。

- 视图创建后，在数据字典中只存放视图的定义，而其中的 SELECT 语句并不执行。
- 只有当用户对视图进行操作时，才按照视图的定义将数据从基本表中取出。

4.4.2 创建简单的视图

本节将给出几个实例，说明几种简单视图的创建。

1. 创建与表具有相同信息的视图

实例 13 为整表创建视图并查看其信息

创建一个与 StudentInfo 表具有相同信息的视图 StudentInfo_View。

```
CREATE VIEW StudentInfo_View
AS
SELECT * FROM StudentInfo
```

查看视图的数据。

```
SELECT *
FROM StudentInfo_View
```

运行结果如图 4-13 所示。

	sno	sname	sex	address	dno
1	002	李山	男	北京	4
2	007	张勇	男	河北	6
3	005	高守传	男	山东	3
4	009	吴军	男	山西	4
5	010	张大山	男	陕西	7
6	004	张伟	男	浙江	1
7	008	刘红	女	河南	5
8	003	王彤	女	湖北	2
9	001	张平	女	湖南	2
10	006	刘小静	女	山东	4

图 4-13 视图的数据信息

我们可以发现，视图 StudentInfo_View 中的信息与 StudentInfo 表完全相同（因为前面为 StudentInfo 表创建了簇索引，所以物理存储位置发生了变化）。

2．为视图创建视图

实际上，我们也可以把视图看成是一个表，还可以为视图创建视图。

实例 14　为视图创建视图并查看其信息

为视图 StudentInfo_View 包含的所有男同学的信息创建一个视图 Boy_View。

实例代码如下。

```
CREATE VIEW  Boy_View
AS
SELECT * FROM  StudentInfo_View
WHERE  sex = '男'
```

查看视图的数据。

```
SELECT *
FROM  Boy_View
```

运行结果如图 4-14 所示。

	sno	sname	sex	address	dno
1	002	李山	男	北京	4
2	007	张勇	男	河北	6
3	005	高守传	男	山东	3
4	009	吴军	男	山西	4
5	010	张大山	男	陕西	7
6	004	张伟	男	浙江	1

图 4-14　视图的视图数据信息

注意　由于视图是一个“虚表”，当表被删除时，由该表创建的视图，或视图的视图都不可用。

3．为表中的一列或者几列信息创建视图

实例 15　为列创建视图并查看其信息

为 StudentInfo 表中的姓名（sname）、生源（address）信息创建一个视图 NameAddress_View。

实例代码如下。

```
CREATE VIEW  NameAddress_View
AS
SELECT sname, address
FROM  StudentInfo
```

查看视图的数据。

```
SELECT *
FROM  NameAddress_View
```

运行结果如图 4-15 所示：

	sname	address
1	高守传	山东
2	李山	北京
3	刘红	河南
4	刘小静	山东
5	王彤	湖北
6	吴军	山西
7	张大山	陕西
8	张平	湖南
9	张伟	浙江
10	张勇	河北

图 4-15　列视图的信息

注意　用户可以通过创建视图进行数据查询。例如，一个表有 50 列，有成千上万行，而用户只需要使用表中的两列数据，这时，我们可以为这两列创建一个视图，在视图中查询需要的数据，这样会大大提高查询效率。

4. 创建与表具有不同字段名的视图

前面实例创建的视图，并没有特别指明视图的字段名，系统就默认为与表相同的字段名。实际上，创建视图时，我们也可以为表中的数据定义新的字段名。

实例 16　为表创建具有不同字段名的视图并查看其信息

为 StudentInfo 表中所有男同学的 sname、address 字段创建一个视图 NewColumnName_View，这两个字段的字段名定义为 Boy_Name 和 Boy_Address。实例代码如下。

```
CREATE VIEW  NewColumnName_View(Boy_Name, Boy_Address,sex)
AS
SELECT sname, address,sex
FROM  StudentInfo
WHERE  sex = '男'
```

查看视图的数据。

```
SELECT *
FROM  NewColumnName_View
```

运行结果如图 4-16 所示。

	Boy_Name	Boy_Address	sex
1	李山	北京	男
2	张勇	河北	男
3	高守传	山东	男
4	吴军	山西	男
5	张大山	陕西	男
6	张伟	浙江	男

图 4-16　与表具有不同字段名的视图信息

实际应用时，我们要注意新定义的字段名与表中数据的对应关系。

4.4.3　利用视图简化表的复杂连接

视图的一个重要用途就是进行复杂的 SQL 数据处理。通过创建视图，我们可以实现多表之间的复杂连接。将频繁使用的连接定义成视图后，用户就不必每次使用时都要指定复杂的连接条件了。

说明　本小节和 4.4.4 节用到了一些前面并没有介绍过的语句，如果读者没有一定的 SQL 基础，可先略过。在本书的后面章节中，我们会对这些语句有详细的讲解。

在 4.2.2 节，介绍了 3 个相互关联的表——学生信息表（StudentInfo）、招生信息表（RecruitInfo）和院系信息表（Department）。在实际应用中，用户一次查询的记录往往分别存储在这 3 个不同的表中，如查询“李山”同学所在的系以及高考时所在地区的录取分数线信息。这时，需要的 3 个字段 sname、dname 和 dnum 分别在这 3 个不同的表中。如果我们采用连接表的方式查询，每次查询不同的同学都需要通过复杂的连接条件连接一次表，显然效率低下；而如果为 sname、dname 和 dnum 这 3 个字段的记录创建一个视图，我们只需要进行一次表的连接，而后相关的查询只要访问视图就可以了，明显提高了查询效率。

实例 17　利用视图简化表的复杂连接

创建一视图 Join_View，包含 StudentInfo 表中的姓名（sname）字段、RecruitInfo 表中的

系名（dname）以及 Department 表中的录取分数（dnum）的信息。实例代码如下。

```
CREATE VIEW  Join_View
AS
SELECT  sname, dname, score
FROM   StudentInfo, Department, RecruitInfo
WHERE  StudentInfo.address = RecruitInfo.address
AND     StudentInfo.dno = Department.dno
```

查看视图的数据。

```
SELECT * FROM  Join_View
```

运行结果如图 4-17 所示。

	sname	dname	score
1	高守传	机械工程系	650.0
2	李山	电子工程系	560.0
3	刘红	工程物理系	629.5
4	刘小静	电子工程系	650.0
5	王彤	汽车系	654.0
6	吴军	电子工程系	931.0
7	张大山	材料工程系	635.0
8	张平	汽车系	648.5
9	张伟	计算机工程系	638.0
10	张勇	应用数学系	625.0

图 4-17　查询视图

创建了视图 Join_View 后，用户以后需要对姓名（sname）、所在系名（dname）以及所在地录取分数（dnum）的信息查询，只要对视图 Join_View 进行操作就可以了，而不必每次都对表进行连接。

4.4.4　利用视图简化复杂查询

在多表之间进行一系列复杂查询时，利用视图可以将查询条件层层分解，简化查询过程。下面我们通过一个具体实例说明利用视图将复杂查询的层层分解过程。

实例 18　利用视图简化复杂查询

从 StudentInfo 表、RecruitInfo 表和 Department 表中查找录取分数高于 630 分的男同学的姓名及其所在的系名。

（1）基于 StudentInfo 表，创建视图 Boys_View，包含所有男同学的信息。代码如下。

```
CREATE VIEW  Boys_View
AS
SELECT  *
FROM   StudentInfo
WHERE  sex = '男'
```

查看视图 Boys_View 的数据。

```
SELECT * FROM  Boys_View
```

运行结果如图 4-18 所示。

	sno	sname	sex	address	dno
1	005	高守传	男	山东	3
2	002	李山	男	北京	4
3	009	吴军	男	山西	4
4	010	张大山	男	陕西	7
5	004	张伟	男	浙江	1
6	007	张勇	男	河北	6

图 4-18　创建基于表的视图

（2）基于 RecruitInfo 表，创建视图 Score_View，包含录取分数高于 630 的所有学生信息。代码如下。

```
CREATE VIEW  Score_View(sno ,sname, sex, address,dno)
AS
SELECT  StudentInfo.*
FROM  StudentInfo, RecruitInfo
WHERE  StudentInfo. address = RecruitInfo. address
AND  RecruitInfo. Score>630
```

查看视图 Score_View 的数据。

```
SELECT * FROM  Score_View
```

运行结果如图 4-19 所示。

	sno	sname	sex	address	dno
1	005	高守传	男	山东	3
2	006	刘小静	女	山东	4
3	003	王彤	女	湖北	2
4	009	吴军	男	山西	4
5	010	张大山	男	陕西	7
6	001	张平	女	湖南	2
7	004	张伟	男	浙江	1

图 4-19　创建基于表的带有条件的视图

（3）基于 Score_View 视图和 Boys_View 视图，创建视图 BoyScore_View，包含录取分数高于 630 的所有男学生信息。代码如下。

```
CREATE VIEW  BoyScore_View
AS
SELECT *  FROM  Score_View
WHERE sno  IN
 (SELECT sno  FROM  Boys_View)
```

查看视图 BoyScore_View 的数据。

```
SELECT * FROM  BoyScore_View
```

运行结果如图 4-20 所示。

	sno	sname	sex	address	dno
1	005	高守传	男	山东	3
2	009	吴军	男	山西	4
3	010	张大山	男	陕西	7
4	004	张伟	男	浙江	1

图 4-20　创建基于多个视图的视图

（4）基于视图 BoyScore_View 和表 Department，创建视图 Result_View，包含录取分数高于 630 分的男同学的姓名及其所在的系信息。代码如下。

```
CREATE VIEW  Result_View (sname, dname)
AS
SELECT  BoyScore_View. Sname, Department.dname
FROM  BoyScore_View, Department
WHERE  BoyScore_View. dno = Department. dno
```

查看视图 Result_View 的数据。

```
SELECT *  FROM  Result_View
```

运行结果如图 4-21 所示。

	sname	dname
1	高守传	机械工程系
2	吴军	电子工程系
3	张大山	材料工程系
4	张伟	计算机工程系

图 4-21　查看视图的数据

由此可见，通过创建视图层层分解，多表的复杂查询变得简洁、清楚。

4.4.5 视图的销毁

在 SQL 中，我们可以通过 DROP VIEW 关键字销毁创建的视图。语法如下。

```
DROP  VIEW view_name
```

销毁视图，只需在 DROP VIEW 关键字后写入视图的名称即可。

实例 19　销毁视图并查询销毁视图后表的信息

销毁 4.4.2 节为 StudentInfo 表创建的视图 StudentInfo_View。代码如下。

```
DROP  VIEW  StudentInfo_View
```

此时，查看视图 StudentInfo_View 数据。

```
SELECT * FROM  StudentInfo_View
```

运行结果如下。

```
Invalid object name 'StudentInfo_View'.
```

这表明该视图对象在数据库中已经不存在。

强调一点，视图在物理上是不存在的，它实际上只是一个查询结果，是一个被存储的查询。与创建表 CREATE TABLE 语句不同，CREATE TABLE 语句在系统目录中保存表，而 CREATE VIEW 语句只保存视图的定义。所以 DROP VIEW 语句删除视图时，删除的也只是视图的定义，对实际表中的数据并没有任何影响。

此时查看 StudentInfo 表中的数据如图 4-22 所示。

	sno	sname	sex	address	dno
1	002	李山	男	北京	4
2	007	张勇	男	河北	6
3	005	高守传	男	山东	3
4	009	吴军	男	山西	4
5	010	张大山	男	陕西	7
6	004	张伟	男	浙江	1
7	008	刘红	女	河南	5
8	003	王彤	女	湖北	2
9	001	张平	女	湖南	2
10	006	刘小静	女	山东	4

图 4-22　StudentInfo 表中的数据

我们可以发现，虽然视图被销毁了，但是表中的数据没有任何变化。

注意

视图被销毁后，实际的表并不会发生任何改变。

4.4.6 使用视图的几点原则

一般情况下，创建和使用视图应遵循以下几点原则。

- 和表一样，视图必须有惟一的名字。不仅视图之间不允许有相同的名字，并且视图与表也不允许拥有相同的名字。
- 视图的创建个数不受限制，用户可以创建任意多个视图。
- 用户要创建视图，必须从数据库管理员那里得到创建权限。
- 视图可以嵌套，即可以创建视图的视图。
- 一些数据库管理系统（如 SQL Server）禁止用户在查询语句中使用 ORDER BY 子句。

第5章 简单的查询

查询（SELECT）语句是SQL的核心，是SQL语句中使用最频繁的语句之一。因为大量的选项可以用于SELECT语句，所以整个SQL数据查询功能就是围着SELECT语句进行的。查询可以按复杂性进行划分，从用一个简单语句返回表中的所有行，到用一个语句连接多个表并定义搜索条件。本章在介绍SELECT语句基本结构的基础上，主要介绍SQL的简单查询操作。

5.1 查询的基本结构

在SQL语言中，对数据库的读操作就体现在SELECT查询语句上。SELECT语句由一系列灵活的子句组成，这些子句共同确定检索哪些数据。

5.1.1 SELECT语句的结构

SELECT 语句的基本语法可以分成几个特定的子句。通过每个子句细化查询，以便返回需要的数据。SELECT语句的完整语法如下。

```
SELECT [DISTINCT | ALL]   select_list
FROM              table_name_source
[ WHERE      search_condition ]
[ GROUP BY  group_by_expression ]
[ HAVING         search_condition ]
[ ORDER BY  order_expression [ ASC | DESC ] ]
```

我们可以看出，必需的子句只有SELECT子句和FROM子句，其他的子句都是可选的。各子句具体含义如下。

- 关键词SELECT后面输入要显示的字段清单。SELECT子句包含可选关键字DISTINCT

和 ALL。在需要删除查询结果中相同的行时，我们使用关键字 DISTINCT；在需要返回查询结果中的所有行时，使用关键字 ALL。如果没有指定任何一个关键字，那么关键字 ALL 就是默认的关键字。

- FROM 子句包括关键字 FROM 和一个或多个表结构。如果表结构不止一个，那么它们之间必须用逗号分开。一般情况下，表结构是表的名称，但也可以是一种子查询。
- 在 WHERE 子句中列出搜索标准，用于选择要显示的数据行。如果 SELECT 语句没有 WHERE 子句，DBMS 假设目标表中的所有行都满足搜索条件。
- GROUP BY 子句用于分组查询结果，根据 group_by_expression 中列出的列，归纳信息类型，汇总相关数据。
- HAVING 子句列出另外的行选择标准，以便根据 GROUP BY 子句产生的结果筛选行。
- ORDER BY 子句接受 SELECT 子句的输出，并且按照 ORDER BY 子句中的规范对查询结果进行排列。这里的规范就是 ASC 和 DESC 关键字。ASC 关键字表示升序排列结果，DESC 关键字表示降序排列结果。如果没有指定任何一个关键字，那么 ASC 就是默认的关键字。如果没有 ORDER BY 子句，DBMS 将根据输入表中的数据来显示数据。

5.1.2 SELECT 语句的执行步骤

由 5.1.1 节介绍的 SELECT 语句的语法结构可知，SELECT 语句包含很多子句。当执行 SELECT 语句时，DBMS 的执行步骤可表示如下。

（1）DBMS 执行 FROM 子句，根据 FROM 子句中的一个或多个表创建工作表。如果在 FROM 子句中有两个或多个表，DBMS 将对表进行交叉连接，作为工作表。

（2）如果有 WHERE 子句，DBMS 将 WHERE 子句列出的搜索条件作用于步骤（1）生成的工作表。DBMS 将保留那些满足搜索条件的行，删除那些不满足搜索条件的行。

（3）如果有 GROUP BY 子句，DBMS 将步骤（2）生成的结果表中的行分成多个组，每个组所有行的 group_by_expression 字段具有相同的值，DBMS 将每组减少到单行，然后将其添加到新的结果表中。

（4）如果有 HAVING 子句，DBMS 将 HAVING 子句列出的搜索条件作用于步骤（3）生成的“组合”表中的每一行。DBMS 将保留那些满足搜索条件的行，删除那些不满足搜索条件的行。

（5）DBMS 将 SELECT 子句作用于结果表，删除结果表中不包含在 select_list 中的列。

如果 SELECT 子句包含 DISTINCT 关键字，DBMS 将从结果中删除重复的行。

（6）如果有 ORDER BY 子句，DBMS 按指定的排序规则对结果进行排序。

（7）对于交互式的 SELECT 语句，DBMS 在屏幕上显示结果，对于嵌入式 SQL，使用游标将结果传递给宿主程序中。

以上就是 SQL SELECT 语句的基本执行过程，对于初学者来讲，可能很难理解。本书之所以在这里提出，是为了让读者对 SELECT 语句有一个整体的了解。下面我们就从简单的查询开始，详细讲解 SELECT 查询语句的具体使用。

5.2 列的查询

在了解了查询的基本结构后，本小节将介绍最简单的查询——列（字段）的查询，包括单列查询、多列查询以及所有列的查询。

5.2.1 本章用到的实例表

本章所有的查询实例操作的表都是教师信息表（TEACHER）。TEACHER 表的字段包括教工号（TNO）、教师姓名（TNAME）、所授课程的课程号（CNO）、工资（SAL）、所在系（DNAME）、性别（SEX）和年龄（AGE）。TEACHER 表的结构和内容如表 5-1 所示。

表 5-1　TEACHER 表

TNO	TNAME	CNO	SAL	DNAME	TSEX	AGE
1	王军	4	800	数学	男	32
2	李彤	5	1200	生物	女	54
3	王永军	1	900	计算机	男	40
4	刘小静	2	1200	计算机	女	46
5	高伟	8	2100	电子工程	男	39
6	李伟	7	1200	机械工程	男	29
7	刘辉	3	900	生物	女	46
8	李伟	9		计算机	女	43
9	刘静	12	1300	经济管理	女	28
10	刘一凯	13		计算机	女	33

TEACHER 表创建的 SQL 代码如下。

```
CREATE TABLE_NAME TEACHER
(
 TNO  INT  NOT NULL,
 TNAME  CHAR(10) NOT NULL,
 CNO  INT  NOT NULL,
 SAL  INT ,
 DNAME  CHAR(10) NOT NULL,
 TSEX   CHAR(2) NOT NULL,
 AGE  INT   NOT NULL
)
INSERT INTO TEACHER  VALUES(1,'王军',4,800,'数学','男',32)
INSERT INTO TEACHER  VALUES(2,'李彤',5,1200,'生物','女',54)
……
```

5.2.2 单列查询

在数据库表中，每个表都包含若干列信息。用户在查询表中的记录时，大多数情况下只是关心表的一列或者几列的信息。在 SQL 中，查询表中某一列（字段）信息的语法可表示如下。

```
SELECT        column
FROM          table_name_name
```

SELECT 关键词指明了要查询字段名称（column），FROM 关键词指明了要获取字段信息的表的名字。

实例 1 单 列 查 询

查询 TEACHER 表中所有教师的姓名信息。代码如下。

```
SELECT        TNAME
FROM          TEACHER
```

运行结果如图 5-1 所示。

	TNAME
1	王军
2	李彤
3	王永军
4	刘小静
5	高伟
6	李伟
7	刘辉
8	李伟
9	刘静
10	刘一凯

图 5-1 单列查询

从运行结果我们可以发现，SELECT 语句返回了 TNAME 列的所有信息，包括重复信息——“李伟”。

注意　在 SQL 语言中，SQL 关键词对大小写不敏感，所以对 SELECT 关键词来说，SELECT、select 或者 Select 都是一样的；然而对于表名或者列名来说，可能对大小写敏感，这取决于数据库的 DBMS。

5.2.3　使用 DISTINCT 去除重复信息

在查询中，我们经常需要去除查询结果中的重复信息。例如，一张学生成绩表，其字段包含学生姓名、选修课程和课程成绩 3 个字段。如果用户想要查询这张表中包含的所有学生的姓名信息，由于同一学生可能有多门选修课，同一学生在该表中就有多条记录，那么查询的姓名字段就会有多个重复值，显然不能很好满足用户的需求。

在 SELECT 子句中，我们通过指明 DISTINCT 关键字，可以去除列中的重复信息。语法如下。

```
SELECT  DISTINCT        column
FROM                  table_name_name
```

说明　DISTINCT 关键字去除的是 SELECT 子句查询的列，即 column 的重复信息。如果 SELECT 子句查询的列为多列，那么只有这些列的信息同时重复的记录才能被去除。

实例 2　使用 DISTINCT 去除重复信息

在 TEACHER 表中查询所有教师的姓名信息（TNAME），对于重复的姓名只显示一个。实例代码如下。

```
SELECT  DISTINCT        TNAME
FROM                  TEACHER
```

运行结果如图 5-2 所示。

	TNAME
1	高伟
2	李彤
3	李伟
4	刘辉
5	刘静
6	刘小静
7	刘一凯
8	王军
9	王永军

图 5-2　去除列中的重复记录

从执行结果我们可以发现，重名的“李伟”只显示了一个，即去除了查询结果中的重复值，并且对查询结果进行了排序（升序）。实际上，DBMS 的操作过程是先对查询结果排序，然后查找并从结果中除去重复的值。

说明 对于汉字的排序，DBMS 是根据其汉语拼音的第一个字母的顺序进行的，如果第一个字母相同，则比较第二个字母，以此类推。

DISTINCT 的使用是要付出代价的。因为我们要去掉重复值，必须对结果关系进行排序，相同的元组排在一起，只有按这种方法对元组分组，才能去掉重复值，而这一工作甚至比查询本身还费时间。

5.2.4 多列查询

同单列查询一样，多列查询需要在 SELECT 关键词后指定要查询的列，但是各列之间必须用逗号分开。注意一点，列出的最后一列的名字后面不能加逗号，否则会造成语法错误。语法如下。

```
SELECT      col1, col2, ……, coln
FROM        table_name
```

多列查询只是在 SELECT 关键词后罗列出所要查询的列名并以逗号相互间隔。

实例 3 多列查询

从 TEACHER 表中查询所有教师的姓名（TNAME）、工资（SAL）、年龄（AGE）信息。实例代码如下。

```
SELECT      TNAME,SAL,AGE
FROM        TEACHER
```

运行结果如图 5-3 所示。

	TNAME	SAL	AGE
1	王军	800	32
2	李彤	1200	54
3	王永军	900	40
4	刘小静	1200	46
5	高伟	2100	39
6	李伟	1200	29
7	刘辉	900	46
8	李伟	NULL	43
9	刘静	1300	28
10	刘一凯	NULL	33

图 5-3 多列查询

查询结果中，字段的左右位置与 SELECT 子句的位置相对应。

实例 4 使用 DISTINCT 关键字

在实例 3 实例代码的 SELECT 子句中使用 DISTINCT 关键字，代码如下。

```
SELECT  DISTINCT       TNAME,SAL,AGE
FROM               TEACHER
```

运行结果如图 5-4 所示。

	TNAME	SAL	AGE
1	高伟	2100	39
2	李彤	1200	54
3	李伟	NULL	43
4	李伟	1200	29
5	刘辉	900	46
6	刘静	1300	28
7	刘小静	1200	46
8	刘一凯	NULL	33
9	王军	800	32
10	王永军	900	40

图 5-4 去除多列中的重复记录

比较两个查询结果可知，使用 DISTINCT 关键字后，查询结果的记录与未使用 DISTINCT 关键字的查询记录完全相同，只是进行了排序（升序）显示。这是因为此时 DISTINCT 关键字作用的字段为 TNAME、SAL 和 AGE 3 个字段，只有这 3 个字段的记录均相同的记录才被作为重复记录而被去除。

5.2.5 查询所有的列

除了能够进行单列查询和多列查询以外，使用 SELECT 语句还可以查询表中的所有列，这是通过星号（*）通配符实现的。语法如下。

```
SELECT       *
FROM         table_name
```

使用“*”通配符，查询结果将列出表中所有列的元素，而不必指明各列的列名，这在用户不清楚表中各列的列名时非常有用。

实例 5 查询所有的列

查询 TEACHER 表中所有列的信息。实例代码如下。

```
SELECT       *
FROM         TEACHER
```

运行结果如图 5-5 所示。

	TNO	TNAME	CNO	SAL	DNAME	TSEX	AGE
1	1	王军	4	800	数学	男	32
2	2	李彤	5	1200	生物	女	54
3	3	王永军	1	900	计算机	男	40
4	4	刘小静	2	1200	计算机	女	46
5	5	高伟	8	2100	电子工程	男	39
6	6	李伟	7	1200	机械工程	男	29
7	7	刘辉	3	900	生物	女	46
8	8	李伟	9	NULL	计算机	女	43
9	9	刘静	12	1300	经济管理	女	28
10	10	刘一凯	13	NULL	计算机	女	33

图 5-5　教师表记录

说明　使用“*”通配符时我们要慎重，在不需要查询所有列时，尽量采用前面介绍的单列查询或多列查询，以免占用过多的资源。

通过实例我们可以看到，无论是单列查询、多列查询还是查询所有的列，查询结果的纵向排序基本是按照其在表中存储的位置排列（使用 DISTINCT 关键字的情况除外）。但是，在实际应用中往往需要查询结果按照某一特定的顺序排列，在 5.3 节我们将实现查询结果的排序。

5.3　排序查询结果

在本节中，我们将介绍如何在 SELECT 查询语句中采用 ORDER BY 子句对查询结果进行排序。

5.3.1　单列排序

这里所讲的单列排序查询结果的排列是按照某一列的顺序（升序）进行排列显示的，即 ORDER BY 子句后面只有一个字段。语法如下。

```
SELECT       column1, column12,……
FROM         table_name_name
ORDER BY     column N
```

这里要说明的是，ORDER BY 子句后面为需要排序的列名，一般情况下为查询的列，当然如果有特殊的需求也可以是表中的其他列。

说明

ORDER BY 子句一定要放在所有子句的最后（无论包含多少子句）。

实例 6 查询结果排序

在 TEACHER 表中查询所有教师的姓名（TNAME）、教工号（TNO）和工资（SAL）信息，并将结果按姓名排序。实例代码如下。

```
SELECT      TNAME, TNO, SAL
FROM        TEACHER
ORDER BY    TNAME
```

运行结果如图 5-6 所示。

	TNAME	TNO	SAL
1	高伟	5	2100
2	李彤	2	1200
3	李伟	6	1200
4	李伟	8	NULL
5	刘辉	7	900
6	刘静	9	1300
7	刘小静	4	1200
8	刘一凯	10	NULL
9	王军	1	800
10	王永军	3	900

图 5-6 按照姓名排序后的教师表

由此可见，查询结果按照 TNAME 字段（即教师姓名）的升序顺序排列，其排序原则前面已经介绍过了。对该例，如果我们要求查询结果按 SAL 字段进行排序，代码如下。

```
SELECT      TNAME, TNO, SAL
FROM        TEACHER
ORDER BY    SAL
```

运行结果如图 5-7 所示。

	TNAME	TNO	SAL
1	李伟	8	NULL
2	刘一凯	10	NULL
3	王军	1	800
4	王永军	3	900
5	刘辉	7	900
6	李伟	6	1200
7	刘小静	4	1200
8	李彤	2	1200
9	刘静	9	1300
10	高伟	5	2100

图 5-7 按照 SAL 字段排序后的教师表

由此可见，系统将空值 NULL 作为最小值进行排序。

5.3.2 多列排序

在实际应用中，我们往往需要根据多列信息进行排序，如根据性别和年龄对教师信息进行排序。使用 ORDER BY 子句同样可以实现上述功能。语法如下。

```
SELECT        col1, col2, ……, coln
FROM          table_name
ORDER BY  col1, col2, ……, colm
```

需要说明的是，实际排序结果是根据 ORDER BY 子句后面列名的顺序确定优先级的，即查询结果首先按照列 col1 的顺序进行排列，而只有当列 col1 出现相同的信息时，这些相同的信息再按照列 col2 的顺序进行排列，以此类推。

实例 7 多 列 排 序

在 TEACHER 表中查询所有教师的姓名（TNAME）、工资（SAL）、年龄（AGE）、性别（TSEX）信息并按性别（TSEX）和年龄（AGE）对查询结果排序。实例代码如下。

```
SELECT      TNAME,SAL,AGE, TSEX
FROM        TEACHER
ORDER BY    TSEX, AGE
```

运行结果如图 5-8 所示。

	TNAME	SAL	AGE	TSEX
1	李伟	1200	29	男
2	王军	800	32	男
3	高伟	2100	39	男
4	王永军	900	40	男
5	刘静	1300	28	女
6	刘一凯	NULL	33	女
7	李伟	NULL	43	女
8	刘辉	900	46	女
9	刘小静	1200	46	女
10	李彤	1200	54	女

图 5-8 按照多列排序后的教师表

从查询结果我们可以发现，系统根据排序的优先级，首先依据 TSEX 字段的记录进行排序，当 TSEX 字段的记录相同时，如均为“男”或均为“女”，再依据 AGE 字段的记录进行排序。当然，所有的排序都是按升序进行的。

5.3.3 采用序号进行多列排序

ORDER BY 子句除了可以跟据列名进行排序外，还支持根据列的相对位置（即序号）进行排序。语法如下。

```
SELECT      col1, col2, ……, coln
FROM        table_name
ORDER BY    i, j, ……
```

这里需要说明的是，ORDER BY 子句后面的序号 i，j，……实际上就是 SELECT 关键词后面的列名的序号。如果 i=2，那么 ORDER BY　2 就等同于 ORDER BY　col2。

实例 8　采用序号进行多列排序

在 TEACHER 表中查询所有教师的姓名（TNAME）、工资（SAL）、年龄（AGE）、性别（TSEX）信息并按性别（TSEX）和年龄（AGE）对查询结果排序。实例代码如下。

```
SELECT      TNAME,SAL,AGE, TSEX
FROM        TEACHER
ORDER BY    4, 3
```

运行结果如图 5-9 所示。

	TNAME	SAL	AGE	TSEX
1	李伟	1200	29	男
2	王军	800	32	男
3	高伟	2100	39	男
4	王永军	900	40	男
5	刘静	1300	28	女
6	刘一凯	NULL	33	女
7	李伟	NULL	43	女
8	刘辉	900	46	女
9	刘小静	1200	46	女
10	李彤	1200	54	女

图 5-9　按照列序排序后的教师表

由此可见，得到了与 5.3.2 节实例 7 相同的查询结果。

注意　当 ORDER BY 所需要的列不在 SELECT 语句所选的范围内时，采用列的序号显然是行不通的。当然，我们可以将列别与序号混合起来解决这个问题。

5.3.4　反向排序

前面提到的排序，默认是按照升序进行的（例如，对于字符来说，其升序方向为 A～Z）。同样，ORDER BY 子句支持反向排序即降序排序（对于字符来说，其降序方向为 Z～A）。要实现反向（降序）排序，我们必须使用关键字“DESC”。语法如下。

```
SELECT      col1, col2, ……, coln
```

```
FROM        table_name
ORDER BY    col1 DESC, col2
```

这里需要说明的是，在该语法中，查询结果按照 col1 列降序、col2 列升序的方向进行排序。如果 col2 列也要按照降序的方向排序，则在 col2 后也要加上关键字 DESC。

注意 对大小写字符的排序，一般的数据库管理系统认为二者是等同的。

实例 9 按照多列降序排序

在 TEACHER 表中查询所有教师的姓名（TNAME）、工资（SAL）、年龄（AGE）、性别（TSEX）信息，按性别（TSEX）升序和年龄（AGE）降序的顺序对查询结果排序。实例代码如下。

```
SELECT      TNAME,SAL,AGE, TSEX
FROM        TEACHER
ORDER BY    TSEX, 3 DESC
```

运行结果如图 5-10 所示。

	TNAME	SAL	AGE	TSEX
1	王永军	900	40	男
2	高伟	2100	39	男
3	王军	800	32	男
4	李伟	1200	29	男
5	李彤	1200	54	女
6	刘小静	1200	46	女
7	刘辉	900	46	女
8	李伟	NULL	43	女
9	刘一凯	NULL	33	女
10	刘静	1300	28	女

图 5-10 按照多列降序排列

实现代码中，对列的排序采用了列名与序号相结合的方式，TSEX 列升序，而序号 3 代表的列就是 SELECT 语句后面的第 3 列，即 AGE 列。

5.4 使用 WHERE 子句定义搜索条件查询

数据库中的表往往包含大量的数据，用户一般很少需要查询表中所有数据行的信息，而只是需要其中一些满足特定条件的信息。在 SELECT 语句中，按一定条件进行查询是通过

WHERE 子句来实现的。

5.4.1 WHERE 子句单条件查询

WHERE 子句获取 FROM 子句返回的结果集并应用 WHERE 子句中定义的搜索条件对结果集进行筛选。WHERE 子句相当于从 FROM 子句返回结果的筛选器，对 FROM 子句返回结果的每一行都要根据搜索条件进行校验，符合搜索条件的那些行作为查询结果的一部分返回，不符合搜索条件的从结果中去除。

WHERE 子句中定义的搜索条件可以是简单的单值比较条件，也可以使用各种运算符、组合子句条件。本章介绍的是简单的值比较条件。复杂的查询条件将在第 6 章介绍。语法如下。

```
SELECT      column
FROM        table_name
WHERE       column condition value
```

需要说明的是，该语句用来查询表 table_name 中的 column 列，但不是返回 column 列的所有信息，而是返回那些满足 value 条件的信息。

实例 10　使用 WHERE 子句单条件查询

在 TEACHER 表中查询计算机系的教师的姓名（TNAME）、系（DNAME）、年龄（AGE）、性别（TSEX）信息。实例代码如下。

```
SELECT       TNAME, DNAME,AGE, TSEX
FROM         TEACHER
WHERE        DNAME='计算机'
ORDER BY         AGE
```

运行结果如图 5-11 所示。

	TNAME	DNAME	AGE	TSEX
1	刘一凯	计算机	33	女
2	王永军	计算机	40	男
3	李伟	计算机	43	女
4	刘小静	计算机	46	女

图 5-11　TEACHER 表中计算机系教师的相关信息

在该例中，WHERE 子句中使用了“＝”运算符，它要求两边的数值类型必须相同。DNAME 所在列为 CHAR 型，所以后面的“计算机”必须写在单引号内，表明它是一个字符串；如果是数值，如 INT 型，直接写值即可。

注意 当 ORDER BY 子句和 WHERE 子句同时存在的时候，ORDER BY 子句一定要在 WHERE 子句的后面。

5.4.2 单值比较运算符

在 5.4.1 节的实例中，在 WHERE 子句中用到了“＝”（等于）运算符。它是一种最常用的单值比较运算符。实际上，除了它之外，WHERE 子句还支持多种运算符，如表 5-2 所示。

表 5-2 WHERE 子句单值比较运算符

运 算 符	说 明	运 算 符	说 明
=	等于	<>	不等于
>	大于	!=	不等于
<	小于	!<	不小于
>=	大于等于	!>	不大于
<=	小于等于		

注意 不是所有的数据库管理系统都支持这些运算符，运用时我们需要根据自己的数据库管理系统选择合适的运算符。

下面我们就通过具体的实例讲一下运算符的用法。这里主要通过两个例子说明一下“>=”和“<>”运算符的运用。

1．“>=”运算符

实例 11 对数值类型使用“>=”运算符进行条件查询

在 TEACHER 表中查询年龄大于等于 40 岁的教师的姓名（TNAME）、所在系（DNAME）、年龄（AGE）、性别（TSEX）信息。实例代码如下。

```
SELECT      TNAME, DNAME,AGE, TSEX
FROM        TEACHER
WHERE       AGE >=40
ORDER BY    AGE
```

运行结果如图 5-12 所示。

	TNAME	DNAME	AGE	TSEX
1	王永军	计算机	40	男
2	李伟	计算机	43	女
3	刘小静	计算机	46	女
4	刘辉	生物	46	女
5	李彤	生物	54	女

图 5-12　TEACHER 表中查询年龄大于等于 40 岁教师的相关信息

由此可见，使用该运算符可以成功搜索出年龄大于等于 40 岁的教师的相关信息。同样，对于字符串类型的记录也可以使用“>=”运算符，它的比较是根据字符的排列顺序进行的。

实例 12　对字符串类型使用“>=”运算符进行条件查询

在 TEACHER 表中查询系名（DNAME）排在“计算机”后的所有教师的姓名（TNAME）、工资（SAL）、年龄（AGE）、性别（TSEX）信息。实例代码如下。

```
SELECT      TNAME, DNAME,AGE, TSEX
FROM        TEACHER
WHERE       DNAME >= '计算机'
ORDER BY          DNAME
```

运行结果如图 5-13 所示。

	TNAME	DNAME	AGE	TSEX
1	王永军	计算机	40	男
2	刘小静	计算机	46	女
3	李伟	计算机	43	女
4	刘一凯	计算机	33	女
5	刘静	经济管理	28	女
6	刘辉	生物	46	女
7	李彤	生物	54	女
8	王军	数学	32	男

图 5-13　TEACHER 表中系名（DNAME）排在“计算机”后的所有教师的相关信息

由此可见，“>=”运算符对字符串型数据也是有效的。

2.“<>”运算符

“<>”运算符表示不等于，实际上“<>”运算符与“!=”运算符是完全相同的。

实例 13　对字符串类型使用“<>”运算符进行条件查询

在 TEACHER 表中查询不在计算机系的所有教师的姓名（TNAME）、所在系（DNAME）、年龄（AGE）、性别（TSEX）信息。实例代码如下。

```
SELECT      TNAME, DNAME,AGE, TSEX
FROM        TEACHER
WHERE       DNAME<>'计算机'
ORDER BY        DNAME
```

运行结果如图 5-14 所示。

	TNAME	DNAME	AGE	TSEX
1	高伟	电子工程	39	男
2	李伟	机械工程	29	男
3	刘静	经济管理	28	女
4	刘辉	生物	46	女
5	李彤	生物	54	女
6	王军	数学	32	男

图 5-14 TEACHER 表中不在计算机系的所有教师的相关信息

同样，“<>”运算符也可以对数值型数据进行操作。

实例 14 对数值型使用“<>”运算符进行条件查询

在 TEACHER 表中查询工资不为 1200 的所有教师的姓名（TNAME）、所在系（DNAME）、工资（SAL）、年龄（AGE）、性别（TSEX）信息。实例代码如下。

```
SELECT      TNAME, DNAME,AGE, TSEX
FROM        TEACHER
WHERE       SAL <>1200
ORDER BY        SAL
```

运行结果如图 5-15 所示。

	TNAME	DNAME	SAL	AGE	TSEX
1	王军	数学	800	32	男
2	王永军	计算机	900	40	男
3	刘辉	生物	900	46	女
4	刘静	经济管理	1300	28	女
5	高伟	电子工程	2100	39	男

图 5-15 TEACHER 表中工资不为 1200 的所有教师的相关信息

从结果中我们不难发现，工资为 1200 的教师信息不在查询结果内，但是同时工资为 NULL 的教师信息也不在查询结果内。NULL 值参与任何比较运算，结果都将视为 False，即，无论是“NULL<>1200”还是“NULL =1200”，其结果都为 False，因此对应的记录都不满足 WHERE 子句查询条件。

5.4.3 BETWEEN 运算符范围筛选

在 WHERE 子句中，我们可以采用 BETWEEN 运算符在两个值之间进行比较筛选。例如，我们选择范围在 5～10 之间的数，采用 BETWEEN 运算符可以表示为 BETWEEN 5 AND 10。下面给出一个用 BETWEEN 运算符进行范围筛选的实例。

实例 15 对数值型使用 BETWEEN 运算符进行范围筛选

在 TEACHER 表中查询年龄在 30 岁到 50 岁之间的教师的姓名（TNAME）、所在系（DNAME）、年龄（AGE）、性别（TSEX）信息。实例代码如下。

```
SELECT      TNAME, DNAME,AGE, TSEX
FROM        TEACHER
WHERE       AGE BETWEEN 30 AND 50
ORDER BY        AGE
```

运行结果如图 5-16 所示。

	TNAME	DNAME	AGE	TSEX
1	王军	数学	32	男
2	刘一凯	计算机	33	女
3	高伟	电子工程	39	男
4	王永军	计算机	40	男
5	李伟	计算机	43	女
6	刘辉	生物	46	女
7	刘小静	计算机	46	女

图 5-16 TEACHER 表中年龄在 30 岁到 50 岁之间的教师的相关信息

BETWEEN 运算符也可以对字符型数据进行操作。

实例 16 对字符型使用 BETWEEN 运算符进行范围筛选

在 TEACHER 表中，查询所在系的系名在“计算机”和“生物”之间的教师的姓名（TNAME）、所在系（DNAME）、年龄（AGE）、性别（TSEX）信息。实例代码如下。

```
SELECT      TNAME, DNAME,AGE, TSEX
FROM        TEACHER
WHERE       DNAME BETWEEN '计算机' AND '生物'
ORDER BY        DNAME
```

运行结果如图 5-17 所示。

	TNAME	DNAME	AGE	TSEX
1	王永军	计算机	40	男
2	刘小静	计算机	46	女
3	李伟	计算机	43	女
4	刘一凯	计算机	33	女
5	刘静	经济管理	28	女
6	刘辉	生物	46	女
7	李彤	生物	54	女

图 5-17 TEACHER 表中所在系的系名在“计算机”和“生物”之间的教师的信息

说明

我们进行运算符操作，如“BETWEEN A1 AND A2”，在进行结果筛选时，满足查询要求的结果是 A1 到 A2 之间的信息，并且包含 A1 和 A2。

5.4.4 NULL 值的判断

在前面表的创建中我们提到，在表中有些列的值可以为 NULL，即不含任何值，称之为空值。在实际查询中，我们经常遇到针对 NULL 值的操作。例如，我们经常需要获取某列的信息，并把该列的信息进行某种运算，这时就要求该列不能包含 NULL 值，因为 NULL 值不能参与运算。而有时，我们需要查询某列中记录为 NULL 的信息。在 SQL 中，有关空值的运算符为 IS [NOT] NULL，用于判断数值是否为 NULL。下面我们通过具体实例说明 IS NULL 运算符的用法。

实例 17 NULL 值的判断

在 TEACHER 表中，查询工资不为空的教师的姓名（TNAME）、工资（SAL）、年龄（AGE）、性别（TSEX）信息。实例代码如下。

```
SELECT      TNAME, SAL,AGE, TSEX
FROM        TEACHER
WHERE       SAL IS NOT NULL
ORDER BY       SAL
```

运行结果如图 5-18 所示。

	TNAME	SAL	AGE	TSEX
1	王军	800	32	男
2	王永军	900	40	男
3	刘辉	900	46	女
4	李伟	1200	29	男
5	刘小静	1200	46	女
6	李彤	1200	54	女
7	刘静	1300	28	女
8	高伟	2100	39	男

图 5-18 TEACHER 表中工资不为空的教师的信息

判断列中的值是否为 NULL，只能通过 IS [NOT] NULL 运算符。如上述实例代码中的判断工资不为 NULL，我们只能表示成“SAL IS NOT NULL”，不可以写成“SAL <> NULL”或者“SAL != NULL”，如下面的代码所示。

```
SELECT      TNAME, SAL,AGE, TSEX
FROM        TEACHER
WHERE       SAL <> NULL
ORDER BY    SAL
```

运行结果如图 5-19 所示。

TNAME	SAL	AGE	TSEX

图 5-19　用“SAL <> NULL”判断列中的值是否为 NULL

由此可见，查询结果中不包含任何记录，即 SAL 列中没有任何记录满足“SAL <> NULL”条件。这是因为表达式“SAL <> NULL”实际上是把 NULL 值与 SAL 值进行比较运算，而 NULL 值与任何值参与任何比较运算，结果都可以视为 False，也就没有满足要求的查询记录。

注意　SAL IS NULL 不可以写成 SAL = NULL；除了 IS [NOT] NULL 之外，空值不满足任何查找条件；如果 NULL 参与算术运算，则该算术表达式的值为 NULL；如果 NULL 参与比较运算，则结果可视为 False，在 SQL-92 中可看成 UNKNOWN；如果 NULL 参与聚集运算，则除 count(*)之外其他聚集函数都忽略 NULL。

第6章 复杂搜索条件查询

前一章介绍了简单查询，读者对查询的基本结构有了一定了解。在本章，我们将会介绍WHERE子句中经常用到的几种较为复杂的搜索条件，包括组合的查询条件、IN运算符、NOT运算符、LIKE运算符和相关的通配符等。

6.1 本章用到的实例表

为了便于读者的学习，下面我们介绍一下本章实例用到的数据库表。本章实例共用到了两个表：TEACHER表和COURSE表，其中TEACHER表的结构和数据可参见5.2.1节的表5-1；而COURSE表则是课程信息表，包括课程号（CNO）、课程名称（CNAME）、学时（CTIME）、容纳人数（SCOUNT）和考试时间（CTEST）几个字段，表的结构及内容如表6-1所示。

表6-1 COURSE表

CNO	CNAME	CTIME	SCOUNT	CTEST
4	应用数学基础	48	120	2006-7-10
5	生物工程概论	32	80	2006-7-8
1	计算机软件基础	32	70	2006-7-8
2	计算机硬件基础	24	80	2006-6-28
8	模拟电路设计	28	90	2006-7-10
7	机械设计实践	48	68	2006-7-14
3	生物化学	32	40	2006-7-2
9	数据库设计	16	80	2006-7-1
6	设计理论	28	45	2006-6-30
10	计算机入门	24	150	2006-6-29
11	数字电路设计基础	30	125	2006-6-20

COURSE 表中的课程号 CNO 字段，与前面介绍的教工表 TEACHER 中的课程号 CNO 字段相关联。该表创建及添加数据的 SQL 代码如下。

```
CREATE TABLE COURSE
(
    CNO        int          NOT NULL ,
    CNAME   char(30)     NOT NULL ,
    CTIME   int          NOT NULL ,
    SCOUNT  int          NOT NULL ,
    CTEST   smalldatetime  NOT NULL ,
)
INSERT INTO COURSE VALUES (4,'应用数学基础',48,120,'2006-7-10')
INSERT INTO COURSE VALUES (5,'生物工程概论',32,80,'2006-7-8')
……
```

6.2 组合查询条件

在第 5 章提到的 WHERE 子句进行查询时，WHERE 子句后面的搜索条件只是单一的。实际上，我们可以通过布尔运算符 AND 和 OR，将多个单独的搜索条件结合在一个 WHERE 子句中，形成一个复合的搜索条件。当对复合搜索条件求值时，DBMS 对每个单独的搜索条件求值，然后执行布尔运算来决定整个 WHERE 子句的值是 True 还是 False。

6.2.1 AND 运算符

在 WHERE 子句中，AND 运算符表示“与”的关系，即 AND 在结合两个布尔表达式时，只有当两个表达式都为 True 时才传回 True，从而使整个 WHERE 子句求值为 True。AND 运算符的真值表如表 6-2 所示。

表 6-2 AND 真值表

表 达 式 一	表 达 式 二	结 果
True	True	True
True	False	False
True	NULL	NULL
False	False	False
False	NULL	False
NULL	NULL	NULL

注意 NULL 与 Fasle 进行 AND 运算时，结果为 False 而不是 NULL。两个表达式的顺序不影响其结果，也就是说，True 和 False 取 AND 运算的结果与 False 和 True 的结果相同。

语法如下。

```
SELECT      column
FROM        table_name
WHERE       condition1
AND         condition2
```

在 WHERE 子句中，AND 运算符连接了两个查询条件 condition1 和 condition2。只有同时满足这两个条件的记录，WHERE 子句求值为 True，此时 DBMS 将当前记录包括在结果表中；如果 WHERE 子句求值为 False 或 NULL，则 DBMS 排除该值。

实例 1 使用 AND 运算符实现条件查询

在 TEACHER 表中查询年龄（AGE）大于 30 且性别（TSEX）为女的所有教师的所有信息。实例代码如下。

```
SELECT      *
FROM        TEACHER
WHERE       AGE >30
AND         TSEX='女'
ORDER BY    AGE
```

运行结果如图 6-1 所示。

	TNO	TNAME	CNO	SAL	DNAME	TSEX	AGE
1	10	刘一凯	13	NULL	计算机	女	33
2	8	李伟	9	NULL	计算机	女	43
3	7	刘辉	3	900	生物	女	46
4	4	刘小静	2	1200	计算机	女	46
5	2	李彤	5	1200	生物	女	54

图 6-1 年龄大于 30 岁的女教师

当然，在一个 WHERE 子句中，也可以同时使用多个 AND 运算符连接多个查询条件。这时，只有满足所有查询条件的记录，才会出现在结果表中。

实例 2 使用多个 AND 运算符实现条件查询

在 TEACHER 表中查询年龄（AGE）大于 30 且性别（TSEX）为女的计算机系教师的所有信息。实例代码如下。

```
SELECT      *
FROM        TEACHER
WHERE       AGE >30
AND         TSEX='女'
AND         DNAME='计算机'
ORDER BY    AGE
```

运行结果如图 6-2 所示。

	TNO	TNAME	CNO	SAL	DNAME	TSEX	AGE
1	10	刘一凯	13	NULL	计算机	女	33
2	8	李伟	9	NULL	计算机	女	43
3	4	刘小静	2	1200	计算机	女	46

图 6-2　计算机系中年龄大于 30 岁的女教师

6.2.2　OR 运算符

OR 运算符表示“或”的关系。当可能有多个条件为 True，但只要有一个为 True 就满足搜索要求时，我们可以使用 OR 运算符来组合搜索条件。OR 在结合两个布尔表达式时，只要其中一个条件为 True，便传回 True。OR 运算符的真值表如表 6-3 所示。

表 6-3　OR 真值表

表达式一	表达式二	结　果
True	True	True
True	False	True
True	NULL	True
False	False	False
False	NULL	NULL
NULL	NULL	NULL

注意　NULL 与 True 进行 OR 运算时，结果为 True 而不是 NULL。

语法如下。

```
SELECT      column
FROM        table_name
WHERE    condition1
OR          condition2
```

在 WHERE 子句中，OR 运算符连接了两个查询条件 condition1 和 condition2。只要其中一个条件为 True，WHERE 子句值就为 True，DBMS 会将当前记录包括在结果表中；如果

WHERE 子句求值为 False 或 NULL，则 DBMS 排除该值。

实例 3 使用 OR 运算符实现条件查询

在 TEACHER 表中查询计算机系和生物系的所有教师的姓名（TNAME）、系（DNAME）、工资（SAL）信息。实例代码如下。

```
SELECT      TNAME, DNAME, SAL
FROM        TEACHER
WHERE       DNAME='计算机'
OR          DNAME='生物'
ORDER BY    DNAME
```

运行结果如图 6-3 所示。

	TNAME	DNAME	SAL
1	王永军	计算机	900
2	刘小静	计算机	1200
3	李伟	计算机	NULL
4	刘一凯	计算机	NULL
5	刘辉	生物	900
6	李彤	生物	1200

图 6-3 计算机和生物系的教师

NULL 与 True 进行 OR 运算时，结果为 True。下面我们通过一个实例来说明。

实例 4 NULL 与 True 进行 OR 运算

在 TEACHER 表中查询工资（SAL）高于 1500 或者年龄小于 45 的教师的所有信息。实例代码如下。

```
SELECT      *
FROM        TEACHER
WHERE       SAL >1500
OR          AGE < 45
ORDER BY    SAL
```

运行结果如图 6-4 所示。

	TNO	TNAME	CNO	SAL	DNAME	TSEX	AGE
1	8	李伟	9	NULL	计算机	女	43
2	10	刘一凯	13	NULL	计算机	女	33
3	1	王军	4	800	数学	男	32
4	3	王永军	1	900	计算机	男	40
5	6	李伟	7	1200	机械工程	男	29
6	9	刘静	12	1300	经济管理	女	28
7	5	高伟	8	2100	电子工程	男	39

图 6-4 年龄小于 45 或者工资大于 1500 的教师

从结果中我们不难发现，前两条记录的 SAL 列均为 NULL。虽然判别式“SAL >1500”对这两条记录的计算结果为 NULL，但是判别式“AGE < 45”的计算结果为 True，因此再经过 OR 运算，最终 WHERE 子句结果为 True。

6.2.3　AND、OR 运算符的组合使用

在 WHERE 子句中，AND、OR 运算符可以同时连接多个条件，当然 AND、OR 运算符也可以同时使用。但是当 AND、OR 运算符同时存在时，其优先级如何确定呢？与大多数语言一样，SQL 语言认为 AND 运算符的运算级别要高于 OR 运算符。即当出现

```
condition1
OR      condition2
AND     condition3
```

时，其运算实际上是等价于

```
condition1
OR      (condition2 AND condition3)
```

因此，AND、OR 运算符需要同时使用时，我们一定要注意运算符的优先级。

实例 5　同时使用 AND、OR 运算符实现查询

假如需要查询所有计算机系和生物系且工资收入（SAL）超过 1000 的教师的姓名（TNAME）、系（DNAME）、工资（SAL）信息，我们尝试采用如下 SQL 代码。

```
SELECT      TNAME, DNAME, SAL
FROM        TEACHER
WHERE       DNAME='计算机'
OR          DNAME='生物'
AND         SAL>1000
ORDER BY    SAL
```

运行结果如图 6-5 所示。

	TNAME	DNAME	SAL
1	李伟	计算机	NULL
2	刘一凯	计算机	NULL
3	王永军	计算机	900
4	李彤	生物	1200
5	刘小静	计算机	1200

图 6-5　计算机系或者生物系中工资大于 1000 的教师

很显然我们没有得到预期的计算结果，这是因为 AND 运算符的运算级别要高于 OR 运算

符，代码实际上实现的查询是计算机系的所有教师以及生物系中工资大于 1000 的教师的相关信息。要实现例中需要的查询结果，我们应采用如下正确的 SQL 代码。

```
SELECT      TNAME, DNAME, SAL
FROM        TEACHER
WHERE       (DNAME='计算机' OR DNAME='生物')
AND         SAL>1000
ORDER BY    SAL
```

运行结果如图 6-6 所示。

	TNAME	DNAME	SAL
1	李彤	生物	1200
2	刘小静	计算机	1200

图 6-6 计算机系和生物系中工资大于 1000 的教师

我们可以发现，当在 OR 运算符连接的两个条件加上括号“( )”后，得到了需要的查询结果。这是因为，括号“( )”的优先级高于 AND 运算符，执行过程就先于 AND 运算符。

注意　当 OR 运算符和 AND 运算符同时运用时，建议用户不要考虑其默认的优先级顺序，而是采用括号“()”来实现需要的执行顺序，这样可以增强程序的可读性。

6.3 IN 运算符

在查询中，只要满足多个条件中的一个条件即可时，如查询地址在北京、上海或者重庆的学生信息，可以使用 IN 运算符。

6.3.1 IN 运算符的使用方法

IN 运算符允许根据一行记录中是否有一列包括在一系列值之中而选择该行。语法如下。

```
test expression
IN  (first value, ……, last value)
```

所有的条件在 IN 运算符后面罗列，并以括号“( )”包括起来，条件中间用逗号分开。当 test expression 处于括号中列出的一系列值之中时，IN 运算符求值为 True。下面我们给出具体应用实例。

实例 6　使用 IN 运算符实现查询

在 TEACHER 表中查询计算机系、生物系、机械工程系的所有教师的姓名（TNAME）、系（DNAME）、年龄（AGE）、性别（TSEX）信息。实例代码如下。

```
SELECT        TNAME, DNAME,AGE, TSEX
FROM          TEACHER
WHERE         DNAME IN ('计算机','生物','机械工程')
ORDER BY          DNAME
```

运行结果如图 6-7 所示。

	TNAME	DNAME	AGE	TSEX
1	李伟	机械工程	29	男
2	刘小静	计算机	46	女
3	王永军	计算机	40	男
4	李伟	计算机	43	女
5	刘一凯	计算机	33	女
6	刘辉	生物	46	女
7	李彤	生物	54	女

图 6-7　计算机系、生物系以及机械工程系中的教师

与 IN 运算符相对的还有 NOT IN 运算符，其判别结果刚好与 IN 运算符相反，即当 test expression 不处于括号中列出的一系列值之中时，NOT IN 运算符求值为 True。

实例 7　使用 NOT IN 运算符实现查询

在 TEACHER 表中查询不在计算机系、生物系、机械工程系的所有教师的姓名（TNAME）、系（DNAME）、年龄（AGE）、性别（TSEX）信息。

实例代码如下。

```
SELECT        TNAME, DNAME,AGE, TSEX
FROM          TEACHER
WHERE         DNAME NOT IN ('计算机','生物','机械工程')
ORDER BY          DNAME
```

运行结果如图 6-8 所示。

	TNAME	DNAME	AGE	TSEX
1	高伟	电子工程	39	男
2	刘静	经济管理	28	女
3	王军	数学	32	男

图 6-8　不在计算机系、生物系以及机械工程系中的教师

6.3.2 IN 运算符与 OR 运算符

在大多数情况下，OR 运算符与 IN 运算符可以实现相同的功能。

实例 8 使用 IN 运算符与 OR 运算符实现查询

在 6.3.1 节中提到的实例 6 用 OR 运算符可以实现，代码如下。

```
SELECT       TNAME, DNAME,AGE, TSEX
FROM         TEACHER
WHERE        DNAME = '计算机'
OR           DNAME ='生物'
OR           DNAME ='机械工程'
ORDER BY         DNAME
```

运行结果如图 6-9 所示。

	TNAME	DNAME	AGE	TSEX
1	李伟	机械工程	29	男
2	刘小静	计算机	46	女
3	王永军	计算机	40	男
4	李伟	计算机	43	女
5	刘一凯	计算机	33	女
6	刘辉	生物	46	女
7	李彤	生物	54	女

图 6-9 计算机系、生物系以及机械工程系中的教师

我们可以发现二者结果完全相同。那么为什么要提出 IN 运算符呢？这是因为与 OR 运算符相比，IN 运算符具有以下两个优点。

- 当选择的条件很多时，采用 IN 运算符就显得很简便，只需在括号内用逗号间隔依次罗列即可，运行效率比 OR 运算符要高。
- 使用 IN 运算符，其后面所列的条件可以是另一条 SELECT 语句，即子查询。

6.4 NOT 运算符

NOT 运算符用于对搜索条件的布尔值求反。本节将讨论 NOT 运算符的使用、应用场合及其与<>运算符的区别。

6.4.1 使用 NOT 运算符

与前面介绍的其他运算符不同，表示否定的 NOT 运算符不能单独应用，而需要与其他运

算符联合使用。例如，在 6.3.1 节中介绍的 NOT IN 运算符实际上就是 IN 运算符与 NOT 运算符的联合使用。当决定搜索条件求反值时，DBMS 使用表 6-4 中的 NOT 真值表给出的逻辑。

表 6-4　NOT 真值表

要求反的值	True	False	NULL
求反后的结果	False	True	NULL

注意：NULL 值进行取反，结果仍是 NULL。

下面我们通过一个具体的例子说明 NOT 运算符的使用方法。

实例 9　使用 NOT 运算符实现查询

在 TEACHER 表中查询不在计算机系的所有教师的姓名（TNAME）、系（DNAME）、年龄（AGE）、性别（TSEX）信息。实例代码如下。

```
SELECT      TNAME, DNAME,AGE, TSEX
FROM        TEACHER
WHERE       NOT DNAME='计算机'
ORDER BY        DNAME
```

运行结果如图 6-10 所示。

	TNAME	DNAME	AGE	TSEX
1	高伟	电子工程	39	男
2	李伟	机械工程	29	男
3	刘静	经济管理	28	女
4	刘辉	生物	46	女
5	李彤	生物	54	女
6	王军	数学	32	男

图 6-10　不在计算机系中的教师

NOT 运算符对紧跟其后的条件取反，NOT DNAME='计算机'实际上就等价于 DNAME<>'计算机'或者 DNAME!='计算机'。在 6.4.2 节将讨论 NOT 运算符与<>运算符的应用区别。

这里需要强调一点，NULL 值进行取反，结果仍是 NULL，这一点在具体应用中，读者经常会忽略。

实例 10　NULL 值的取反

执行如下的代码。

```
SELECT      *
```

```
FROM        TEACHER
WHERE       NOT SAL >1500
OREDR BY    SAL
```

运行结果如图 6-11 所示。

	TNO	TNAME	CNO	SAL	DNAME	TSEX	AGE
1	1	王军	4	800	数学	男	32
2	3	王永军	1	900	计算机	男	40
3	7	刘辉	3	900	生物	女	46
4	6	李伟	7	1200	机械工程	男	29
5	4	刘小静	2	1200	计算机	女	46
6	2	李彤	5	1200	生物	女	54
7	9	刘静	12	1300	经济管理	女	28

图 6-11　工资不大于 1500 的教师

上述实例代码实际上是查询所有工资不高于 1500 的教师信息，从结果中发现，工资为 NULL 的教师记录并没有包括在结果表中。因为当 SAL 为 NULL 时，“SAL >1500”的执行结果也为 NULL，而 NOT NULL 的运算结果仍然为 NULL，也就不满足查询条件。

6.4.2 NOT 运算符与<>运算符

对于简单的条件查询，NOT 运算符与<>运算符的功能几乎没有什么区别，那么 NOT 运算符的优势体现在哪里呢？答案是它可以与其他运算符组合使用，这一点是<>运算符所不能实现的。6.4.1 节已经介绍了 NOT 运算符与 IN 运算符组合使用的例子，下面我们给出一个 NOT 运算符与 BETWEEN 运算符组合使用的实例。

实例 11　NOT 运算符与 BETWEEN 运算符组合使用

在 TEACHER 表中查询年龄不在 40 岁到 50 岁之间的所有教师的姓名（TNAME）、系（DNAME）、年龄（AGE）、性别（TSEX）信息。实例代码如下。

```
SELECT      TNAME, DNAME,AGE, TSEX
FROM        TEACHER
WHERE       AGE NOT BETWEEN 40 AND 50
ORDER BY        AGE
```

运行结果如图 6-12 所示。

	TNAME	DNAME	AGE	TSEX
1	刘静	经济管理	28	女
2	李伟	机械工程	29	男
3	王军	数学	32	男
4	刘一凯	计算机	33	女
5	高伟	电子工程	39	男
6	李彤	生物	54	女

图 6-12　年龄不在 40 和 50 岁之间教师

这时，代码中的 NOT 运算符就不能被“<>”或者“!=”运算符所替代。当然，我们也可以采用 OR 运算符实现上述实例。

实例 12　采用 OR 运算符实现实例 11

代码如下。

```
SELECT      TNAME, DNAME,AGE, TSEX
FROM        TEACHER
WHERE       AGE <40
OR          AGE >50
ORDER BY        AGE
```

运行结果如图 6-13 所示。

	TNAME	DNAME	AGE	TSEX
1	刘静	经济管理	28	女
2	李伟	机械工程	29	男
3	王军	数学	32	男
4	刘一凯	计算机	33	女
5	高伟	电子工程	39	男
6	李彤	生物	54	女

图 6-13　年龄小于 40 或者大于 50 岁的教师

说明　MySQL 数据库系统不支持 NOT 运算符。在 MySQL 数据库系统中，NOT 运算符只能被用在 EXISTS 运算符的前面，形如 NOT EXISTS。

6.5　使用 LIKE 进行模糊查询

当只知道部分字符串时，我们可使用 LIKE 运算符来查询数据库，找出与其相关的整个字符串。因此，当把关键字 LIKE 用在 WHERE 子句中时，可以比较两个字符串的部分匹配。当对字符串内容有些印象，但并不知道准确形式的时候，就可以使用 LIKE 运算符和相关的通配符进行部分匹配的查询。

6.5.1　LIKE 运算符

前面提到的查询实际上都是精确查询，即对查询字段的值有准确的描述。但在实际应用中我们经常要用到模糊查询，根据某一关键词搜索相关信息，在 SQL 语言中是通过通配符来实现的。SQL 语言提供的通配符有“%”、“-”和“[]”，还包括前面介绍的“*”。

要在查询语句中使用通配符，我们必须使用 LIKE 运算符。要使用一个或多个通配符在 LIKE 查询中搜索字符串，只要将字符串与通配符组合起来即可。在数据库管理系统中，LIKE 运算符与通配符组合使用可实现模糊查询功能。

说明

只有 CHAR、VARCHAR 和 TEXT 类型的数据才能使用 LIKE 运算符和通配符。

我们也可以不使用通配符，只使用 LIKE 运算符，如下面的实例。

实例 13　使用 LIKE 运算符实现查询

使用 LIKE 运算符，在 TEACHER 表中查询所有计算机系教师的姓名（TNAME）、系（DNAME）、年龄（AGE）、性别（TSEX）信息。实例代码如下。

```
SELECT      TNAME, DNAME,AGE, TSEX
FROM        TEACHER
WHERE       DNAME LIKE '计算机'
```

运行结果如图 6-14 所示。

	TNAME	DNAME	AGE	TSEX
1	王永军	计算机	40	男
2	刘小静	计算机	46	女
3	李伟	计算机	43	女
4	刘一凯	计算机	33	女

图 6-14　计算机系中的教师

在该实例中，LIKE 运算符可用相等（=）运算符来替代。另外，LIKE 运算符也可以与 NOT 运算符组合使用，如下面的实例所示。

实例 14　使用 NOT LIKE 运算符实现查询

使用 NOT LIKE 运算符，在 TEACHER 表中查询所有不在计算机系教师的姓名（TNAME）、系（DNAME）、年龄（AGE）、性别（TSEX）信息。实例代码如下。

```
SELECT      TNAME, DNAME,AGE, TSEX
FROM        TEACHER
WHERE       DNAME NOT LIKE '计算机'
ORDER BY       DNAME
```

运行结果如图 6-15 所示。

	TNAME	DNAME	AGE	TSEX
1	高伟	电子工程	39	男
2	李伟	机械工程	29	男
3	刘静	经济管理	28	女
4	刘辉	生物	46	女
5	李彤	生物	54	女
6	王军	数学	32	男

图 6-15　非计算机系中的教师

此时，NOT LIKE 运算符可用不等于（<>）运算符来替代。

6.5.2 “%”通配符

SQL 语言中最常用的通配符可能就是“%”了，它表示任意字符的匹配，且不计字符的多少。下面我们通过几个典型实例来说明“%”通配符的使用方法。

1．开头／结尾匹配

在 COURSE 表中查询所有以“计算机”开头的所有课程的课程名（CNAME）、人数（SCOUNT）以及考试时间（CTEST）信息。为了便于读者比较，这里将 COURSE 表的所有记录显示如下。

```
SELECT   *FROM   COURSE
```

运行结果如图 6-16 所示。

	CNO	CNAME	CTIME	SCOUNT	CTEST
1	4	应用数学基础	48	120	2006-07-10 00:00:00
2	5	生物工程概论	32	80	2006-07-08 00:00:00
3	1	计算机软件基础	32	70	2006-07-08 00:00:00
4	2	计算机硬件基础	24	80	2006-06-28 00:00:00
5	8	模拟电路设计	28	90	2006-07-10 00:00:00
6	7	机械设计实践	48	68	2006-07-14 00:00:00
7	3	生物化学	32	40	2006-07-02 00:00:00
8	9	数据库设计	16	80	2006-07-01 00:00:00
9	6	设计理论	28	45	2006-06-30 00:00:00
10	10	计算机入门	24	150	2006-06-29 00:00:00
11	11	数字电路设计基础	30	125	2006-06-20 00:00:00

图 6-16　COURSE 表所有记录

实例 15　使用“%”通配符查询以“计算机”开始的课程

实例代码如下。

```
SELECT        CNAME, SCOUNT, CTEST
FROM          COURSE
WHERE         CNAME LIKE '计算机%'
```

```
ORDER BY        CNAME
```

运行结果如图 6-17 所示。

	CNAME	SCOUNT	CTEST
1	计算机入门	150	2006-06-29 00:00:00
2	计算机软件基础	70	2006-07-08 00:00:00
3	计算机硬件基础	80	2006-06-28 00:00:00

图 6-17 课程名以“计算机”开始的课程

由此可见，查询结果中包含了所有以“计算机”开头的所有课程，而不管“计算机”后面是什么字符，有多少字符。同样，如果我们要查询以“计算机”结尾的信息，只须将匹配条件改为'%计算机'即可。

实例 16 使用“%”通配符查询以“基础”结尾的课程

在 COURSE 表中查询以“基础”结尾的课程的课程名（CNAME）、人数（SCOUNT）以及考试时间（CTEST）信息。实例代码如下。

```
SELECT      CNAME, SCOUNT, CTEST
FROM        COURSE
WHERE       CNAME LIKE '%基础'
ORDER BY        CNAME
```

运行结果如图 6-18 所示。

	CNAME	SCOUNT	CTEST
1	计算机软件基础	70	2006-07-08 00:00:00
2	计算机硬件基础	80	2006-06-28 00:00:00
3	数字电路设计基础	125	2006-06-20 00:00:00
4	应用数学基础	120	2006-07-10 00:00:00

图 6-18 课程名以“基础”结尾的课程

2. 中间匹配

实例 17 使用“%”通配符查询课程名中包含“设计”的所有课程

在 COURSE 表中查询课程名中间包含“设计”的所有课程的课程名（CNAME）、人数（SCOUNT）以及考试时间（CTEST）信息。实例代码如下。

```
SELECT      CNAME, SCOUNT, CTEST
FROM        COURSE
WHERE       CNAME LIKE '%设计%'
ORDER BY        CNAME
```

运行结果如图 6-19 所示。

	CNAME	SCOUNT	CTEST
1	机械设计实践	68	2006-07-14 00:00:00
2	模拟电路设计	90	2006-07-10 00:00:00
3	设计理论	45	2006-06-30 00:00:00
4	数据库设计	80	2006-07-01 00:00:00
5	数字电路设计基础	125	2006-06-20 00:00:00

图 6-19　课程名中包含“设计”的课程

由此可见，课程名中包含“设计”字符的记录全部作为查询结果。

3．两端匹配

实例 18　使用“%”通配符查询以“计算机”开头以“基础”结尾的所有课程

在 COURSE 表中查询以“计算机”开头、以“基础”结尾的所有课程的课程名（CNAME）、人数（SCOUNT）以及考试时间（CTEST）信息。实例代码如下。

```
SELECT      CNAME, SCOUNT, CTEST
FROM        COURSE
WHERE       CNAME LIKE '计算机%基础'
ORDER BY        CNAME
```

运行结果如图 6-20 所示。

	CNAME	SCOUNT	CTEST
1	计算机软件基础	70	2006-07-08 00:00:00
2	计算机硬件基础	80	2006-06-28 00:00:00

图 6-20　课程名以“计算机”开始且以“基础”结尾的课程

注意

Microsoft Access 数据库中不能使用“%”，其功能由“*”通配符所替代。

6.5.3　“_”通配符

“_”通配符的功能与“%”通配符基本相同，但是它只表示任意一个字符的匹配。当然，要表示两个字符的匹配，就需要使用两个“_”通配符，即写成“_ _”。

用户只有在确定所要查询的字符串的个数、只是不确定其中的一个或几个字符的确切值时，才能使用“_”通配符。

实例 19 使用“_”通配符查询课程名有 5 个字且以“计算机”开始的课程

在 COURSE 表中查询所有以“计算机”开头且只有 5 个文字的所有课程的课程名（CNAME）、人数（SCOUNT）以及考试时间（CTEST）信息。实例代码如下。

```
SELECT      CNAME, SCOUNT, CTEST
FROM        COURSE
WHERE       CNAME LIKE '计算机__'
ORDER BY        CNAME
```

运行结果如图 6-21 所示。

	CNAME	SCOUNT	CTEST
1	计算机入门	150	2006-06-29 00:00:00

图 6-21 课程名有 5 个字且以“计算机”开始的课程

与“%”通配符相似，“_”通配符可以用在字符串的任意位置。当然，如果用户只知道要查询的字符串个数，而不能确定其中任何一个字符时，也可以使用“_”通配符。

实例 20 使用“_”通配符查询课程名为 6 个字的所有课程

在 COURSE 表中查询所有课程名为 6 个字的所有课程的课程名（CNAME）、人数（SCOUNT）以及考试时间（CTEST）信息。实例代码如下。

```
SELECT      CNAME, SCOUNT, CTEST
FROM        COURSE
WHERE       CNAME LIKE '______'
ORDER BY        CNAME
```

运行结果如图 6-22 所示。

	CNAME	SCOUNT	CTEST
1	机械设计实践	68	2006-07-14 00:00:00
2	计算机入门	150	2006-06-29 00:00:00
3	模拟电路设计	90	2006-07-10 00:00:00
4	设计理论	45	2006-06-30 00:00:00
5	生物工程概论	80	2006-07-08 00:00:00
6	生物化学	40	2006-07-02 00:00:00
7	数据库设计	80	2006-07-01 00:00:00
8	应用数学基础	120	2006-07-10 00:00:00

图 6-22 课程名为 6 个字的所有课程

此时我们可以发现，不仅包含课程名 6 个字的所有课程，而且课程名少于 6 个字的记录也被列入查询结果表中，这一点也是实际应用中经常被会忽略的问题。如我们查询字符串“计算机_”时，如果有条记录为“计算机”，那么它也被认为是符合查询条件的。因此，例 20 正确的 SQL 代码如下。

```
SELECT      CNAME, SCOUNT, CTEST
FROM        COURSE
WHERE       CNAME LIKE '______'
AND         NOT CNAME LIKE '_____'
ORDER BY        CNAME
```

运行结果如图 6-23 所示。

	CNAME	SCOUNT	CTEST
1	机械设计实践	68	2006-07-14 00:00:00
2	模拟电路设计	90	2006-07-10 00:00:00
3	生物工程概论	80	2006-07-08 00:00:00
4	应用数学基础	120	2006-07-10 00:00:00

图 6-23　课程名为 6 个字的所有课程

6.5.4　“[]”通配符

“[]”通配符用于指定一系列的字符，只要满足这些字符其中之一且位置出现在“[]”通配符的位置，字符串就满足查询条件。

当然，各种通配符也可以组合使用。组合使用各种通配符时，我们一定要弄清其表示的匹配条件。如"LIKE '5[%]'"，其中“[]”通配符内的“%”就不能理解为“%”通配符，而只是表示“%”字符。为了便于读者理解，表 6-5 列出了几种查询条件及其匹配条件。

表 6-5　组合通配符及其匹配条件

查询条件	匹配条件
LIKE '5[%]'	5%
LIKE '[_]n'	_n
LIKE '[a-cdf]'	a，b，c，d 或 f
LIKE '[-acdf]'	-，a，c，d 或 f
LIKE '[[ ]'	[
LIKE ']'	]
LIKE 'abc[_]d%'	abc_d 或 abc_d……
LIKE 'abc[def]'	abcd，abce，或 abcf

实例 21 使用“[]”通配符查询所有以“计”或者“生”字开头的课程

在 COURSE 表中查询以“计”或者“生”字开头的所有课程的课程名（CNAME）、人数（SCOUNT）以及考试时间（CTEST）信息。实例代码如下。

```
SELECT      CNAME, SCOUNT, CTEST
FROM        COURSE
WHERE       CNAME LIKE '[计生]%'
ORDER BY        CNAME
```

运行结果如图 6-24 所示。

	CNAME	SCOUNT	CTEST
1	计算机入门	150	2006-06-29 00:00:00
2	计算机软件基础	70	2006-07-08 00:00:00
3	计算机硬件基础	80	2006-06-28 00:00:00
4	生物工程概论	80	2006-07-08 00:00:00
5	生物化学	40	2006-07-02 00:00:00

图 6-24　所有以“计”或者“生”字开头的课程名

在“[]”通配符内列出的字符前加符号“^”，就表示否定的意思。

实例 22 使用“[]”通配符查询所有不以“计”或者“生”字开头的课程名

在 COURSE 表中查询所有不以“计”或者“生”字开头的课程的课程名（CNAME）、人数（SCOUNT）以及考试时间（CTEST）信息。实例代码如下。

```
SELECT      CNAME, SCOUNT, CTEST
FROM        COURSE
WHERE       CNAME LIKE '[^计生]%'
ORDER BY        CNAME
```

运行结果如图 6-25 所示。

	CNAME	SCOUNT	CTEST
1	机械设计实践	68	2006-07-14 00:00:00
2	模拟电路设计	90	2006-07-10 00:00:00
3	设计理论	45	2006-06-30 00:00:00
4	数据库设计	80	2006-07-01 00:00:00
5	数字电路设计基础	125	2006-06-20 00:00:00
6	应用数学基础	120	2006-07-10 00:00:00

图 6-25　所有不以“计”或者“生”字开头的课程名

当然我们采用 NOT 运算符也可以得到相同的结果，此时 SQL 代码如下。

```
SELECT      CNAME, SCOUNT, CTEST
FROM        COURSE
WHERE       NOT CNAME LIKE '[计生]%'
ORDER BY        CNAME
```

运行结果如图 6-26 所示。

	CNAME	SCOUNT	CTEST
1	机械设计实践	68	2006-07-14 00:00:00
2	模拟电路设计	90	2006-07-10 00:00:00
3	设计理论	45	2006-06-30 00:00:00
4	数据库设计	80	2006-07-01 00:00:00
5	数字电路设计基础	125	2006-06-20 00:00:00
6	应用数学基础	120	2006-07-10 00:00:00

图 6-26　所有不以“计”或者“生”字开头的课程名

6.5.5　使用 ESCAPE 定义转义符

在使用 LIKE 关键字进行模糊查询时，“%”、“_”和“[]”单独出现则会被认为是通配符。为了在字符数据类型的列中查询是否存在百分号（%）、下划线（_）或者方括号（[]）字符，我们就需要有一种方法告诉 DBMS，将 LIKE 表达式中的这些字符看作是实际值，而不是通配符。关键字 ESCAPE 允许确定一个转义字符，告诉 DBMS 紧跟在转义字符之后的字符看作是实际值。如下面的表达式所示。

```
LIKE  '%M%'  ESCAPE  'M'
```

这里使用 ESCAPE 关键字定义了转义字符“M”，告诉 DBMS 将搜索字符串“%M%”中的第二个百分号（%）作为实际值，而不是通配符。当然，第一个百分号（%）仍然被看作是通配符，因此满足该查询条件的字符串为所有以“%”结尾的字符串。

类似地，我们来看下面的表达式。

```
LIKE  'AB&_%'  ESCAPE  '&'
```

此时，我们定义了转义字符“&”，搜索字符串中紧跟“&”之后的字符，即“_”看作是实际字符值，而不是通配符。而表达式中的“%”，仍然作为通配符进行处理。该表达式的查询条件为以“AB_”开始的所有字符串。

第 7 章 连接符、数值运算与函数

在访问数据库的过程中，表中存储的数据往往不能直接满足用户的需求。这时候，如果在用户查询数据的过程中，数据库能够直接对数据进行一些处理，将处理结果作为查询结果，将会非常便利。在 SQL 中，使用连接符、数值运算、函数等可实现上述功能。

7.1 本章实例用到的表

为了便于学习，下面我们介绍一下本章实例用到的数据库表。本章实例共用到了 3 个表：TEACHER 表、COURSE 表和 BOOKITEM 表，其中 TEACHER 表的结构和数据可参见本书 5.2.1 节的表 5-1，COURSE 表的结构和数据可参见本书 6.1 节的表 6-1，而 BOOKITEM 表则为某书店的书目信息表，包括书名（bookname）、单价（book_price）、数量（quantity）3 个字段，表的结构及内容如表 7-1 所示。

表 7-1 BOOKITEM 表

bookname	book_price	quantity
Image Processing	34.95	8
Signal Processing	51.75	6
Signal And System	48.50	10
Digital Signal Processing	45.00	12
The Logic Circuit	28.65	10
SQL Techniques	65.50	10
A First Course in Database Systems	52.80	9

该表创建及添加数据的 SQL 代码如下。

```
CREATE TABLE BOOKITEM
(
   bookname              varchar(80)                    NOT NULL ,
   book_price        Decimal(5,2)             NOT NULL ,
   quantity              int                          NOT NULL ,
)
INSERT INTO BOOKITEM VALUES ('Image Processing', 34.95,8)
INSERT INTO BOOKITEM VALUES ('Signal Processing', 51.75,6)
……
```

7.2　连接符

用户在访问数据库时，往往需要将表中的几列数据作为一列进行处理。如在访问 TEACHER 表时，用户希望将教师所在系直接写在教师姓名之后，作为一项进行查询，这时，可采用连接符“+”（或“||”）实现表中列的连接。

7.2.1　连接符的应用

在 SQL 中，连接符用于连接表中的两列或者多列数据，使它们作为一列供用户查询操作。连接符的符号为“+”或者“||”。究竟采用何种符号，要依据用户要访问的数据库系统。

> 说明　在 Access、SQL Server 和 Sybase 数据库系统中，采用的连接符为“+”，在 DB2、Oracle、PostgreSQL 和 Sybase 数据库系统中，采用的连接符为“||”。

关于连接符的使用，这里我们通过一个实例来说明。

实例 1　使用“+”连接符

查询 TEACHER 表中所有教师的姓名、所在系以及年龄信息，要求姓名、所在系二者合为一项，所在系要在括号内，在姓名后显示。如：王明（机械工程系）。实例代码如下。

```
SELECT TNAME + ' (' + DNAME + ')',AGE
FROM TEACHER
ORDER BY AGE
```

运行结果如图 7-1 所示。

	(No column name)	AGE
1	刘静　　(经济管理　)	28
2	李伟　　(机械工程　)	29
3	王军　　(数学　　　)	32
4	刘一凯　(计算机　　)	33
5	高伟　　(电子工程　)	39
6	王永军　(计算机　　)	40
7	李伟　　(计算机　　)	43
8	刘辉　　(生物　　　)	46
9	刘小静　(计算机　　)	46
10	李彤　　(生物　　　)	54

图 7-1　将课程名加上括号

由此可见，使用连接符不仅可以连接表中的两列，而且还可以加入一些固定字符，如例中的括号。但是，合并后的列没有列名。

> **注意** 如果用户使用的是 MySQL 数据库，因为它不支持连接符，所以连接符不可用。取而代之的是 CONCAT()函数，通过语句 `SELECT CONCAT(TNAME, '(', DNAME, ')')` 实现与连接符相同的操作。

使用连接符进行多列连接，就要求被连接的列必须有相同或相近的数据类型，不能将具有完全不同的数据类型的列进行连接。例如，我们不能将 CHAR 类型的列和 INT 类型的列进行连接，如下面的代码所示。

```
SELECT TNAME + SAL,AGE
FROM TEACHER
```

运行该代码，系统会报告如下错误信息。

```
Syntax error converting the varchar value '王军        ' to a column of data type int.
```

这是因为 TNAME 列的数据为 VARCGHAR 类型，而 SAL 列中的数据为 INT 类型，因此连接错误。如果一定要实现这两列的连接，我们需要使用 CAST 表达式将 SAL 列的数据转换为 CHAR 类型或者 VARCHAR 类型，而后再通过连接符与 TNAME 列连接。

实例 2　使用 CAST 表达式转换数据类型

实例代码如下。

```
SELECT TNAME + CAST(SAL AS VARCHAR(5)),AGE
FROM TEACHER
```

运行结果如图 7-2 所示。

	(No column name)	AGE
1	王军　　800	32
2	李彤　　1200	54
3	王永军　900	40
4	刘小静　1200	46
5	高伟　　2100	39
6	李伟　　1200	29
7	刘辉　　900	46
8	NULL	43
9	刘静　　1300	28
10	NULL	33

图 7-2　连接姓名和工资列结果

从结果中我们可以发现，虽然实现了 TNAME 列和 SAL 列的连接，但是第 8 行和第 10 行的连接结果为 NULL。这是因为在这两行中，SAL 列的数据为 NULL，连接后的数据也就为 NULL，而忽略了 TNAME 列的数据。这一点，我们在使用列的连接时要特别注意。

7.2.2　使用别名

在 7.2.1 节的实例中，我们通过连接符将 TEACHER 表中的 TNAME 和 DMAME 两列信息合为了一列信息。但是合并后的列并没有列名，由于不能指定该列，也就不能对其进行进一步的查询处理。为了解决这个问题，SQL 提供了 AS 关键字，使用它可以为列定义别名。语法如下。

```
SELECT column AS column_alias
FROM  table
```

当然，我们也可以使用 AS 关键字给表取别名。语法如下。

```
SELECT column
FROM table AS table_alias
```

AS 关键字如果用在列后面，就是给列取别名；如果用在表后面，就是给表取别名。

实例 3　对连接结果重命名

将 7.2.1 节实例 1 中使用连接符连接的两列取名为 INFO。实例代码如下。

```
SELECT TNAME + ' (' + DNAME + ')' AS INFO, AGE
FROM TEACHER
ORDER BY AGE
```

运行结果如图 7-3 所示。

	INFO	AGE
1	刘静　　(经济管理　)	28
2	李伟　　(机械工程　)	29
3	王军　　(数学　　　)	32
4	刘一凯　(计算机　　)	33
5	高伟　　(电子工程　)	39
6	王永军　(计算机　　)	40
7	李伟　　(计算机　　)	43
8	刘辉　　(生物　　　)	46
9	刘小静　(计算机　　)	46
10	李彤　　(生物　　　)	54

图 7-3　连接姓名和年龄且对姓名列重命名结果

由此可见，此时连接后的列就有了自己的名字“INFO”，通过别名我们就可以操作该列了。

实例 4　使用别名操作连接后的数据

在实例 3 中，如果我们要求按照连接列的升序对查询结果排序，则代码可表示如下。

```
SELECT        TNAME + ' (' + DNAME + ')' AS INFO, AGE
FROM          TEACHER
ORDER BY      INFO
```

执行结果如图 7-4 所示。

	INFO	AGE
1	高伟　　(电子工程　)	39
2	李彤　　(生物　　　)	54
3	李伟　　(机械工程　)	29
4	李伟　　(计算机　　)	43
5	刘辉　　(生物　　　)	46
6	刘静　　(经济管理　)	28
7	刘小静　(计算机　　)	46
8	刘一凯　(计算机　　)	33
9	王军　　(数学　　　)	32
10	王永军　(计算机　　)	40

图 7-4　对命名列后的结果生序排列

由此可见，在 ORDER BY 子句中我们就可以通过指定的连接列的别名操作该列；然而，在 WHERE 子句中，就不可以使用该别名。如下面的代码所示。

```
SELECT        TNAME + ' (' + DNAME + ')' AS INFO, AGE
FROM          TEACHER
WHERE         INFO LIKE '%计算机%'
```

运行结果如下。

```
Invalid column name 'INFO'.
```

系统报告错误信息，报告 INFO 是一个无效的列。之所以会出错，实际上与 SELECT 语句中各子句的执行顺序有关。

在本书的 5.1.2 节已经介绍了，SELECT 语句的各子句的执行顺序如图 7-5 所示。

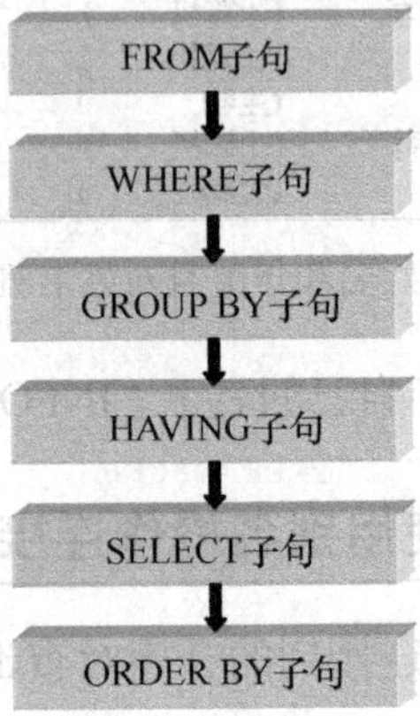

图 7-5　SELECT 语句的各子句执行顺序

我们不难发现，WHERE 子句是在 SELECT 子句之前执行的，而列的别名是在 SELECT 子句中定义的，因此在 WHERE 子句中不可能识别列的别名；而 ORDER BY 子句则不然，它是在 SELECT 子句之后执行的，因而能够识别列的别名。

说明　在后面的章节中，我们还会经常用到表的别名。与列的别名不同，表的别名是在 FROM 子句中定义的；而从图 7-5 我们可以看到，SELECT 语句执行时，首先执行的就是 FROM 子句。因此，表的别名的使用要灵活得多，在 SELECT 语句的任何子句都可以使用。

7.3　数值运算

当用户使用 SQL 语言查询数据库表中的数据时，如果该数据为数值型，可在查询时使用数学运算符直接对其进行处理，以满足不同的需要。例如，我们可以采用*运算符将表中存储的货物的单价和数量信息相乘，得到总价信息。

7.3.1　数学运算符的种类

在 SQL 中，可用的数学运算符如表 7-2 所示。

表 7-2　数学运算符

运 算 符 号	说　明	运 算 符 号	说　明
+	加	/	除
-	减	%	求余
*	乘		

各运算符的用法及优先级与其在算术运算中的使用没什么不同。可能读者对求余（%）运算用得不是很多，这里我们举两个例子。

```
5 % 2 = 1
6 % 2 = 0
```

使用运算符时，也可以使用括号（）来改变运算的优先级。如以下的例子。

```
2 * (6 + 9) / 3=2 * 15 / 3 = 10
```

7.3.2　数学运算符的运用

本节将通过几个具体的实例来说明数学运算符的使用。

实例 5　使用数学运算符“*”查询结果

在书目信息表 BOOKITEM 中查询书目名称、数量、单价以及总价信息。实例代码如下。

```
SELECT         bookname, quantity, book_price,quantity*book_price
FROM        BOOKITEM
ORDER BY    bookname
```

运行结果如图 7-6 所示。

	bookname	quantity	book_price	(No column name)
1	A First Course in Database Systems	9	52.80	475.20
2	Digital Signal Processing	12	45.00	540.00
3	Image Processing	8	34.95	279.60
4	Signal And System	10	48.50	485.00
5	Signal Processing	6	51.75	310.50
6	SQL Techniques	10	65.50	655.00
7	The Logic Circuit	10	28.65	286.50

图 7-6　书目信息表 BOOKITEM 中的信息

从结果中我们可以发现，通过数学计算获得的总价列没有列名，这样也就无法对总价进行排序。

实例 6　使用 AS 关键字取别名

同样，这里也可以使用 AS 关键字为总价列取别名。例如，将该列的名称定为 total_price，这样就可以通过 total_price 对总价进行排序。实例代码如下。

```
SELECT  bookname, quantity, book_price,quantity*book_price AS total_price
FROM    BOOKITEM
ORDER BY total_price
```

运行结果如图 7-7 所示。

	bookname	quantity	book_price	total_price
1	Image Processing	8	34.95	279.60
2	The Logic Circuit	10	28.65	286.50
3	Signal Processing	6	51.75	310.50
4	A First Course in Database Systems	9	52.80	475.20
5	Signal And System	10	48.50	485.00
6	Digital Signal Processing	12	45.00	540.00
7	SQL Techniques	10	65.50	655.00

图 7-7　对总价列重命名且按该列排序的结果

实例 7　使用数学运算符“*”查询结果且重命名列

在书目信息表 BOOKITEM 中，查询 8 折优惠后单价仍高于 30 元的书目的名称、数量以及优惠后的单价，并按单价由低到高的顺序排列查询结果。实例代码如下。

```
SELECT      bookname, quantity, book_price*0.8 AS off_price
FROM        BOOKITEM
WHERE       book_price*0.8 > 30
ORDER BY    off_price
```

运行结果如图 7-8 所示。

	bookname	quantity	off_price
1	Digital Signal Processing	12	36.000
2	Signal And System	10	38.800
3	Signal Processing	6	41.400
4	A First Course in Database Systems	9	42.240
5	SQL Techniques	10	52.400

图 7-8　8 折优惠后单价仍高于 30 元的书目的名称、数量以及优惠后的单价结果

注意

在例 7 代码中，WHERE 子句中不能使用 off_price 列别名，而在 ORDER BY 子句中则可以使用。

7.3.3 使用 CAST 表达式转换数据类型

当从数据库中得到一个值时，使用 CAST 表达式可以改变值的数据类型，但是不能改变源列的数据类型。这对使用编程语言时遇到数据类型不匹配、但要对数据进行计算十分有用。比如，学生的学号信息有的表中存储为 INT 型，有的表却存储为 CHAR 型，当需要对两个表中的学号进行某种关联比较时，就必须使用 CAST 表达式将二者转换为同一类型。

使用 CAST 表达式，必须依次指定 CAST 关键字，在括号内指定列名、AS 关键字和新的数据类型。语法如下。

```
CAST (value expression  AS  data type)
```

简单地说，在 SQL 语句中，任何表达式或值出现的地方都可使用 CAST 表达式。当然，对 CAST 表达式实现的类型转换是有限制的，例如，不可能将 06/25/2006 转换为 INT 类型的值。

说明　从根本上来说，使用 CAST 可将任何数据类型转换为 CHAR 或者 VARCHAR 类型；而仅当非数值类型的值中包括的全部是数字（0～9）、单个小数点或者是单个横杠（-）或加号（+）（要求必须在开头，用于说明数字是正还是负）时，才能将其转换为数值类型。

实例 8　使用 CAST 表达式转换数据类型

在 COURSE 表中查询所有课程信息，并要求考试时间为字符型且只取前 11 个字符。为了便于比较，我们首先查看数据库中 COURSE 表的数据，如图 7-9 所示。

```
SELECT  *  FROM       COURSE
```

	CNO	CNAME	CTIME	SCOUNT	CTEST
1	4	应用数学基础	48	120	2006-07-10 00:00:00
2	5	生物工程概论	32	80	2006-07-08 00:00:00
3	1	计算机软件基础	32	70	2006-07-08 00:00:00
4	2	计算机硬件基础	24	80	2006-06-28 00:00:00
5	8	模拟电路设计	28	90	2006-07-10 00:00:00
6	7	机械设计实践	48	68	2006-07-14 00:00:00
7	3	生物化学	32	40	2006-07-02 00:00:00
8	9	数据库设计	16	80	2006-07-01 00:00:00
9	6	设计理论	28	45	2006-06-30 00:00:00
10	10	计算机入门	24	150	2006-06-29 00:00:00
11	11	数字电路设计基础	30	125	2006-06-20 00:00:00

图 7-9　COURSE 表中的记录

实例代码如下。

```
SELECT      CNO,CNAME,CTIME,SCOUNT,CAST(CTEST AS CHAR(11))AS CHARDATE
FROM        COURSE
```

运行结果如图 7-10 所示。

	CNO	CNAME	CTIME	SCOUNT	CHARDATE
1	4	应用数学基础	48	120	Jul 10 2006
2	5	生物工程概论	32	80	Jul 8 2006
3	1	计算机软件基础	32	70	Jul 8 2006
4	2	计算机硬件基础	24	80	Jun 28 2006
5	8	模拟电路设计	28	90	Jul 10 2006
6	7	机械设计实践	48	68	Jul 14 2006
7	3	生物化学	32	40	Jul 2 2006
8	9	数据库设计	16	80	Jul 1 2006
9	6	设计理论	28	45	Jun 30 2006
10	10	计算机入门	24	150	Jun 29 2006
11	11	数字电路设计基础	30	125	Jun 20 2006

图 7-10　将 DATETIME 数据类型转换为 CHAR 类型的数据

上例通过 CAST 表达式把 DATETIME 数据类型转换为 CHAR 类型的数据，由于规定了其最大长度为 11，只取前 11 个字符，超过的部分被截去。

7.3.4　使用 CASE 表达式

CASE 表达式实际上是一个条件表达式，能够根据列的值选择实际值，为 SQL 提供了有限的决策能力。前面我们讲过，SQL 是一种子语言，而不是一种完全的编程语言。SQL 只能告诉 DBMS 要找什么或做什么，而不是如何找或如何做。大多数 DBMS 都对标准的 SQL 进行了扩展，使其允许对 SQL 进行编程，如前面提到的 Transact-SQL 和 PL/SQL。

CASE 表达式是 SQL 本身的一部分，给出了 IF-THEN-ELSE 类型的数据结构，可以根据其操作的表列中的数据来决定哪一条 SQL 语句被执行。语法如下。

```
CASE
    WHEN search_condition THEN result_expression
        [ ... WHEN last search_condition
THEN last result_expression ]
    [
        ELSE else_result_expression
    ]
END
```

表达式在执行时，系统首先检查第一个 search_condition，如果其值为 True，那么 CASE 表达式取第一个 result_expression 的值；如果第一个 search_condition 的值为 False，那么 DBMS 继续对第二个 search_condition 求值，如果为 True，那么 CASE 语句就取第二个 result_expression

的值，如果为 False，则 DBMS 继续检查第三个 search_condition，以此类推。如果没有 CASE 表达式的搜索条件求值为 True，那么 CASE 就取其 ELSE 子句中的表达式的值。而如果没有 ELSE 子句，则 CASE 表达式求值为 NULL。

实例 9　使用 CASE 表达式进行条件查询

在 COURSE 表中查询所有课程的课程名、学时信息，要求根据学时算出每门课程的学分，其中学时高于 40 的为 5 个学分，30～40 之间的为 4 个学分，20～30 之间的为 3 个学分，少于 20 的为两个学分。实例代码如下。

```
SELECT  CNAME,CTIME,CREDIT=
CASE
    WHEN      CTIME >= 40 THEN 5
    WHEN      CTIME >= 30 THEN 4
    WHEN      CTIME >= 20 THEN 3
    ELSE      2
END
FROM          COURSE
ORDER BY          CREDIT
```

运行结果如图 7-11 所示。

	CNAME	CTIME	CREDIT
1	数据库设计	16	2
2	模拟电路设计	28	3
3	计算机硬件基础	24	3
4	设计理论	28	3
5	计算机入门	24	3
6	数字电路设计基础	30	4
7	计算机软件基础	32	4
8	生物工程概论	32	4
9	生物化学	32	4
10	机械设计实践	48	5
11	应用数学基础	48	5

图 7-11　分类查询结果

7.4　函数

SQL 针对不同类型的数据处理提供了几种类型的函数，有字符处理函数、算术运算函数以及时间、日期处理函数等。通过使用这些函数，用户可以方便地处理各种数据。

7.4.1　有关函数的说明

和其他的计算机语言一样，SQL 也提供了一些函数来处理数据。前面介绍的大多数 SQL 语句，如 SELECT 等，在所有的数据库管理系统中都可以使用。函数则不然，不同的数据库系统中使用的函数有着很大的差别。事实上，只有少量的几个函数是所有主要数据库系统都支持的。

表 7-3 列出了 3 个经常用到的函数功能以及它们在不同的数据库系统中的实现函数。

表 7-3　不同数据库系统中的函数差别

函 数 功 能	实 现 函 数
截取字符串中的部分字符	在 Access 数据库中，使用函数 MID() 在 DB2、Oracle 和 PostgreSQL 数据库中使用函数 SUBSTR() 在 MySQL、SQL Server 和 Sybase 数据库中使用函数 SUBSTRING()
日期形式转换	在 Access 和 Oracle 数据库中使用的是复合函数 在 DB2 和 PostgreSQL 数据库中使用函数 CAST() 在 MySQL、SQL Server 和 Sybase 数据库中使用函数 CONVERT()
获取当前日期	在 Access 数据库中使用函数 NOW() 在 DB2 和 PostgreSQL 数据库中使用函数 CURRENT_DATE 在 MySQL 数据库中使用函数 CURDATE() 在 Oracle 数据库中使用函数 SYSDATE 在 SQL Server 和 Sybase 数据库中使用函数 GETDATE()

不同于 SQL 语句，SQL 函数用起来不是很方便。如果用户写的 SQL 程序中包含函数，那么很难在不同的数据库中使用，因此使用函数要特别慎重。

说明　对大多数函数功能，各主要数据库系统提供的函数各不相同，因此很难对它们一一讲解。本书主要针对 SQL Server 数据库系统，讲解 SQL 函数，其他的数据库系统，读者可参阅相应的技术手册查询。

7.4.2　字符处理函数

在 SQL Server 数据库系统中，常用的 SQL 字符处理函数及其功能如表 7-4 所示。

表 7-4 常用的字符处理函数及其功能

函数表达式	函数参数及功能
ASCII(<character_expression>)	返回字符表达式最左端字符的 ASCII 码值
CHAR (<integer_expression>)	将 ASCII 码转换为字符。如果没有输入 0～255 之间的 ASCII 码值，函数会返回一个 NULL 值
LOWER (<character _expression>)	把字符串全部转换为小写
UPPER (<character _expression>)	把字符串全部转换为大写
LTRIM(<character _expression>)	把字符串头部的空格去掉
RTRIM(<character _expression>)	把字符串尾部的空格去掉
LEFT(<character_expression>, <integer_expression>)	返回部分字符串，返回的子串是从字符串最左边起、到第 integer_expression 个字符的部分
RIGHT(<character_expression>, <integer_expression>)	返回部分字符串，返回的子串是从字符串右边第 integer_expression 个字符起、到最后一个字符的部分
SUBSTRING (<expression>, <starting_ position>, length)	返回部分字符串，返回的子串是从字符串左边第 starting_position 个字符起、length 个字符的部分
CHARINDEX(<'substring_expression'>, <expression>)	返回字符串中某个指定的子串出现的开始位置。substring_expression 是所要查找的字符表达式，expression 可以是字符串，也可以是列名表达式。如果没有发现子串，则返回 0。此函数不能用于 TEXT 和 IMAGE 数据类型
REPLICATE(character_expression , integer_expression)	返回一个重复 character_expression 指定次数的字符串
REVERSE(<character_expression>)	将指定的字符串的字符排列顺序颠倒。character_expression 可以是字符串、常数或一个列的值
REPLACE (<string_expression1> , <string_expression2> , <string_expression3>)	用 string_expression3 替换在 string_expression1 中的子串 string_expression2

下面我们依据字符处理函数的几方面功能，分别给出应用实例。

1. 字符转换

UPPER 和 LOWER 函数用来转换字符串大小写状态。UPPER 函数把字符串全部转换为大写状态，LOWER 函数把字符串全部转换为小写状态。

实例 10 使用 UPPER 将查询结果列转换成大写

在 BOOKITEM 表中查询所有的书名、数量以及单价信息，并要求所有书名用大写字母表示。实例代码如下。

```
SELECT  UPPER(bookname)AS BOOK, quantity, book_price
FROM       BOOKITEM
```

运行结果如图 7-12 所示。

	BOOK	quantity	book_price
1	IMAGE PROCESSING	8	34.95
2	SIGNAL PROCESSING	6	51.75
3	SIGNAL AND SYSTEM	10	48.50
4	DIGITAL SIGNAL PROCESSING	12	45.00
5	THE LOGIC CIRCUIT	10	28.65
6	SQL TECHNIQUES	10	65.50
7	A FIRST COURSE IN DATABASE SYSTEMS	9	52.80

图 7-12　BOOKITEM 表中的记录信息且书名以大写的形式显示

由此可见，所有书名都转换成大写字母了。

实例 11　使用 LOWER 将查询结果列转换成小写

在 BOOKITEM 表中查询所有的书名、数量以及单价信息，并要求所有书名用小写字母表示。实例代码如下。

```
SELECT  LOWER(bookname) AS book, quantity, book_price
FROM       BOOKITEM
```

运行结果如图 7-13 所示。

	book	quantity	book_price
1	image processing	8	34.95
2	signal processing	6	51.75
3	signal and system	10	48.50
4	digital signal processing	12	45.00
5	the logic circuit	10	28.65
6	sql techniques	10	65.50
7	a first course in database systems	9	52.80

图 7-13　BOOKITEM 表中的记录信息且书名以小写的形式显示

全部的书名都转换成小写字母了。

2．去空格

函数 LTRIM 和 RTRIM 用于去除字符串中的空格，其中 LTRIM 函数用于去除字符串前面的空格，RTRIM 函数用于去除字符串后面的空格。

实例 12 使用 RTRIM 用于去除字符串中的空格

查询 TEACHER 表中所有教师的姓名、所在系以及年龄信息，要求姓名和所在系二者合为一项，系要在括号内，在姓名后显示，如：王明（机械工程系)，同时要求结果中不含有空格。实例代码如下。

```
SELECT      RTRIM(TNAME) + ' (' + RTRIM(DNAME) + ')' AS INFO,AGE
FROM        TEACHER
ORDER BY    DNAME
```

运行结果如图 7-14 所示。

	INFO	AGE
1	高伟（电子工程)	39
2	李伟（机械工程)	29
3	李伟（计算机)	43
4	王永军（计算机)	40
5	刘小静（计算机)	46
6	刘一凯（计算机)	33
7	刘静（经济管理)	28
8	李彤（生物)	54
9	刘辉（生物)	46
10	王军（数学)	32

图 7-14 满足指定查询条件的记录

与 7.2.1 节的实例结果相比，字符串后面的空格被去除了。

3．取字符串

函数 LEFT、RIGHT 和 SUBSTRING 用于从一个字符串中截取指定的一段字符，生成一个新的字符串。源字符串可以是一个列名或者显式声明的一个字符串，其中函数 LEFT 和 RIGHT 分别用于从字符串的左边和右边开始，截取定长的字符串；而函数 SUBSTRING 则可用于截取从字符串的任意位置开始的定长的字符串。

说明

Oracle 不支持 SUBSTRING 函数，但是支持与此相似的函数 SUBSTR。

实例 13 使用 LEFT 用于取字符串

在 BOOKITEM 表中查询所有的书名、数量以及单价信息，要求所有书名取最左边的 6 个字符即可。实例代码如下。

```
SELECT      LEFT(bookname,6)+'…' AS shortname, quantity, book_price
```

```
FROM         BOOKITEM
ORDER BY     bookname
```

运行结果如图 7-15 所示。

	shortname	quantity	book_price
1	A Firs…	9	52.80
2	Digita…	12	45.00
3	Image …	8	34.95
4	Signal…	10	48.50
5	Signal…	6	51.75
6	SQL Te…	10	65.50
7	The Lo…	10	28.65

图 7-15　BOOKITEM 表中记录信息且书名取最左边的 6 个字符

当然，上面代码中的函数表达式"LEFT(bookname,6)"也可以用 SUBSTRING 函数实现，如"SUBSTRING(bookname,1,6)"，即 bookname 中的第一个到第六个字符，也就是前 6 个字符。

截取字符串函数不仅适用于 SELECT 子句，事实上，在 WHERE 子句中用这个函数定义搜索条件时也是非常有用的。

实例 14　在 WHERE 子句中使用 LEFT 取字符串

在 BOOKITEM 表中查询所有以“PROCESSING”结尾的书名、数量以及单价信息。实例代码如下。

```
SELECT      bookname, quantity, book_price
FROM          BOOKITEM
WHERE       UPPER(RIGHT(bookname,10))='PROCESSING'
ORDER BY      bookname
```

运行结果如图 7-16 所示。

	bookname	quantity	book_price
1	Digital Signal Processing	12	45.00
2	Image Processing	8	34.95
3	Signal Processing	6	51.75

图 7-16　BOOKITEM 表中所有以“PROCESSING”结尾的记录信息

说明：SQL Server 对其内存储的字符型数据的大小写是不敏感的，即使不使用 UPPER 函数也会得到正确的结果。

实例 15 采用 LIKE 运算符与通配符实现实例 14

实例代码如下。

```
SELECT       bookname, quantity, book_price
FROM              BOOKITEM
WHERE        UPPER(RIGHT(bookname,10))LIKE '%PROCESSING'
ORDER BY          bookname
```

运行结果如图 7-17 所示。

	bookname	quantity	book_price
1	Digital Signal Processing	12	45.00
2	Image Processing	8	34.95
3	Signal Processing	6	51.75

图 7-17 BOOKITEM 表中所有以“PROCESSING”结尾的记录信息

4．字符串比较

使用 CHARINDE 函数，可以在源字符串中搜索目标字符串，同时返回目标字符串开头的第一次出现在源字符串中的位置（INT 型）。例如语句如下。

```
CHARINDEX('boy','You are a boy')
```

得到的结果为 11。因为根据 CHARINDEX 的语法，DBMS 将搜索字符串“You are a boy”中第一次出现“boy”的位置，并返回“boy”在“You are a boy”中的位置，即 11。

实例 16 使用 CHARINDE 函数进行字符串比较

在 BOOKITEM 表中查询所有的书名、数量、单价信息以及书名中字符“i”出现的位置。

实例代码如下。

```
SELECT       bookname, quantity, book_price, CHARINDEX('i',bookname)AS
             Positon
FROM         BOOKITEM
ORDER BY     bookname
```

运行结果如图 7-18 所示。

	bookname	quantity	book_price	Positon
1	A First Course in Database Systems	9	52.80	4
2	Digital Signal Processing	12	45.00	2
3	Image Processing	8	34.95	1
4	Signal And System	10	48.50	2
5	Signal Processing	6	51.75	2
6	SQL Techniques	10	65.50	10
7	The Logic Circuit	10	28.65	8

图 7-18 BOOKITEM 表中部分记录及书名中字符“i”出现的位置

5. 字符串操作

使用 REPLACE 函数可以在源字符串中搜索目标字符串并将搜索到的目标字符串替换为用户自定义的字符串。

实例 17　使用 REPLACE 函数进行字符串操作

在 BOOKITEM 表中查询所有的书名、单价信息以及将书名中的字符串“Processing”替换为“Pro.”后的结果。实例代码如下。

```
SELECT      bookname,book_price, REPLACE (bookname,'Processing', 'Pro.')
            AS Replace
FROM            BOOKITEM
ORDER BY        bookname
```

运行结果如图 7-19 所示。

	bookname	book_price	Replace
1	A First Course in Database Systems	52.80	A First Course in Database Systems
2	Digital Signal Processing	45.00	Digital Signal Pro.
3	Image Processing	34.95	Image Pro.
4	Signal And System	48.50	Signal And System
5	Signal Processing	51.75	Signal Pro.
6	SQL Techniques	65.50	SQL Techniques
7	The Logic Circuit	28.65	The Logic Circuit

图 7-19　将 BOOKITEM 表中书名中的“Processing”替换为“Pro.”

由此可见，bookname 中所有的“Processing” 字符串都被替换成了字符串“Pro.”。

当然，关于字符处理的函数还有很多，这里我们就不一一介绍了。

7.4.3　算术运算函数

在 SQL Server 数据库系统中，常用的 SQL 算术计算函数及其功能如表 7-5 所示。

表 7-5　常用的算术计算函数及其功能

函数表达式	函数参数及功能
ABS(numeric_expression)	返回表达式的绝对值
SIGN(numeric_expression)	测试参数的正负号。返回 0（零值），1（正数）或-1（负数）
CEILING(numeric_expression)	返回>=表达式的最小整数
FLOOR(numeric_expression)	返回<=表达式的最小整数

续表

函数表达式	函数参数及功能
ROUND(numeric_expression, integer_expression)	返回以 integer_expression 为精度的四舍五入值
COS (float_expression)	返回以弧度表示的角的余弦
ACOS (float_expression)	返回余弦是 FLOAT 值的以弧度表示的角
SIN(float_expression)	返回以弧度表示的角的正弦
ASIN(float_expression)	返回正弦是 FLOAT 值的以弧度表示的角
TAN(float_expression)	返回以弧度表示的角的正切
ATAN(float_expression)	返回正切是 FLOAT 值的以弧度表示的角
EXP(float_expression)	返回表达式的指数值
LOG(float_expression)	返回表达式的自然对数值
SQRT(float_expression)	返回表达式的平方根
PI( )	返回值为 π，即 3.141 592 653 589 793 6
RAND( )	得到 0～1 之间的随机浮点数

下面我们给出一些算术计算函数的简单应用实例。

实例 18　在查询中使用算术运算函数

在同一表达式中，使用 SIN()、ATAN()、RAND()、PI ()和 SIGN()函数。代码如下。

```
SELECT  sin(23.45) AS "sin(23.45)",  atan(1.234 ) AS "atan(1.234 )",
  rand() AS "rand()",  pi() AS  "pi()",
    sign(-2.34) AS "sign(-2.34)"
```

运行结果如图 7-20 所示。

	sin(23.45)	atan(1.234)
1	-0.99374071017265964	0.88976244895918932

rand()	pi()	sign(-2.34)
0.33259062071677004	3.1415926535897931	-1.00

图 7-20　在同一表达式中使用多个函数的查询结果

实例 19　在查询中使用 ROUND 函数

在表 BOOKITEM 中查询书的名称 bookname 和单价 book_price，使用 ROUND()函数，使书的单价精确到个位即可。实例代码如下。

```
SELECT  bookname, round(book_price, 0)  AS  round_price
FROM  BOOKITEM
ORDER BY        round_price
```

运行结果如图 7-21 所示。

	bookname	round_price
1	The Logic Circuit	29.00
2	Image Processing	35.00
3	Digital Signal Processing	45.00
4	Signal And System	49.00
5	Signal Processing	52.00
6	A First Course in Database Systems	53.00
7	SQL Techniques	66.00

图 7-21　将表 BOOKITEM 中书的单价精确到个位的显示结果

7.4.4　日期时间函数

在 SQL Server 中，日期函数用来操作 DATETIME 和 SMALLDATETIME 类型的数据，执行算术运算。与其他函数一样，日期函数可以在 SELECT 语句的 SELECT 和 WHERE 子句以及表达式中使用。常用的 SQL 日期处理函数及其功能如表 7-6 所示。

表 7-6　常用的日期处理函数及其功能

函数表达式	函数参数及功能
DAY(<date_expression>)	返回 date_expression 中的日期值
MONTH(<date_expression>)	返回 date_expression 中的月份值
YEAR(<date_expression>)	返回 date_expression 中的年份值
DATEADD(<datepart>, <number> , <date>)	返回指定日期 date 加上指定的额外日期间隔 number 产生的新日期
DATEDIFF(<datepart>, <date1>,<date2>)	返回两个指定日期在 datepart 方面的不同之处，即 date2 超过 date1 的差距值，其结果值是一个带有正负号的整数值
DATENAME(<datepart>, <date>)	以字符串的形式返回日期的指定部分。此部分由 datepart 来指定
DATEPART(<datepart>, <date>)	以整数值的形式返回日期的指定部分。此部分由 datepart 来指定
GETDATE()	以 DATETIME 的缺省格式，返回系统当前的日期和时间

下面我们给出一些日期处理函数的简单应用实例。

1. 日期的提取

SQL Server 中，我们可使用 DAY、MONTH、YEAR 函数提取 DATETIME 或 SMALLDATE-

TIME 类型数据中的年、月、日信息。而函数 DATENAME 和 DATEPART 则可用来返回字符型和整型的年、月、日信息。

实例 20 日期的提取

在 COURSE 表中查询课程的名称 CNAME、人数 SCOUNT、考试月份，按人数多少进行降序排列，其中考试月份分别采用时间月份、字符型月份和整型月份 3 种形式。实例代码如下。

```
SELECT  CNAME,SCOUNT, MONTH(CTEST) AS REALMONTH, DATENAME (month,CTEST)
     AS  CHARMONTH,DATEPART (month,CTEST) AS INTMONTH
FROM    COURSE
ORDER BY SCOUNT desc
```

运行结果如图 7-22 所示。

	CNAME	SCOUNT	REALMONTH	CHARMONTH	INTMONTH
1	计算机入门	150	6	June	6
2	数字电路设计基础	125	6	June	6
3	应用数学基础	120	7	July	7
4	模拟电路设计	90	7	July	7
5	数据库设计	80	7	July	7
6	生物工程概论	80	7	July	7
7	计算机硬件基础	80	6	June	6
8	计算机软件基础	70	7	July	7
9	机械设计实践	68	7	July	7
10	设计理论	45	6	June	6
11	生物化学	40	7	July	7

图 7-22 综合查询结果

日期提取函数也经常用在 WHERE 子句中，对时间进行搜索查询。

实例 21 在 WHERE 子句中使用日期提取函数

在 COURSE 表中查询七月份考试的课程的课程名称 CNAME、人数 SCOUNT 以及考试时间，实例代码如下。

```
SELECT      CNAME,SCOUNT, CTEST
FROM        COURSE
WHERE       MONTH(CTEST)=7
ORDER BY    CTEST
```

运行结果如图 7-23 所示。

	CNAME	SCOUNT	CTEST
1	数据库设计	80	2006-07-01 00:00:00
2	生物化学	40	2006-07-02 00:00:00
3	生物工程概论	80	2006-07-08 00:00:00
4	计算机软件基础	70	2006-07-08 00:00:00
5	模拟电路设计	90	2006-07-10 00:00:00
6	应用数学基础	120	2006-07-10 00:00:00
7	机械设计实践	68	2006-07-14 00:00:00

图 7-23　COURSE 表中七月份考试的课程的课程名称、人数以及考试时间

如果我们采用字符型月份的形式进行查询，代码如下。

```
SELECT      CNAME,SCOUNT, CTEST
FROM        COURSE
WHERE       DATENAME (month,CTEST)='JULY'
ORDER BY    CTEST
```

运行结果如图 7-24 所示。

	CNAME	SCOUNT	CTEST
1	数据库设计	80	2006-07-01 00:00:00
2	生物化学	40	2006-07-02 00:00:00
3	生物工程概论	80	2006-07-08 00:00:00
4	计算机软件基础	70	2006-07-08 00:00:00
5	模拟电路设计	90	2006-07-10 00:00:00
6	应用数学基础	120	2006-07-10 00:00:00
7	机械设计实践	68	2006-07-14 00:00:00

图 7-24　采用字符型月份的形式查询的结果

2. 日期的运算

函数 DATEADD 和函数 DATEDIFF 用于对日期的计算处理，而 GETDATE 函数则用于获取当前的日期时间，这 3 个函数在实际应用中是经常用到的。下面我们通过实例介绍这几个函数的应用。

实例 22　DATEADD 函数的使用

由于种种原因，考试时间要推迟一个星期，而数据库表 COURSE 中的数据还没有更新。这时候，在用户查询时，使用 DATEADD()函数将推迟后的时间作为查询结果。实例代码如下。

```
SELECT      CNAME,DATEADD (day, 7, CTEST)  AS  NEWTIME
FROM        COURSE
ORDER BY    NEWTIME
```

运行结果如图 7-25 所示。

说明　在实例的查询语句中，DATEADD (day, 7, CTEST)也可以写成 DATEADD (week, 1, CTEST)，二者得到的结果相同。

	CNAME	NEWTIME
1	数字电路设计基础	2006-06-27 00:00:00
2	计算机硬件基础	2006-07-05 00:00:00
3	计算机入门	2006-07-06 00:00:00
4	设计理论	2006-07-07 00:00:00
5	数据库设计	2006-07-08 00:00:00
6	生物化学	2006-07-09 00:00:00
7	计算机软件基础	2006-07-15 00:00:00
8	生物工程概论	2006-07-15 00:00:00
9	应用数学基础	2006-07-17 00:00:00
10	模拟电路设计	2006-07-17 00:00:00
11	机械设计实践	2006-07-21 00:00:00

图 7-25 将推迟后的时间作为查询结果

实例 23 以多个时间条件进行查询

在表 COURSE 中查询课程 CNAME、人数 SCOUNT、当前日期、考试日期 CTEST 和考试日期距当前日期还有多少天，按剩余天数的多少进行排序。实例代码如下。

```
SELECT CNAME,SCOUNT, GETDATE ()AS CURRENTDATE,CTEST,
        DATEDIFF (day, GETDATE (),CTEST)  AS REMAINDAY
FROM COURSE
ORDER BY REMAINDAY
```

运行结果如图 7-26 所示。

结果中的负值表示当前日期已经超过考试日期。

	CNAME	SCOUNT	CURRENTDATE	CTEST	REMAINDAY
1	数字电路设计基础...	125	2006-07-02...	2006-06-20...	-12
2	计算机硬件基础	80	2006-07-02...	2006-06-28...	-4
3	计算机入门	150	2006-07-02...	2006-06-29...	-3
4	设计理论	45	2006-07-02...	2006-06-30...	-2
5	数据库设计	80	2006-07-02...	2006-07-01...	-1
6	生物化学	40	2006-07-02...	2006-07-02...	0
7	计算机软件基础	70	2006-07-02...	2006-07-08...	6
8	生物工程概论	80	2006-07-02...	2006-07-08...	6
9	应用数学基础	120	2006-07-02...	2006-07-10...	8
10	模拟电路设计	90	2006-07-02...	2006-07-10...	8
11	机械设计实践	68	2006-07-02...	2006-07-14...	12

图 7-26 以多个条件进行查询并以剩余天数排序结果

7.4.5 CONVERT()函数转换日期、时间

与某些 DBMS 产品不同，SQL Server 并不支持分开的 TIME、DATE 和 TIMESTAMP 数据类型，而是支持单一的 DATETIME 数据类型，用于定义保存复合的日期和时间值；而 Transact-SQL

的 GETDATE 函数的返回值也是 DATETIME 类型的，同时返回系统的日期和时间信息。在 SQL Server 中，我们可使用 CONVERT()函数实现各种时间类型的转换。语法如下。

```
CONVERT ( data_type [(length)] , expression , style)
```

这里需要说明的是，对日期、时间格式的转换而言，expression 为 DATETIME 类型的数据；data_type 为要转换成的数据类型，一般为 CHAR 或者 VARCHAR 类型；style 则指定转换形式，其不同取值对应的日期、时间格式如表 7-7 所示。

表 7-7 style 不同取值对应的日期、时间格式

类 型	style	格 式	示 例
日期时间综合类型	0	mon dd yyyy hh:miAM/ PM	Jun 21 2006 08:30 AM
	9	mon dd yyyy hh:mi:ss:mmmAM/ PM	Jun 21 2006 08:30:21:048 AM
	13	dd mon yyyy hh:mm:ss:mmm	21 Jun 2006 08:30:21:048
	20	yyyy-mm-dd hh:mi:ss	2006-06-21 08:30:21
	21	yyyy-mm-dd hh:mi:ss.mmm	2006-06-21 08:30:21:048
时间类型	8	hh:mm:ss	08:30:21
	14	hh:mi:ss:mmm	08:30:21:048
日期类型	1	mm/dd/yy	06/21/06
	2	yy.mm.dd	06.06.21
	3	dd/mm/yy	21/06/06
	4	dd.mm.yy	21.06.06
	5	dd-mm-yy	21-06-06
	6	dd mon yy	21 Jun 06
	7	Mon dd, yy	Jun 21,06
	10	mm-dd-yy	06-21-06
	11	yy/mm/dd	06/06/21
	12	yymmdd	060630

注意：在日期类型列出的 style 的数值上加上 100，则 SQL Server 返回的将是 4 位的年而不是两位数的年。

实例 24 获取精确到秒的当前系统时间

实例代码如下。

```
SELECT CONVERT(VARCHAR, GETDATE (),8)  AS NOW_TIME
```

运行结果如图 7-27 所示。

	NOW_TIME
1	20:37:54

图 7-27　当前的系统时间

这里 style 取值 8，由表 7-7 中可知，对应的时间类型为“hh:mm:ss”，也就是得到结果的形式。

实例 25　定义日期的格式

在表 COURSE 中查询课程名称、人数和考试日期信息，要求考试日期为“dd mon yy”的形式且年份为 4 位数。实例代码如下。

```
SELECT      CNAME,SCOUNT, CONVERT(VARCHAR, CTEST,106) AS TEST_DATE
FROM        COURSE
ORDER BY    CTEST
```

运行结果如图 7-28 所示。

	CNAME	SCOUNT	TEST_DATE
1	数字电路设计基础	125	20 Jun 2006
2	计算机硬件基础	80	28 Jun 2006
3	计算机入门	150	29 Jun 2006
4	设计理论	45	30 Jun 2006
5	数据库设计	80	01 Jul 2006
6	生物化学	40	02 Jul 2006
7	计算机软件基础	70	08 Jul 2006
8	生物工程概论	80	08 Jul 2006
9	应用数学基础	120	10 Jul 2006
10	模拟电路设计	90	10 Jul 2006
11	机械设计实践	68	14 Jul 2006

图 7-28　查询多个字段且日期以“dd mon yy”的形式显示

这里 style 取值 106，由表 7-7 中可知，当 style 取值 6 时，对应的日期类型为“dd mon yy”；而要 4 位数的年，则 style 要加上 100，即 106，就得到结果的形式。

当然，CONVERT 函数不仅能够转换日期、时间类型，也能实现其他类型之间的转换。这时，它的功能就和前面介绍的 CAST 表达式一样了。

第 8 章 聚合分析与分组

SQL 提供了一些列的聚集函数，对表中数据进行统计分析。在 SQL 中，我们可以使用分组命令将列中的数据按照一定的条件进行分组。在很多情况下，聚集函数与分组命令同时运用，即只将聚合函数作用到满足条件的分组上。

8.1 聚合分析的基本概念

聚合分析实际上就是对一组数据的统计分析，在 SQL 中，可以通过使用聚合函数来实现。

8.1.1 聚合分析

在访问数据库时，我们经常需要对表中的某列数据进行统计分析，如求其最大值、最小值、平均值等。所有这些针对表中一列或者多列数据的分析就称为聚合分析。

在 SQL 中，我们可以使用聚合函数快速实现数据的聚合分析。与第 7 章介绍的 SQL 中的函数不同，聚合函数是对列中的一系列数据进行处理，返回单个统计值；而前面的函数则是对列中的单个数据进行处理。

8.1.2 聚合函数

SQL 提供的聚合函数有求和函数 SUM()、最大值函数 MAX()、最小值函数 MIN()、平均值函数 AVG()、计数函数 COUNT()等，如表 8-1 所示。

表 8-1 聚合函数及其功能

函数名称	函数功能
SUM()	返回选取结果集中所有值的总和
MAX()	返回选取结果集中所有值的最大值
MIN()	返回选取结果集中所有值的最小值
AVG()	返回选取结果集中所有值的平均值
COUNT()	返回选取结果集中行的数目

8.2 聚合函数的应用

聚合函数在数据库数据的查询分析中应用十分广泛。本节将分别对各聚合函数的应用进行说明。

8.2.1 求和函数——SUM()

求和函数 SUM( )用于对数据求和，返回选取结果集中所有值的总和。语法如下。

```
SELECT  SUM(column_name)
FROM    table_name
```

这里需要说明的是，SUM()函数只能作用于数值型数据，即列 column_name 中的数据必须是数值型的。

实例 1 SUM 函数的使用

在 TEACHER 表中查询所有男教师的工资总数。TEACHER 表的结构和数据可参见 5.2.1 节的表 5-1，下同。实例代码如下。

```
SELECT SUM(SAL) AS BOYSAL
FROM   TEACHER
WHERE  TSEX='男'
```

运行结果如图 8-1 所示。

	BOYSAL
1	5000

图 8-1 TEACHER 表中所有男教师的工资总数

实例 2　SUM 函数对 NULL 值的处理

在 TEACHER 表中查询年龄大于 40 岁的教师的工资总数。实例代码如下。

```
SELECT SUM(SAL) AS OLDSAL
FROM   TEACHER
WHERE  AGE>=40
```

运行结果如图 8-2 所示。

	OLDSAL
1	4200

图 8-2　TEACHER 表中所有年龄大于 40 岁的教师的工资总数

对某列数据进行求和时，如果该列存在 NULL 值，则 SUM 函数会忽略该值。

8.2.2　计数函数——COUNT()

COUNT()函数用来计算表中记录的个数或者列中值的个数，计算内容由 SELECT 语句指定。使用 COUNT 函数时，我们必须指定一个列的名称或者使用星号，星号表示计算一个表中的所有记录。两种使用形式如下。

- COUNT(*)，计算表中行的总数，即使表中行的数据为 NULL，也被计入在内。
- COUNT(column)，计算 column 列包含的行的数目，如果该列中某行数据为 NULL，则该行不计入统计总数。

1．使用 COUNT(*)函数对表中的行数计数

COUNT(*)函数将返回满足 SELECT 语句的 WHERE 子句中的搜索条件的函数。

实例 3　COUNT(*)函数的使用

查询 TEACHER 表中的所有记录的行数。实例代码如下。

```
SELECT COUNT(*) AS TOTALITEM
FROM   TEACHER
```

运行结果如图 8-3 所示。

	TOTALITEM
1	10

图 8-3　使用 COUNT(*)函数对表中的行数计数

在该例中，SELECT 语句中没有 WHERE 子句，那么我们认为表中的所有行都满足 SELECT 语句，所以 SELECT 语句将返回表中所有行的计数，结果与 5.2.1 节的表 5-1 列出的 TEACHER 表的数据相吻合。

如果 DBMS 在其系统表中存储了表的行数，COUNT(*)将很快地返回表的行数，因为这时 DBMS 不必从头到尾读取表并对物理表中的行计数，而是直接从系统表中提取行的计数。而如果 DBMS 没有在系统表存储表的行数，将具有 NOT NULL 约束的列作为参数，使用 COUNT( )函数，则可能更快地对表行计数。

注意

COUNT(*)函数将准确地返回表中的总行数，而仅当 COUNT()函数的参数列没有 NULL 值时才返回表中正确的行计数，所以仅当受 NOT NULL 限制的列作为参数时，我们才可使用 COUNT( )函数代替 COUNT(*)函数。

2. 使用 COUNT( )函数对一列中的数据计数

COUNT( )函数可用于对一列中的数据值计数。与忽略了所有列的 COUNT(*)函数不同，COUNT( )函数逐一检查一列（或多列）中的值，并对那些值不是 NULL 的行计数。

实例 4　查询多列中所有记录的行数

查询 TEACHER 表中的 TNO 列、TNAME 列以及 SAL 列中包含的所有数据行数。实例代码如下。

```
SELECT      COUNT(TNO) AS TOTAL_TNO, COUNT(TNAME) AS TOTAL_TNAME,
            COUNT(SAL) AS TOTAL_SAL
FROM        TEACHER
```

运行结果如图 8-4 所示。

	TOTAL_TNO	TOTAL_TNAME	TOTAL_SAL
1	10	10	8

图 8-4　使用 COUNT( )函数对一列中的数据计数

由此可见，TNO 列与 TNAME 列由于其中不含有 NULL 值，其计数与使用 COUNT(*)函数对 TEACHER 表中的记录计数结果相一致；而 SAL 列由于其中有两行数据为 NULL，这两列没有被计入在内，计数结果也就是 8。

3. 使用 COUNT( )函数对多列中的数据计数

COUNT( )函数不仅可用于对一列中的数据值计数，也可以对多列中的数据值计数。如果对多列计数，我们则需要将要计数的多列通过连接符连接后，作为 COUNT( )函数的参数。下面将结合具体的多列计数的实例，说明其使用过程。

说明　关于使用连接符连接多列可参见本书的 7.2 节。

实例 5　使用 COUNT( )函数对多列中的数据计数

统计 TEACHER 表中的 TNO 列、TNAME 列和 SAL 列中分别包含的数据行数，以及 TNO 列和 TNAME 列、TNAME 列和 SAL 列一起包含的数据行数。实例代码如下。

```
SELECT      COUNT(TNO) AS TOTAL_TNO, COUNT(TNAME) AS TOTAL_TNAME,
   COUNT(SAL) AS TOTAL_SAL,
   COUNT(CAST(TNO AS VARCHAR(5)) + TNAME) AS T_NONAME,
   COUNT(TNAME + CAST(SAL AS VARCHAR(5))) AS T_NAMESAL
FROM        TEACHER
```

运行结果如图 8-5 所示。

	TOTAL_TNO	TOTAL_TNAME	TOTAL_SAL	T_NONAME	T_NAMESAL
1	10	10	8	10	8

图 8-5　使用 COUNT( )函数对多列中的数据计数

在进行两列的连接时，它们的数据类型不一致，因此要使用 CAST 表达式将它们转换成相同的数据类型。

在 7.2.1 节我们已经讲过，如果在被连接的列中的任何一列有 NULL 值时，那么连接的结果为 NULL，则该列不会被 COUNT( )函数计数。

注意　COUNT( )函数只对那些传递到函数中的参数不是 NULL 的行计数。

4．使用 COUNT 函数对满足某种条件的记录计数

我们也可以在 SELECT 语句中添加一些子句约束来指定返回记录的个数。

实例 6　使用 COUNT 函数对满足某种条件的记录计数

查询 TEACHER 表中女教师记录的数目。实例代码如下。

```
SELECT COUNT(*) AS TOTALWOMEN
```

```
FROM     TEACHER
WHERE    TSEX='女'
```

运行结果如图 8-6 所示。

	TOTALWOMEN
1	6

图 8-6 使用 COUNT 函数对满足某种条件的记录计数

这时结果为 6 而不是前面的所有记录 10。之所以可以通过 WHERE 子句定义 COUNT() 函数的计数条件，这与 SELECT 语句各个子句的执行顺序是分不开的。前面我们已经讲过，DBMS 首先执行 FROM 子句，然后是 WHERE 子句，最后是 SELECT 子句。所以 COUNT() 函数只能用于满足 WHERE 子句定义的查询条件的记录，没有包括在 WHERE 子句的查询结果中的记录，都不符合 COUNT()函数。

8.2.3 最大/最小值函数——MAX()/MIN()

当需要了解一列中的最大值时，可以使用 MAX()函数；同样，当需要了解一列中的最小值时，可以使用 MIN()函数。语法如下。

```
SELECT   MAX (column_name) / MIN (column_name)
FROM     table_name
```

这里需要说明的是，列 column_name 中的数据可以是数值、字符串或是日期时间数据类型。MAX()/MIN()函数将返回与被传递的列同一数据类型的单一值。

实例 7 MAX()函数的使用

查询 TEACHER 表中教师的最大年龄。实例代码如下。

```
SELECT MAX (AGE) AS MAXAGE
FROM    TEACHER
```

运行结果如图 8-7 所示。

	MAXAGE
1	54

图 8-7 TEACHER 表中教师的最大年龄

然而，在实际应用中得到这个结果并不是特别有用，因为我们经常想要获得的信息是具有最大年龄的教师的教工号、姓名、性别等信息。

然而 SQL 不支持如下的 SELECT 语句。

```
SELECT TNAME, DNAME, TSEX, MAX (AGE)
FROM    TEACHER
```

因为聚合函数处理的是数据组，在本例中，MAX 函数将整个 TEACHER 表看成一组，而 TNAME、DNAME 和 TSEX 的数据都没有进行任何分组，所以 SELECT 语句没有逻辑意义。同样的道理，下面的代码也是无效的。

```
SELECT TNAME, DNAME, TSEX,SAL ,AGE
FROM    TEACHER
WHERE   AGE=MAX (AGE)
```

解决这个问题的方法就是，在 WHERE 子句中使用子查询来返回最大值，然后再基于这个返回的最大值，查询相关信息。

实例 8　在 WHERE 子句中使用子查询返回最大值

查询 TEACHER 表中年纪最大的教师的教工号、姓名、性别等信息。

实例代码如下。

```
SELECT TNAME, DNAME, TSEX, SAL, AGE
FROM    TEACHER
WHERE   AGE=(SELECT MAX (AGE) FROM   TEACHER)
```

运行结果如图 8-8 所示。

	TNAME	DNAME	TSEX	SAL	AGE
1	李彤	生物	女	1200	54

图 8-8　在 WHERE 子句中使用子查询返回最大值

MAX()和 MIN()函数不仅可以作用于数值型数据，而且可以作用于字符串或是日期时间数据类型的数据。

实例 9　MAX()函数用于字符型数据

如下面代码所示。

```
SELECT MAX (TNAME) AS MAXNAME
FROM    TEACHER
```

运行结果如图 8-9 所示。

	MAXNAME
1	王永军

图 8-9　在字符串数据类型中使用 MAX 的结果

由此可见，对于字符串我们也可以求其最大值。

说明　对字符型数据的最大值，按照首字母由 A～Z 的顺序排列，越往后其值越大；对于汉字则是按照其全拼拼音排列的，若首字符相同，则比较下一个字符，以此类推。

当然，对于日期时间类型的数据我们也可以求其最大/最小值，其大小排列就是日期时间的早晚，越早认为其值越小，如下面的实例。

实例 10　MAX()、MIN()函数用于时间型数据

从 COURSE 表中查询最早和最晚考试课程的考试时间，其中 COURSE 表的结构和数据可参见本书 6.1 节的表 6-1。实例代码如下。

```
SELECT MIN (CTEST) AS EARLY_DATE,
       MAX (CTEST) AS LATE_DATE
FROM   COURSE
```

运行结果如图 8-10 所示。

	EARLY_DATE	LATE_DATE
1	2006-06-20 00:00:00	2006-07-14 00:00:00

图 8-10　COURSE 表中最早和最晚考试课程的考试时间

由此可见，返回结果的数据类型与该列定义的数据类型相同。

注意　确定列中的最大值（最小值）时，MAX( )（MIN( )）函数忽略 NULL 值。但是，如果在该列中，所有行的值都是 NULL，则 MAX( )/MIN( )函数将返回 NULL 值。

8.2.4　均值函数——AVG()

函数 AVG()用于计算一列中数据值的平均值。语法如下。

```
SELECT  AVG (column_name)
FROM    table_name
```

这里需要说明的是，AVG()函数的执行过程实际上是将一列中的值加起来，再将其和除以非 NULL 值的数目。所以，与 SUM( )函数一样，AVG()函数只能作用于数值型数据，即列 column_name 中的数据必须是数值型的。

实例 11　AVG()函数的应用

在 TEACHER 表中查询所有教师的平均年龄。实例代码如下。

```
SELECT AVG (AGE) AS AVG_AGE
FROM    TEACHER
```

运行结果如图 8-11 所示。

	AVG_AGE
1	39

图 8-11　TEACHER 表中所有教师的平均年龄

在计算平均值时，AVG()函数将忽略 NULL 值。因此，如果要计算平均值的列中有 NULL 值，我们计算均值时，要特别注意。

实例 12　AVG()函数对 NULL 值的处理

在 TEACHER 表中查询所有教师的平均工资。实例代码如下。

```
SELECT      AVG (SAL) AS AVG_AGE1, SUM(SAL)/COUNT(*) AS AVG_AGE2,
            SUM(SAL)/COUNT(SAL) AS AVG_AGE3
FROM        TEACHER
```

运行结果如图 8-12 所示。

	AVG_AGE1	AVG_AGE2	AVG_AGE3
1	1200	960	1200

图 8-12　TEACHER 表中所有教师的平均工资

我们可以发现得到了不同的结果。实际上，“AVG (SAL)”与“SUM(SAL)/COUNT(SAL)”语句是等价的。因为 AVG(SAL)语句的执行过程实际上是将 SAL 列中的值加起来，再将其和（也就等价于 SUM(SAL)）除以非 NULL 值的数目（也就等价于 COUNT(SAL)）。而语句“SUM(SAL)/COUNT(*)”则不然，因为 COUNT(*)返回的是表中所有记录的个数，而不管 SAL 列中的数值是否为 NULL。

> **注意**　AVG()函数在计算一列的平均值时忽略 NULL 值；但是如果在该列中，所有行的值都是 NULL，则 AVG()函数将返回 NULL 值。

如果我们不想对列中的所有值求平均，则可在 WHERE 子句中使用搜索条件来限制用于计算均值的行。

实例 13　在 WHERE 子句中使用搜索条件来限制用于计算均值的行

在 TEACHER 表中查询所有计算机系教师的平均年龄。实例代码如下。

```
SELECT AVG (AGE) AS AVGCOMPUTER_AGE
FROM    TEACHER
WHERE   DNAME = '计算机'
```

运行结果如图 8-13 所示。

	AVGCOMPUTER_AGE
1	40

图 8-13　TEACHER 表中所有计算机系教师的平均年龄

当执行 SELECT 语句时，DBMS 将表中的每行对 WHERE 子句中的搜索条件“DNAME = '计算机'”求值。只有当那些搜索条件为 True 时，行中的 AGE 值才传到均值函数 AVG (AGE)中。

当然，除了显示表中某列的平均值，我们还可用 AVG()函数作为 WHERE 子句的一部分。与前面介绍的 MAX()函数一样，它不能直接用于 WHERE 子句，必须以子查询的形式使用。

实例 14　AVG()函数作为 WHERE 子句中搜索条件的一部分

在 TEACHER 表中查询所有年龄高于平均年龄的教师的信息。实例代码如下。

```
SELECT      *
FROM        TEACHER
WHERE       AGE >= (SELECT AVG (AGE) FROM   TEACHER)
ORDER BY    AGE
```

运行结果如图 8-14 所示。

	TNO	TNAME	CNO	SAL	DNAME	TSEX	AGE
1	5	高伟	8	2100	电子工程	男	39
2	3	王永军	1	900	计算机	男	40
3	8	李伟	9	NULL	计算机	女	43
4	7	刘辉	3	900	生物	女	46
5	4	刘小静	2	1200	计算机	女	46
6	2	李彤	5	1200	生物	女	54

图 8-14　TEACHER 表中所有年龄高于平均年龄的教师的信息

8.2.5　聚合分析的重值处理

前面介绍的 5 种聚合函数，可以作用于所选列中的所有数据（不管列中的数据是否有重值），也可以只对列中的非重值进行处理，即把重复的值只取一次进行聚合分析。当然，对于

MAX()/MIN()函数来讲，重值处理意义不大。

我们可以使用 ALL 关键字指明对所选列中的所有数据进行处理，使用 DISTINCT 关键字指明对所选列中的非重值数据进行处理。以 AVG()函数为例，语法如下。

```
SELECT  AVG ([ALL/DISTINCT] column_name)
FROM    table_name
```

这里需要说明的是，[ALL/DISTINCT]在缺省状态下，默认是 ALL 关键字，即不管是否有重值，处理所有数据。其他聚合函数的用法与此相同。

注意　Microsoft Access 数据库不支持在聚合函数中使用 DISTINCT 关键字。

实例 15　聚合分析的重值处理

在 TEACHER 表中查询工资 SAL 列中存在的所有记录数。实例代码如下。

```
SELECT COUNT(ALL SAL) AS ALLSAL_COUNT
FROM   TEACHER
```

运行结果如图 8-15 所示。

	ALLSAL_COUNT
1	8

图 8-15　TEACHER 表中工资 SAL 列中存在的所有记录数

当然，在代码中去除 ALL 关键字也可以得到相同的结果。而如果在 TEACHER 表中查询工资 SAL 列中存在的不同记录的数目，可采用如下代码。

```
SELECT COUNT(DISTINCT SAL) AS DISTINCTSAL_COUNT
FROM   TEACHER
```

运行结果如图 8-16 所示。

	DISTINCTSAL_COUNT
1	5

图 8-16　TEACHER 表中 SAL 列存在的不同记录的数目

对比这两个结果，使用 DISTINCT 关键字后，工资 SAL 列中的重值并没有列入统计的范围之内。另外我们还要强调一点，在所有 5 种聚合函数中，除了 COUNT(*)函数外，其他的函数在计算过程中都忽略 NULL 值，即把 NULL 值的行排除在外，不进行分析。

8.2.6 聚合函数的组合使用

在前面介绍的实例中，聚合函数都是单独使用的。聚合函数也可以组合使用，即在一条 SELECT 语句中，可以使用多个聚合函数。

实例 16 使用多个聚合函数

如下面的代码所示。

```
SELECT COUNT(*) AS num_items,
       MAX(SAL) AS max_sal,
       Min(AGE) AS min_age,
       SUM(SAL)/COUNT(SAL) AS avg_sal,
       AVG(DISTINCT SAL) AS disavg_sal
FROM   TEACHER
```

运行结果如图 8-17 所示。

	num_items	max_sal	min_age	avg_sal	disavg_sal
1	10	2100	28	1200	1260

图 8-17 聚合函数的组合应用

该例在一条 SELECT 语句中，几乎用到了所有的聚合函数，其中 num_items 为 TEACHER 表所有记录的条目，max_sal 为 TEACHER 表中记录的最高工资，min_age 为 TEACHER 表中记录的最小年龄，avg_sal 为所有 TEACHER 表中的工资记录的平均值，disavg_sal 为 TEACHER 表中所有不同的工资记录的平均值。

8.3 组合查询

在实际 SQL 应用中，我们经常需要进行分组聚合，即将查询对象按一定条件分组，然后对每一个组进行聚合分析。

8.3.1 GROUP BY 子句创建分组

创建分组是通过 GROUP BY 子句实现的。与 WHERE 子句不同，GROUP BY 子句用于归纳信息类型，以汇总相关数据。为什么要使用 GROUP BY 子句创建分组呢？我们可通过下面这个简单例子来说明。

实例 17　单一分组的查询

假如要从 TEACHER 表中查询所有男教师的平均工资，用前面介绍的聚合函数 AVG(),实现代码如下。

```
SELECT AVG(SAL) AS boyavg_sal
FROM    TEACHER
WHERE   TSEX='男'
```

运行结果如图 8-18 所示。

	boyavg_sal
1	1250

图 8-18　TEACHER 表中查询所有男教师的平均工资

如果我们同时需要查询所有女教师的平均工资，该如何处理呢？显然，采用上述方法只能在 WHERE 子句中改变查询条件，重新查询。而如果要在一次查询中同时得到二者的查询结果，我们就需要以性别为基准，将表中的所有数据记录分组，即男教师组和女教师组，同时分别对两组数据进行分析，即计算工资（SAL 列）的平均值。

实现上述功能，就需要使用分组子句 GROUP BY。包括 GROUP BY 子句的查询就称为组合查询。语法如下。

```
SELECT      column, SUM(column)
FROM        table
GROUP BY    column
```

这里需要说明的是，GROUP BY 子句依据 column 列里的数据对行进行分组，即具有相同值的行被划为一组。它一般与聚合函数同时使用。当然，这里的 SUM()函数也可以是其他聚合函数。所有的组合列（GROUP BY 子句中列出的列）必须是来自于 FROM 子句列出的表，不能根据实际值、聚合函数结果或者其他表达式计算的值来对行分组。

实例 18　GROUP BY 子句分组查询

在 TEACHER 表中查询所有男教师的平均工资和所有女教师的平均工资，实现代码如下。

```
SELECT      TSEX+'教师'AS TEACHER, AVG(SAL) AS avg_sal
FROM        TEACHER
GROUP BY    TSEX
```

运行结果如图 8-19 所示。

	TEACHER	avg_sal
1	男教师	1250
2	女教师	1150

图 8-19 TEACHER 表中所有男教师和所有女教师的平均工资

下面我们分析一下 DBMS 执行该实例的步骤。

- DBMS 首先执行 FROM 子句，将表 TEACHER 作为中间表。
- 如果有 WHERE 子句，DBMS 则根据其中的搜索条件，从中间表中去除那些值为 False 的列。这里没有 WHERE 子句，所以 DBMS 跳过该步。
- 根据 GROUP BY 子句指定的分组列即 TSEX，DBMS 将中间表中的数据进行分组。这里 TSEX 只有“男”和“女”，因此中间表中的数据被分成了两组，一组中 TSEX 的值为“男”，另一组中 TSEX 的值为“女”。
- DBMS 为每个行组计算 SELECT 子句中的值，并为每组生成查询结果中的一行。对于 TSEX 值为“男”的行组，SELECT 子句首先执行“TSEX+'教师'”，得到“男教师”列值，再执行“AVG(SAL)”，求得该行组中的 SAL 的均值，将这两个值作为结果表中的一条记录；同样，对 TSEX 值为“女”的行组，进行类似的操作得到另一条记录。

8.3.2 GROUP BY 子句根据多列组合行

8.3.1 节介绍的 GROUP BY 子句进行组合查询，在 GROUP BY 子句中只有一列，它是组合查询的最简单形式。如果表中的行组依赖于多列，我们只要在查询的 GROUP BY 子句中列出定义组所需的所有列即可。

实例 19 GROUP BY 子句根据多列组合行

在 TEACHER 表中查询各个系男教师和女教师的人数。实现代码如下。

```
SELECT      DNAME,TSEX, COUNT(*) AS TOTAL_NUM
FROM        TEACHER
GROUP BY    DNAME,TSEX
ORDER BY     DNAME
```

运行结果如图 8-20 所示。

	DNAME	TSEX	TOTAL_NUM
1	电子工程	男	1
2	机械工程	男	1
3	计算机	男	1
4	计算机	女	3
5	经济管理	女	1
6	生物	女	2
7	数学	男	1

图 8-20　TEACHER 表中各系男教师和女教师的人数

从结果中我们可以发现，只有计算机系列出了男教师和女教师的人数，而别的系只列出了一个值。这是因为，在 TEACHER 表中，这些系中的教师只有一种性别，如生物系只有两个女教师，而没有男教师，系统就认为该行记录为 NULL，所以生物系的男教师的人数记录就不包含在结果表中。

8.3.3 ROLLUP 运算符和 CUBE 运算符

在使用 GROUP BY 子句根据多列组合行时，我们可以在 GROUP BY 子句中使用 ROLLUP 运算符和 CUBE 运算符扩展查询结果。二者的主要不同在于，CUBE 运算符扩展的信息要比 ROLLUP 运算符多。下面我们结合具体的实例讲解二者的使用及区别。

1. ROLLUP 运算符的使用

实例 20　使用 **ROLLUP** 运算符扩查询

使用 ROLLUP 运算符扩展实例 19 查询结果。实现代码如下。

```
SELECT       DNAME,TSEX, COUNT(*) AS TOTAL_NUM
FROM         TEACHER
GROUP BY     DNAME,TSEX WITH ROLLUP
ORDER BY     DNAME
```

运行结果如图 8-21 所示。

	DNAME	TSEX	TOTAL_NUM
1	NULL	NULL	10
2	电子工程	男	1
3	电子工程	NULL	1
4	机械工程	男	1
5	机械工程	NULL	1
6	计算机	男	1
7	计算机	女	3
8	计算机	NULL	4
9	经济管理	女	1
10	经济管理	NULL	1
11	生物	女	2
12	生物	NULL	2
13	数学	男	1
14	数学	NULL	1

图 8-21　ROLLUP 运算符扩展的组合查询结果

与实例 19 相比，结果增加了 7 行数据。其中一行（结果中的第 1 行）为 TEACHER 表中所有教师的总人数，另外还分别为各系（DNAME）分组增加了一行（结果中的第 3、5、8、10、12、14 行），统计各系教师的总人数。

实例 21 改变 GROUP BY 子句中列的排列顺序对 ROLLUP 运算符的影响

如果改变 GROUP BY 子句中列的排列顺序，使用 ROLLUP 运算符会得到不同的结果，如下面的代码所示。

```
SELECT      DNAME,TSEX, COUNT(*) AS TOTAL_NUM
FROM        TEACHER
GROUP BY    TSEX, DNAME WITH ROLLUP
ORDER BY    DNAME
```

运行结果如图 8-22 所示。

	DNAME	TSEX	TOTAL_NUM
1	NULL	男	4
2	NULL	女	6
3	NULL	NULL	10
4	电子工程	男	1
5	机械工程	男	1
6	计算机	男	1
7	计算机	女	3
8	经济管理	女	1
9	生物	女	2
10	数学	男	1

图 8-22 依据系名排序后的结果

与 8.3.2 节实例 19 相比，结果集中增加了 3 行记录，其中一行（结果中的第 3 行）为 TEACHER 表中所有教师的总人数，而另外两行（结果中的第 1 行和第 2 行）为性别（TSEX）分组的人数统计，即所有男教师的数量和所有女教师的数量。

2. CUBE 运算符的使用

实例 22 使用 CUBE 运算符扩展查询

使用 CUBE 运算符扩展实例 19 查询结果。实现代码如下。

```
SELECT      DNAME,TSEX, COUNT(*) AS TOTAL_NUM
FROM        TEACHER
GROUP BY    DNAME,TSEX WITH CUBE
ORDER BY    DNAME
```

运行结果如图 8-23 所示。

	DNAME	TSEX	TOTAL_NUM
1	NULL	NULL	10
2	NULL	男	4
3	NULL	女	6
4	电子工程	男	1
5	电子工程	NULL	1
6	机械工程	男	1
7	机械工程	NULL	1
8	计算机	男	1
9	计算机	女	3
10	计算机	NULL	4
11	经济管理	女	1
12	经济管理	NULL	1
13	生物	女	2
14	生物	NULL	2
15	数学	男	1
16	数学	NULL	1

图 8-23 使用 CUBE 运算符扩展的组合查询结果

从结果中我们可以发现，通过使用 CUBE 运算符，结果集中除了包含多列组合（DNAME 和 TSEX）的统计结果外，还包含了整表（TEACHER 表）的统计结果和各单列（DNAME、TSEX）的统计结果。

8.3.4 GROUP BY 子句中的 NULL 值处理

当 GROUP BY 子句中用于分组的列出现 NULL 值时，SQL 将如何分组呢？按照前面的介绍，NULL 不等于 NULL（在 WHERE 子句中我们有过介绍）。然而， GROUP BY 子句中却将所有的 NULL 值分在同一组，即认为它们是“相等”的。

实例 23 GROUP BY 子句中的 NULL 值处理

在 TEACHER 表中查询所有的工资数及各工资的人数。实现代码如下。

```
SELECT      SAL,COUNT(*) AS TOTAL_NUM
FROM        TEACHER
GROUP BY    SAL
ORDER BY    SAL
```

运行结果如图 8-24 所示。

	SAL	TOTAL_NUM
1	NULL	2
2	800	1
3	900	2
4	1200	3
5	1300	1
6	2100	1

图 8-24 TEACHER 表中所有的工资数及各工资的人数

由此可见，SAL 列中的两行 NULL 值被归为了一组。

8.3.5 HAVING 子句

GROUP BY 子句分组只是简单地依据所选列的数据进行分组，将该列具有相同值的行划为一组。而实际应用中，我们往往还需要删除那些不能满足条件的行组。为了实现这个功能，SQL 提供了 HAVING 子句。语法如下。

```
SELECT      column, SUM(column)
FROM        table
GROUP BY    column
HAVING      SUM(column) condition value
```

这里需要说明的是，HAVING 通常与 GROUP BY 子句同时使用。当然，语法中的 SUM()函数也可以是其他任何聚合函数。DBMS 将 HAVING 子句中的搜索条件应用于 GROUP BY 子句产生的行组，如果行组不满足搜索条件，就将其从结果表中删除。

> **注意** 前面介绍的有关 WHERE 子句的所有操作，如使用连接符、通配符、函数等，在 HAVING 子句中都可以使用。

实例 24　HAVING 子句的应用

在 TEACHER 表中查询至少有两位教师的系及教师人数。实现代码如下。

```
SELECT      DNAME, COUNT(*) AS num_teacher
FROM        TEACHER
GROUP BY    DNAME
HAVING          COUNT(*)>=2
```

运行结果如图 8-25 所示。

	DNAME	num_teacher
1	计算机	4
2	生物	2

图 8-25　TEACHER 表中至少有两位教师的系及教师人数

8.3.6 HAVING 子句与 WHERE 子句

HAVING 子句和 WHERE 子句的相似之处在于，它也定义搜索条件。但与 WHERE 子句不同，HAVING 子句与组有关，而不是与单个的行有关。

- 如果指定了 GROUP BY 子句，那么 HAVING 子句定义的搜索条件将作用于这个 GROUP BY 子句创建的那些组。
- 如果指定 WHERE 子句而没有指定 GROUP BY 子句，那么 HAVING 子句定义的搜索条件将作用于 WHERE 子句的输出，并把这个输出看作是一个组。
- 如果既没有指定 GROUP BY 子句也没有指定 WHERE 子句，那么 HAVING 子句定义的搜索条件将作用于 FROM 子句的输出并把这个输出看作是一个组。

在 SELECT 语句中，WHERE 和 HAVING 子句的执行顺序不同。在本书的 5.1.2 节介绍的 SELECT 语句的执行步骤可知，WHERE 子句只能接收来自 FROM 子句的输入，而 HAVING 子句则可以接收来自 GROUP BY 子句、WHERE 子句和 FROM 子句的输入。

下面我们通过几个实例讲解 HAVING 子句和 WHERE 子句的不同作用。

实例 25 HAVING 子句和 WHERE 子句的不同作用

在 TEACHER 表中查询有女教师的系及拥有的女教师数量。实现代码如下。

```
SELECT      DNAME, COUNT(TSEX) AS num_girl
FROM        TEACHER
WHERE       TSEX='女'
GROUP BY    DNAME
```

运行结果如图 8-26 所示。

	DNAME	num_girl
1	计算机	3
2	经济管理	1
3	生物	2

图 8-26 TEACHER 表中具有女教师的系及拥有的女教师数量

可见我们得到了 3 个系，与 TEACHER 表中数据相吻合。如果在上例中我们不使用 WHERE 子句，而是使用 HAVING 子句，教师限制为女教师，如下面的代码所示。

```
SELECT      DNAME, COUNT(TSEX) AS num_girl
FROM        TEACHER
GROUP BY    DNAME
HAVING      TSEX='女'
```

执行该代码，系统会给出以下出错提示信息。

```
Column 'TEACHER.TSEX' is invalid in the HAVING clause because it is not contained
in either an aggregate function or the GROUP BY clause.
```

不能把单个的 TSEX 的值应用于组，包括在 HAVING 子句中的列必须是组列。因此，在这种情况下，WHERE 子句就不可能用 HAVING 子句代替。

在数据的分组聚合分析中，HAVING 子句与 WHERE 子句也可以共存。WHERE 子句在分组之前过滤数据，而 HAVING 子句则过滤分组后的数据。

实例 26 HAVING 子句与 WHERE 子句联合使用

查询至少有两名女教师的系及拥有的女教师数量。实现代码如下。

```
SELECT      DNAME, COUNT(TSEX) AS num_girl
FROM        TEACHER
WHERE       TSEX='女'
GROUP BY    DNAME
HAVING          COUNT(TSEX)>=2
```

运行结果如图 8-27 所示。

	DNAME	num_girl
1	计算机	3
2	生物	2

图 8-27 TEACHER 表中至少有两名女教师的系及拥有的女教师数量

这里通过 HAVING 子句对分组结果进行搜索，去除了不满足搜索条件（即只有一个教师的经济管理系）的行。

通常情况下，HAVING 子句都与 GROUP BY 子句一起使用，这样就可以聚合相关数据，然后筛选这些数据，以进一步细化搜索。但是，如果没有 GROUP BY 子句，HAVING 子句也可以单独使用。

实例 27 HAVING 子句的单独使用

如下面的代码所示。

```
SELECT      COUNT(TSEX) AS num_girl
FROM        TEACHER
WHERE       TSEX='女'
HAVING      COUNT(TSEX)>4
```

运行结果如图 8-28 所示。

	num_girl
1	6

图 8-28　单独使用 HAVING 子句的查询结果

上述代码实现的功能实际上是从教师表中查询所有女教师的数量，如果女教师的数量大于 4，则将其作为查询结果；而如果数量少于或者等于 4，那么查询结果将为空值。当然，这种不使用 GROUP BY 子句而使用 HAVING 子句的情况，在实际应用中很少用到。

8.3.7　SELECT 语句各查询子句总结

至此，SELECT 语句中的所有子句都介绍完了，它们在 SELECT 查询语句中的排列顺序及主要作用如表 8-2 所示。

表 8-2　SELECT 查询语句及其所有子句

顺　序　号	子句关键词	子 句 功 能
1	SELECT	从指定表中取出指定列的数据
2	FROM	指定要查询操作的表
3	WHERE	用来规定一种选择查询的标准
4	GROUP BY	对结果集进行分组，常与聚合函数一起使用
5	HAVING	返回选取的结果集中行的数目
6	ORDER BY	指定分组的搜寻条件

如果在同一个 SELECT 查询语句中用到了表 8-2 所示的一些查询子句，则各查询子句的排列就按照它们的顺序号由低到高的顺序。因此，完整的 SELECT 查询语句可以表示如下。

```
SELECT          select_list
FROM            table_source
[ WHERE         search_condition ]
[ GROUP BY      group_by_expression ]
[ HAVING        search_condition ]
[ ORDER BY      order_expression [ ASC | DESC ] ]
```

其中“[ ]”中的部分为可选项。

实例 28 在 SELECT 语句中综合使用查询子句

从 TEACHER 表中查询至少有两名女教师的系及拥有的女教师数量，并且按女教师的数量升序的顺序排列结果。实现代码如下。

```
SELECT      DNAME, COUNT(TSEX) AS num_girl
FROM        TEACHER
WHERE       TSEX='女'
GROUP BY    DNAME
HAVING      COUNT(TSEX)>=2
ORDER BY        num_girl
```

运行结果如图 8-29 所示。

	DNAME	num_girl
1	生物	2
2	计算机	3

图 8-29 对图 8-27 中按数量升序的排列结果

第9章 多表查询

前面我们利用 SELECT 语句查询信息的时候，只能从一个表中进行，如果想从两个表或者更多的表中进行查询，该怎么办呢？SQL 允许在 SELECT 语句中实现多表连接，使用户可以从两个表或者更多的表连接数据进行数据检索。

9.1 本章用到的实例表

为了便于读者学习，下面我们介绍一下本章用到的数据库表。本章实例共用到了 3 个表：TEACHER 表、COURSE 表和 STUDENT 表，其中 TEACHER 表的结构和数据可参见本书 5.2.1 节的表 5-1，COURSE 表的结构和数据可参见本书 6.1 节的表 6-1，而 STUDENT 表则为学生信息表，包括学号（SNO）、姓名（SNAME）、系（DNAME）、性别（SSEX）、课程号（CNO）、成绩（MARK）和课程类型（TYPE）7 个字段，表的结构及内容如表 9-1 所示。

表 9-1 STUDENT 表

SNO	SNAME	DNAME	SSEX	CNO	MARK	TYPE
9701	刘建国	管理工程	男	4	82.5	必修
9701	刘建国	管理工程	男	10	70	选修
9701	刘建国	管理工程	男	1	78.5	选修
9702	李春	环境工程	女	5	63	必修
9702	李春	环境工程	女	10	58	选修
9703	王天	生物	男	5	48.5	必修
9703	王天	生物	男	2	86	选修
9704	李华	计算机	女	4	76	必修
9704	李华	计算机	女	1	92	必修
9704	李华	计算机	女	2	89	必修

续表

SNO	SNAME	DNAME	SSEX	CNO	MARK	TYPE
9704	李华	计算机	女	9	80	必修
9704	李华	计算机	女	8	70	选修
9705	孙庆	电子工程	男	8	79	必修
9705	孙庆	电子工程	男	1	59	必修
9705	孙庆	电子工程	男	11	52	必修
9705	孙庆	电子工程	男	6	68	必修
9706	高伟	机械工程	男	13	93	必修
9706	高伟	机械工程	男	12	88.5	必修
9706	高伟	机械工程	男	1	78	选修
9706	高伟	机械工程	男	10	76	选修

该表的创建及数据录入的 SQL 代码如下。

```
CREATE TABLE        STUDENT
 (
    SNO       char (4)    NOT NULL ,
    SNAME     char (10)   NOT NULL ,
    DNAME     char](10)   NOT NULL ,
    SSEX      char(2),
    CNO       int  ,
    MARK      decimal(3, 1) ,
    TYPE      char (4)
)
INSERT INTO STUDENT VALUES ('9701', '刘建国', '管理工程', '男',4,82.5, '必修')
INSERT INTO STUDENT VALUES ('9701', '刘建国', '管理工程', '男',10,70, '选修')
……
```

9.2 表的基本连接

SQL 的一个重要特性就是能够通过 JOIN 关键词，从多个交叉表中查询、分析数据。如果没有这个特性，那么用户将不得不把与某一应用相关的所有数据存储在同一个表中，导致数据库各表之间会存在大量重复数据。

9.2.1 连接表的目的

在关系数据库中，数据库表设计的一个重要原则就是要避免冗余性。举个例子来讲，前面介绍的 TEACHER 表中，需要有每个教师包含的课程信息。如果数据库中还有一个学生表 STUDENT，也需要包含每个学生所选的课程的课程信息。这时，我们就需要把所有课程的信息提取出来，单独成为一个表，如前面介绍的 COURSE 表，在 TEACHER 表和 STUDENT 表中只要加入一列课程代码，与 COURSE 表中的课程代码相关联即可。这样做主要有两方面的优势。

- 减少了冗余信息，节省了数据库存储空间。
- 简化了数据修改、维护操作。如果用户要更改某门课程的信息，只需要在 COURSE 表中修改即可，这样无论是在 TEACHER 表还是 STUDENT 表中查询相关的课程信息，查询的结果都是修改后的信息。

如何能够同时查询 TEACHER 表和 COURSE 表的信息呢？这就要用到 SQL 提供的多表连接功能，在 SELECT 语句中实现 TEACHER 表和 COURSE 表的连接，通过连接，就可以将二者看作是一个表进行处理。

注意　在 SELECT 语句中实现的多表连接，并不是一个物理存在的实体，换句话说，它在数据库表中并不存在。它只是由数据库系统在需要的时候创建，只在查询、检索数据期间有效。

9.2.2　简单的二表连接

在 SQL 中，创建连接非常简单，只需指明需要连接的表及其它们之间的关系即可。

实例 1　简单的二表连接

如下面的代码所示。

```
SELECT   TNAME, DNAME, CNAME, CTEST
FROM     TEACHER, COURSE
WHERE    TEACHER.CNO = COURSE.CNO
```

运行结果如图 9-1 所示。

	TNAME	DNAME	CNAME	CTEST
1	王军	数学	应用数学基础	2006-07-10 00:00:00
2	李彤	生物	生物工程概论	2006-07-08 00:00:00
3	王永军	计算机	计算机软件基础	2006-07-08 00:00:00
4	刘小静	计算机	计算机硬件基础	2006-06-28 00:00:00
5	高伟	电子工程	模拟电路设计	2006-07-10 00:00:00
6	李伟	机械工程	机械设计实践	2006-07-14 00:00:00
7	刘辉	生物	生物化学	2006-07-02 00:00:00
8	李伟	计算机	数据库设计	2006-07-01 00:00:00

图 9-1　使用课程号和教师号形成的二表连接

我们分析一下实例中的代码，与前面介绍的 SELECT 语句有所不同，其中，SELECT 语句中的 TMAME 和 DNAME 字段为表 TEACHER 中的列，CNAME 和 CTEST 字段为表 COURSE 中的列；而 FROM 子句中列出了 TEACHER 和 COURSE 两个表，它们就是在 SELECT 语句中需要连接的两个表；WHERE 子句则给出了这两个表进行连接所依据的关系，即根据两个表中的课程号 CNO 进行匹配连接。根据前面 SELECT 语句的介绍，该实例的执行过程实际上可表示如下。

- 系统首先执行 FROM 子句，这里 FROM 子句列出的有两个表 TEACHER 表和 COURSE 表，DBMS 将计算这两个表的笛卡尔积，列出这两个表中行的所有可能组合，形成一个中间表。中间表中的每条记录包含了两个表中的所有行。
- 而后系统将执行 WHERE 子句，根据“TEACHER.CNO = COURSE.CNO”关系对中间表进行搜索，去除那些不满足该关系的记录。
- 最后系统执行 SELECT 语句，从执行 WHERE 子句后得到的中间表的每条记录中，提取 TNAME、DNAME、CNAME 和 CTEST 4 个字段的信息作为结果表。

注意　由于 TEACHER 表和 COURSE 表中都存在字段 CNO，我们在 SELECT 语句中用到该字段时，一定要指明其所在的表，如 TEACHER.CNO 、COURSE.CNO，而其他具有重名的字段，也要进行同样的处理，否则数据库系统会报错。

这里需要强调一下，表的连接所依据的关系是在 WHERE 子句中定义的。在实际应用中，用户要实现表的连接必然要依据一定的关系，如例中依据课程号匹配的原则。如果不指明连接关系，即不使用 WHERE 子句，结果会如何呢？

实例 2　不指明连接关系的二表连接

如下面的实例代码所示。

```
SELECT   TNAME, DNAME, CNAME, CTEST
FROM     TEACHER, COURSE
```

运行结果如图 9-2 所示。

从结果我们可以看到，每个教师信息均与所有的课程信息进行了匹配连接。它实际上返回连接表中所有数据行的笛卡尔积，其结果集合中的数据行数等于第一个表中符合查询条件的数据行数乘以第二个表中符合查询条件的数据行数，即 10×11=110 条记录，这与前面介绍的二表连接实例的执行过程分析相吻合。

	TNAME	DNAME	CNAME	CTEST
1	王军	数学	应用数学基础	2006-07-10 00:00:00
2	王军	数学	生物工程概论	2006-07-08 00:00:00
3	王军	数学	计算机软件基础	2006-07-08 00:00:00
4	王军	数学	计算机硬件基础	2006-06-28 00:00:00
5	王军	数学	模拟电路设计	2006-07-10 00:00:00
6	王军	数学	机械设计实践	2006-07-14 00:00:00
7	王军	数学	生物化学	2006-07-02 00:00:00
8	王军	数学	数据库设计	2006-07-01 00:00:00
9	王军	数学	设计理论	2006-06-30 00:00:00
10	王军	数学	计算机入门	2006-06-29 00:00:00
11	王军	数学	数字电路设计基础	2006-06-20 00:00:00
12	李彤	生物	应用数学基础	2006-07-10 00:00:00
13	李彤	生物	生物工程概论	2006-07-08 00:00:00
14	李彤	生物	计算机软件基础	2006-07-08 00:00:00
15	李彤	生物	计算机硬件基础	2006-06-28 00:00:00
16	李彤	生物	模拟电路设计	2006-07-10 00:00:00
17	李彤	生物	机械设计实践	2006-07-14 00:00:00
18	李彤	生物	生物化学	2006-07-02 00:00:00
19	李彤	生物	数据库设计	2006-07-01 00:00:00
20	李彤	生物	设计理论	2006-06-30 00:00:00
21	李彤	生物	计算机入门	2006-06-29 00:00:00
22	李彤	生物	数字电路设计基础	2006-06-20 00:00:00
23	王永军	计算机	应用数学基础	2006-07-10 00:00:00

图 9-2　教师表和课程表中的所有记录

9.2.3　多表连接

9.2.2 节通过一个实例介绍了二表连接。实际上，SQL 的 SELECT 语句中可以实现任意多个表的连接。创建连接的基本规则与已经介绍的二表连接相同，即在 FROM 子句中列出所要连接的表，在 WHERE 子句中指明连接关系。下面我们通过一个实例介绍一下多表连接应用。

实例 3　在 WHERE 子句中进行多表连接

根据 TEACHER 表、COURSE 表和 STUDENT 表，查询所有学生的姓名、所在系、所修课程、考试时间、课程成绩及授课教师姓名。实例代码如下。

```
SELECT       SNAME, STUDENT.DNAME, CNAME, CTEST, MARK, TNAME
FROM         TEACHER, COURSE, STUDENT
WHERE        STUDENT.CNO = COURSE.CNO
AND          TEACHER.CNO = STUDENT.CNO
ORDER BY     SNAME
```

运行结果如图 9-3 所示。

	SNAME	DNAME	CNAME	CTEST	MARK	TNAME
1	高伟	机械工程	计算机软件基础	2006-07-08...	78.0	王永军
2	李春	环境工程	生物工程概论	2006-07-08...	63.0	李彤
3	李华	计算机	应用数学基础	2006-07-10...	76.0	王军
4	李华	计算机	计算机软件基础	2006-07-08...	92.0	王永军
5	李华	计算机	计算机硬件基础	2006-06-28...	89.0	刘小静
6	李华	计算机	数据库设计	2006-07-01...	80.0	李伟
7	李华	计算机	模拟电路设计	2006-07-10...	70.0	高伟
8	刘建国	管理工程	计算机软件基础	2006-07-08...	78.5	王永军
9	刘建国	管理工程	应用数学基础	2006-07-10...	82.5	王军
10	孙庆	电子工程	模拟电路设计	2006-07-10...	79.0	高伟
11	孙庆	电子工程	计算机软件基础	2006-07-08...	59.0	王永军
12	王天	生物	计算机硬件基础	2006-06-28...	86.0	刘小静
13	王天	生物	生物工程概论	2006-07-08...	48.5	李彤

图 9-3 使用课程号、教师号和学号形成的三表连接

例中，TEACHER 表、COURSE 表和 STUDENT 表的连接过程可按以下方式理解。

- 从 STUDENT 表中得到学生姓名 SNAME、所在系 DNAME 以及课程成绩 MARK 信息。
- 通过课程号 CNO 与 COURSE 表相关联，从而从 COURSE 表中得到课程名称 CNAME 和考试时间 CTEST 信息，这些信息与 STUDENT 表中的课程号 CNO 对应。
- 通过课程号 CNO 与 TEACHER 表相关联，从而从 TEACHER 表中得到 STUDENT 表中的课程号 CNO 对应的教师姓名 TNAME 信息。

然而，对比 STUDENT 表中的数据（表 9-1），我们发现 STUDENT 表中共有 20 条记录，而最终得到的结果却只有 13 条记录。原因在于语句“`WHERE STUDENT.CNO = COURSE.CNO AND TEACHER.CNO = STUDENT.CNO`”，该语句隐含的含义为：只有同时存在于 TEACHER 表、COURSE 表和 STUDENT 表中的课程号 CNO 的信息才会作为结果表中的记录。如，在 STUDENT 表中，高伟有一门课程的课程号 CNO 为 12，在 TEACHER 表中存在课程号为 12 的记录，但在 COURSE 表中却不存在课程号为 12 的记录，因此就不满足 WHERE 子句的搜索条件，结果表中也就不会有该记录。

> 注意：由于 TEACHER 表和 STUDENT 表中都存在字段“DNAME”，在 SELECT 子句中查询 DNAME 字段时，我们一定要指明表名，否则系统会报错。

可见，创建表的基本连接，只要遵守下面的基本原则即可。

- FROM 子句中应列出所有连接的表的表名。
- WHERE 子句应定义连接的关联条件。

- 当列名为多个表共有时，要指明列的所在表，即采用“tablename.columname”的形式。

9.2.4 使用表别名

7.2.2 节中介绍了在 SQL 中使用 AS 关键字为列起别名，同样，在 SQL 中也可以使用 AS 关键字给表取别名。它可以简化操作，同时在某些表的连接中，也是必须用到的，如下面要介绍的表的自连接。语法如下。

```
SELECT     column
FROM       table  AS  table_alias
```

这里需要说明的是，与给列定义别名相似，给表取别名，只需在表名后面接上 AS 关键字和要取的别名即可。在大多数实现方式中，AS 关键字也不是必需的，只要新名称紧跟在实际表名之后即可。

说明 Oracle 数据库系统不支持 AS 关键字，给表取别名只需在表名后直接接上别名即可。如语法中的 table AS table_alias 就可以表示为 table　table_alias。

实例 4　对 9.2.3 节中的实例 3 采用表别名

实例代码如下。

```
SELECT      SNAME, S.DNAME, CNAME, CTEST, MARK, TNAME
FROM        TEACHER AS T, COURSE AS C, STUDENT AS S
WHERE       S.CNO = C.CNO
AND         T.CNO = C.CNO
ORDER BY    SNAME
```

运行结果如图 9-4 所示。

	SNAME	DNAME	CNAME	CTEST	MARK	TNAME
1	高伟	机械工程	计算机软件基础	2006-07-08...	78.0	王永军
2	李春	环境工程	生物工程概论	2006-07-08...	63.0	李彤
3	李华	计算机	应用数学基础	2006-07-10...	76.0	王军
4	李华	计算机	计算机软件基础	2006-07-08...	92.0	王永军
5	李华	计算机	计算机硬件基础	2006-06-28...	89.0	刘小静
6	李华	计算机	数据库设计	2006-07-01...	80.0	李伟
7	李华	计算机	模拟电路设计	2006-07-10...	70.0	高伟
8	刘建国	管理工程	计算机软件基础	2006-07-08...	78.5	王永军
9	刘建国	管理工程	应用数学基础	2006-07-10...	82.5	王军
10	孙庆	电子工程	模拟电路设计	2006-07-10...	79.0	高伟
11	孙庆	电子工程	计算机软件基础	2006-07-08...	59.0	王永军
12	王天	生物	计算机硬件基础	2006-06-28...	86.0	刘小静
13	王天	生物	生物工程概论	2006-07-08...	48.5	李彤

图 9-4　使用别名进行的多表连接

因为 SELECT 在执行过程中，首先执行的是 FROM 子句，而表的别名是在 SELECT 子句中实现的，所以在 SELECT 语句的任何子句中都可以使用定义的表的别名。当我们创建一个新的 SELECT 语句时，表的别名必须要重新定义。

9.2.5 采用 JOIN 关键字建立连接

前面介绍的表的连接，是通过 FROM 子句列出要连接的表、WHERE 子句列出连接条件来实现的。我们也可以在 FROM 子句中通过连接关键字实现表的连接，这样有助于将连接操作与 WHERE 的搜索条件区分开来。语法如下。

```
SELECT  column
FROM    join_table
JOIN_TYPE   join_table
ON  (join_condition)
```

说明如下。

- join_table 指出参与连接操作的表名。
- JOIN_TYPE 为连接类型，可分为 4 种：自然连接、内连接、外连接和交叉连接。
  - 自然连接 JOIN_TYPE 的形式为 NATURAL JOIN。
  - 内连接 JOIN_TYPE 的形式为 INNER JOIN。
  - 外连接，又分为左外连接，JOIN_TYPE 的形式为 LEFT OUTER JOIN 或 LEFT JOIN；右外连接，JOIN_TYPE 的形式为 RIGHT OUTER JOIN 或 RIGHT JOIN；全外连接，JOIN_ TYPE 的形式为 FULL OUTER JOIN 或 FULL JOIN。
  - 交叉连接中 JOIN_TYPE 的形式为 CROSS JOIN。
- ON (join_condition) 子句指出连接条件，由被连接表中的列和比较运算符、逻辑运算符等构成。

在 9.3 节我们将详细介绍各种连接类型。

9.3 表的连接类型

9.3.1 自连接

自连接是指表与其自身进行连接，这就需要用到前面介绍的表别名。下面我们通过一个具体实例来讲解自连接的应用。

实例 5　自连接的使用方法

查询成绩中存在不及格课程的学生的姓名、所在系、所有的课程及成绩信息。如果我们采用前面介绍的 SELECT 语句查询方法，该实例的实现要分为两步。

1．查询存在不及格课程的学生的学号

之所以查询学号，是因为学号是学生的惟一标识信息。代码如下。

```
SELECT      DISTINCT  SNO
FROM        STUDENT
WHERE       MARK<60
```

运行结果如图 9-5 所示。

	SNO
1	9702
2	9703
3	9705

图 9-5　不及格课程学生的学号

> **注意**　因为可能有的学生的不及格课程多于 1 门，因此在 SELECT 子句中使用了 DISTINCT 关键词，去除重复的学号。

2．根据学号查询相关信息

根据查询的学号结果，查询这些学号的学生的姓名、所在系、所有所修课程及成绩信息。代码如下。

```
SELECT      SNAME, DNAME, CNO, MARK
FROM        STUDENT
WHERE       SNO IN ('9702','9703','9705')
ORDER BY        SNAME
```

运行结果如图 9-6 所示。

	SNAME	DNAME	CNO	MARK
1	李春	环境工程	5	63.0
2	李春	环境工程	10	58.0
3	孙庆	电子工程	1	59.0
4	孙庆	电子工程	6	68.0
5	孙庆	电子工程	8	79.0
6	孙庆	电子工程	11	52.0
7	王天	生物	2	86.0
8	王天	生物	5	48.5

图 9-6　根据学号查询的相关信息

而如果采用表的自连接，我们只要通过一步查询就可以实现该实例。代码如下。

```
SELECT      DISTINCT S1.SNAME, S1.DNAME, S1.CNO, S1.MARK
FROM        STUDENT AS S1, STUDENT AS S2
WHERE       S1.SNO = S2.SNO
AND         S2. MARK<60
ORDER BY        S1.SNAME
```

运行结果如图 9-7 所示。

	SNAME	DNAME	CNO	MARK
1	李春	环境工程	5	63.0
2	李春	环境工程	10	58.0
3	孙庆	电子工程	1	59.0
4	孙庆	电子工程	6	68.0
5	孙庆	电子工程	8	79.0
6	孙庆	电子工程	11	52.0
7	王天	生物	2	86.0
8	王天	生物	5	48.5

图 9-7 采用表的自连接执行的查询结果

代码中，FROM 子句中的两个表实际上都是表 STUDENT。为了独立地使用它们，采用 9.2 节介绍的表别名方法，分别为其取别名 S1 和 S2。这样我们就可以在 WHERE 子句中，使用 S2 设定分数查询条件；而在 SELECT 子句中，使用 S1 查询满足条件的结果。

需要说明一点，SELECT 子句同样要有关键字 DISTINCT，如果没有使用 DISTINCT 关键字，如下面的代码所示。

```
SELECT      S1.SNAME, S1.DNAME, S1.CNO, S1.MARK
FROM        STUDENT AS S1, STUDENT AS S2
WHERE       S1.SNO = S2.SNO
AND         S2. MARK<60
ORDER BY        S1.SNAME
```

运行结果如图 9-8 所示。

	SNAME	DNAME	CNO	MARK
1	李春	环境工程	5	63.0
2	李春	环境工程	10	58.0
3	孙庆	电子工程	8	79.0
4	孙庆	电子工程	1	59.0
5	孙庆	电子工程	11	52.0
6	孙庆	电子工程	6	68.0
7	孙庆	电子工程	8	79.0
8	孙庆	电子工程	1	59.0
9	孙庆	电子工程	11	52.0
10	孙庆	电子工程	6	68.0
11	王天	生物	5	48.5
12	王天	生物	2	86.0

图 9-8 采用表的自连接但没有去除重复记录的查询结果

我们可以发现，结果表中出现了重复的记录。下面我们分析一下代码的执行过程，从中就不难发现重复记录产生的原因。

系统首先执行 FROM 子句，将 STUDENT 表 S1 与它自身 S2 的笛卡尔积作为中间表。实际上，该中间表的每一条记录包含两部分信息，一部分是 S1 的记录，一部分是 S2 的记录。而后系统执行 WHERE 子句，在中间表中搜索 S2 中成绩低于 60 分的学生的记录，同时要求记录中 S1 与 S2 是同一个学生的记录，即学号相同。最后系统执行 SELECT 语句，从中间表获取 S1 中相应的信息作为结果表。

当系统执行 WHERE 子句、从中间表中逐条搜索 S2 中成绩低于 60 分的学生记录时，因为孙庆有两门课程不及格，所以对于每门不及格的记录都满足搜索条件，因此导致了从 S1 得到的信息中出现了重复记录。

简单来说，中间表是没有重复记录的，但是 S1 部分字段是有重复的，而结果集提取的只是 S1 部分的字段，因此就有可能有重复记录。

注意　一般情况下，自连接也可以使用子查询的方式实现，关于子查询在第 10 章会详细介绍。

9.3.2　自然连接（NATURAL JOIN）

自然连接（NATURAL JOIN）是一种特殊的等价连接，它将表中具有相同名称的列自动进行记录匹配。自然连接不必指定任何同等连接条件。图 9-9 给出了典型的自然连接示意图。

R

A	B	C
a1	b1	c1
a2	b2	c2
a3	b3	c3

S

C	D
c1	d1
c2	d2
c4	d3

R自然连接S，R.C = S.C

A	B	C	D
a1	b1	c1	d1
a2	b2	c2	d2

图 9-9　自然连接

自然连接自动判断相同名称的列，而后形成匹配。它的缺点是虽然可以指定查询结果包括哪些列，但不能人为地指定哪些列被匹配。另外，自然连接的一个特点是连接后的结果表中匹配的列只有一个，如图 9-9 所示，自然连接后的表中，只有一列 C。

实例 6 使用 NATURAL JOIN 进行查询

在 STUDENT 表和 TEACHER 表中查询学生姓名、所在系、所修的本系教师开设的课程的课程号以及开课教师姓名。这时候我们就可以采用 NATURAL JOIN 对两个表进行自然连接。实例代码如下。

```
SELECT      SNAME, DNAME, CNO, TNAME
FROM        STUDENT NATURAL JOIN TEACHER
```

当 DBMS 执行查询时，将来自 STUDENT 表的行与来自 TEACHER 表中的行通过 CNO 和 DNAME 列进行匹配连接，即只有两个表中的 CNO 和 DNAME 列的值都相等的行，才连接起来，作为结果表中的行；而 CNO 和 DNAME 列在结果表中只出现一次，因此在查询时就不需指明 TEACHER.DNAME 或是 STUDENT.DNAME。

> **注意** 有些 DBMS 产品，如 SQL Server，不支持 NATURAL JOIN 连接符，因此这里无法给出该实例代码的运行结果。

事实上，使用 NATURAL JOIN 运算符进行自然连接，与检查两个源表中同名列值相等的 WHERE 子句是等价的。因此，上例的实现也可表示如下。

```
SELECT      SNAME, S.DNAME, S.CNO, TNAME
FROM        STUDENT AS S, TEACHER AS T
WHERE       S.DNAME = T.DNAME
AND         S.CNO = T.CNO
```

运行结果如图 9-10 所示。

	SNAME	DNAME	CNO	TNAME
1	王天	生物	5	李彤
2	李华	计算机	1	王永军
3	李华	计算机	2	刘小静
4	孙庆	电子工程	8	高伟
5	李华	计算机	9	李伟

图 9-10 另一种自然连接的查询结果

与自然连接不同，采用这种方式进行表的连接，虽然两表的 CNO 和 DNAME 列相等，但它们在结果表中出现了两次，因此在 SELECT 语句中，我们如果要查询这两个字段，必须指明是哪个表的字段。

事实上，使用基于 WHERE 子句的等值连接要比使用 NATURAL JOIN 运算符进行自然连接灵活得多。正如前面介绍的，使用 NATURAL JOIN 运算符会自动判断出具有相同名称的列，而后形成匹配，我们不能人为地指定哪些列被匹配。当自然连接 STUDENT 表和 TEACHER 表时，CNO 和 DNAME 列同时被匹配，不能只匹配一列。而使用 WHERE 子句则可以实现任意列的匹配。

实例 7　使用 WHERE 子句进行等值连接查询

在 STUDENT 表和 TEACHER 表中查询学生姓名、所在系、所修的所有课程的课程号以及开课教师姓名。这时，STUDENT 表和 TEACHER 表只需将 CNO 字段匹配即可。实例代码如下。

```
SELECT        SNAME, S.DNAME, S.CNO, TNAME
FROM          STUDENT AS S, TEACHER AS T
WHERE         S.CNO = T.CNO
ORDER BY          SNAME
```

运行结果如图 9-11 所示。

	SNAME	DNAME	CNO	TNAME
1	高伟	机械工程	1	王永军
2	高伟	机械工程	12	刘静
3	高伟	机械工程	13	刘一凯
4	李春	环境工程	5	李彤
5	李华	计算机	4	王军
6	李华	计算机	1	王永军
7	李华	计算机	9	李伟
8	李华	计算机	2	刘小静
9	李华	计算机	8	高伟
10	刘建国	管理工程	1	王永军
11	刘建国	管理工程	4	王军
12	孙庆	电子工程	1	王永军
13	孙庆	电子工程	8	高伟
14	王天	生物	2	刘小静
15	王天	生物	5	李彤

图 9-11　STUDENT 表和 TEACHER 表匹配 CNO 字段的查询结果

在这种情况下，我们就不可能使用 NATURAL JOIN 运算符实现查询。

9.3.3　内连接（INNER JOIN）

内连接也称为等同连接，返回的结果集是两个表中所有相匹配的数据，舍弃不匹配的数据。也就是说，在这种查询中，DBMS 只返回来自源表中的相关的行，即查询的结果表包含的两源表行必须满足 ON 子句中的搜索条件。作为对照，如果在源表中的行在另一表中没有对应（相关）的行，则该行被过滤掉，不会包括在结果表中。内连接使用比较运算符来完成。内连接可分为两种。

1. 等值连接

使用等于号（=）比较被连接列的列值，在查询结果中列出被连接表中的所有列，包括其中的重复列。图 9-12 给出了典型的等值内连接示意图。

R

A	B	C
a1	b1	c1
a2	b2	c2
a3	b3	c3

S

C	D
c1	d1
c2	d2
c4	d3

R 内连接 *S on R.C = S.C*

A	B	C	C	D
a1	b1	c1	c1	d1
a2	b2	c2	c2	d2

图 9-12　等值内连接

实例 8　使用 INNER JOIN 内连接查询

在 STUDENT 表和 TEACHER 表中查询学生姓名、所在系、所修的所有课程的课程号以及开课教师姓名。在 9.3.2 节我们已经通过 WHERE 子句实现了该实例，这里通过 INNER JOIN 内连接两表来实现。实例代码如下。

```
SELECT        SNAME, S.DNAME, S.CNO, TNAME
FROM          STUDENT AS S
INNER JOIN    TEACHER AS T
ON            S. CNO = T. CNO
ORDER BY         SNAME
```

运行结果如图 9-13 所示。

	SNAME	DNAME	CNO	TNAME
1	高伟	机械工程	1	王永军
2	高伟	机械工程	12	刘静
3	高伟	机械工程	13	刘一凯
4	李春	环境工程	5	李彤
5	李华	计算机	4	王军
6	李华	计算机	1	王永军
7	李华	计算机	9	李伟
8	李华	计算机	2	刘小静
9	李华	计算机	8	高伟
10	刘建国	管理工程	1	王永军
11	刘建国	管理工程	4	王军
12	孙庆	电子工程	1	王永军
13	孙庆	电子工程	8	高伟
14	王天	生物	2	刘小静
15	王天	生物	5	李彤

图 9-13　使用 INNER JOIN 实现的查询结果

我们可以看到，通过 INNER JOIN 内连接两表也得到了同样的结果。

2. 不等连接

我们可以在连接条件中使用其他比较运算符，比较被连接的列的列值。这些运算符包括“>”、“>=”、“<=”、“<”、“!>”、“!<” 和 “<>”。

实例 9 使用不等连接进行查询

查询学生修的非本系教师开设的课程信息，包括学生学号、姓名、所在系、课程号、成绩以及开课教师的姓名信息。实例代码如下。

```
SELECT       S.SNO, SNAME, S. DNAME, S.CNO, MARK, TNAME
FROM         STUDENT AS S
INNER JOIN   TEACHER AS T
ON           S. DNAME<> T. DNAME
AND          S. CNO =T. CNO
ORDER BY     SNAME
```

运行结果如图 9-14 所示。

	SNO	SNAME	DNAME	CNO	MARK	TNAME
1	9706	高伟	机械工程	1	78.0	王永军
2	9706	高伟	机械工程	12	88.5	刘静
3	9706	高伟	机械工程	13	93.0	刘一凯
4	9702	李春	环境工程	5	63.0	李彤
5	9704	李华	计算机	4	76.0	王军
6	9704	李华	计算机	8	70.0	高伟
7	9701	刘建国	管理工程	4	82.5	王军
8	9701	刘建国	管理工程	1	78.5	王永军
9	9705	孙庆	电子工程	1	59.0	王永军
10	9703	王天	生物	2	86.0	刘小静

图 9-14 不等连接的查询结果

说明

在默认情况下，DBMS 将多表查询按 INNER JOIN 来执行，除非指定 OUTER JOIN。即，如果我们将上例中的 INNER JOIN 关键字替换为 JOIN，也会得到同样的结果。

当然我们也可以使用 WHERE 子句实现上例。代码如下。

```
SELECT       S.SNO, SNAME, S. DNAME, S.CNO, MARK, TNAME
FROM         STUDENT AS S, TEACHER AS T
WHERE        S.DNAME <> T.DNAME
AND          S.CNO = T.CNO
ORDER BY     SNAME
```

运行结果如图 9-15 所示。

当然，我们使用 INNER JOIN 也可以实现多表的内连接，但是 INNER JOIN 一次只能连接两个表，要连接多表，必须进行多次连接。

	SNO	SNAME	DNAME	CNO	MARK	TNAME
1	9706	高伟	机械工程	1	78.0	王永军
2	9706	高伟	机械工程	12	88.5	刘静
3	9706	高伟	机械工程	13	93.0	刘一凯
4	9702	李春	环境工程	5	63.0	李彤
5	9704	李华	计算机	4	76.0	王军
6	9704	李华	计算机	8	70.0	高伟
7	9701	刘建国	管理工程	4	82.5	王军
8	9701	刘建国	管理工程	1	78.5	王永军
9	9705	孙庆	电子工程	1	59.0	王永军
10	9703	王天	生物	2	86.0	刘小静

图 9-15 使用 WHERE 子句实现的不等连接

实例 10 使用 INNER JOIN 实现多表的内连接

根据 TEACHER 表、COURSE 表和 STUDENT 表，查询所有学生的姓名、所在系、所修课程、考试时间、课程成绩及授课教师姓名。该例与 9.2.3 节的实例完全相同，只是在 9.2.3 节采用 WHERE 子句的方式实现，这里采用 INNER JOIN 内连接的方式实现，代码如下。

```
SELECT       SNAME, STUDENT.DNAME, CNAME, CTEST, MARK, TNAME
FROM         TEACHER
INNER JOIN   COURSE
ON           TEACHER.CNO = COURSE.CNO
INNER JOIN   STUDENT
ON           TEACHER.CNO = STUDENT.CNO
ORDER BY     SNAME
```

运行结果如图 9-16 所示。

	SNAME	DNAME	CNAME	CTEST	MARK	TNAME
1	高伟	机械工程	计算机软件基础	2006-07-08...	78.0	王永军
2	李春	环境工程	生物工程概论	2006-07-08...	63.0	李彤
3	李华	计算机	应用数学基础	2006-07-10...	76.0	王军
4	李华	计算机	计算机软件基础	2006-07-08...	92.0	王永军
5	李华	计算机	计算机硬件基础	2006-06-28...	89.0	刘小静
6	李华	计算机	数据库设计	2006-07-01...	80.0	李伟
7	李华	计算机	模拟电路设计	2006-07-10...	70.0	高伟
8	刘建国	管理工程	计算机软件基础	2006-07-08...	78.5	王永军
9	刘建国	管理工程	应用数学基础	2006-07-10...	82.5	王军
10	孙庆	电子工程	模拟电路设计	2006-07-10...	79.0	高伟
11	孙庆	电子工程	计算机软件基础	2006-07-08...	59.0	王永军
12	王天	生物	计算机硬件基础	2006-06-28...	86.0	刘小静
13	王天	生物	生物工程概论	2006-07-08...	48.5	李彤

图 9-16 使用 INNER JOIN 实现内连接查询结果

9.3.4 外连接（OUTER JOIN）

不管是内连接还是带 WHERE 子句的多表查询，都组合自多个表，并生成结果表。换句话说，如果任何一个源表中的行在另一个源表中没有匹配，DBMS 将不把该行放在最后的结果表中。

而外连接告诉 ODBC 生成的结果表，不仅包含符合连接条件的行，而且还包括左表（左外连接时）、右表（右外连接时）或两个边接表（全外连接）中的所有数据行。

SQL 的外连接共有 3 种类型：左外连接，关键字为 LEFT OUTER JOIN；右外连接，关键字为 RIGHT OUTER JOIN；全外连接，关键字为 FULL OUTER JOIN。外连接的用法和内连接一样，只是将 INNER JOIN 关键字替换为相应的外连接关键字即可。

说明 使用外连接时，关键字 OUTER 是可选的，如可用 LEFT JOIN 替代 LEFT OUTER JOIN。

下面我们分别介绍一下这几种外连接方式。

1．左外连接

左外连接（LEFT OUTER JOIN）告诉 DBMS 生成的结果表中除了包括匹配行外，还包括 JOIN 关键字（FROM 子句中）左边表的不匹配行。左外连接实际上可以表示为：

左外连接 = 内连接 + 左边表中失配的元组

表达式中，缺少的右边表中的属性值用 NULL 表示。图 9-17 给出了典型的左外连接示意图。

R

A	B	C
a1	b1	c1
a2	b2	c2
a3	b3	c3

S

C	D
c1	d1
c2	d2
c4	d3

R left outer join S on R.C = S.C

A	B	C	C	D
a1	b1	c1	c1	d1
a2	b2	c2	c2	d2
a3	b3	c3	null	null

图 9-17 左外连接

实例 11 左连接 STUDENT 表和 COURSE 表

左连接 STUDENT 表和 COURSE 表，查询所有同学的学号、姓名、课程代码、课程名称、考试时间和成绩信息。实例代码如下。

```
SELECT          S.SNO,  SNAME, S.CNO, CNAME, CTEST, MARK
FROM            STUDENT  AS  S
LEFT OUTER JOIN     COURSE   AS  C
ON              S. CNO = C. CNO
ORDER BY        SNAME
```

运行结果如图 9-18 所示。

由此可见，最终得到的结果表中除了包括两个表匹配的行（3～20 行），还包括了左边表 STUDENT 中的不匹配行（1、2 行），缺少的右边表，即 COURSE 表中用 NULL 表示的属性值。

技巧 在 SQL Server 中，我们可以在 WHERE 子句中使用“*=”符号实现左外连接。

	SNO	SNAME	CNO	CNAME	CTEST	MARK
1	9706	高伟	13	NULL	NULL	93.0
2	9706	高伟	12	NULL	NULL	88.5
3	9706	高伟	1	计算机软件基础	2006-07-08...	78.0
4	9706	高伟	10	计算机入门	2006-06-29...	76.0
5	9702	李春	5	生物工程概论	2006-07-08...	63.0
6	9702	李春	10	计算机入门	2006-06-29...	58.0
7	9704	李华	4	应用数学基础	2006-07-10...	76.0
8	9704	李华	1	计算机软件基础	2006-07-08...	92.0
9	9704	李华	2	计算机硬件基础	2006-06-28...	89.0
10	9704	李华	9	数据库设计	2006-07-01...	80.0
11	9704	李华	8	模拟电路设计	2006-07-10...	70.0
12	9701	刘建国	1	计算机软件基础	2006-07-08...	78.5
13	9701	刘建国	4	应用数学基础	2006-07-10...	82.5
14	9701	刘建国	10	计算机入门	2006-06-29...	70.0
15	9705	孙庆	8	模拟电路设计	2006-07-10...	79.0
16	9705	孙庆	1	计算机软件基础	2006-07-08...	59.0
17	9705	孙庆	11	数字电路设计基础	2006-06-20...	52.0
18	9705	孙庆	6	设计理论	2006-06-30...	68.0
19	9703	王天	2	计算机硬件基础	2006-06-28...	86.0
20	9703	王天	5	生物工程概论	2006-07-08...	48.5

图 9-18 左连接 STUDENT 表和 COURSE 表的查询结果

在 WHERE 子句使用“*=”符号实现左外连接实现实例 11，代码如下。

```
SELECT      S.SNO,  SNAME, S.CNO, CNAME, CTEST, MARK
FROM        STUDENT  AS  S, COURSE   AS  C
WHERE       S. CNO  *=  C. CNO
```

```
ORDER BY    SNAME
```

运行结果如图 9-19 所示。

	SNO	SNAME	CNO	CNAME	CTEST	MARK
1	9706	高伟	13	NULL	NULL	93.0
2	9706	高伟	12	NULL	NULL	88.5
3	9706	高伟	1	计算机软件基础	2006-07-08...	78.0
4	9706	高伟	10	计算机入门	2006-06-29...	76.0
5	9702	李春	5	生物工程概论	2006-07-08...	63.0
6	9702	李春	10	计算机入门	2006-06-29...	58.0
7	9704	李华	4	应用数学基础	2006-07-10...	76.0
8	9704	李华	1	计算机软件基础	2006-07-08...	92.0
9	9704	李华	2	计算机硬件基础	2006-06-28...	89.0
10	9704	李华	9	数据库设计	2006-07-01...	80.0
11	9704	李华	8	模拟电路设计	2006-07-10...	70.0
12	9701	刘建国	1	计算机软件基础	2006-07-08...	78.5
13	9701	刘建国	4	应用数学基础	2006-07-10...	82.5
14	9701	刘建国	10	计算机入门	2006-06-29...	70.0
15	9705	孙庆	8	模拟电路设计	2006-07-10...	79.0
16	9705	孙庆	1	计算机软件基础	2006-07-08...	59.0
17	9705	孙庆	11	数字电路设计基础	2006-06-20...	52.0
18	9705	孙庆	6	设计理论	2006-06-30...	68.0
19	9703	王天	2	计算机硬件基础	2006-06-28...	86.0
20	9703	王天	5	生物工程概论	2006-07-08...	48.5

图 9-19　使用“*=”符号实现的左外连接

说明　在 Oracle 数据库系统中，我们只需将“*=”替换成“+=”可以得到相同的结果。

2．右外连接

右外连接（RIGHT OUTER JOIN）告诉 DBMS 生成的结果表中除了包括匹配行外，还包括 JOIN 关键字（FROM 子句中）右边表的不匹配行。右外连接实际上可以表示为：

右外连接 = 内连接 + 右边表中失配的元组

表达式中，缺少的左边表中的属性值用 NULL 表示。图 9-20 给出了典型的右外连接示意图。

R

A	B	C
a1	b1	c1
a2	b2	c2
a3	b3	c3

S

C	D
c1	d1
c2	d2
c4	d3

R right outer join S on R.C = S.C

A	B	C	C	D
a1	b1	c1	c1	d1
a2	b2	c2	c2	d2
null	null	null	c4	d3

图 9-20　右外连接

实例 12　右外连接 STUDENT 表和 COURSE 表

右外连接 STUDENT 表和 COURSE 表，查询所有同学的学号、姓名、课程代码、课程名称、考试时间和成绩信息。实例代码如下。

```
SELECT              S.SNO,  SNAME, S.CNO, CNAME, CTEST, MARK
FROM                STUDENT  AS  S
RIGHT OUTER JOIN         COURSE   AS  C
ON                  S. CNO = C. CNO
ORDER BY            SNAME
```

运行结果如图 9-21 所示。

	SNO	SNAME	CNO	CNAME	CTEST	MARK
1	NULL	NULL	NULL	机械设计实践	2006-07-14 ...	NULL
2	NULL	NULL	NULL	生物化学	2006-07-02 ...	NULL
3	9706	高伟	1	计算机软件基础	2006-07-08 ...	78.0
4	9706	高伟	10	计算机入门	2006-06-29 ...	76.0
5	9702	李春	10	计算机入门	2006-06-29 ...	58.0
6	9702	李春	5	生物工程概论	2006-07-08 ...	63.0
7	9704	李华	4	应用数学基础	2006-07-10 ...	76.0
8	9704	李华	1	计算机软件基础	2006-07-08 ...	92.0
9	9704	李华	9	数据库设计	2006-07-01 ...	80.0
10	9704	李华	2	计算机硬件基础	2006-06-28 ...	89.0
11	9704	李华	8	模拟电路设计	2006-07-10 ...	70.0
12	9701	刘建国	1	计算机软件基础	2006-07-08 ...	78.5
13	9701	刘建国	4	应用数学基础	2006-07-10 ...	82.5
14	9701	刘建国	10	计算机入门	2006-06-29 ...	70.0
15	9705	孙庆	11	数字电路设计基...	2006-06-20 ...	52.0
16	9705	孙庆	1	计算机软件基础	2006-07-08 ...	59.0
17	9705	孙庆	8	模拟电路设计	2006-07-10 ...	79.0
18	9705	孙庆	6	设计理论	2006-06-30 ...	68.0
19	9703	王天	2	计算机硬件基础	2006-06-28 ...	86.0
20	9703	王天	5	生物工程概论	2006-07-08 ...	48.5

图 9-21　右外连接 STUDENT 表和 COURSE 表的查询结果

由此可见，最终得到的结果表中除了包括两个表匹配的行（3～20 行），还包括了右边表 COURSE 表中的不匹配行（1、2 行），缺少的左边表，即 STUDENT 表中用 NULL 表示的属性值。

技巧　*在 SQL Server 数据库系统中，可以在 WHERE 子句中使用“=*”符号实现右外连接。*

实例 13　在 WHERE 子句中使用“=*”符号实现右外连接

在 WHERE 子句使用“=*”符号实现实例 12，代码如下。

```
SELECT              S.SNO,  SNAME, S.CNO, CNAME, CTEST, MARK
FROM                STUDENT  AS  S, COURSE  AS  C
WHERE               S. CNO  =*  C. CNO
```

```
ORDER BY        SNAME
```

运行结果如图 9-22 所示。

	SNO	SNAME	CNO	CNAME	CTEST	MARK
1	NULL	NULL	NULL	机械设计实践	2006-07-14 ...	NULL
2	NULL	NULL	NULL	生物化学	2006-07-02 ...	NULL
3	9706	高伟	1	计算机软件基础	2006-07-08 ...	78.0
4	9706	高伟	10	计算机入门	2006-06-29 ...	76.0
5	9702	李春	10	计算机入门	2006-06-29 ...	58.0
6	9702	李春	5	生物工程概论	2006-07-08 ...	63.0
7	9704	李华	4	应用数学基础	2006-07-10 ...	76.0
8	9704	李华	1	计算机软件基础	2006-07-08 ...	92.0
9	9704	李华	9	数据库设计	2006-07-01 ...	80.0
10	9704	李华	2	计算机硬件基础	2006-06-28 ...	89.0
11	9704	李华	8	模拟电路设计	2006-07-10 ...	70.0
12	9701	刘建国	1	计算机软件基础	2006-07-08 ...	78.5
13	9701	刘建国	4	应用数学基础	2006-07-10 ...	82.5
14	9701	刘建国	10	计算机入门	2006-06-29 ...	70.0
15	9705	孙庆	11	数字电路设计基...	2006-06-20 ...	52.0
16	9705	孙庆	1	计算机软件基础	2006-07-08 ...	59.0
17	9705	孙庆	8	模拟电路设计	2006-07-10 ...	79.0
18	9705	孙庆	6	设计理论	2006-06-30 ...	68.0
19	9703	王天	2	计算机硬件基础	2006-06-28 ...	86.0
20	9703	王天	5	生物工程概论	2006-07-08 ...	48.5

图 9-22　使用“=*”符号实现的右外连接

3．全外连接

全外连接（FULL OUTER JOIN）告诉 DBMS 生成的结果表中除了包括匹配行外，还包括 JOIN 关键字（FROM 子句中）左边表和右边表的不匹配行。全外连接实际上可以表示为：

全外连接 = 内连接 + 左边表中失配的元组 + 右边表中失配的元组

表达式中，缺少的左边表或者右边表中的属性值用 NULL 表示。图 9-23 给出了典型的全外连接示意图。

R

A	B	C
a1	b1	c1
a2	b2	c2
a3	b3	c3

S

C	D
c1	d1
c2	d2
c4	d3

R full outer join S on R.C = S.C

A	B	R.C	S.C	D
a1	b1	c1	c1	d1
a2	b2	c2	c2	d2
a3	b3	c3	null	null
null	null	null	c4	d3

图 9-23　全外连接

实例 14 全外连接 STUDENT 表和 COURSE 表

全外连接 STUDENT 表和 COURSE 表，查询所有同学的学号、姓名、课程代码、课程名称、考试时间和成绩信息。实例代码如下。

```
SELECT          S.SNO,  SNAME, S.CNO, CNAME, CTEST, MARK
FROM            STUDENT  AS  S
FULL OUTER JOIN      COURSE   AS  C
ON              S. CNO = C. CNO
ORDER BY        SNAME
```

运行结果如图 9-24 所示。

	SNO	SNAME	CNO	CNAME	CTEST	MARK
1	NULL	NULL	NULL	机械设计实践	2006-07-14...	NULL
2	NULL	NULL	NULL	生物化学	2006-07-02...	NULL
3	9706	高伟	13	NULL	NULL	93.0
4	9706	高伟	12	NULL	NULL	88.5
5	9706	高伟	1	计算机软件基础	2006-07-08...	78.0
6	9706	高伟	10	计算机入门	2006-06-29...	76.0
7	9702	李春	5	生物工程概论	2006-07-08...	63.0
8	9702	李春	10	计算机入门	2006-06-29...	58.0
9	9704	李华	4	应用数学基础	2006-07-10...	76.0
10	9704	李华	1	计算机软件基础	2006-07-08...	92.0
11	9704	李华	2	计算机硬件基础	2006-06-28...	89.0
12	9704	李华	9	数据库设计	2006-07-01...	80.0
13	9704	李华	8	模拟电路设计	2006-07-10...	70.0
14	9701	刘建国	1	计算机软件基础	2006-07-08...	78.5
15	9701	刘建国	4	应用数学基础	2006-07-10...	82.5
16	9701	刘建国	10	计算机入门	2006-06-29...	70.0
17	9705	孙庆	8	模拟电路设计	2006-07-10...	79.0
18	9705	孙庆	1	计算机软件基础	2006-07-08...	59.0
19	9705	孙庆	11	数字电路设计基础	2006-06-20...	52.0
20	9705	孙庆	6	设计理论	2006-06-30...	68.0
21	9703	王天	2	计算机硬件基础	2006-06-28...	86.0
22	9703	王天	5	生物工程概论	2006-07-08...	48.5

图 9-24 全外连接 STUDENT 表和 COURSE 表的查询结果

由此可见，最终得到的结果表中除了包括两个表匹配的行（5～22 行），还包括了右边表 COURSE 表中的不匹配行（1、2 行），缺少的左边表，即 STUDENT 表中用 NULL 表示的属性值；另外还有左边表 STUDENT 表中的不匹配行（3、4 行），缺少的右边表，即 COURSE 表中用 NULL 表示的属性值。

9.3.5 交叉连接（CROSS JOIN）

除了在 FROM 子句中使用逗号间隔连接的表外，SQL 还支持另一种被称为交叉连接的操作。它们都返回被连接的两个表所有数据行的笛卡尔积，返回的数据行数等于第一个表中符合查询条件的数据行数乘以第二个表中符合查询条件的数据行数。唯一的不同在于，交叉连接分开列名时，使用 CROSS JOIN 关键字而不是逗号。

实际上，下面两个表达式是完全等价的。

```
SELECT  *  FROM  table1, table2
SELECT  *  FROM  table1  CROSS JOIN  table2
```

图 9-25 给出了典型的交叉连接示意图。

R

A	B	C
a1	b1	c1
a2	b2	c2
a3	b3	c3

S

C	D
c1	d1
c2	d2
c4	d3

R cross join S

A	B	R.C	S.C	D
a1	b1	c1	c1	d1
a1	b1	c1	c2	d2
a1	b1	c1	c4	d3
a2	b2	c2	c1	d1
a2	b2	c2	c2	d2
a2	b2	c2	c4	d3
a3	b3	c3	c1	d1
a3	b3	c3	c2	d2
a3	b3	c3	c4	d3

图 9-25 交叉连接

实例 15 交叉连接 STUDENT 表和 COURSE 表

交叉连接 STUDENT 表和 COURSE 表，查询所有同学的学号、姓名、课程代码、课程名称、考试时间和成绩信息。实例代码如下。

```
SELECT        SNO, SNAME, S.CNO, C.CNAME, CTEST, MARK
FROM          STUDENT  AS  S
CROSS JOIN    COURSE   AS  C
WHERE         S. CNO = C. CNO
AND           MARK>=60
```

运行结果如图 9-26 所示。

注意：在使用 CROSS JOIN 关键字交叉连接表时，因为生成的是两个表的笛卡尔积，所以不能使用 ON 关键字，只能在 WHERE 子句中定义搜索条件。

事实上，直接使用 CROSS JOIN 很少得到想要的结果。但是，正如实例所示，作为查询的第一步，DBMS 通常在 FROM 子句中对连接的表进行 CROSS JOIN，然后过滤得到中间表。

	SNO	SNAME	CNO	CNAME	CTEST	MARK
1	9701	刘建国	4	应用数学基础	2006-07-10 ...	82.5
2	9701	刘建国	10	计算机入门	2006-06-29 ...	70.0
3	9701	刘建国	1	计算机软件基础	2006-07-08 ...	78.5
4	9702	李春	5	生物工程概论	2006-07-08 ...	63.0
5	9703	王天	2	计算机硬件基础	2006-06-28 ...	86.0
6	9704	李华	4	应用数学基础	2006-07-10 ...	76.0
7	9704	李华	1	计算机软件基础	2006-07-08 ...	92.0
8	9704	李华	2	计算机硬件基础	2006-06-28 ...	89.0
9	9704	李华	9	数据库设计	2006-07-01 ...	80.0
10	9704	李华	8	模拟电路设计	2006-07-10 ...	70.0
11	9705	孙庆	8	模拟电路设计	2006-07-10 ...	79.0
12	9705	孙庆	6	设计理论	2006-06-30 ...	68.0
13	9706	高伟	1	计算机软件基础	2006-07-08 ...	78.0
14	9706	高伟	10	计算机入门	2006-06-29 ...	76.0

图 9-26 交叉连接 STUDENT 表和 COURSE 表的查询结果

9.4 UNION 与 UNION JOIN

与 JOIN 连接多表不同，SQL 还提供了 UNION 运算符，对集合进行关系并运算。另外在某些数据库产品中，我们也可以对多表进行 UNION JOIN 连接。

9.4.1 关系的集合运算

集合的 3 个最普通的运算是并、交和差。对于任意集合 R 和 S（当然，这里的 R 和 S 可以是表 R 和表 S），这些运算定义如下。

- R 并 S，R 或 S 或两者中元素的集合。一个元素在并集中只出现一次，即使它在 R 和 S 中都存在。
- R 交 S，R 和 S 中都存在的元素的集合。
- R 差 S，在 R 中而不在 S 中的元素的集合。注意 R 差 S 不同于 S 差 R，后者是在 S 中而不在 R 中的元素的集合。

关于交、并、差运算的示意图如图 9-27 所示。

标准 SQL 中，我们可以使用 UNION 运算符实现集合并的运算，但是没有直接提供集合交和集合差操作，可用其他方法来实现。

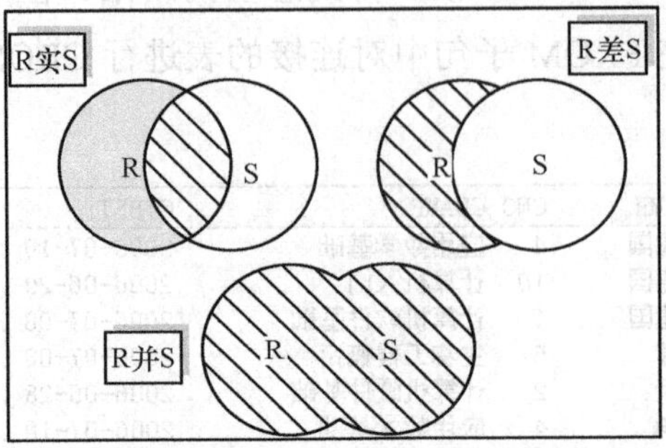

图 9-27　集合运算示意图

9.4.2　UNION 运算符

在 SQL 中，UNION 运算符用于执行集合并的运算。关于 UNION 运算符的使用，这里我们通过实例来说明。

实例 16　使用 UNION 运算符执行集合并的运算

在 STUDENT 表中查询选修了 1 号或者 10 号课程的学生的学号、姓名、所在系信息。实例代码如下。

```
SELECT      SNO,  SNAME, DNAME
FROM        STUDENT
WHERE       CNO = 1
UNION
SELECT      SNO,  SNAME, DNAME
FROM        STUDENT
WHERE       CNO = 10
```

运行结果如图 9-28 所示。

	SNO	SNAME	DNAME
1	9701	刘建国	管理工程
2	9702	李春	环境工程
3	9704	李华	计算机
4	9705	孙庆	电子工程
5	9706	高伟	机械工程

图 9-28　使用 UNION 运算符执行集合并的查询结果

上述代码的执行过程可表示为，首先从 STUDENT 表中选出选修了 1 号课程的学号、姓名、所在系信息，作为一个集合（中间表）；而后从 STUDENT 表中选出选修了 10 号课程的学号、姓名、所在系信息，作为另一个集合（中间表）；最后对这两个集合进行 UNION，即并运算，从而得到了最终的结果表。

> **说明** UNION 运算符执行集合并运算，自动从结果表中消除重复的行。

上面的实例也可以通过“OR”运算符来实现。

实例 17　使用“OR”运算符来实现实例 16

代码如下。

```
SELECT      SNO,  SNAME, DNAME
FROM        STUDENT
WHERE       CNO = 1
OR          CNO = 10
```

运行结果如图 9-29 所示。

	SNO	SNAME	DNAME
1	9701	刘建国	管理工程
2	9701	刘建国	管理工程
3	9702	李春	环境工程
4	9704	李华	计算机
5	9705	孙庆	电子工程
6	9706	高伟	机械工程
7	9706	高伟	机械工程

图 9-29　使用“OR”运算符实现并的查询结果

与采用 UNION 运算符的结果相比，只是结果表中多了两条重复记录。这是因为集合操作自动去除重复元组，而 OR 运算符不具备这个功能。当然，我们也可以通过 DISTINCT 关键字去除上面结果的重复记录。

使用 UNION 运算符进行并操作，如果要保留重复元组的话，必须在 UNION 运算符后使用 ALL 关键词指明。

实例 18　使用 ALL 关键词保留重复元组

同样的例子，代码如下。

```
SELECT      SNO,  SNAME, DNAME
FROM        STUDENT
WHERE       CNO = 1
UNION   ALL
SELECT      SNO,  SNAME, DNAME
```

```
FROM        STUDENT
WHERE       CNO = 10
```

运行结果如图 9-30 所示。

	SNO	SNAME	DNAME
1	9701	刘建国	管理工程
2	9701	刘建国	管理工程
3	9702	李春	环境工程
4	9704	李华	计算机
5	9705	孙庆	电子工程
6	9706	高伟	机械工程
7	9706	高伟	机械工程

图 9-30　使用 UNION 运算符进行并操作且保留重复元组

前面我们介绍了 UNION 运算符进行并操作，参与并运算的两个集合是来自同一个表的相同字段，不同表的不同字段组成的集合也可以采用 UNION 运算符进行并操作。但是这要求参与运算的两个集合（表）必须选择同样数量的列，并且相应的列必须具有相同的类型。

实例 19　对不同表的不同字段组成的集合采用 UNION 运算符

在 STUDENT 表和 TEACHER 表中，查询选修了 1 号或者 10 号课程的学生的姓名、所在系、课程号信息以及 1 号或者 10 号课程的教师的姓名、所在系、课程号信息。实例代码如下。

```
SELECT      SNAME AS NAME, DNAME, CNO
FROM        STUDENT
WHERE       CNO = 1
OR          CNO = 10
UNION
SELECT       TNAME AS NAME, DNAME, CNO
FROM        TEACHER
WHERE       CNO = 1
OR          CNO = 10
```

运行结果如图 9-31 所示。

	NAME	DNAME	CNO
1	高伟	机械工程	1
2	高伟	机械工程	10
3	李春	环境工程	10
4	李华	计算机	1
5	刘建国	管理工程	1
6	刘建国	管理工程	10
7	孙庆	电子工程	1
8	王永军	计算机	1

图 9-31　选修 1 号或者 10 号课程学生的相关信息

由此可见，UNION 运算符只要求列的类型匹配即可，而对应列的列名可以是不同的，如上例中的“SNAME”和“TNAME”。

> **说明** 一些 DBMS 产品对每个名称不同的 SELECT 语句的列 UNION 运算后，结果表中的列是没有名字的，而其他 DBMS 产品，如 SQL Server，将使用 UNION 运算中第一条 SELECT 语句中的列名作为结果表中的列名。

9.4.3 ORDER BY 子句排序 UNION 运算结果

由 UNION 运算符组合起来的 SELECT 语句中，不能有 ORDER BY 子句。但是，我们可以把 ORDER BY 子句放在最后的 SELECT 语句后面，以便对最后（集合并操作）的结果表排序。

ORDER BY 子句可以对任何列名排序。在 SQL Server 中，结果表把第一条 SELECT 语句中的列名作为结果表中的列名，因此，在 9.4.2 节最后的实例 19 中，ORDER BY 子句可以指定 SNAME、DNAME 和 CNO 中的任意列对结果排序，但是不能指定 TNAME 列。

实例 20 对不同表的不同字段组成的集合采用 UNION 运算符

这里按 CNO 列对结果进行降序排列，代码如下。

```
SELECT      SNAME AS NAME, DNAME, CNO
FROM        STUDENT
WHERE       CNO = 1
OR          CNO = 10
UNION
SELECT      TNAME AS NAME, DNAME, CNO
FROM        TEACHER
WHERE       CNO = 1
OR          CNO = 10
ORDER BY    CNO DESC
```

运行结果如图 9-32 所示。

	NAME	DNAME	CNO
1	高伟	机械工程	10
2	李春	环境工程	10
3	刘建国	管理工程	10
4	高伟	机械工程	1
5	李华	计算机	1
6	刘建国	管理工程	1
7	孙庆	电子工程	1
8	王永军	计算机	1

图 9-32 使用 ORDER BY 子句排序 UNION 查询结果

在 ORDER BY 子句中，我们也可以指定位置列序号对结果表进行排序，这样就不必考虑结果表的列名问题。

对实例 20 结果进行排序，“ORDER BY CNO DESC”语句就可以写成“ORDER BY 3 DESC”，从而得到同样的结果。

说明　使用 ORDER BY 子句排序 UNION 运算结果时，我们应尽量使用指定位置列序号的方式，这样可以避免出错。

9.4.4　对多表进行 UNION 运算

与前面介绍的多表连接一样，采用 UNION 运算符也可以组合两个以上的表，但组合过程也是两两进行的。如要 UNION 运算符组合 A、B、C 3 个表，可表示如下。

```
A UNION  B  UNION C
```

DBMS 将根据图 9-33 所示的工作流程来执行 UNION 运算。

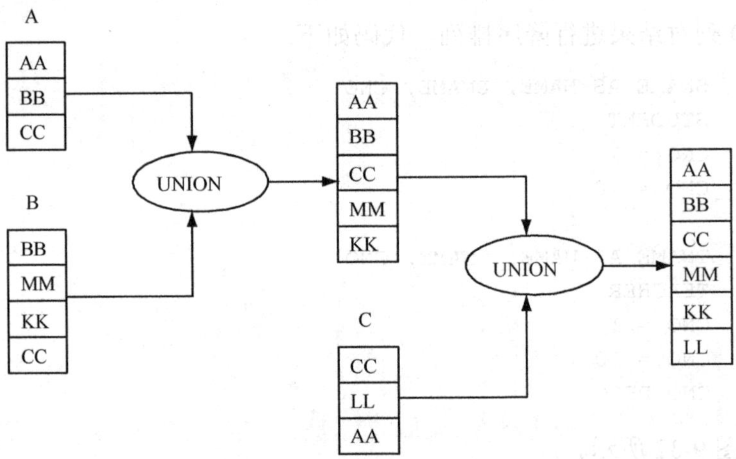

图 9-33　UNION 运算的工作流程

我们可以使用括号来改变组合表的执行顺序。如果所有的表都使用 UNION 运算符组合，或者都使用 UNION ALL 运算符组合，无论采用什么样的组合顺序，结果都是一样的。但是，如果 UNION 运算符与 UNION ALL 运算符混合使用，则不同的组合顺序，得到的结果可能不一样。

如（A UNION ALL B）UNION C，执行过程及结果如图 9-34 所示。

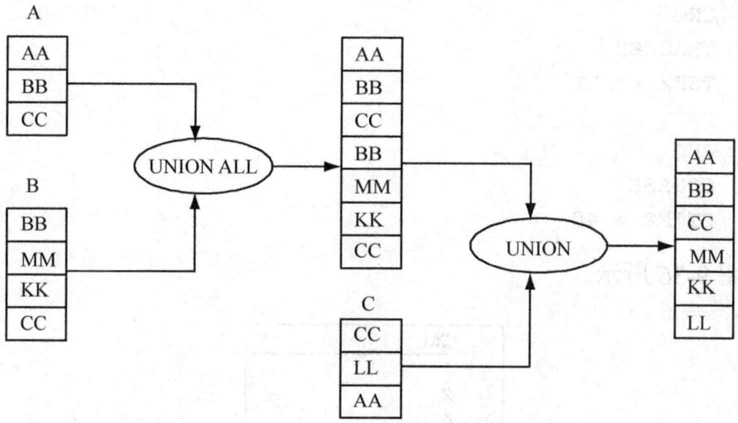

图 9-34　UNION 运算过程（1）

而 A UNION ALL （B UNION C），执行过程及结果如图 9-35 所示。

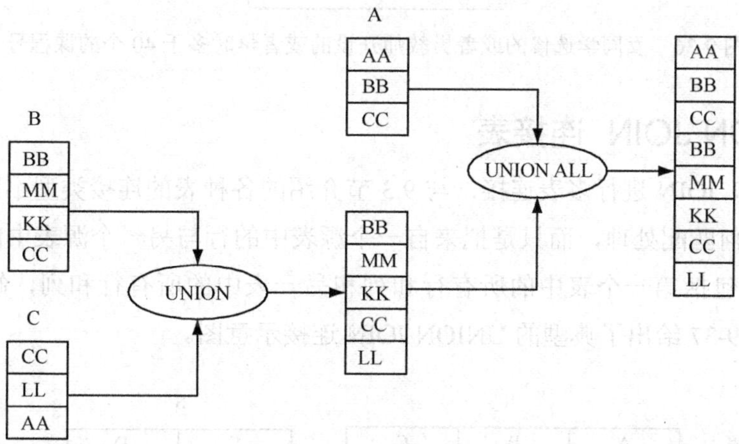

图 9-35　UNION 运算过程（2）

可见，不同的执行顺序得到了不同的结果，这在实际应用中要特别注意。

实例 21　对多表进行 UNION 运算

在 STUDENT 表、TEACHER 表和 COURSE 表中，查询所有的女同学选修的或者男教师开设的或者学时多于 40 个的课程号。实例代码如下。

```
SELECT      CNO
FROM        STUDENT
WHERE       SSEX =  '男'
UNION
```

```
SELECT      CNO
FROM        TEACHER
WHERE       TSEX =  '女'
UNION
SELECT      CNO
FROM        COURSE
WHERE       CTIME > 40
```

运行结果如图 9-36 所示。

	CNO
1	1
2	2
3	4
4	5
5	7
6	8
7	9
8	10

图 9-36　女同学选修的或者男教师开设的或者学时多于 40 个的课程号

9.4.5　UNION JOIN 连接表

使用 UNION JOIN 进行多表连接，与 9.3 节介绍的各种表的连接类型不同，它并不对表中的数据进行任何匹配处理，而只是把来自一个源表中的行与另一个源表中的行联合起来，生成的结果表中包括第一个表中的所有行和列和另一表中的所有行和列，缺少的属性值用 NULL 表示。图 9-37 给出了典型的 UNION JOIN 连接示意图。

R

A	B	C
a1	b1	c1
a2	b2	c2
a3	b3	c3

S

C	D
c1	d1
c2	d2
c4	d3

R union join S

A	B	R.C	S.C	D
a1	b1	c1	null	null
a2	b2	c2	null	null
a3	b3	c2	null	null
null	null	null	c1	d1
null	null	null	c2	d2
null	null	null	c4	d3

图 9-37　UNION JOIN 连接

从图 9-37 可见，UNION JOIN 中的每一个行由来自一个表的列值与来自另一表的 NULL 值联合而组成。当我们想要像单表一样使用来自两个或多个表中的所有行时，使用 UNION JOIN 就显得十分便利。

说明　SQL Server 中不支持 UNION JOIN，这里也就不给出其应用实例了。

9.5 表连接的其他应用及注意问题

多表连接进行查询时，前面介绍的连接符、通配符、函数以及聚合函数都可以使用。

9.5.1 连接表进行聚合运算

在第 8 章中，我们介绍了通过聚合函数对表中的数据进行聚合分析，同样，连接后的表中同样也可以使用聚合函数。下面我们通过几个实例进行说明。

1．在内连接中使用聚合函数

实例 22　在内连接中使用聚合函数

内连接 STUDENT 表和 TEACHER 表，查询所有 TEACHER 表中的课程代码、以及在 STUDENT 表中修过这门课程的学生的数目。实例代码如下。

```
SELECT       T.CNO,COUNT(S.CNO)  AS  NUM_S
FROM         TEACHER  AS  T
INNER  JOIN  STUDENT  AS  S
ON           T. CNO = S. CNO
GROUP  BY        T.CNO
ORDER  BY     NUM_S
```

	CNO	NUM_S
1	9	1
2	12	1
3	13	1
4	8	2
5	2	2
6	4	2
7	5	2
8	1	4

图 9-38　在内连接中使用聚合函数的查询结果

运行结果如图 9-38 所示。

因为这里 STUDENT 表和 TEACHER 表的连接方式是内连接，所以如果 TEACHER 表中某位教师所教授的课程在 STUDENT 表没有学生修过，那么该课程就不会被查询。

2．在外连接中使用聚合函数

实例 23　在外连接中使用聚合函数

左外连接 STUDENT 表和 TEACHER 表，查询所有 TEACHER 表中的课程代码、以及在

STUDENT 表中修过这门课程的学生的数目。实例代码如下。

```
SELECT          T.CNO,COUNT(S.CNO)  AS  NUM_S
FROM            TEACHER  AS  T
LEFT OUTER  JOINSTUDENT  AS  S
ON              T. CNO = S. CNO
GROUP BY            T.CNO
ORDER BY        NUM_S
```

运行结果如图 9-39 所示。

这里 STUDENT 表和 TEACHER 表的连接方式是左外连接，所以不论 TEACHER 表中教师所教授的课程在 STUDENT 表中是否有学生修过，课程的信息都会被查询。如结果表中 1、2 两行，在 STUDENT 表中没有学生修过这门课程，所以计数结果为 0。

	CNO	NUM_S
1	3	0
2	7	0
3	9	1
4	12	1
5	13	1
6	8	2
7	5	2
8	4	2
9	2	2
10	1	4

图 9-39　在外连接中使用聚合函数的查询结果

9.5.2　多表连接的综合运用

不管执行 OUTER JOIN 还是 INNER JOIN，DBMS 总是一次执行两个表的联合，因此为了在单一查询中连接 3 个或者 3 个以上的表，就需要进行多次 JOIN 连接。

实例 24　多表连接的综合运用（一）

从 TEACHER 表、STUDENT 表和 COURSE 表中查询所有教师的姓名、所在系、开设的课程名称以及选修这门课程的学生姓名及成绩，同时要求显示的教师信息必须是所开设的课程在 STUDENT 表中有同学选修。

分析：教师姓名、所在系信息是在 TEACHER 表中存储的，而教师开设的课程名称是在 COURSE 表中存储的，这里没有要求开设的课程名不能为 NULL，所以 STUDENT 表和 COURSE 表采用左外连接的方式；而学生姓名和课程成绩信息是在 COURSE 表中存储的，这里要求教师所开设的课程在 STUDENT 表中有同学选修，也就是说，学生姓名和课程成绩信息不能为 NULL，所以与 STUDENT 表的连接需要采用内连接。

实例代码如下。

```
SELECT        TNAME, T.DNAME,CNAME,SNAME,MARK
FROM          TEACHER  AS  T
lEFT OUTER  JOINCOURSE AS C
ON            T.CNO = C.CNO
INNER JOIN STUDENT  AS  S
ON            T. CNO = S. CNO
ORDER BY      TNAME
```

运行结果如图 9-40 所示。

	TNAME	DNAME	CNAME	SNAME	MARK
1	高伟	电子工程	模拟电路设计	李华	70.0
2	高伟	电子工程	模拟电路设计	孙庆	79.0
3	李彤	生物	生物工程概论	李春	63.0
4	李彤	生物	生物工程概论	王天	48.5
5	李伟	计算机	数据库设计	李华	80.0
6	刘静	经济管理	NULL	高伟	88.5
7	刘小静	计算机	计算机硬件基础	王天	86.0
8	刘小静	计算机	计算机硬件基础	李华	89.0
9	刘一凯	计算机	NULL	高伟	93.0
10	王军	数学	应用数学基础	刘建国	82.5
11	王军	数学	应用数学基础	李华	76.0
12	王永军	计算机	计算机软件基础	刘建国	78.5
13	王永军	计算机	计算机软件基础	李华	92.0
14	王永军	计算机	计算机软件基础	孙庆	59.0
15	王永军	计算机	计算机软件基础	高伟	78.0

图 9-40　多表连接的综合运用

下面我们再给出一个 UNION 集合并运算与多表连接联合使用的实例。

实例 25　多表连接的综合运用（二）

在 STUDENT 表中查询至少修过“计算机入门”或者“生物工程概论”两门课程中一门的学生的学号、姓名及所修课程名和课程成绩。

分析：课程名及课程成绩信息在 USE 表中存储，而学生的学号、姓名信息在 STUDENT 表中存储，显然需要对二表通过课程号 CNO 字段进行等值内连接，分别查询满足两门课程之一的信息，而后进行集合并运算即可得到查询结果。

实例代码如下。

```
SELECT        SNO, SNAME, CNAME,MARK
FROM          STUDENT AS  S
INNER         JOIN    COURSE AS C
ON            S.CNO=C.CNO
```

```
WHERE         CNAME = '计算机入门'
UNION
SELECT        SNO, SNAME, CNAME,MARK
FROM          STUDENT AS  S
INNER  JOIN COURSE AS C
ON            S.CNO=C.CNO
WHERE         CNAME = '生物工程概论'
ORDER BY           SNO
```

运行结果如图 9-41 所示。

	SNO	SNAME	CNAME	MARK
1	9701	刘建国	计算机入门	70.0
2	9702	李春	计算机入门	58.0
3	9702	李春	生物工程概论	63.0
4	9703	王天	生物工程概论	48.5
5	9706	高伟	计算机入门	76.0

图 9-41　UNION 集合并在多表连接联合中应用

9.5.3　多表连接注意事项

进行多表连接查询时，我们需要强调以下几个问题。

- 连接多个表时，我们可以认为它们被连成了一个表。尽管没有创建一个物理表，SQL 引擎创建了很多虚拟表，当连接表时，可以在每个表中选择任何一列。
- 关于连接表的数量问题。连接表的数量取决于具体的数据库管理系统，有的规定为最多 25 个，有的则没有限制。使用时，我们需要查看具体的数据库运行环境。但要注意的是，连接的表越多，响应的时间就越长。
- 进行多表连接时，我们要特别注意不要忘记查询条件，特别是连接多个表且记录数目较多时。因为如果不指明连接条件，系统将对多表进行笛卡尔连接，会产生庞大的记录。
- 根据不同的应用需求，我们要注意连接方式的选择。

第 10 章 子查询

子查询（subquery）是这样一个查询，其结果用来作为另一个查询的参数。例如，一个 SELECT-FROM-WHERE 表达式当用来作另一个查询的参数时，它就被称为子查询。子查询和连接一样，提供了使用单个查询访问多个表中的数据的方法。子查询可以使用在 SELECT、INSERT、UPDATE 和 DELETE 语句中，使它们能够利用子查询返回的结果。

10.1 创建和使用返回单值的子查询

一个子查询如果产生一个单纯的数据，该子查询就如同一个常量，那么就可以像使用常量一样使用它。在实际应用中，我们经常要求子查询只返回一个值，这样就可以将一列值和单个子查询返回值进行比较，这时，可以使用等于（=）、不等于（<>）、大于（>）、小于（<）、大于等于（>=）、小于等于（<=）等运算符。下面我们分别介绍一下返回单值的子查询的几个主要应用方面。

10.1.1 在多表查询中使用子查询

在多表查询时，我们可以采用子查询来替代前面介绍的多表连接的方式。

实例 1 在多表查询中使用子查询

在 STUDENT 表中查询修过“计算机入门”这门课程中的学生的学号、姓名及该门课程的成绩。如果采用连接表的方法，实现代码如下。

```
SELECT      SNO, SNAME, MARK
FROM        STUDENT AS  S
INNER       JOIN    COURSE AS C
ON          S.CNO=C.CNO
WHERE       CNAME = '计算机入门'
```

运行结果如图 10-1 所示。

	SNO	SNAME	MARK
1	9701	刘建国	70.0
2	9702	李春	58.0
3	9706	高伟	76.0

图 10-1　采用连接表的方法执行查询

采用子查询的方式，实现代码如下。

```
SELECT      SNO, SNAME, MARK
FROM        STUDENT
WHERE       CNO = (SELECT CNO FROM COURSE WHERE CNAME = '计算机入门')
```

运行结果如图 10-2 所示。

	SNO	SNAME	MARK
1	9701	刘建国	70.0
2	9702	李春	58.0
3	9706	高伟	76.0

图 10-2　在多表查询中使用子查询的示例

由此可见，采用子查询可以得到同样的结果。

10.1.2　在子查询中使用聚合函数

除了在查询的结果表中包括聚合函数外，我们还可以利用子查询得到聚合函数的返回值，应用在 WHERE 子句的搜索条件中。由于聚合函数处理的是数据组，直接在查询中使用受限制。8.2.3 节已经介绍过，直接使用 MAX()函数查询 TEACHER 表中最大年龄的教师的教工号、姓名、性别等信息是不能实现的。但是我们可以通过子查询，利用 MAX()函数来返回年龄的最大值，然后再基于这个最大值，查询相关信息。

实例 2　在子查询中使用聚合函数

在 TEACHER 表中查询年龄高于平均年龄的教师的教工号、姓名、所在系和年龄信息。实例代码如下。

```
SELECT      TNO, TNAME, DNAME,AGE
FROM        TEACHER
WHERE       AGE > (SELECT AVG(AGE) FROM TEACHER)
ORDER BY        AGE
```

运行结果如图 10-3 所示。

	TNO	TNAME	DNAME	AGE
1	3	王永军	计算机	40
2	8	李伟	计算机	43
3	4	刘小静	计算机	46
4	7	刘辉	生物	46
5	2	李彤	生物	54

图 10-3 TEACHER 表中年龄高于平均年龄的教师相关信息

由此可见，如果建立了子查询，且该子查询返回的是单一值，我们就可以使用任何一种比较运算符比较列值，不仅限于比较数字，而且可以比较字符串。

因为聚合函数返回单个值，所以在 SELECT 语句的 WHERE 子句中，比较判式（使用比较运算符的表达式）的任意一边都可以采用聚合分析的子查询。

实例 3 比较判式的两边均采用聚合分析的子查询

在 TEACHER 表中查询教师的教工号、姓名、所在系、课程号，年龄，并且要求教师所在系的平均年龄大于所有教师的平均年龄。实例代码如下。

```
SELECT    TNO, TNAME, DNAME,CNO,AGE
FROM      TEACHER AS T
WHERE     (SELECT AVG(AGE) FROM TEACHER WHERE DNAME=T.DNAME) >
          (SELECT AVG(AGE) FROM TEACHER)
```

运行结果如图 10-4 所示。

	TNO	TNAME	DNAME	CNO	AGE
1	8	李伟	计算机	9	43
2	3	王永军	计算机	1	40
3	4	刘小静	计算机	2	46
4	10	刘一凯	计算机	13	33
5	2	李彤	生物	5	54
6	7	刘辉	生物	3	46

图 10-4 TEACHER 表中教师所在系的平均年龄大于所有教师的平均年龄

由结果可见，只有计算机系和生物系教师的平均年龄高于所有教师的平均年龄。

子查询不仅可以使用在 WHERE 子句中，还经常使用在 SELECT 子句中。这种情况下，在子查询中要返回的单一值经常是聚合分析的结果。下面我们通过一个实例说明这个应用。

实例 4 在 WHERE 子句中使用子查询

在 TEACHER 表中查询所有教师的教工号、姓名、所在系、课程号以及在 STUDENT 表中修了这门课程的学生的人数。实例代码如下。

```
SELECT      TNO, TNAME, DNAME,CNO ,
   (SELECT COUNT(*) FROM STUDENT
    WHERE CNO=TEACHER.CNO) AS S_NUN
FROM        TEACHER
ORDER BY    S_NUN
```

运行结果如图 10-5 所示。

	TNO	TNAME	DNAME	CNO	S_NUN
1	6	李伟	机械工程	7	0
2	7	刘辉	生物	3	0
3	8	李伟	计算机	9	1
4	9	刘静	经济管理	12	1
5	10	刘一凯	计算机	13	1
6	5	高伟	电子工程	8	2
7	1	王军	数学	4	2
8	2	李彤	生物	5	2
9	4	刘小静	计算机	2	2
10	3	王永军	计算机	1	4

图 10-5　TEACHER 表中所有教师的相关信息及修了这门课程的学生的人数

由此可见，结果表中的每行既给出了总计信息也给出了详细信息。主查询提供了来自 TEACHER 表中的教师的教工号、姓名、所在系、课程号信息，而子查询提供了来自 STUDENT 表的学生人数总计信息。下面我们介绍一下代码的执行过程。

（1）首先 DBMS 读取 TEACHER 表中的一行教师信息数据，来执行主查询。

```
SELECT      TNO, TNAME, DNAME,CNO
FROM        TEACHER
```

（2）在从 TEACHER 表中提取了教师信息之后，DBMS 将该行的 TNO、TNAME、DNAME、CNO 字段信息添加到结果表中，然后执行子查询获取 STUDENT 表中修过该教师开设课程的学生人数。

```
(SELECT COUNT(*) FROM STUDENT
WHERE CNO=TEACHER.CNO)
```

(3)在子查询的 WHERE 子句中，CNO 为子查询的表 STUDENT 表中的列，而 TEACHER.CNO 为 TEACHER 表中的 CNO 列。它们的列名相同，因此对于子查询外表（即 TEACHER 表）中的 CNO 列我们一定要指明表名。

注意　在 SELECT 子句中使用子查询时，子查询必须返回单值。

10.2 创建和使用返回多行的子查询

一个子查询除了可以产生一个单一值外，也可以产生一个关系，该关系可以包含若干元组。SQL 提供了若干对于关系的操作符，并产生一个布尔型的结果，这些操作符主要用在子查询的结果关系上，它主要包括：IN、EXISTS、SOME（ANY）、ALL、UNIQUE 等。

10.2.1 IN 子查询

6.3 节讲过，IN 运算符用于集合成员的测试。同样，当使用 IN 运算符来引入子查询时，就是告诉 DBMS 执行子查询集合成员测试，即把源表中的列值与子查询的返回结果进行比较，如果列值包与返回结果集中的列数据值之一相匹配，那么 IN 判别式求值为 True，查询结果就包含这行数据。简单的 IN 子查询语法可表示如下。

```
SELECT  column_name
FROM        table_name
WHERE   test expression  [NOT] IN  (subquery)
```

这里需要说明的是，test expression 可以是实际值、列名、表达式或是另一个返回单一值的子查询。IN 运算符前加上 NOT 关键字，表示与集合成员不匹配时，NOT IN 判别式求值为 True。

实例 5 IN 子查询实现自连接

在 9.3.1 节介绍表的自连接时，我们曾给出一个例子，即在 STUDENT 表中查询存在不及格课程的学生的姓名、所在系、所有的课程及成绩信息，采用自连接的形式代码如下。

```
SELECT        S1.SNAME, S1.DNAME, S1.CNO, S1.MARK
FROM          STUDENT AS S1, STUDENT AS S2
WHERE         S1.SNO = S2.SNO
AND           S2. MARK<60
ORDER BY          S1.SNAME
```

而这里就可以采用 IN 子查询的方式，代码如下。

```
SELECT        SNAME, DNAME, CNO, MARK
FROM          STUDENT
WHERE         SNO IN (SELECT SNO FROM STUDENT WHERE MARK<60)
ORDER BY          SNAME
```

运行结果如图 10-6 所示。

	SNAME	DNAME	CNO	MARK
1	李春	环境工程	5	63.0
2	李春	环境工程	10	58.0
3	孙庆	电子工程	8	79.0
4	孙庆	电子工程	1	59.0
5	孙庆	电子工程	11	52.0
6	孙庆	电子工程	6	68.0
7	王天	生物	5	48.5
8	王天	生物	2	86.0

图 10-6 采用 IN 子查询的结果

可见，我们同样得到了正确的结果。下面分析一下代码的执行过程。

（1）执行一个查询时，DBMS 首先处理最里面的子查询。系统首先执行“SELECT SNO FROM STUDENT WHERE MARK<60”语句，生成 STUDENT 表中成绩小于 60 的学生的学号 SNO 集。

（2）DBMS 一次处理 STUDENT 表中的一行记录，并且将每行记录中的 SNO 列值与子查询结果集中的 SNO 值进行比较。

（3）如果在系统子查询结果集中找到了与正在处理的记录中的 SNO 值相匹配的值，WHERE 子句求值为 True，DBMS 则将该记录的相关信息归入结果表。

（4）如果在子查询结果集中没有发现与记录的 SNO 值相匹配的值，WHERE 子句求值为 False，DBMS 转而去处理 STUDENT 表中的下一行而舍弃该行数据。

10.2.2　IN 子查询实现集合交和集合差运算

9.4.1 节介绍关系的集合运算时讲到，可以使用 UNION 运算符实现集合并的运算，但是没有直接提供“集合交”和“集合差”操作，我们可以通过其他方法来实现。这里就可以采用 IN 子查询的方式实现。

1．采用 IN 子查询实现集合交运算

实例 6　采用 IN 子查询实现集合交运算

在 STUDENT 表中查询修过 1 号或者 10 号课程的学生的学号、姓名及所在系信息。

分析：该实例实际上可理解为修过 1 号课程的学生的相关信息与修过 10 号课程的学生的相关信息的交集。

实例代码如下。

```
SELECT      SNO, SNAME, DNAME
FROM        STUDENT
WHERE       CNO = 1
AND         SNO IN (SELECT SNO FROM STUDENT WHERE CNO = 10)
```

运行结果如图 10-7 所示。

	SNO	SNAME	DNAME
1	9701	刘建国	管理工程
2	9706	高伟	机械工程

图 10-7　采用 IN 子查询实现集合交运算

2. 采用 IN 子查询实现集合差运算

实例 7　采用 IN 子查询实现集合差运算

在 STUDENT 表中查询修过 1 号课程但是没有修 10 号课程的学生的学号、姓名及所在系信息。

分析：该实例实际上可理解为修过 1 号课程的学生的相关信息与修过 10 号课程的学生的相关信息的差集。

实例代码如下。

```
SELECT      SNO,  SNAME, DNAME
FROM        STUDENT
WHERE       CNO = 1
AND         SNO  NOT IN (SELECT  SNO FROM  STUDENT  WHERE  CNO = 10)
```

运行结果如图 10-8 所示。

	SNO	SNAME	DNAME
1	9704	李华	计算机
2	9705	孙庆	电子工程

图 10-8　采用 IN 子查询实现集合差运算

注意　由运算符 IN 引入的子查询返回的列值，既可以来自主查询的表，也可以来自其他表。SQL 对查询的唯一要求就是它必须返回单一列的数据值，并且其数据类型必须与 IN 前面表达式的数据类型相兼容。

10.2.3　EXISTS 子查询

在某些情况下，我们只需要子查询返回一个 True 或者 False，子查询数据内容本身并不重要，这时，可使用 EXISTS 判式来定义子查询。EXISTS 判式用来测试集合是否为空，它总是与子查询结合使用，而且只要子查询中至少返回一个值， EXISTS 判式的值就为 True。如果子查询的结果表中没有值（表中没有行满足子查询的 WHERE 子句的搜索条件），那么 EXISTS 判式的值为 False。

简单的 EXISTS 子查询语法可表示如下。

```
SELECT      column_name
FROM            table_name
WHERE       [NOT] EXISTS  (subquery)
```

这里需要说明的是，只要子查询 subquery 中返回的结果表存在记录， EXISTS (subquery) 就返回 True，WHERE 子句的结果也就为 True。当然，如果使用 NOT EXISTS 判式，当子查询返回的结果没有记录行时，其返回 True。

要使 EXISTS 判式有意义，我们应该在子查询中建立搜索条件以匹配子查询连接起来的两个表中的值。

实例 8　使用 EXISTS 子查询

在 TEACHER 表中查询教师的教工号、姓名、所在系和课程号，要求只查询那些所开设的课程在 STUDENT 表中有学生修过的教师信息。实例代码如下。

```
SELECT      TNO, TNAME, DNAME,CNO
FROM        TEACHER AS T
WHERE       EXISTS(SELECT * FROM STUDENT WHERE CNO=T.CNO)
ORDER BY    TNO
```

运行结果如图 10-9 所示。

	TNO	TNAME	DNAME	CNO
1	1	王军	数学	4
2	2	李彤	生物	5
3	3	王永军	计算机	1
4	4	刘小静	计算机	2
5	5	高伟	电子工程	8
6	8	李伟	计算机	9
7	9	刘静	经济管理	12
8	10	刘一凯	计算机	13

图 10-9　STUDENT 表中有学生修过其课程的教师信息

由此可见，教工号为 6 和 7 的教师所授课程在 STUDENT 表中没有学生选修，因此其记录也就不在结果表中。下面我们分析一下代码的执行过程。

执行查询时，DBMS 一次处理 TEACHER 表的一行数据。当在主查询中传送的是正在处理的当前行的课程号 CNO 列值时，子查询就在 STUDENT 表中查询修过该课程号的学生的信息，生成一个中间表（虚拟表）。

如果子查询执行后中间表没有值，那么 EXISTS 判式的值为 False，WHERE 子句的结果就为 False，DBMS 转而处理 TEACHER 表的下一行数据。而如果子查询执行后，中间表有值，不管是一行记录还是多行记录，EXISTS 判式的值为 True，WHERE 子句的结果就为 True，DBMS 就将这一行记录的相关信息添加到主查询的结果表中，而后继续处理下一行数据。下面我们再给出一个使用 NOT EXISTS 判式的例子。

实例 9　使用 NOT EXISTS 子查询

在 COURSE 表中查询在 STUDENT 表中未被选修的课程的课程号、课程名称、学时和考试时间信息。实例代码如下。

```
SELECT      CNO, CNAME, CTIME,CTEST
FROM        COURSE AS C
WHERE       NOT EXISTS(SELECT * FROM STUDENT WHERE CNO=C.CNO)
ORDER BY        CNO
```

运行结果如图 10-10 所示。

	CNO	CNAME	CTIME	CTEST
1	3	生物化学	32	2006-07-02 00:00:00
2	7	机械设计实践	48	2006-07-14 00:00:00

图 10-10　未被选修的课程的相关信息

我们也可以采用 IN 子查询实现上面的实例，代码如下。

```
SELECT      CNO, CNAME, CTIME,CTEST
FROM        COURSE
WHERE       CNO NOT IN(SELECT CNO FROM STUDENT)
ORDER BY        CNO
```

运行结果如图 10-11 所示。

	CNO	CNAME	CTIME	CTEST
1	3	生物化学	32	2006-07-02 00:00:00
2	7	机械设计实践	48	2006-07-14 00:00:00

图 10-11　采用 IN 子查询实现图 10-10 的实例

10.2.4 EXISTS 子查询实现两表交集

使用 EXISTS 子查询还可以实现两个表的交集运算，下面我们通过一个实例来说明。

实例 10　使用 EXISTS 子查询实现两表交集

在 TEACHER 表中查询女教师开设的、6 月份考试的课程号、开课教师的姓名以及教师所在的系。

分析：实际上我们要查询的课程为 TEACHER 表中女教师开设的课程与 COURSE 表中 7 月考试的课程的交集。

实例代码如下。

```
SELECT      CNO, TNAME, DNAME
FROM        TEACHER
WHERE       TSEX='女'
AND         EXISTS(SELECT * FROM COURSE WHERE MONTH(CTEST)=7
                  AND CNO= TEACHER.CNO)
ORDER BY        CNO
```

运行结果如图 10-12 所示。

	CNO	TNAME	DNAME
1	3	刘辉	生物
2	5	李彤	生物
3	9	李伟	计算机

图 10-12　使用 EXISTS 子查询实现两表交集

实例 10 也可以采用 INNER JOIN 连接表的方式实现。实例代码如下。

```
SELECT      T.CNO, TNAME, DNAME
FROM        TEACHER AS T
INNER JOIN  COURSE AS C
ON          C.CNO= T.CNO
AND         TSEX='女'
AND         MONTH(CTEST)=7
ORDER BY        C.CNO
```

运行结果如图 10-13 所示。

	CNO	TNAME	DNAME
1	3	刘辉	生物
2	5	李彤	生物
3	9	李伟	计算机

图 10-13　采用 INNER JOIN 实现两表交集

10.2.5　SOME/ALL 子查询

只要我们使用了 SQL 比较运算符（等于=、不等于<>、大于>、小于<、大于等于>=、小于等于<=）中的一个来比较两个表达式的值，那么运算符前后的表达式都必须为单一值。正如 10.1 节所介绍的那样，只有当子查询返回值为单值时，才可使用子查询作为比较判式的表达式之一。

而数量词 SOME、ANY 和 ALL 则允许使用比较运算符将单值与子查询返回的值加以比较，这里的子查询返回的结果可以是多行的。语法如下。

```
SELECT      column_name
FROM            table_name
WHERE       test expression Θ SOME/ALL  (subquery)
```

test expression 可以是实际值、列名、表达式或是另一个返回单一值的子查询。Θ 为比较运算符，可以是 6 种 SQL 比较运算符中的任意一种。我们如果采用 SOME 关键字，则表示表达式的值至少与子查询结果中的一个值相比，满足比较运算符 Θ；而如果采用 ALL 关键字，则表示表达式的值与子查询结果中所有的值相比，都满足比较运算符 Θ。

注意

关键字 SOME 和关键字 ANY 具有完全相同的功能。

使用 SOME 或 ALL 时，我们必须同时使用比较运算符，其联合使用形式及表示的含义如表 10-1 所示。

表 10-1　SOME/ALL 关键字与比较运算符的联合使用

表　达　式	含　　义
>SOME	大于子查询结果中的某个值
>ALL	大于子查询结果中的所有值
<SOME	小于子查询结果中的某个值
<ALL	小于子查询结果中的所有值
>=SOME	大于等于子查询结果中的某个值
>=ALL	大于等于子查询结果中的所有值
<=SOME	小于等于子查询结果中的某个值
<=ALL	小于等于子查询结果中的所有值
=SOME	等于子查询结果中的某个值
=ALL	等于子查询结果中的所有值(通常没有实际意义)
!=SOME	不等于子查询结果中的某个值
!=ALL	不等于子查询结果中的任何一个值

实例 11　SOME/ALL 子查询

在 STUDENT 表中查询平均成绩最高的学生的学号及平均成绩信息。实例代码如下。

```
SELECT        SNO, AVG(MARK) AS AVG_SCORE
FROM          STUDENT
GROUP BY      SNO
HAVING        AVG(MARK) >= ALL (SELECT AVG(MARK) FROM STUDENT GROUP BY SNO)
```

运行结果如图 10-14 所示。

	SNO	AVG_SCORE
1	9706	83.875000

图 10-14　STUDENT 表中平均成绩最高的学生的学号及平均成绩信息

下面我们分析一下代码的执行过程。

（1）执行查询时，DBMS 首先根据学号 SNO，将 STUDENT 表中的数据分组，得到分组后的中间表。

（2）接着执行 HAVING 子句，从分组后的中间表中取出一组，执行 AVG(MARK)聚合函数，得到其平均成绩。

（3）而后系统开始执行子查询，子查询返回的结果为 STUDENT 表中每个同学的平均成绩。

（4）如果步骤（2）取出这组同学的平均成绩小于步骤（3）得到的结果表中的所有记录，则 DBMS 转而处理下一组数据；而如果满足条件，则 DBMS 将该组记录的学号和平均成绩添加到主查询的结果表中，而后继续处理下一组数据。

下面我们再给出一个例子说明 SOME/ALL 子查询的应用。

实例 12　SOME/ALL 子查询的使用

在 TEACHER 表中查询其他系中比计算机系中所有教师年龄都小的教师的教工号、姓名、所在系及年龄信息。实例代码如下。

```
SELECT        TNO, TNAME, DNAME,AGE
FROM          TEACHER
WHERE         AGE < ALL (SELECT AGE FROM TEACHER WHERE DNAME= '计算机')
AND           DNAME <> '计算机'
ORDER BY          AGE
```

运行结果如图 10-15 所示。

	TNO	TNAME	DNAME	AGE
1	9	刘静	经济管理	28
2	6	李伟	机械工程	29
3	1	王军	数学	32

图 10-15 其他系比计算机系教师年龄都小的教师的相关信息

上述查询也可以在子查询中采用聚集函数来实现，代码如下。

```
SELECT      TNO, TNAME, DNAME,AGE
FROM        TEACHER
WHERE       AGE < (SELECT MIN(AGE) FROM TEACHER WHERE DNAME= '计算机')
AND         DNAME <> '计算机'
ORDER BY        AGE
```

运行结果如图 10-16 所示。

	TNO	TNAME	DNAME	AGE
1	9	刘静	经济管理	28
2	6	李伟	机械工程	29
3	1	王军	数学	32

图 10-16 采用聚集函数实现图 10-15 的查询

实际上，用聚集函数实现子查询通常比直接用 SOME 或 ALL 查询效率要高。SOME 和 ALL 与聚集函数的对应关系如表 10-2 所示。

表 10-2 SOME 和 ALL 与聚集函数的对应关系

表 达 式	对应的聚集函数	表 达 式	对应的聚集函数
>SOME	> MIN	<=SOME	<= MAX
>ALL	> MAX	<=ALL	<= MIN
<SOME	< MAX	=SOME	IN
<ALL	< MIN	=ALL	无
>=SOME	>= MIN	!=SOME	无
>=ALL	>= MAX	!=ALL	NOT IN

10.2.6 UNIQUE 子查询

UNIQUE 运算符用来测试集合是否存在重复元组。与 EXISTS 判式相似，它总是与子查询结合使用，而且只要子查询结果中没有重复记录，UNIQUE 判式的值就为 True；如果子查询的结果表中有重复的记录，那么 UNIQUE 判式的值为 False。

简单的 UNIQUE 子查询语法可表示如下。

```
SELECT   column_name
FROM         table_name
WHERE    [NOT] UNIQUE  (subquery)
```

这里需要说明的是，只要子查询 subquery 中返回的结果表存在重复记录，则 UNIQUE (subquery)就返回 True，WHERE 子句的结果也就为 True；当然，如果使用 NOT UNIQUE 判式，当子查询返回的结果有重复的记录行时，它返回 True。

要使 UNIQUE 判式有意义，我们应该在子查询中建立搜索条件，以匹配子查询连接起来的两个表中的值。

实例 13　UNIQUE 子查询的使用

在 COURSE 表中查询在 STUDENT 表中只被一个学生修过的课程的课程号、课程名、学时和考试时间信息。实例代码如下。

```
SELECT       CNO, CNAME, CTIME,CTEST
FROM         COURSE
WHERE        UNIQUE(SELECT SNO FROM STUDENT WHERE CNO= COURSE.CNO)
ORDER BY         CNO
```

说明

SQL Server 中并没有提供对 UNIQUE 判式的支持，因此这里也就没有给出运行结果。

然而，SQL Server 中可以在子查询中采用聚合函数实现上述查询，代码如下。

```
SELECT       CNO, CNAME, CTIME,CTEST
FROM         COURSE
WHERE        (SELECT count(*) FROM STUDENT WHERE CNO= COURSE.CNO)=1
ORDER BY         CNO
```

运行结果如图 10-17 所示。

	CNO	CNAME	CTIME	CTEST
1	6	设计理论	28	2006-06-30 00:00:00
2	9	数据库设计	16	2006-07-01 00:00:00
3	11	数字电路设计基础	30	2006-06-20 00:00:00

图 10-17　在子查询中采用聚合函数实现 UNIQUE 子查询

10.3 相关子查询

由前面介绍的一些子查询我们不难发现，有些复杂的子查询需要执行若干次（如 10.2.3 节介绍的 EXISTS 子查询），因为每次执行时，都需要来自子查询外部的元组变量的值，也就是说，子查询的执行要依赖于上一层查询元组的当前值，我们将这种子查询称之为相关子查询。前面介绍的 EXISTS 子查询，基本上全部是相关子查询。下面我们将介绍另几个相关子查询的常用环境。

10.3.1 使用 IN 引入相关子查询

我们在任何非相关子查询出现的 SQL 语句中都可以使用相关子查询，当然 IN 子查询也不例外。10.2.1 节中介绍的实例都是非相关子查询。这里我们给出一个相关子查询的实例。

实例 14 使用 IN 引入相关子查询

查询 COURSE 表中李华同学修过的课程的课程号、课程名称、学时和考试时间信息。实例代码如下。

```
SELECT      CNO, CNAME, CTIME,CTEST
FROM        COURSE
WHERE       '李华' IN (SELECT SNAME FROM STUDENT WHERE CNO= COURSE.CNO)
ORDER BY         CNO
```

运行结果如图 10-18 所示。

	CNO	CNAME	CTIME	CTEST
1	1	计算机软件基础	32	2006-07-08 00:00:00
2	2	计算机硬件基础	24	2006-06-28 00:00:00
3	4	应用数学基础	48	2006-07-10 00:00:00
4	8	模拟电路设计	28	2006-07-10 00:00:00
5	9	数据库设计	16	2006-07-01 00:00:00

图 10-18 使用 IN 引入相关子查询

上述代码在执行过程中，DBMS 每从 COURSE 表取出一条记录，都要执行一次子查询。因此，相关子查询具有较高的处理要求，在应用中应尽量避免使用。例如，我们可以采用表的连接实现上面的查询操作，代码如下。

```
SELECT      C.CNO, CNAME, CTIME,CTEST
```

```
FROM          COURSE AS C
INNER JOIN    STUDENT AS S
ON            S.CNO=C.CNO
WHERE         SNAME='李华'
ORDER BY          C.CNO
```

运行结果如图 10-19 所示。

	CNO	CNAME	CTIME	CTEST
1	1	计算机软件基础	32	2006-07-08 00:00:00
2	2	计算机硬件基础	24	2006-06-28 00:00:00
3	4	应用数学基础	48	2006-07-10 00:00:00
4	8	模拟电路设计	28	2006-07-10 00:00:00
5	9	数据库设计	16	2006-07-01 00:00:00

图 10-19　采用表的连接的方法实现图 10-18 的查询

当然，上面表的连接也可以采用带 WHERE 子句的多表的 SELECT 语句，代码如下。

```
SELECT        C.CNO, CNAME, CTIME,CTEST
FROM          COURSE AS C , STUDENT AS S
WHERE         S.CNO=C.CNO
AND           SNAME='李华'
ORDER BY          C.CNO
```

10.3.2　比较运算符引入相关子查询

通过 SQL 的比较运算符也可以引入相关子查询，当然，这也要求引入的相关子查询必须返回单值。10.1.2 节给出的实例中实际上已经包含了比较运算符引入的相关子查询，这里我们再给出一个例子。

实例 15　比较运算符引入相关子查询

在 STUEDENT 表中查询学生的姓名、所在系，课程号及成绩，要求查询的课程的考试时间在 2006 年 7 月 2 日之前。

实例代码如下。

```
SELECT        SNAME, DNAME, CNO,MARK
FROM          STUDENT AS S
WHERE         (SELECT CTEST FROM COURSE WHERE  CNO=S.CNO)< CAST('2006-7-2' AS
              SMALLDATETIME)
ORDER BY SNAME
```

运行结果如图 10-20 所示。

	SNAME	DNAME	CNO	MARK
1	高伟	机械工程	10	76.0
2	李春	环境工程	10	58.0
3	李华	计算机	2	89.0
4	李华	计算机	9	80.0
5	刘建国	管理工程	10	70.0
6	孙庆	电子工程	11	52.0
7	孙庆	电子工程	6	68.0
8	王天	生物	2	86.0

图 10-20 考试时间在 2006 年 7 月 2 日之前的课程的相关信息

比较运算符要求其比较的数据具有相同的数据类型，而 STUDENT 表中 CTEST 字段的数据类型为 SMALLDATETIME，因此我们需要使用 CAST 运算式将时间字符串“2006-7-2”转换为 SMALLDATETIME 型。

同样，我们可以采用 INNER JOIN 连接表或者 SELECT 语句的方法实现上面的查询操作。这里采用带 WHERE 子句的多表的 SELECT 语句的实现，代码如下。

```
SELECT      SNAME, DNAME, C.CNO, MARK
FROM        COURSE AS C, STUDENT AS S
WHERE       S.CNO=C.CNO
AND         CTEST < CAST('2006-7-2' AS SMALLDATETIME)
ORDER BY        C.CNO
```

运行结果如图 10-21 所示。

	SNAME	DNAME	CNO	MARK
1	高伟	机械工程	10	76.0
2	李春	环境工程	10	58.0
3	李华	计算机	2	89.0
4	李华	计算机	9	80.0
5	刘建国	管理工程	10	70.0
6	孙庆	电子工程	11	52.0
7	孙庆	电子工程	6	68.0
8	王天	生物	2	86.0

图 10-21 使用带 WHERE 子句的多表的 SELECT 语句查询

可见，二者实现的功能是完全相同的。

与采用相关子查询的方式相比，采用表连接的方式对数据的查询更加灵活。因为，如果采用相关子查询，所能查询的列只能是主查询中 FROM 子句中的列，不能查询其它列；而采用多表连接的方式，则不存在这个问题，可查询连接的任意表中的列。

实例 16 采用多表连接的方式实现子查询功能

在 STUEDENT 表和 COURSE 表中查询学生的姓名、所在系，课程号、课程名、考试时间及成绩，要求查询的课程的考试时间在 2006 年 7 月 2 日之前。实例代码如下。

```
SELECT       SNAME, DNAME, C.CNO, CNAME, CTEST, MARK
FROM         COURSE AS C, STUDENT AS S
WHERE        S.CNO=C.CNO
AND          CTEST < CAST('2006-7-2' AS SMALLDATETIME)
ORDER BY         C.CNO
```

运行结果如图 10-22 所示。

	SNAME	DNAME	CNO	CNAME	CTEST	MARK
1	王天	生物	2	计算机硬件基础	2006-06-28 00:00:00	86.0
2	李华	计算机	2	计算机硬件基础	2006-06-28 00:00:00	89.0
3	孙庆	电子工程	6	设计理论	2006-06-30 00:00:00	68.0
4	李华	计算机	9	数据库设计	2006-07-01 00:00:00	80.0
5	高伟	机械工程	10	计算机入门	2006-06-29 00:00:00	76.0
6	刘建国	管理工程	10	计算机入门	2006-06-29 00:00:00	70.0
7	李春	环境工程	10	计算机入门	2006-06-29 00:00:00	58.0
8	孙庆	电子工程	11	数字电路设计基础	2006-06-20 00:00:00	52.0

图 10-22　考试时间在 2006 年 7 月 2 日之前的课程信息

可见，使用多表连接的方式，我们只要在 SELECT 子句中添加 COURSE 表中的几个字段，即可得到想要的结果；而如果采用相关子查询的方式，则还需要将 COURSE 表添加到主查询的 FROM 子句中，这显然失去了相关子查询的意义。

10.3.3　在 HAVING 子句中使用相关子查询

在 SQL 中，DBMS 使用 WHERE 子句中的搜索条件来过滤查询结果表中不想要的行，使用 HAVING 子句中的搜索条件删除那些不想要的组。10.2.3 节介绍的实例中实际上已经将子查询用作 HAVING 子句中的搜索条件，这里我们再介绍一个在 HAVING 子句中使用相关子查询作为搜索条件的实例。

实例 17　在 HAVING 子句中使用相关子查询

在 TEACHER 表中查询其包含的系的名称，要求这些系中，各系包含的教师数目要少于 STUDENT 表中修过该系的教师开设课程的学生的人次。假如 TEACHER 表中，A 系有 m 个教师，而在 STUDENT 表中有 n 人次修过这 m 个教师开设的课程，如果 n>m，则 A 系就符合查询条件。实例代码如下。

```
SELECT       T.DNAME
FROM         TEACHER AS T
GROUP BY         T.DNAME
HAVING       COUNT(*)<(SELECT COUNT(*) FROM STUDENT WHERE CNO IN
             (SELECT CNO FROM TEACHER AS T2 WHERE T2.DNAME=T.DNAME))
```

```
ORDER BY          T.DNAME
```

运行结果如图 10-23 所示。

	DNAME
1	电子工程
2	计算机
3	数学

图 10-23　在 HAVING 子句中使用相关子查询

该例的 HAVING 子句中用到了相关子查询，另外还用到了嵌套子查询，即在子查询中还包含了另一子查询。下面我们分析一下该实例的执行过程。

（1）执行该 SELECT 语句时，DBMS 首先执行 FROM 和 GROUP BY 子句，将 TEACHER 表中的记录依据 DNAME 字段进行分组，形成中间表（虚拟表）。该中间表从概念上可理解为图 10-24 所示的结果，其中共有 6 个分组。

	dname	TNO	TNAME	CNO	SAL	TSEX	AGE
1	电子工程	5	高伟	8	2100	男	39
2	机械工程	6	李伟	7	1200	男	29
3	计算机	8	李伟	9	NULL	女	43
	计算机	3	王永军	1	900	男	40
	计算机	4	刘小静	2	1200	女	46
	计算机	10	刘一凯	13	NULL	女	33
4	经济管理	9	刘静	12	1300	女	28
5	生物	2	李彤	5	1200	女	54
	生物	7	刘辉	3	900	女	46
6	数学	1	王军	4	800	男	32

图 10-24　TEACHER 表分组得到的中间表

（2）接着系统处理来自中间表的一个分组信息，即依次对每个系名 DNANE 执行 HAVING 子句，这里假定取出第一组，即 DNANE 为“电子工程”。

（3）HAVING 子句中，比较运算符右边是一个相关子查询，而相关子查询中又含有一个子查询。系统将从最底层的子查询“SELECT CNO FROM TEACHER AS T2 WHERE T2.DNAME=T.DNAME”开始执行，即查询 TEACHER 表中电子工程系的所有教师所授课程的课程号，从图 10-24 可知，只有一个，即“8”。

（4）而后系统将执行其外层的相关子查询，即计算 STUDENT 表中所有修过 8 号课程的记录数量。这时执行如下语句。

```
SELECT COUNT(*) FROM STUDENT WHERE CNO IN (8)
```

得到的结果如图 10-25 所示。

	(No column name)
1	2

图 10-25　STUDENT 表中所有修过 8 号课程的记录数量

所以最终相关子查询得到的结果为 2，而比较运算符左边为计算 DNANE 为“电子工程”这组的记录条目，从图 10-24 可知，只有一个记录，所以结果为 1。显然 1<2 判别式成立，HAVING 子句返回 True，“电子工程”就被写入结果表中。接着系统按照同样的方式依次处理中间表（图 10-24）中的第 2 组、第 3 组……。

10.4　嵌套子查询

正如前面所讲到的，大多数情况下，子查询出现在查询的 HAVING 子句或 WHERE 子句中。子查询自身也可以包含 WHERE 子句和或 HAVING 子句，同样，子查询也可以出现在其他子查询中。位于其他子查询内的子查询被称为嵌套的子查询。下面我们通过几个实例说明嵌套子查询的应用及执行过程。

实例 18　嵌套子查询

在 COURSE 表中查询计算机系教师开设的课程信息，并且要求在 STUDENT 表中所有修过这门课程的同学的成绩都及格。实例代码如下。

```
SELECT  *
FROM        COURSE
WHERE       CNO IN (SELECT CNO FROM TEACHER WHERE DNAME='计算机' AND
            NOT EXISTS(SELECT * FROM STUDENT
            WHERE CNO=TEACHER.CNO AND MARK<60) )
ORDER BY    CNO
```

运行结果如图 10-26 所示。

	CNO	CNAME	CTIME	SCOUNT	CTEST
1	2	计算机硬件基础	24	80	2006-06-28 00:00:00
2	9	数据库设计	16	80	2006-07-01 00:00:00

图 10-26　嵌套子查询的执行结果

我们分析实例 18 代码可知，在主查询的 WHERE 子句中通过 IN 关键子引入一个子查询，该子查询实现的功能是：搜索那些在 TEACHER 表中由计算机系教师开设的、并且在 STUDENT

表中没有同学不及格的课程的课程号；而在该子查询内 SELECT 语句的 WHERE 子句中，又通过 NOT EXISTS 关键词引入了一个子查询，该子查询即为嵌套子查询，用来判断计算机系教师开设的课程在 STUDENT 表中是否有同学不及格。

实例 18 中的嵌套子查询也可以通过两个子查询来实现，代码如下。

```
SELECT  *
FROM        COURSE
WHERE       CNO IN (SELECT CNO FROM TEACHER WHERE DNAME='计算机')
AND
NOT EXISTS(SELECT * FROM STUDENT
            WHERE CNO=COURSE.CNO AND MARK<60)
ORDER BY    CNO
```

运行结果如图 10-27 所示。

	CNO	CNAME	CTIME	SCOUNT	CTEST
1	2	计算机硬件基础	24	80	2006-06-28 00:00:00
2	9	数据库设计	16	80	2006-07-01 00:00:00

图 10-27 使用子查询实现的嵌套子查询

10.5 使用子查询创建视图

我们可以使用子查询，根据已有的表或者视图创建出新的视图。这也是子查询的一个重要应用；当然，也可以利用子查询向表或视图中插入数据，这在后面的章节中会有详细介绍。本节主要讨论利用子查询创建视图。

第 4 章 4.4 节已经介绍了视图的基本创建语法，代码如下所示。

```
CREATE VIEW <view_name> [(column1, column2...)]
AS
SELECT <column_names>
FROM <table_name>
```

AS 关键字后面的内容其实就是一个子查询，通过子查询来确定创建的视图需要包括哪些表中的数据以及需要包含什么数据等。

如果用户经常需要从 STUDENT 表查询各个同学的平均成绩，这时候我们就可以通过创建一个视图包括所有 STUDENT 表中的学生的学号和平均成绩信息，而后所有的查询只要涉及到查询学生的平均成绩只需查询该视图即可。

实例 19　使用子查询创建的视图

创建一个视图，包括 STUDENT 表中所有课程号和各课程的学生的平均成绩信息。实现代码如下。

```
CREATE VIEW      VIEW_AVGMARK(CNO,AVG_MARK)
AS               SELECT CNO,AVG(MARK)
FROM             STUDENT
GROUP BY         CNO
```

查看 VIEW_AVGMARK 视图中包含的数据，如图 10-28 所示。

```
SELECT * FROM VIEW_AVGMARK
```

	CNO	AVG_MARK
1	1	76.875000
2	2	87.500000
3	4	79.250000
4	5	55.750000
5	6	68.000000
6	8	74.500000
7	9	80.000000
8	10	68.000000
9	11	52.000000
10	12	88.500000
11	13	93.000000

图 10-28　使用子查询创建的视图

以后只要涉及到学生平均成绩的查询，我们就可以像使用表一样使用该视图了。

实例 20　通过实例 19 创建的视图进行查询

在 COURSE 表中查询在 STUDENT 表中平均成绩高于 70 分的课程的课程号，课程名称和考试时间。实例代码如下。

```
SELECT       CNO,CNAME,CTEST
FROM         COURSE
WHERE        CNO IN (SELECT CNO FROM VIEW_AVGMARK WHERE AVG_MARK>70)
ORDER BY         CNO
```

运行结果如图 10-29 所示。

	CNO	CNAME	CTEST
1	1	计算机软件基础	2006-07-08 00:00:00
2	2	计算机硬件基础	2006-06-28 00:00:00
3	4	应用数学基础	2006-07-10 00:00:00
4	8	模拟电路设计	2006-07-10 00:00:00
5	9	数据库设计	2006-07-01 00:00:00

图 10-29　通过视图查询的平均成绩高于 70 分的课程的相关信息

如果我们在查询中不使用 VIEW_AVGMARK 视图，而是直接操作 STUDENT 表，则实现代码如下。

```
SELECT      CNO, CNAME, CTEST
FROM        COURSE
WHERE       CNO IN (SELECT CNO FROM STUDENT GROUP BY CNO
                    HAVING AVG(MARK)>70)
ORDER BY    CNO
```

运行结果如图 10-30 所示。

	CNO	CNAME	CTEST
1	1	计算机软件基础	2006-07-08 00:00:00
2	2	计算机硬件基础	2006-06-28 00:00:00
3	4	应用数学基础	2006-07-10 00:00:00
4	8	模拟电路设计	2006-07-10 00:00:00
5	9	数据库设计	2006-07-01 00:00:00

图 10-30 通过 STUDENT 表查询的平均成绩高于 70 分的课程的相关信息

可见，二者得到了相同的结果，但是使用视图的查询方式显得更加直观，简化了查询语句。

10.6 树查询

在实际生活中，很多事务都是按照树型结构组织的，如在一个野战团中的团、营、连、排的从属关系以及人员的上、下级关系。

在关系数据库中，所有的信息都被存储在二维表中，这种树型的层次结构是通过隐含的方式表示的。如在军人信息表（SOLDIERINFO）中，我们利用一个字段 CAP 指向该人员的直接领导的编号（SoldierNO），当其记录为 NULL 时，则表明是最高领导即团长。如果把军人信息表中的最高长官即团长记录看作是树根，那么下一层节点就是他的下属，即营长，而营长又会领导若干连，他的下属又是连长，……，最底一层即战士的记录就是树的叶节点。

由于关系数据库中这种树型结构很不直观，而有时我们又需要通过这种结构来观察数据，有些数据库系统，如 Oracle，提供了树查询的功能。

注意

SQL Server 数据库系统并没有提供树查询的功能。

当进行树查询时，我们应当让系统确定 3 点内容。

- 在树型关系中，树中的父、子记录是如何确定的。

- 以树结构输出时，以什么顺序输出，是先输出父节点再输出子节点，还是先输出子节点再输出父节点。
- 用哪个节点作为树根来进行查询，这说明可以查询整棵树，也可以查询一棵子树。

而树查询的具体实现是通过两个子句——CONNECT BY 子句和 START WITH 子句完成的，其中 CONNECT BY 子句用来说明前两点内容，而 START WITH 子句则用来指定根节点的记录。在 Oracle 中，树查询的语法可表示如下。

```
SELECT column
FROM  table_name
CONNECT  BY  PRIOR  父主键=子外键
START WITH  column=value
```

这里需要说明的是，在 CONNECT BY 子句中，“父主键=子外键”在 SOLDIERINFO 表中可表示为“SoldierNO=CAP”，表示如果一个记录的 SoldierNO 属性值等于另一个记录的 CAP 属性值，那么前一个记录即为“父记录”，后一个记录即为“子记录”。CONNECT BY 子句中的关键词 PRIOR 用来指定记录的输出顺序。它如果放在父主键之前，表示先输出父节点；而如果放在子外键之前，则表示先输出子节点。START WITH 子句中的表达式用来选择根记录即树查询的起始点。

实例 21　树　查　询

在 SOLDIERINFO 表中查询“KING”营长的所有下属的上下级关系，即对 SOLDIERINFO 表进行树查询。

实例代码如下。

```
SELECT        LPAD(' ',4*(LEVEL-1))|| SoldierName , SoldierNO,CAP
FROM               SOLDIERINFO
CONNECT BY    PRIOR SoldierNO = CAP;
START WITH    SoldierName = 'KING'
```

代码的 SELECT 子句中，“LPAD(' ',4*(LEVEL-1))”表达式在 Oracle 数据库中用来产生一定数量的空格，其中 LEVEL 在 Oracle 中被称为“伪列”，它在用法上很像列名，但在关系上并没有这一列。LEVEL 专门用来标明输出的每一记录所在的层号。因此该表达式实际实现的功能是根据不同的层产生不同数量的空格，使其与 SoldierName 列连接，这样在输出结果上就有不同的层次感。

下面就是在 Oracle 数据库中，该代码可能产生的结果（样例）。

```
NAME                EMPNO       MGR
-----------       ---------     ---------
KING                 7839
    JONES            7566       7839
        SCOTT        7788       7566
            ADAMS    7876       7788
        FORD         7902       7566
            SMITH    7369       7902
    BLAKE            7698       7839
        ALLEN        7499       7698
             WARD     7521       7499
             MARTIN   7654       7499
             TURNER   7844       7499
        JAMES        7900       7698
    CLARK            7782       7839
        MILLER       7934       7782
```

它所表示的树型层次关系可表示为如图 10-31 所示。

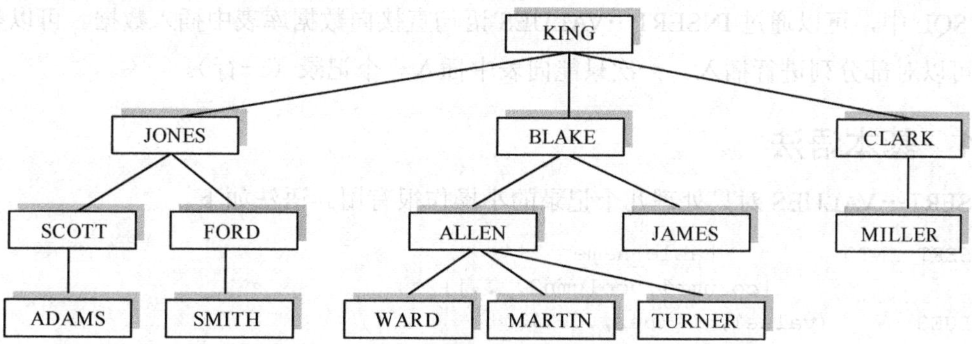

图 10-31 树型层次关系示意图

而如果我们要查询 SOLDIERINFO 表中所有人员的层次结构关系，代码如下。

```
SELECT          LPAD(' ',4*(LEVEL-1))|| SoldierName , SoldierNO,CAP
FROM                SOLDIERINFO
CONNECT BY      PRIOR SoldierNO = CAP;
START WITH      CAP IS NULL
```

前面讲过，在 SOLDIERINFO 表中，最高领导的 CAP 值为 NULL，因此这里 START WITH 子句的表达式为“CAP IS NULL”，即从最高领导开始查询。

第11章 数据插入操作

前面几章主要介绍了 SQL 的数据查询功能，从本章开始，我们将介绍 SQL 的数据修改功能。本章将介绍通过 INSERT 语句向数据库表中插入数据。

11.1 插入单行记录

在 SQL 中，可以通过 INSERT…VALUES 语句直接向数据库表中插入数据。可以整行插入，也可以对部分列进行插入。一次只能向表中插入一个记录（一行）。

11.1.1 基本语法

INSERT…VALUES 对只处理几个记录的小操作很有用。语法如下。

```
INSERT INTO          table_name
                   [column1, column2,...]]
VALUES       (value1, value2,....)
```

这里需要说明的是，INSERT…VALUES 语句的基本语法是根据指定的列插入指定的值，向表中添加一条记录。如果表名 table_name 后面没有接指定列(column1, column2,...)，我们则认为是整行插入。使用 INSERT…VALUES 语句将数据输入表时，我们必须遵循以下准则。

- 插入的数据类型应与被加入字段的数据类型相同。
- 数据的大小应在列规定的范围内，例如，不能将一个长度为 20 的字符串加到最大长度定义为 10 的列中。
- 在 VALUES 中，列出的数据位置必须与字段的排列位置相对应。也就是说，第一个值必须进入第一列，第二个值进入第二列，依此类推。

11.1.2 整行插入

11.1.1 节介绍过使用 INSERT…VALUES 语句插入数据，如果没有指明特定列，我们则认为是整行插入。语法如下。

```
INSERT INTO        table_name
VALUES      (value1, value2,....)
```

这里需要说明的是，VALUES 中值的个数必须与表中字段的个数相同，且顺序必须与表中的各字段的顺序相对应。

注意：如果插入的某字段值为空，则该字段对应的 value 值为“NULL”，不允许什么都不写。

下面我们结合一个具体实例，来讲解数据的插入过程。

实例 1 创建一个数据库表

新创建一个数据库表，记录通信录信息，表名为 ComInfo，包含以下主要字段。

- 姓名（PName），CHAR 类型，要求是非空且唯一。
- 性别（Sex），CHAR 类型，非空。
- 生日（Birthday），SMALLDATETIME 类型，可以为空。
- 类别（Type），用 INT 型数表示：0 代表朋友，1 代表同学，2 代表同事，3 代表亲戚，4 代表其他关系。默认值为 0。
- 家庭地址（Address），VARCHAR 类型，可以为空。
- 移动电话（MovePhone），CHAR 类型，可以为空。
- 家庭电话（HomePhone），CHAR 类型，可以为空。
- 电子邮件（Email），VARCHAR 类型，可以为空。

在 SQL Server 中的创建代码如下。

```
CREATE TABLE ComInfo
(
 PName      CHAR (8) NOT NULL UNIQUE ,
 Sex        CHAR(2)     NOT NULL ,
 Birthday   SMALLDATETIME,
 Type       INT NOT NULL  DEFAULT 0,
 Address    VARCHAR(16),
 MovePhone  CHAR(11)   ,
 HomePhone  CHAR(11),
 Email      VARCHAR(35)
)
```

创建的表如图 11-1 所示。

	Column Name	Data Type	Length	llow Null
	PName	char	8	
	Sex	char	2	
	Birthday	smalldatetime	4	✓
	Type	int	4	
	Address	varchar	16	✓
	MovePhone	char	11	✓
	HomePhone	char	11	✓
	Email	varchar	35	✓

图 11-1　表 ComInfo 的结构图

实例 2　向表中整行插入数据

向 ComInfo 表中插入两行数据并查看 ComInfo 表中的所有信息。代码如下。

```
INSERT INTO          ComInfo
VALUES             ('张三','男','1979/9/4',1,'山东省烟台市','1351212211',
                    NULL,'zhangsan@163.net')
INSERT INTO          ComInfo
VALUES             ('李二花','女','1989/9/4',1,NULL,'1351212216',
                    '0531789023','zhangsan@163.net')
SELECT *           FROM    cominfo
```

运行结果如图 11-2 所示。

	PName	Sex	Birthday	Type	Address	MovePhone	HomePhone	Email
1	张三	男	1979-09-04 ...	1	山东省烟台市	1351212211	NULL	zhangsan@163.net
2	李二花	女	1989-09-04 ...	1	NULL	1351212216	0531789023	zhangsan@163.net

图 11-2　ComInfo 表中的信息

注意代码中，向 ComInfo 表插入的数据如果其字段为空，必须用 NULL 标示，不允许什么都不写。我们来看下面的语句。

```
INSERT INTO          ComInfo
VALUES             ('王五','男','1986/7/14',2,'北京海淀','1351213316',
                   '0108787431')
```

插入的记录中，Email 字段为 NULL，但是在插入代码中并没有指明。我们运行该代码，系统会报错，给出如下的错误提示信息。

```
Insert Error: Column name or number of supplied values does not match table
definition.
```

信息提示插入的数据记录的列的数目与表中定义的列的数目必须一致。另外，我们还需要注意数据类型的问题，即插入的数据的数据类型必须与表中定义的该列的数据类型一致，还有就是数据长度的问题。如下面的代码所示。

```
INSERT INTO          ComInfo
VALUES               ('王五','男','1986/7/14',2,'山东省烟台市牟平区大窑镇',
                      '1351213316','0108787431',NULL)
```

运行该代码，系统会报错，给出如下的错误提示信息。

```
String or binary data would be truncated.
The statement has been terminated.
```

这是因为在 Address 字段，插入的数据有 12 个汉字，占用了 24 个字符长度，而在创建 ComInfo 表时，Address 字段的最大长度设置为 16，因此插入记录的 Address 字段字符串长度超过了该字段的最大允许长度，导致插入数据操作失败。

11.1.3 NULL 值的插入

第 3 章已经介绍了用 CREAT TABLE 语句创建表，在建立表时，可以对其施加不同的限制条件，其中就包括允许（或者不允许）为 NULL。

NULL 值即空值，既不为零（在整数情况下），也不为空格（在字符串情况下），而是指记录的那一列根本不存在数据。如果我们指定一个列为 NOT NULL，那么在使用 INSERT 语句时，必须对这一列插入一个值。否则，此次 INSERT 操作将被取消，收到描述错误的提示信息。关于 NULL 值的插入，在 11.1.2 节的实例中都有所体现，这里我们再给出一个 NULL 值插入的实例。

实例 3　插入 NULL 值

向表 ComInfo 中插入一行记录，该记录的 SEX、MovePhone、HomePhone 字段的值为 NULL，查看 ComInfo 表中的所有信息。我们先采用下面的代码。

```
INSERT INTO          ComInfo
VALUES               ('王小二',NULL,'1974/9/14',2,'北京市朝阳区',NULL,NULL,
                     'wangxiaoer11@sina.com')
SELECT *     FROM    cominfo
```

系统会提示执行失败，并给出如下的错误提示信息。

```
Cannot insert the value NULL into column 'Sex', table 'pubs.dbo.ComInfo'; column
does not allow nulls. INSERT fails.
The statement has been terminated.
```

这是因为在创建 ComInfo 表时，SEX 字段定义为 NOT NULL，因此如果插入的记录中 SEX 字段对应的值为 NULL，则违背了表对 SEX 字段的非空约束。这时候，如果我们确实不知道 SEX 字段的具体值，可以用空格表示。

实例代码如下。

```
INSERT INTO          ComInfo
VALUES          ('王小二',' ','1974/9/14',2,'北京市朝阳区',NULL,NULL,
                 'wangxiaoer11@sina.com')
SELECT *    FROM    cominfo
```

运行结果如图 11-3 所示。

	PName	Sex	Birthday	Type	Address	MovePhone	HomePhone	Email
1	张三	男	1979-09-04...	1	山东省烟台市	1351212211	NULL	zhangsan@163.net
2	李二花	女	1989-09-04...	1	NULL	1351212216	0531789023	zhangsan@163.net
3	王小二		1974-09-14...	2	北京市朝阳区	NULL	NULL	wangxiaoer11@sina.com

图 11-3 将空格插入到有 NOT NULL 限制的列中

由此可见数据插入操作得到了正确执行。

11.1.4 唯一值的插入

许多数据库管理系统允许建立一个 UNIQUE 列属性。这个属性意味着，在当前表中，该列中的值必须是完全唯一的，并且只能出现一次。有了这种限制，我们在向表中插入或修改数据时，可能会出现问题。

如在表 ComInfo 中，PName 字段就被定义为具有 UNIQUE 属性，即唯一性约束。如果向表 ComInfo 插入的数据中，PName 字段的值在表 ComInfo 中已经存在，则插入操作就会失败。如下面的代码所示。

```
INSERT INTO          ComInfo
VALUES          ('张三','女','1974/9/14',2,'北京市朝阳区',NULL,NULL,
                 'zhang1234@sina.com')
```

系统会提示执行失败，同时给出如下的错误提示信息。

```
    Violation of UNIQUE KEY constraint 'UQ__ComInfo__6A30C649'. Cannot insert
duplicate key in object 'ComInfo'.
    The statement has been terminated.
```

> **说明** 一个规范化的表应有一个唯一字段或关键字段，这个字段在表之间连接数据时是有用的，它通常能够在使用索引时提高查询速度。

11.1.5 特定字段数据插入

如果我们插入数据时，在 INSERT 语句中只指定其中几个字段和数据会怎么样呢？换句话说，我们向一个表中插入一条新记录，但有一个或几个字段没有提供数据。在这种情况下，有下面 3 种可能。

- 如果该字段有一个缺省值，该值会被使用。前面在介绍表创建时我们已经讲过，允许通过 DEFAULT 关键字为列创建缺省默认值。例如，假设插入新记录时没有给字段 new_column 提供数据，而这个字段有一个缺省值“some value”，在这种情况下，当新记录建立时会插入值“some value”。
- 如果该字段可以接受空值，而且没有缺省值，则会被插入空值。
- 如果该字段不能接受空值，而且没有缺省值，就会出现错误。

部分数据的插入语法我们在 11.1.1 节已经介绍过了。下面我们通过具体实例说明不同情况下的数据插入过程。

实例 4　特定字段数据插入

如下向 ComInfo 表中插入数据的代码所示。

```
INSERT INTO          ComInfo (PName,Sex, Type,Email)
VALUES           ('李彤彤','女', 3, 'litong@yahoo.com')
SELECT *    FROM     cominfo
```

运行结果如图 11-4 所示。

	PName	Sex	Birthday	Type	Address	MovePhone	HomePhone	Email
1	张三	男	1979-09-04...	1	山东省烟台市	1351212211	NULL	zhangsan@163.net
2	李二花	女	1989-09-04...	1	NULL	1351212216	0531789023	zhangsan@163.net
3	王小二		1974-09-14...	2	北京市朝阳区	NULL	NULL	wangxiaoer11@sina.com
4	李彤彤	女	NULL	3	NULL	NULL	NULL	litong@yahoo.com

图 11-4　特定字段的数据插入

从最终的结果我们可以发现，数据插入操作成功执行。即将 VALUES 子句中的数据值按位置转移到相应列中。即把 PName 的值设置为“李彤彤”，把 Sex 的值设置为“女”，……。所有插入代码中没有涉及的列，在 ComInfo 表中其值都为 NULL。

另外，说明一点，列清单中的列名不必按其在表行中的数据列出，如实例 4 代码与下面的代码是等价的。

```
INSERT INTO          ComInfo (Sex,PName, Email, Type)
VALUES           ('女','李彤彤', 'litong@yahoo.com',3)
```

上例的插入操作之所以能够成功执行，是因为没有插入数据的字段都允许为 NULL。如果表中某字段有 NOT NULL 约束，而部分数据插入时并没有向该字段插入数据，那么插入操作就会失败，如下面的代码所示。

```
INSERT INTO          ComInfo (PName, Type,Email)
VALUES          ('王通亮', 3, 'wang790@yahoo.com')
```

系统会提示执行失败，并给出如下的错误提示信息。

```
Cannot insert the value NULL into column 'Sex', table 'pubs.dbo.ComInfo'; column
does not allow nulls. INSERT fails.
The statement has been terminated.
```

而如果某字段设置有默认值，如 ComInfo 表中的 Type 字段，即使它有非空约束，部分数据插入操作时也可以不向该字段插入数据。这时，系统会自动将该列的值设为它的默认值。如下面的代码所示。

```
INSERT INTO          ComInfo (PName, Sex,Email,Address)
VALUES          ('王通亮', '男', 'wang790@yahoo.com', '湖北黄梅' )
SELECT *     FROM     cominfo
```

运行结果如图 11-5 所示。

	PName	Sex	Birthday	Type	Address	MovePhone	HomePhone	Email
1	张三	男	1979-09-04...	1	山东省烟台市	1351212211	NULL	zhangsan@163.net
2	李二花	女	1989-09-04...	1	NULL	1351212216	0531789023	zhangsan@163.net
3	王小二		1974-09-14...	2	北京市朝阳区	NULL	NULL	wangxiaoer11@sina.com
4	李彤彤	女	NULL	3	NULL	NULL	NULL	litong@yahoo.com
5	王通亮	男	NULL	0	湖北黄梅	NULL	NULL	wang790@yahoo.com

图 11-5　带有默认值字段值且有非空约束的数据插入

由此可见，插入操作正确执行，Type 字段采用默认值 0。

11.1.6　通过视图插入行

除了使用视图显示数据外，我们还可在 INSERT 语句中通过视图向视图底层的表（视图本身不存储数据，它所显示的数据都是其底层表的数据）中插入数据。通过视图向表中插入数据的语法与直接向表中插入数据的语法是一样的，只是在 INSERT 子句中使用的是视图名而不是表名。语法如下。

```
INSERT INTO          view_name
        [column1, column2,...)]
VALUES          (value1, value2,....)
```

实例 5 通过视图插入行

对 ComInfo 表创建视图，实现代码如下。

```
CREATE VIEW        View1_ComInfo
AS
SELECT          PName, Sex, Address, MovePhone
FROM            ComInfo
WHERE           Address IS NOT NULL
```

对视图 View1_ComInfo 执行如下 SELECT 语句。

```
SELECT  * FROM  View1_ComInfo
```

结果如图 11-6 所示。

	PName	Sex	Address	MovePhone
1	张三	男	山东省烟台市	1351212211
2	王小二		北京市朝阳区	NULL
3	王通亮	男	湖北黄梅	NULL

图 11-6 查看视图记录

通过视图 View1_ComInfo 向 ComInfo 表中添加行，实现代码如下。

```
INSERT INTO         View1_ComInfo (PName, Sex, Address, MovePhone)
VALUES              ('赵六', '男', '河南安阳', '1352147281' )
```

此时对视图 View1_ComInfo 执行如下 SELECT 语句。

```
SELECT  * FROM  View1_ComInfo
```

结果如图 11-7 所示。

	PName	Sex	Address	MovePhone
1	张三	男	山东省烟台市	1351212211
2	王小二		北京市朝阳区	NULL
3	王通亮	男	湖北黄梅	NULL
4	赵六	男	河南安阳	1352147281

图 11-7 通过视图插入行

而对底层的 ComInfo 表执行以下 SELECT 语句：

```
SELECT  * FROM  ComInfo
```

结果如图 11-8 所示。

	PName	Sex	Birthday	Type	Address	MovePhone	HomePhone	Email
1	张三	男	1979-09-04...	1	山东省烟台市	1351212211	NULL	zhangsan@163.net
2	李二花	女	1989-09-04...	1	NULL	1351212216	0531789023	zhangsan@163.net
3	王小二		1974-09-14...	2	北京市朝阳区	NULL	NULL	wangxiaoer11@sina.com
4	李彤彤	女	NULL	3	NULL	NULL	NULL	litong@yahoo.com
5	王通亮	男	NULL	0	湖北黄梅	NULL	NULL	wang790@yahoo.com
6	赵六	男	NULL	0	河南安阳	1352147281	NULL	NULL

图 11-8　ComInfo 表中的记录

从结果中我们可以发现，与直接向表中插入数据一样，DBMS 将对未指定值的任何列使用其默认值，如 Type 列。如果没有指定值的列没有默认值，则 DBMS 在执行 INSERT 语句时将该列的值设置为 NULL。

实例 6　通过视图向表中插入行的局限性

通过视图向表中插入行的最大缺点就是，如果表中的某一列并不包含在视图中，那么就不可能通过视图为这列添加数据。因此，表中只要具有非空约束的列且该列没有默认值，那么该列就必须包含在视图中，否则通过视图就不可能对表插入数据。如，通过下面代码产生的视图。

```
CREATE VIEW          View2_ComInfo
AS
SELECT             PName, Address, MovePhone
FROM               ComInfo
WHERE              Address IS NOT NULL
```

对视图 View2_ComInfo 执行如下 SELECT 语句。

```
SELECT  * FROM  View1_ComInfo
```

结果如图 11-9 所示。

	PName	Address	MovePhone
1	张三	山东省烟台市	1351212211
2	王小二	北京市朝阳区	NULL
3	王通亮	湖北黄梅	NULL
4	赵六	河南安阳	1352147281

图 11-9　通过表创建视图

通过视图 View2_ComInfo 向 ComInfo 表中添加行，代码如下。

```
INSERT INTO          View1_ComInfo (PName, Address, MovePhone)
VALUES             ('刘备', '山东青岛', '1381010255' )
```

系统会提示执行失败，并给出如下的错误提示信息。

```
Cannot insert the value NULL into column 'Sex', table 'pubs.dbo.ComInfo'; column does not allow nulls. INSERT fails.
The statement has been terminated.
```

因为 View2_ComInfo 视图中没有包含 ComInfo 表中的 Sex 列，而 Sex 列具有非空约束且没有默认值，所以我们不能通过视图 View2_ComInfo 向 ComInfo 表中添加任何行。

11.2 插入多行记录

使用 INSERT…VALUES 语句在向数据库表中插入单个记录时很有用，但是很显然，当有大量记录需要插入时，其应用受限。在这种情况下，我们可以通过使用 INSERT…SELECT 语句，将一个表或者一组表上的数据复制到另一个表上。

11.2.1 由 VALUES 关键字引入多行数据插入

前面介绍的 INSERT……VALUES 语句向表中插入数据，一次只是插入了一行记录。而实际上，我们可以使用 VALUES 关键字可一次插入多行数据。语法如下。

```
INSERT INTO        table_name
         [column1, column2,...)]
VALUES          (value11, value12,....), (value21, value22,....),……
```

这里需要说明的是，通过 VALUES 关键词一次插入多行记录需要将不同行的记录通过括号与逗号分隔开，同时每行数据中的位置必须与被加入的列的排列位置相匹配且符合该列的数据要求。

实例 7 VALUES 关键字引入多行数据插入

一次向 ComInfo 表中添加 3 行数据，而后查看 ComInfo 表中的所有数据。实例代码如下。

```
INSERT INTO        ComInfo (PName,Sex, Type,Email,Address)
VALUES          ('刘艳丽','女', 3, 'liuyan@163.net','山东青岛'),
                ('王海滔','男', 2, BULL,'山东威海'),
                 ('刘峰','男', 1, 'liufeng@sohu.net',NULL)
SELECT *    FROM    cominfo
```

SQLServer 中不支持这种一次添加多行数据的方式，只能一次添加一行数据。添加数据后，最终 ComInfo 表中的数据如图 11-10 所示。

	PName	Sex	Birthday	Type	Address	MovePhone	HomePhone	Email
1	张三	男	1979-09-04...	1	山东省烟台市	1351212211	NULL	zhangsan@163.net
2	李二花	女	1989-09-04...	1	NULL	1351212216	0531789023	zhangsan@163.net
3	王小二		1974-09-14...	2	北京市朝阳区	NULL	NULL	wangxiaoer11@sina.com
4	李彤彤	女	NULL	3	NULL	NULL	NULL	litong@yahoo.com
5	王通亮	男	NULL	0	湖北黄梅	NULL	NULL	wang790@yahoo.com
6	赵六	男	NULL	0	河南安阳	1352147281	NULL	NULL
7	刘艳丽	女	NULL	3	山东青岛	NULL	NULL	liuyan@163.net
8	王海滔	男	NULL	2	山东威海	NULL	NULL	NULL
9	刘峰	男	NULL	1	NULL	NULL	NULL	liufeng@sohu.net

图 11-10　向 ComInfo 表中添加 3 行数据后的纪录信息

11.2.2　使用 SELECT 语句插入值

INSERT…SELECT 语句实际上包含两部分：INSERT 插入语句和 SELECT 查询语句，语法可表示如下。

```
INSERT INTO         table_name
                 (column1, column2,...)
SELECT           column1, column2,...
FROM                table_name2
WHERE            search_condition
```

实际上，该语句是将查询语句的输出结果插入到表中。适用于 INSERT…VALUES 语句的规则同样也适用于 INSERT…SELECT 语句。另外，使用 INSERT…SELECT 语句，应遵循以下几点新准则。

- SELECT 语句不能从正在被插入的表中选择数据，即 table_name 与 table_name2 不能为同一个表。
- 在 INSERT INTO 语句中，列的数目必须等于从 SELECT 语句返回的列的数据。
- 在 INSERT INTO 语句中，列的数据类型必须与从 SELECT 语句返回的列的数据类型相同。

INSERT…SELECT 语句通常用于创建查找表，提高检索性能。查找表可以包含分布在多个数据库的多个表中的数据。因为多个表连接处理起来比简单查询要慢，我们对一个查找表执行 SELECT 查询，则明显快于执行又长又复杂的连接查询。

说明

查找表通常存储在客户/服务器环境中的客户机中，用来降低网络信息流量。

另外，INSERT…SELECT 语句的另一个用途是备份表，备份将要删除、截断数据或重新装入数据的表。这个过程需要建立一个临时表，并且通过从原始表上选择任何内容，将包含在原始表的数据插入临时表。

> **说明** 许多数据库系统支持临时表。临时表的存在是相对数据库连接的寿命而言的，当连接终止时，它就被删除。

前面介绍的 SQL 中 SELECT 查询语句中的大部分操作，在 INSERT…SELECT 语句中都可以应用。下面我们给出几个应用实例。

实例 8 用 INSERT…SELECT 语句复制数据到表

创建一个新表 MyFriend，包含姓名（FName）、性别（Sex）、年龄（AGE）3 个字段，然后将 ComInfo 表中朋友（Type 值为 0）和同学（Type 值为 1）的相关信息复制到表 MyFriend 中。实例代码如下。

```
CREATE TABLE MyFriend
(
 FName        CHAR (8)    NOT NULL ,
 Sex          CHAR(2),
 Age          INT
)
INSERT INTO          MyFriend
                (FName, Sex, Age)
SELECT          PName, Sex, DATEDIFF ( year,Birthday,GETDATE ())
FROM              ComInfo
WHERE           Type IN (0,1)

/*查看结果*/
SELECT * From MyFriend
```

运行结果如图 11-11 所示。

因为在 INSERT INTO 语句中，列的数据类型必须与从 SELECT 语句返回的列的数据类型相同，MyFriend 表中 Age 列的数据类型为 INT 型，而 ComInfo 表中存储的却是 SMALLDATETIME 类型的 Birthday 信息，所以我们需要使用 DATEDIFF 函数与当前年份比较，获得年龄的信息。下面我们再给出一个利用子查询向表中插入数据的例子。

	FName	Sex	Age
1	张三	男	27
2	李二花	女	17
3	王通亮	男	NULL
4	赵六	男	NULL
5	刘峰	男	NULL

图 11-11 创建新表 MyFriend 且将 ComInfo 的相关信息复制到该表

实例 9　利用子查询向表中插入数据

将 TEACHER 表中教授“设计理论”和“数据库设计”课程的教师的相关信息插入到 MyFriend 表中。实例代码如下。

```
INSERT INTO          MyFriend
                    (FName, Sex, Age)
SELECT              TNAME, TSEX, AGE
FROM                 TEACHER
WHERE               CNO IN (SELECT CNO FROM COURSE WHERE CNAME IN
                    ('计算机软件基础','计算机硬件基础'))
                    SELECT * From MyFriend
```

运行结果如图 11-12 所示。

	FName	Sex	Age
1	张三	男	27
2	李二花	女	17
3	王通亮	男	NULL
4	赵六	男	NULL
5	刘峰	男	NULL
6	王永军	男	40
7	刘小静	女	46

图 11-12　添加相关记录后的 MyFriend 表信息

说明　TEACHER 表的结构和数据可参见本书 5.2.1 节的表 5-1，COURSE 表的结构和数据可参见本书 6.1 节的表 6-1，而下面实例 10 中将要用到的 STUDENT 表的结构和数据可参见本书 9.1 节的表 9-1。

如果需要频繁对多个表中的数据进行查询，我们可以将多个表需要的数据合并到一个临时表中，作为新的总表，再执行 SQL 语句，则查询较为简单而且执行得更快。

实例 10　将多个表中需要的数据合并到一个临时表

创建一个新表 Temp_Teacher，存储所有教师的姓名、所在系、所授课程的课程名、学时以及选修这门课程的最高成绩的学生姓名，其中教师的姓名、所在系信息来自 TEACHER 表，课程名、学时信息来自 COURSE 表，最高成绩的学生姓名来自 STUDENT 表。

实例代码如下。

```
/*创建表*/
CREATE TABLE Temp_Teacher
```

```
(
 TName          CHAR (8)      NOT NULL ,
 Dname          VARCHAR(20),
 Cname          VARCHAR(20),
 CTime          INT,
 Sname          CHAR (8)
)

/*提取数据到新表*/
INSERT INTO                 Temp_Teacher
                        (TName, Dname, Cname, CTime, Sname)
SELECT                  TNAME, T. Dname, CNAME,CTIME,SNAME
FROM                        TEACHER AS T
LEFT OUTER JOIN         COURSE AS C
ON                      C.CNO=T.CNO
LEFT OUTER JOIN         STUDENT AS S
ON                      S.CNO=T.CNO
AND                     S.MARK=(SELECT AVG(MARK) FROM STUDENT WHERE CNO= S.CNO)

/*查看表中的数据*/
SELECT * From Temp_Teacher
```

运行结果如图 11-13 所示。

	TName	Dname	Cname	CTime	Sname
1	王军	数学	应用数学基础	48	NULL
2	李彤	生物	生物工程概论	32	NULL
3	王永军	计算机	计算机软件基础	32	NULL
4	刘小静	计算机	计算机硬件基础	24	NULL
5	高伟	电子工程	模拟电路设计	28	NULL
6	李伟	机械工程	机械设计实践	48	NULL
7	刘辉	生物	生物化学	32	NULL
8	李伟	计算机	数据库设计	16	李华
9	刘静	经济管理	NULL	NULL	高伟
10	刘一凯	计算机	NULL	NULL	高伟

图 11-13　创建的新表 Temp_Teacher

注意

因为要求 Temp_Teacher 表要有所有教师的信息，所以在 SELECT 语句表的连接中我们采用了左外连接（INNER JOIN）的方式。

通过 Temp_Teacher 表，我们存储了来自 TEACHER 表、COURSE 表和 STUDENT 表的相关信息，这样在执行相关查询时，只需访问 Temp_Teacher 表而不必执行多表的 JOIN 语句，因此可以简化查询和提高查询速度。

虽然通过创建视图的方式也可以简化查询，但是视图本身并不存储数据，只是在数据库中存储一个定义，其操作的仍然是各底层表的数据，因此并不能提高查询速度。

11.3　表中数据的复制

通过 INSERT…SELECT 语句，我们可以从其他表中选择记录，插入到新表中，但是前提是该新表在插入前已经创建完成。而在 SQL 中，我们可以通过 SELECT…INTO 语句直接将表中的数据复制到新表，而且该新表不需要预先创建。

11.3.1　基本语法

SELECT…INTO 语句在执行时，首先创建新表，而后将其他表中的数据复制到该表中，基本语法如下。

```
SELECT        column1, column2,...
INTO          new_table
FROM              table_name
WHERE         search_condition
```

这里需要说明的是，SELECT…INTO 语句首先创建了表 new_table，而后将表 table_name 中满足 search_condition 条件的列 column1, column2,...中的字段及数据复制到表 new_table 中。

在 Oracle 和 MySQL 数据库系统中，该语法有着不同的形式，如下。

```
CREATE TABLE    new_table
AS
SELECT          column1, column2,...
FROM                table_name
WHERE           search_condition
```

注意　DB2 数据库系统不支持 SELECT…INTO 语句。

关于 SELECT……INTO 语句，这里说明以下几点。

- 创建的新表包含的字段与 SELECT 语句选择的字段相同。
- 前面介绍的各种 SELECT 查询语句，包含 HAVING 子、ORDER BY 子句、各种函数、通配符、聚合函数等等，这里都可以使用。
- 它可以连接多表，将多个数据库表中的数据一次性复制到新表中。

- 不管有多少数据、来自多少个表，所有数据最终都将被复制到一个表中，即语句中新建的表。

11.3.2 应用实例

事实上，SELECT…INTO 语句复制表，类似于视图的创建。它与视图的本质区别是：所创建的表与复制的数据在数据库中是物理存在的，只要创建后就与源表没有任何关系了。

实例 11 用 SELECT…INTO 语句复制表

将表 ComInfo 中的 PName、Sex、Type、Email 列的数据复制到一个新数据库表 NEW1_ComInfo 中。实例代码如下。

```
SELECT          PName,Sex, Type,Email
INTO            NEW1_ ComInfo
FROM                ComInfo

/*查看表中的数据*/
SELECT *  From NEW1_ ComInfo
```

运行结果如图 11-14 所示。

	PName	Sex	Type	Email
1	张三	男	1	zhangsan@163.net
2	李二花	女	1	zhangsan@163.net
3	王小二		2	wangxiaoer11@sina.com
4	李彤彤	女	3	litong@yahoo.com
5	王通亮	男	0	wang790@yahoo.com
6	赵六	男	0	NULL
7	刘艳丽	女	3	liuyan@163.net
8	王海滔	男	2	NULL
9	刘峰	男	1	liufeng@sohu.net

图 11-14 复制数据后的 NEW1_ComInfo 信息

由此可见，最终产生的结果表中的列名与源表中的列名完全相同，用户如果想要重新命名，则可以在创建时，使用 AS 关键词定义列的别名，如下面的代码所示。

```
SELECT          PName AS NEW_NAME,Sex AS NEW_SEX, Type AS NEW_TYPE,
                Email AS NEW_EMAIL
INTO            NEW2_ ComInfo
FROM                ComInfo

/*查看表中的数据*/
```

```
SELECT * From NEW2_ ComInfo
```

运行结果如图 11-15 所示。

	NEW_NAME	NEW_SEX	NEW_TYPE	NEW_EMAIL
1	张三	男	1	zhangsan@163.net
2	李二花	女	1	zhangsan@163.net
3	王小二		2	wangxiaoer11@sina.com
4	李彤彤	女	3	litong@yahoo.com
5	王通亮	男	0	wang790@yahoo.com
6	赵六	男	0	NULL
7	刘艳丽	女	3	liuyan@163.net
8	王海滔	男	2	NULL
9	刘峰	男	1	liufeng@sohu.net

图 11-15　NEW2_ComInfo 表的记录信息

11.4　从外部数据源导入、导出数据

在一个数据库程序中，INSERT 以及第 12 章将要介绍的 UPDATE 和 DELETE 语句是极其有用的，它们和 SELECT 语句一起使用，为数据库操作提供基础。但是，SQL 作为一种语言，不能从外部数据源导入或导出数据。

假设有个 Access 数据库系统，里面含有大量的数据信息，现在不再需要它了，希望将其转换到 SQL Server 中，显然，用 INSERT 语句将这些记录一条一条重新插入新的数据库中是不现实的。庆幸的是，大部分数据库系统都提供了导入/导出数据工具，允许使用 ASCⅡ文本文件格式导入和导出数据。

下面我们主要介绍一下 Access 和 SQL Server 数据库中的导入/导出工具。

11.4.1　Access 数据库数据的导出

Access 数据库具有从不同的数据库和文本文件导入和导出数据的能力。它允许导入和导出各种数据库格式，包括 dBASE、FoxPro 以及 ODBC 数据源。另外，Access 数据库还可以将数据表输出到文本文件。该文本文件的每个数据类型都是固定长度的，如果数据长度少于固定长度，则添加空格。下面我们通过一个实例介绍从 Access 导出数据表到文本文件的过程。

假设 Access 数据库中有一个 Employee 表，其结构和数据如图 11-16 所示，现在要将表中的数据导出为文本文件，主要操作步骤如下。

（1）在 Access 数据库中，选中要导出的数据库，即“Employee”，单击“文件”—>“导出”菜单命令，在弹出的文件导出对话框中选择导出路径，输入文件名“Employee”，并在导出类型中选择“文本文件”，如图 11-17 所示。

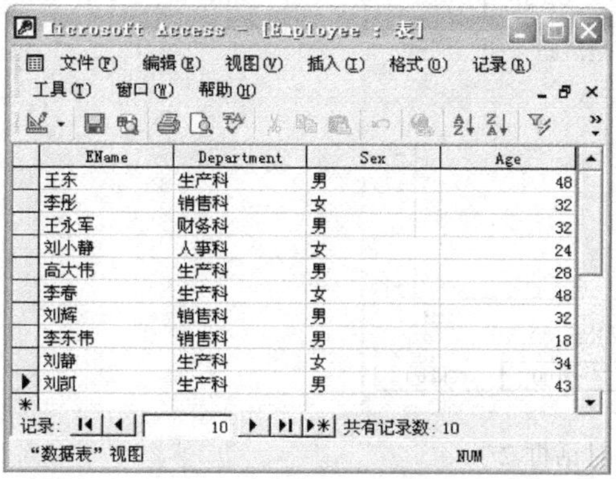

图 11-16 Employee 表

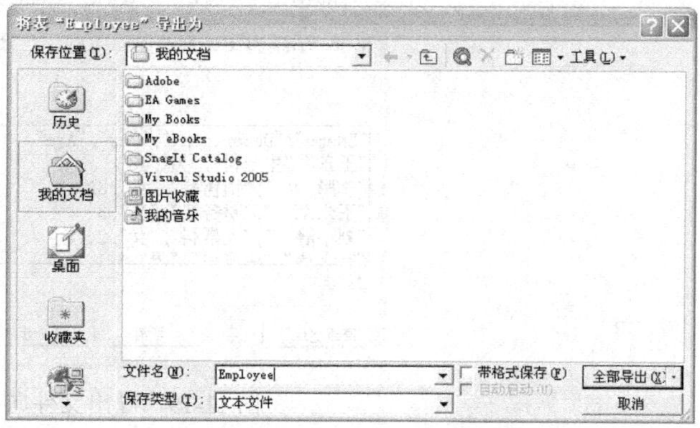

图 11-17 文件导出对话框

（2）单击“全部导出”按钮，则会弹出导出文件向导对话框，如图 11-18（a）所示。这里需要设置字段间的分隔方式，有两种方式可供选择：带分隔符和固定宽度。这里选择的是带分隔符方式，单击“高级”按钮又可以进行高级设置，如图 11-18（b）所示。这里选择的分隔符为逗号，其余为默认值。

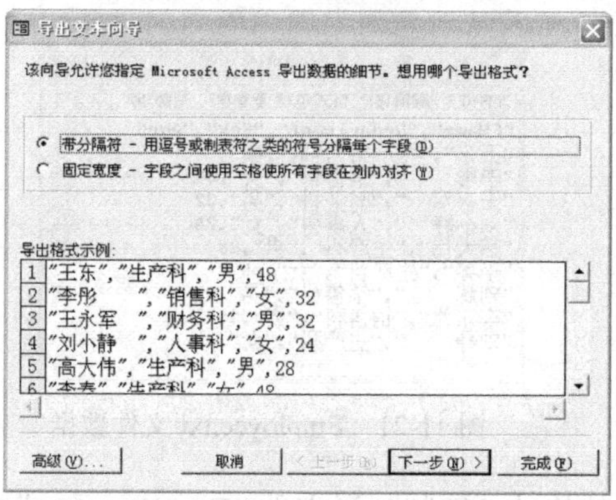

（a）格式设置向导对话框

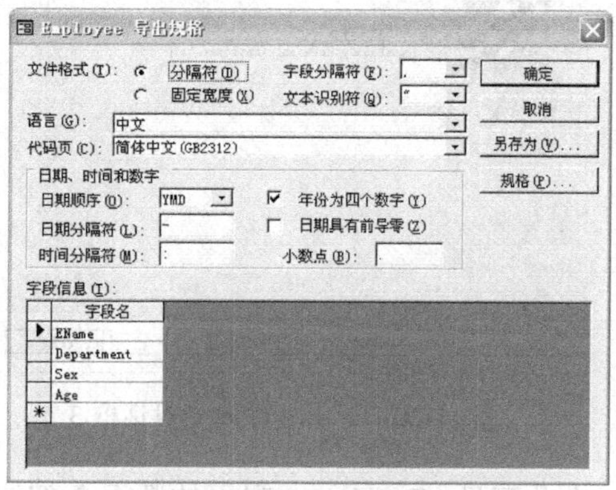

（b）高级按钮选项

图 11-18 导出文件向导对话框 1

（3）单击“下一步”按钮，弹出图 11-19 所示的向导对话框。这里的一些设置和图 11-18（b）所示的高级设置窗口有相同的设置选项，需要注意的是这里要选中“第一行包含字段名称”选项，这样各字段名称才能出现在导出的文件中。

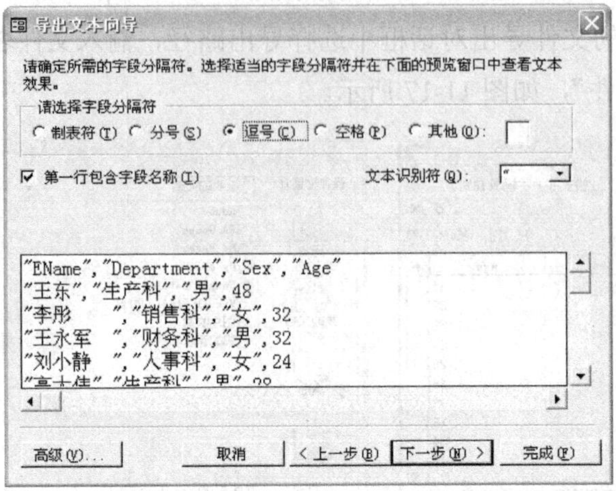

图 11-19　导出文件向导对话框 2

（4）单击“下一步”按钮，弹出图 11-20 所示的向导对话框。在该对话框中进一步确认导出文件的路径，核实无误后，单击“完成”按钮，即实现了将表中数据复制到文本文件中。

（5）打开文件“Employee.txt”，其中的数据如图 11-21 所示。

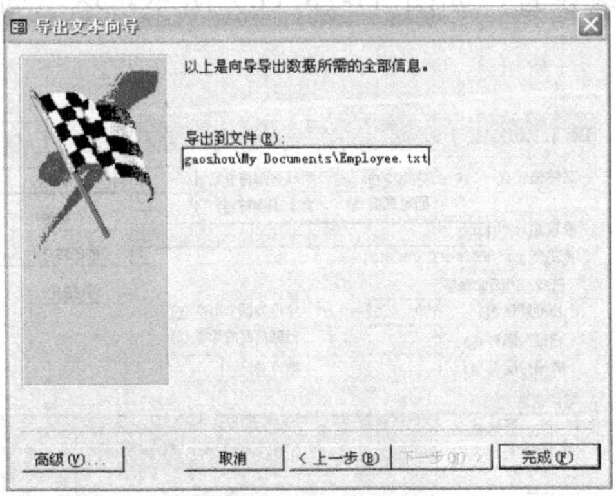

图 11-20　导出文件向导对话框 3

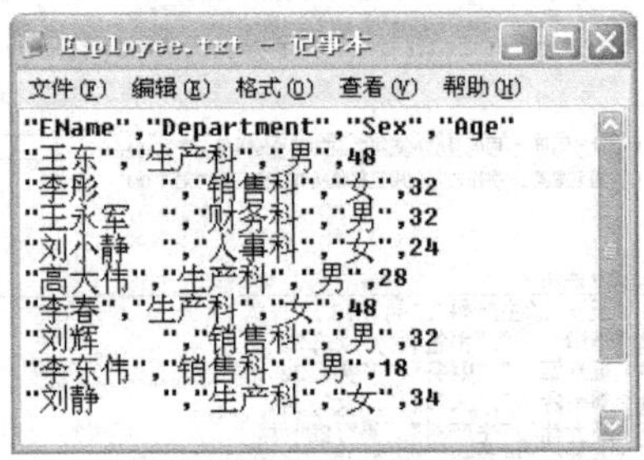

图 11-21　Employee.txt 文件数据

由此可见，Employee 表中的数据全部按照一定的格式，复制到了文件“Employee.txt”中。

11.4.2　Access 数据库数据的导入

Access 数据的导入操作步骤与导出类似，这里我们将 11.4.1 节导出的文件“Employee.txt”再导入数据库，生成另外一个表“NewEmployee”，主要操作步骤如下。

（1）在 Access 数据库中，单击“文件”→“获取外部数据”→“导入”菜单命令，弹出导入对话框，在导出类型中选择“文本文件”，并选中要导入的文本文件“Employee”，如图 11-22 所示。

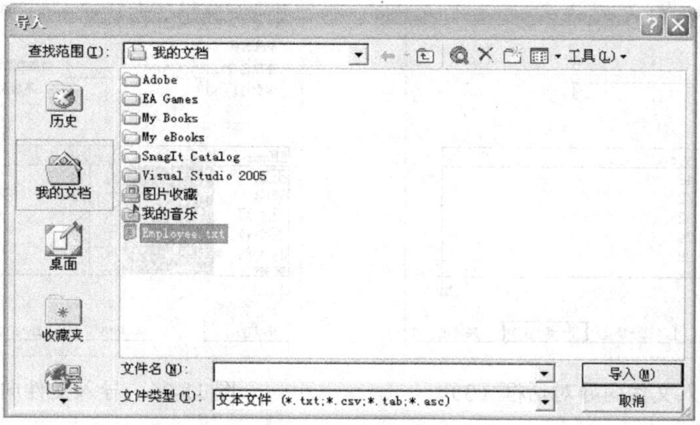

图 11-22 文件导入对话框

（2）单击“导入”按钮，弹出导入文件向导对话框，其中前两步与数据导出向导对话框的前两步基本相同，需要设置字段的分隔方式以及“第一行包含字段名称”选项，如图 11-23、图 11-24 所示。这里需要采用与导出文件时相同的选项设置。

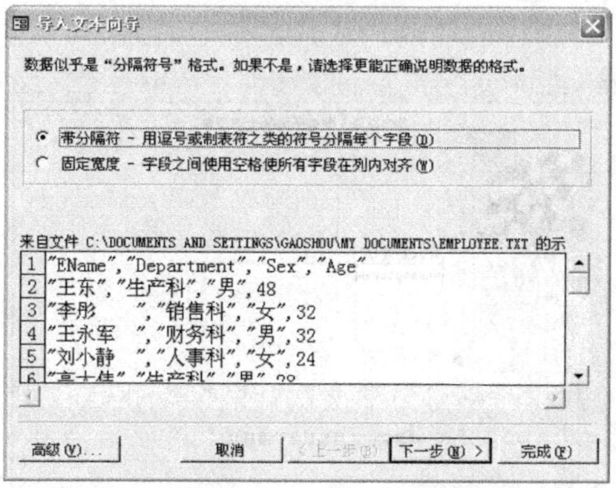

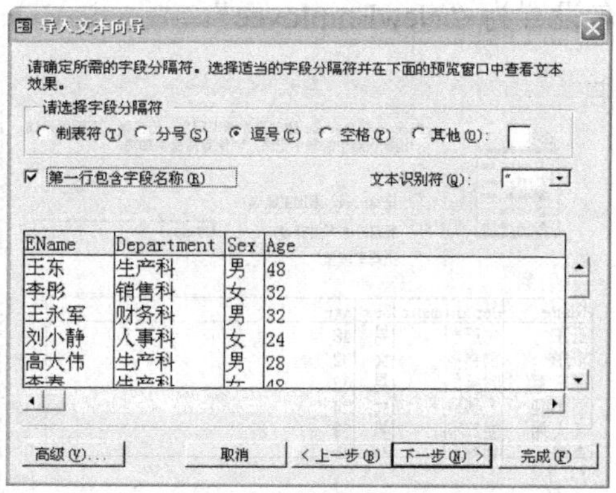

图 11-23 导入文件向导对话框（1）

图 11-24 导入文件向导对话框（2）

（3）单击“下一步”按钮，导入文件向导对话框如图 11-25 所示。在该向导对话框中，用户需要决定是将数据导入到一个新表中，还是导入已有表中。本例选择的是将它导入到一个新数据库表中。

（4）选择后，单击“下一步”按钮，效果如图 11-26 所示。在该对话框中，用户可以为每列数据重新设置数据类型。另外用户还需要选中“第一行包含字段名称”复选框，只有这样，系统才会把文件“Employee.txt”中的第一行数据作为字段名。其余的选项采用默认值即可。

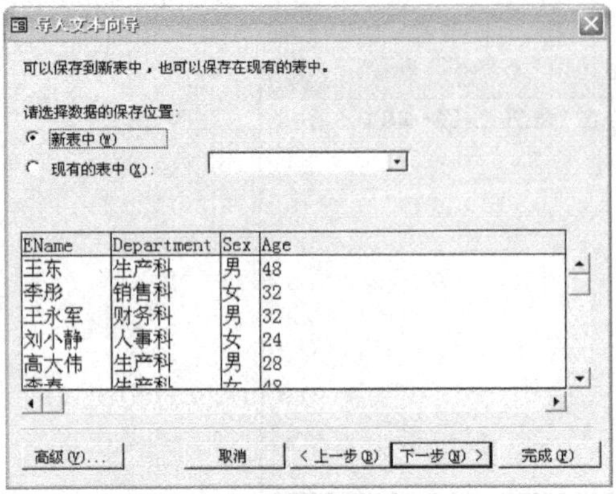

图 11-25　导入文件向导对话框（3）

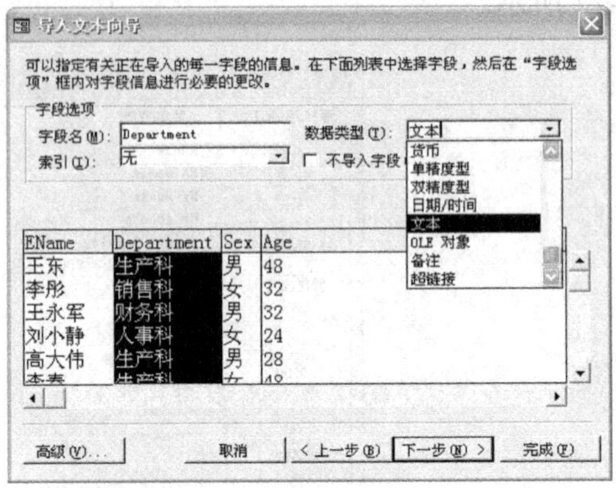

图 11-26　导入文件向导对话框（4）

（5）单击“下一步”按钮，将会出现图 11-27 所示的对话框，在其中可以设置主键。这里共有 3 种选择：Access 自动添加一列作为主键、用户自己选择列作为主键和不设主键。本实例选择的是不设主键。

（6）单击“下一步”按钮，如图 11-28 所示。在该对话框中我们可以定义表名。本例将表名设置为“NewEmployee”。

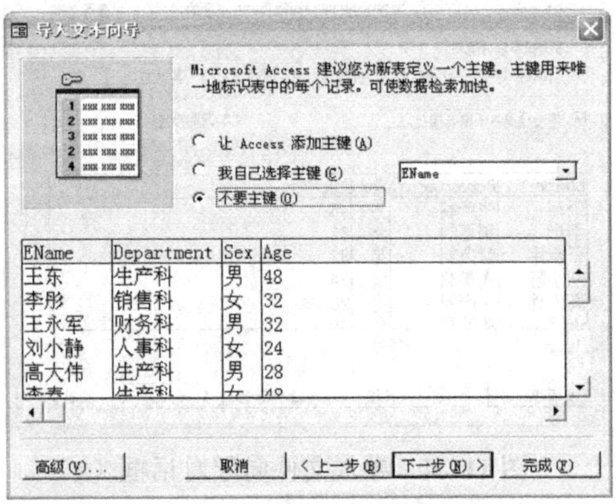

图 11-27　导入文件向导对话框（5）

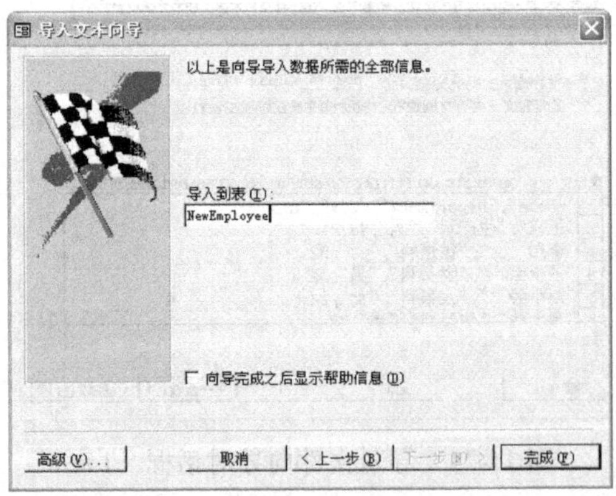

图 11-28　导入文件向导对话框（6）

（7）单击“完成”按钮完成导入。

（8）在 Access 中打开 NewEmployee 表，表的结构及数据如图 11-29 所示。通过与表 Employee（图 11-16 所示）比较我们可以发现，二者数据完全相同，也就是说成功完成了将整个 Employee 表中所有数据的导出和导入操作。

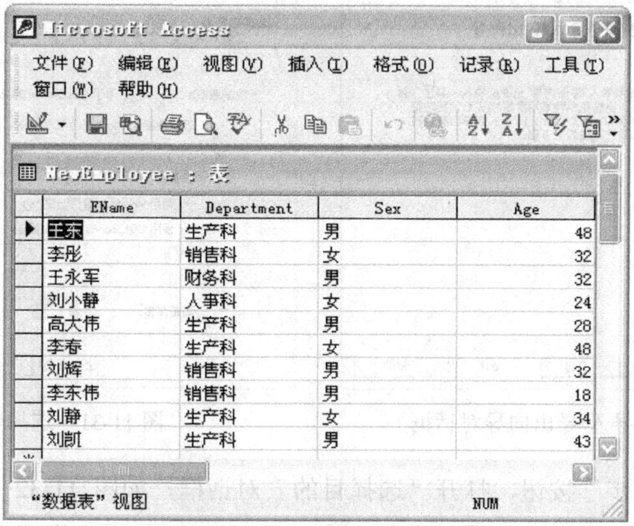

图 11-29 NewEmployee 表

11.4.3 SQL Server 数据库数据导出

SQL Server 可以通过读写数据，在不同应用程序间交换数据。例如，我们可将文本文件或 Access 数据库导入到 SQL Server 中，也可以把数据从 SQL Server 导出。在 SQL Server 中，我们可以使用 BCP 命令来完成这一任务，但是记住 BCP 的命令格式是一件很头疼的事情。

SQL Server 为用户提供了组件 Data Transformation Services （DTS），它本身包含多个工具，并且提供了接口来实现数据的导入、导出或传递，使这一工作变得简单高效。

下面我们就通过一个实例，说明如何利用 DTS 向导从 SQL Serve 数据库中将 TEACHER 表的数据导出成为其他形式。导出步骤如下。

（1）启动 SQL Server 企业管理器，登录到指定的服务器。右击“数据转换服务”文件夹，在弹出菜单中选择“所有任务—>导出数据”命令，打开 DTS 导入/导出向导，如图 11-30 所示。

（2）单击“下一步”按钮，打开“选择数据源”对话框，如图 11-31 所示。首先在“数据源”旁边的下拉列表中选择数据源，在本例中选择“用于 SQL Server 的 Microsoft OLE DB 提供程序”；如果使用 SQL Server 认证方式，则应输入访问数据库的合法用户账号和密码。本例选用 Windows 认证方式，在“数据库”旁边的下拉列表中选择“pubs”。

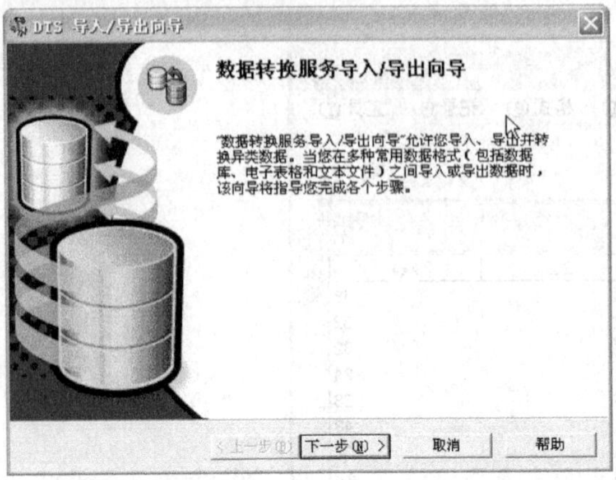

图 11-30　DTS 导入/导出向导对话框

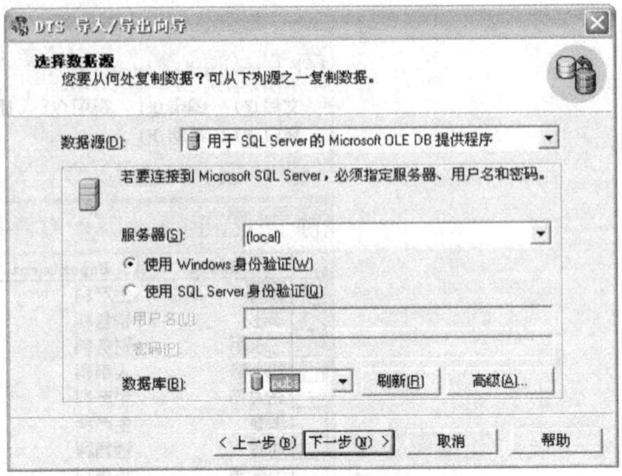

图 11-31　选择数据源对话框

（3）单击“下一步”按钮，打开“选择目的”对话框，如图 11-32 所示。在“目的”旁边的下拉列表中选择“用于 SQL Server 的 Microsoft OLE DB 提供程序”；在“数据库”旁边的下拉列表中选择“pubs”数据库。如果要导出到文本文件中，我们则需要在“目的”旁边的下拉列表中选择“文本文件”选项。

（4）单击“下一步”按钮，打开“指定表复制或查询”对话框，如图 11-33 所示。在此处我们可以指定传递的内容，可以传递表或某一查询的数据结果集，甚至数据库对象。在本例中我们选择“从源数据库复制表和视图”。

（5）单击“下一步”按钮，打开“选择源表和视图”对话框，如图 11-34（左）所示。从中我们可以选择一个或多个表或视图进行传递；通过“预览”按钮可对将要传递的数据进行预览。这里选中“mystudent”表，预览结果如图 11-34（右）所示。

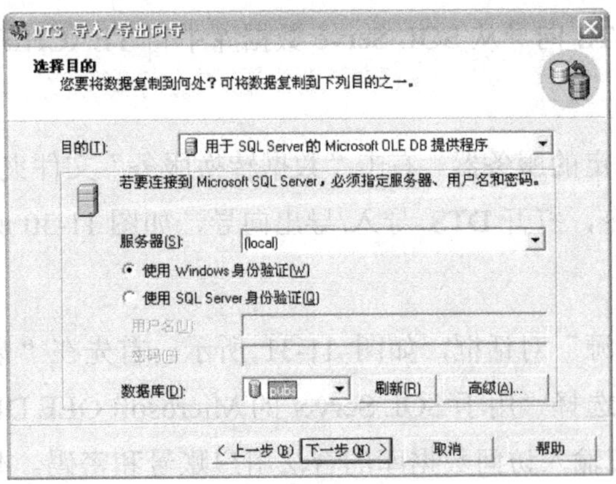

图 11-32　选择目的对话框

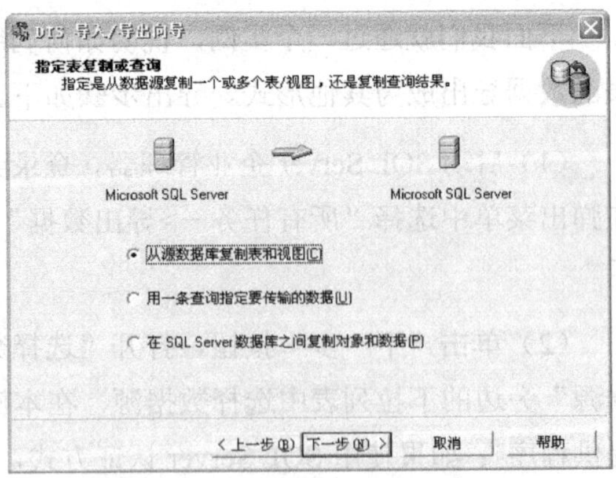

图 11-33　指定表复制或查询对话框

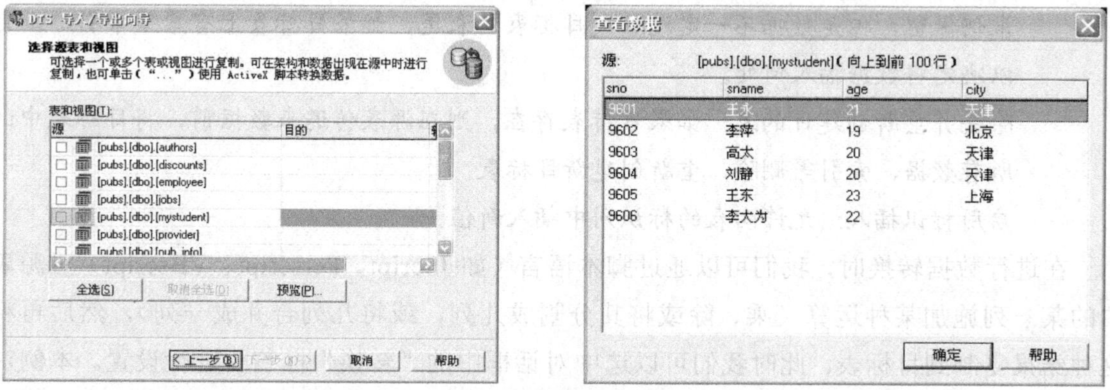

图 11-34　选择源表和视图和预览对话框

（6）如果想定义数据转换时源表和目标表之间列的对应关系，我们则单击"转换"列的方格按钮，打开"列映射和转换"对话框，如图 11-35 所示。

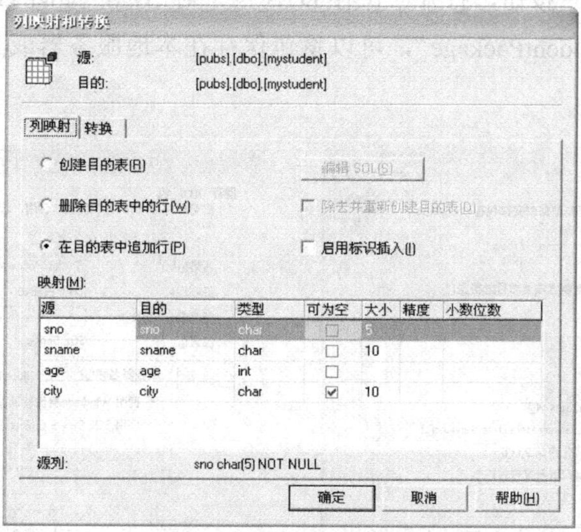

图 11-35　列映射和转换对话框

其中各选项的含义如下。

- 创建目的表：在从源表复制数据前，我们首先创建目标表，缺省情况下，总是假设目标表不存在。
- 删除目的表中的行：在从源表复制数据前，将目标表的所有行删除，但是仍保留目标表上的约束和索引。使用该选项的前提是目标表必须存在。

- 在目的表中增加行：把所有源表数据添加到目标表中。目标表中的数据、索引、约束仍保留，但是数据不一定追加到目标表的表尾，如果目标表上有聚簇索引，则可以决定将数据插入何处。
- 除去并重新创建目的表：如果目标表存在，则在源表传递来数据前，将目标表中的所有数据、索引等删除，重新创建新目标表。
- 启用标识插入：允许向表的标识列中插入新值。

在进行数据转换时，我们可以通过脚本语言（如 JScript、Perscript、VBscript）对源表中的某一列施加某种运算（乘、除或将其分割成几列，或将几列合并成一列），然后再将这种结果复制到目标表。此时我们可以选中对话框中的“转换”标签页进行设置。本例对此不进行设置。

（7）单击“确定”按钮返回“选择源表和视图”对话框，单击“下一步”按钮，打开“保存、调度和复制包”对话框，如图 11-36 所示。

（8）单击“下一步”按钮，打开“保存 DTS 包”对话框，如图 11-37 所示。在“名称”处输入该包的名称“StudentPackage”，可以将包保存在本地服务器或其他远程服务器，也可以选择适当的认证方式。

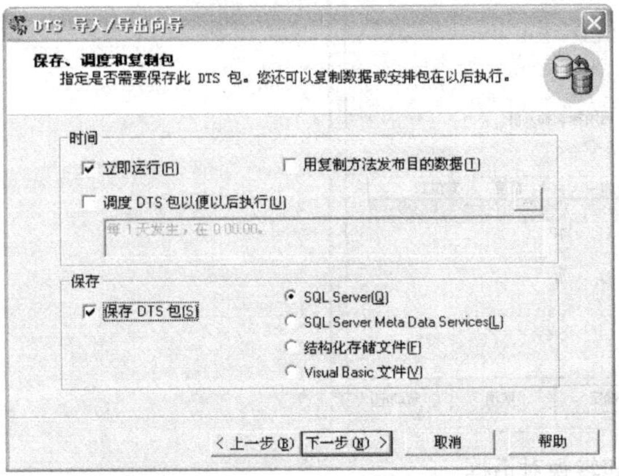

图 11-36　保存、调度和复制包对话框

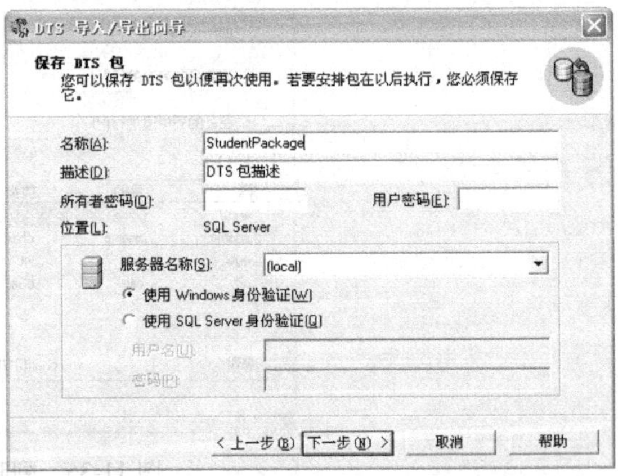

图 11-37　保存 DTS 包对话框

（9）单击“下一步”按钮，打开图 11-38 所示的“正在完成 DTS 导入/导出向导”对话框，单击“完成”，结束包的创建操作。

在企业管理器中的“数据转换服务”文件夹下的“本地包”中，我们即可看到创建的 Student Package DTS 包。

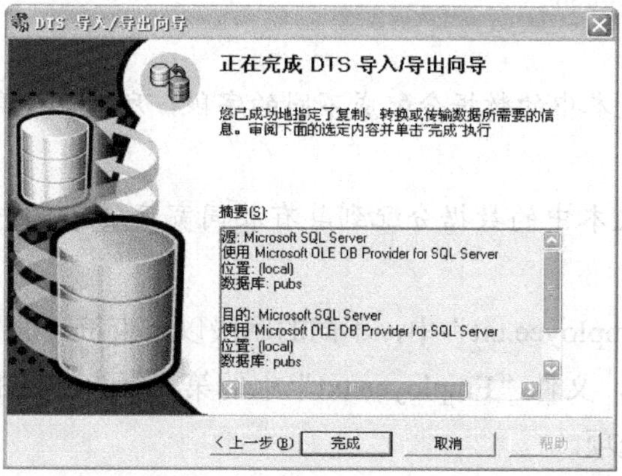

图 11-38　正在完成 DTS 导入/导出向导对话框

11.4.4　SQL Server 数据库数据导入

利用 SQL Server 提供的 DTS 数据导出/导入工具，我们同样可以方便地实现数据的导入。本节将介绍采用 DTS 工具将 11.4.1 节导出的 Employee 表的数据文件"Employee.txt"导入到 SQL Server 的"Pubs"数据库中。实现步骤如下。

（1）启动企业管理器，登录到指定的服务器。右击数据库文件夹，在弹出菜单中选择"所有任务—>导出数据"命令，打开 DTS 导入/导出向导，如图 11-30 所示。

（2）单击"下一步"按钮，打开"选择数据源"对话框，如图 11-39 所示，在"数据源"旁边的下拉列表中选择数据源，在本例中选择"文本文件"，然后输入文件"Employee.txt"的存储位置。

（3）单击"下一步"按钮，打开"选择文件格式"对话框，进行文件格式设置，如图 11-40 所示。

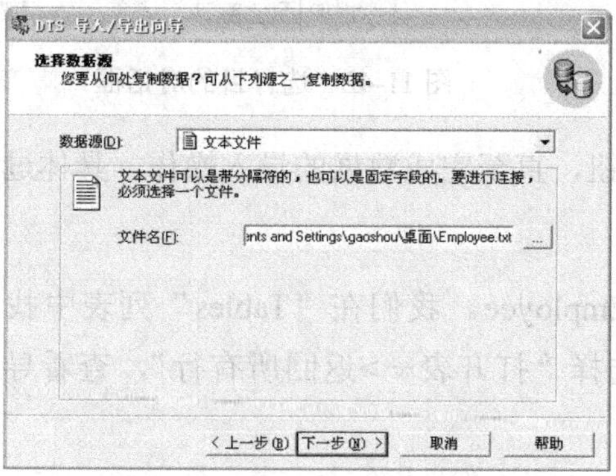

图 11-39　选择数据源对话框

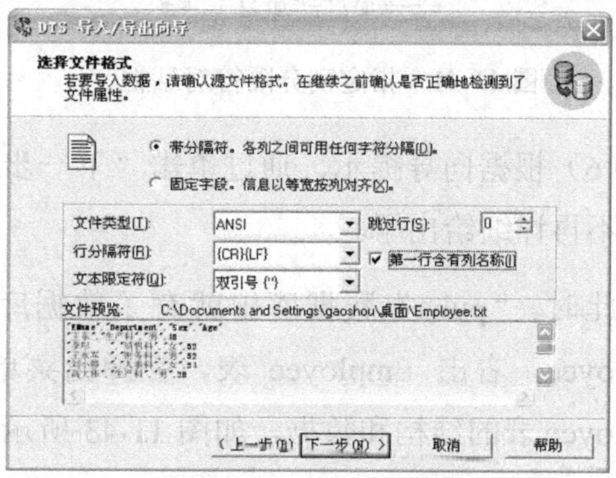

图 11-40　选择文件格式对话框

说明如下。

- 带分隔符：把文本中的数据分配成不同的字段，所有的字段必须以相同的结束符分隔。
- 固定字段：把文本中的数据分配到具有相同宽度的字段中，不同的字段宽度可以不同。

因为在导入文件“Employee.txt”中，不同的字段以结束符（逗号）分隔，所以这里选择“带分隔符”选项。另外，文件“Employee.txt”中的第一行为字段的名称，所以这里还要选中“第一行含有列名”选项。

（4）单击“下一步”按钮，打开“指定列分隔符”对话框，在该对话框中确定分界符，将文件中的内容按记录逐条分开成多列，如图 11-41 所示。这里需要选择“逗号”分隔符。

（5）单击“下一步”按钮，打开“选择目的”对话框，如图 11-42 所示。在“目的”旁边的下拉列表中选择“用于 SQL Serve 的 Microsoft OLE DB 提供程序”，在“数据库”旁边的下拉列表中选择“pubs”数据库。

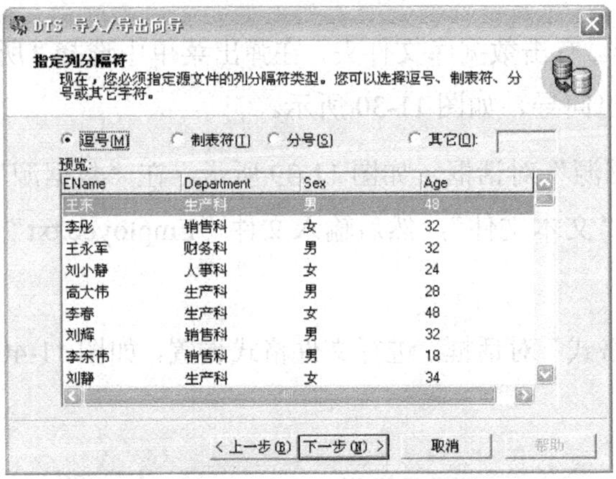

图 11-41　指定列分隔符对话框

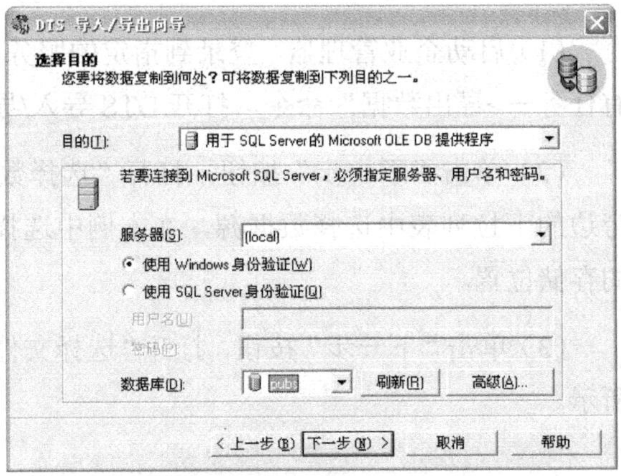

图 11-42　选择目的对话框

（6）根据向导提示，通过单击“下一步”按钮，直至完成数据的导入操作。具体过程这里就不再详细给出了。

此时，“pubs”数据库中就有了数据库表 Employee。我们在“Tables”列表中找到表 Employee，右击 Employee 表，在弹出菜单中选择“打开表－>返回所有行”，查看导入的 Employee 表的结构和数据，如图 11-43 所示。

右击 Employee 表，在弹出菜单中选择“设计表”命令，我们可以查看导入的 Employee

表各列的属性，如图 11-44 所示。由此可见，各列的数据类型都被定义成 varchar，且都允许为 NULL。

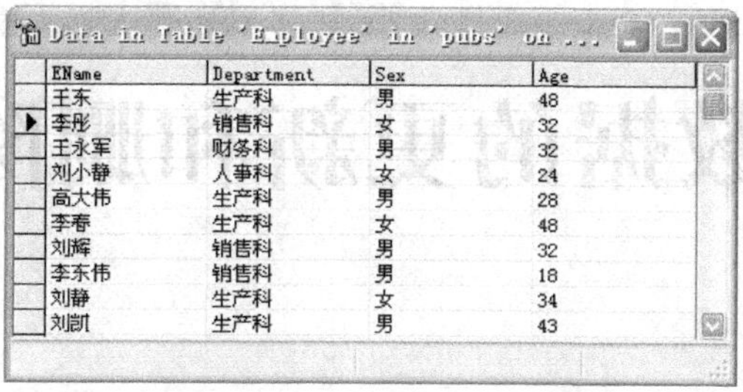

Data in Table 'Employee' in 'pubs' on ...

EName	Department	Sex	Age
王东	生产科	男	48
李彤	销售科	女	32
王永军	财务科	男	32
刘小静	人事科	女	24
高大伟	生产科	男	28
李春	生产科	女	48
刘辉	销售科	男	32
李东伟	销售科	男	18
刘静	生产科	女	34
刘凯	生产科	男	43

图 11-43 Employee 表数据

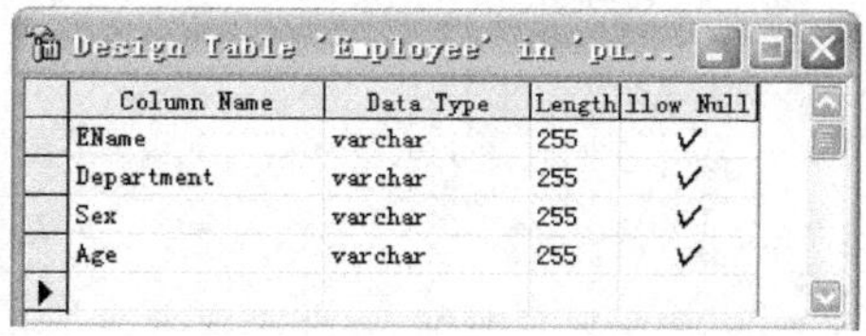

Design Table 'Employee' in 'pu...

Column Name	Data Type	Length	llow Null
EName	varchar	255	✓
Department	varchar	255	✓
Sex	varchar	255	✓
Age	varchar	255	✓

图 11-44 Employee 表列属性

第 12 章

数据的更新和删除

第 11 章介绍了如何向表中插入数据，本章将主要讨论通过 UPDATE 和 DELETE 语句更新和删除表中的数据。

12.1 更新表中的数据

在 SQL 中，我们可以使用 UPDATE 语句来修改表中的现有数据，也称为更新数据库表中的数据。

12.1.1 UPDATE 语句的基本语法

使用 UPDATE 语句，一次可以改变数据库表中单行上的值，也可以改变表中选定的一些行上的多列数据，当然也可以更新所有行的数据。语法如下。

```
UPDATE          table_name
SET             column1=value1,
                column2=value2,
                ……
WHERE           search_condition
```

这里需要说明的是，UPDATE 语句主要包括三部分：要更新的表名、列名和它们的新值以及选择更新行的搜索条件。

UPDATE 语句中的 WHERE 子句确定表（table_name）中要修改的数据行。SET 子句提供要修改的列值的清单。简单来讲，UPDATE 语句执行时，一次一行地处理整个表，更新那些搜索为 True（即 WHERE 子句为 True）的行上 SET 子句列出的列值。UPDATE 语句保持那些搜索条件为 False 或 NULL 的行中的数据不变。

由 UPDATE 的语法可见，SET 子句包括了列赋值表达式的清单。表列名在赋值清单中作为赋值目标只能出现一次，并且表达式必须要产生一个与要赋值的列数据类型相兼容的值。

> **注意** 一定要注意不要忽略 WHERE 子句，如果没有指明 WHERE 子句，则数据库表中所有行的记录都将被更新。

12.1.2　UPDATE 语句更新列值

使用 UPDATE 语句可以更新单列数据也可以更新多列数据。下面我们通过几个实例介绍一下使用 UPDATE 语句更新列值的操作。

实例 1　复制 TEACHER 表数据到新表

本节所有的更新实例均是基于 TEACHER 表（参见本书 5.2.1 节的表 5-1）中的数据进行的，为了不影响 TEACHER 表的其他应用，这里用第 11 章介绍的 SELECT…INTO 语句将 TEACHER 表中的数据复制到 New_Teacher 表中。本节给出的更新操作实例均是针对 New_Teacher 表进行的。代码如下。

```
SELECT        *
INTO          New_Teacher
FROM              TEACHER
```

查看表 New_Teacher 的数据。

```
SELECT        *
FROM              New_Teacher
```

运行结果如图 12-1 所示。

	TNO	TNAME	CNO	SAL	DNAME	TSEX	AGE
1	1	王军	4	800	数学	男	32
2	2	李彤	5	1200	生物	女	54
3	3	王永军	1	900	计算机	男	40
4	4	刘小静	2	1200	计算机	女	46
5	5	高伟	8	2100	电子工程	男	39
6	6	李伟	7	1200	机械工程	男	29
7	7	刘辉	3	900	生物	女	46
8	8	李伟	9	NULL	计算机	女	43
9	9	刘静	12	1300	经济管理	女	28
10	10	刘一凯	13	NULL	计算机	女	33

图 12-1　New_Teacher 表中的记录

1. 更新单列数据

实例 2　更新单列数据

“三八”节到了，该月为所有女教师的工资增加 100 元过节费。实例代码如下。

```
UPDATE          New_Teacher
SET             SAL=SAL+100
WHERE           TSEX='女'
```

查看表 New_Teacher 的数据。

```
SELECT          *
FROM            New_Teacher
```

运行结果如图 12-2 所示。

	TNO	TNAME	CNO	SAL	DNAME	TSEX	AGE
1	1	王军	4	800	数学	男	32
2	2	李彤	5	1300	生物	女	54
3	3	王永军	1	900	计算机	男	40
4	4	刘小静	2	1300	计算机	女	46
5	5	高伟	8	2100	电子工程	男	39
6	6	李伟	7	1200	机械工程	男	29
7	7	刘辉	3	1000	生物	女	46
8	8	李伟	9	NULL	计算机	女	43
9	9	刘静	12	1400	经济管理	女	28
10	10	刘一凯	13	NULL	计算机	女	33

图 12-2　女教师的工资增加 100 元后的纪录

由此可见，表中所有女教师 SAL 列的数据都增加了 100，而其他数据没有改变。需要注意的是教工号为 8 和 10 的两个女教师的 SAL 列数据仍为 NULL，这是因为 NULL 值参与任何数学运算其结果仍为 NULL，“NULL+100”结果仍为 NULL。

2. 多列数据的更新

使用 UPDATE 语句一次也可以更新多列数据，只要写入 SET 子句的更新清单中即可。

实例 3　多列数据的更新

新的一年开始了，所有教师的年龄增加了 1 岁，同时给所有教师的工资增加 10%。实例代码如下。

（1）先将女教师的工资恢复到原来值。

```
UPDATE          New_Teacher
SET             SAL=SAL-100
```

```
WHERE          TSEX='女'
```

（2）更新所有教师的年龄和工资信息。

```
UPDATE         New_Teacher
SET            AGE = AGE +1,
               SAL= SAL*1.1
```

（3）查看表 New_Teacher 的数据。

```
SELECT         *
FROM              New_Teacher
```

运行结果如图 12-3 所示。

由此可见，所有的 SAL 列和 AGE 列的数据都发生了改变。

	TNO	TNAME	CNO	SAL	DNAME	TSEX	AGE
1	1	王军	4	880	数学	男	33
2	2	李彤	5	1320	生物	女	55
3	3	王永军	1	990	计算机	男	41
4	4	刘小静	2	1320	计算机	女	47
5	5	高伟	8	2310	电子工程	男	40
6	6	李伟	7	1320	机械工程	男	30
7	7	刘辉	3	990	生物	女	47
8	8	李伟	9	NULL	计算机	女	44
9	9	刘静	12	1430	经济管理	女	29
10	10	刘一凯	13	NULL	计算机	女	34

图 12-3 更新表 New_Teacher 后的纪录

3．通过更新删除列中的数据

有时候我们需要通过数据的更新操作，实现删除某列数据的目的。通常的做法是把该列的值设置为 NULL。当然，这样做的前提是该列允许为空值，即没有非空约束。

实例 4 通过更新删除列中的数据

生物系教师的工资进行了调整，目前还不知道调整后的具体工资，因此需要把其原有的工资信息删除。实例代码如下。

```
UPDATE          New_Teacher
SET            SAL = NULL
WHERE          DNAME ='生物'
```

查看表 New_Teacher 的数据。

```
SELECT         *
FROM              New_Teacher
```

运行结果如图 12-4 所示。

	TNO	TNAME	CNO	SAL	DNAME	TSEX	AGE
1	1	王军	4	880	数学	男	33
2	2	李彤	5	NULL	生物	女	55
3	3	王永军	1	990	计算机	男	41
4	4	刘小静	2	1320	计算机	女	47
5	5	高伟	8	2310	电子工程	男	40
6	6	李伟	7	1320	机械工程	男	30
7	7	刘辉	3	NULL	生物	女	47
8	8	李伟	9	NULL	计算机	女	44
9	9	刘静	12	1430	经济管理	女	29
10	10	刘一凯	13	NULL	计算机	女	34

图 12-4　将生物系教师原有的工资信息删除

由此可见，生物系所有的教师的 SAL 列值都变为 NULL。

注意　在执行一条新的 UPDATE 语句（特别是带有复杂搜索条件的）之前，我们最好先确定一些更新操作所影响的数据行数。

例如实例 4，执行数据更新前，确定一些更新操作影响的行数，即所有生物系教师的记录数，代码如下。

```
SELECT        COUNT(*)
FROM          New_Teacher
WHERE         DNAME ='生物'
```

	(No column name)
1	2

图 12-5　生物系教师的记录数

运行结果如图 12-5 所示。

由此可知，UPDATE 语句将更新 New_Teacher 表中的两行数据，这样有利于减少更新操作的错误概率。

12.1.3　利用子查询更新多行的值

在 UPDATE 语句的 WHERE 子句中，我们可以使用比较运算符（=、>、<、>=、<=、<>）来确定搜索条件，同样也可以使用子查询来确定需要更新的行。下面我们就结合具体的实例说明其应用。

实例 5　复制 TEACHER 表数据到新表

同样，为了不影响 TEACHER 表中的原始数据，我们需要将 TEACHER 表中的数据复制到表 New_Teacher2 表中，这样，直接操作 New_Teacher2 表就可以了。代码如下。

```
SELECT          *
```

```
INTO        New_Teacher2
FROM            TEACHER
```

查看表 New_Teacher2 的数据。

```
SELECT  *   FROM  New_Teacher2
```

运行结果如图 12-6 所示。

	TNO	TNAME	CNO	SAL	DNAME	TSEX	AGE
1	1	王军	4	800	数学	男	32
2	2	李彤	5	1200	生物	女	54
3	3	王永军	1	900	计算机	男	40
4	4	刘小静	2	1200	计算机	女	46
5	5	高伟	8	2100	电子工程	男	39
6	6	李伟	7	1200	机械工程	男	29
7	7	刘辉	3	900	生物	女	46
8	8	李伟	9	NULL	计算机	女	43
9	9	刘静	12	1300	经济管理	女	28
10	10	刘一凯	13	NULL	计算机	女	33

图 12-6　将 TEACHER 表中的数据复制到表 New_Teacher2 表

实例 6　利用子查询更新多行的值

在 NEW_ Teacher2 表中，当男教师的工资少于所有男教师的平均工资时，将该男教师的工资提高 5%。实例代码如下。

```
UPDATE       NEW_Teacher2
SET          SAL = SAL +SAL * 0.05
WHERE        TSEX='男'
AND      SAL < (SELECT  avg(SAL)
                 FROM     NEW_Teacher2
                 WHERE    TSEX='男')
```

查看更新后表 New_TEACHER2 中的数据。

```
SELECT   *   FROM  New_TEACHER2
```

运行结果如图 12-7 所示。

	TNO	TNAME	CNO	SAL	DNAME	TSEX	AGE
1	1	王军	4	840	数学	男	32
2	2	李彤	5	1200	生物	女	54
3	3	王永军	1	945	计算机	男	40
4	4	刘小静	2	1200	计算机	女	46
5	5	高伟	8	2100	电子工程	男	39
6	6	李伟	7	1260	机械工程	男	29
7	7	刘辉	3	900	生物	女	46
8	8	李伟	9	NULL	计算机	女	43
9	9	刘静	12	1300	经济管理	女	28
10	10	刘一凯	13	NULL	计算机	女	33

图 12-7　将工资少于所有男教师的平均工资的男教师的工资提高 5%

我们可以发现，教工号为 1、3、6 的男教师的 SAL 列数据进行了更新，其余数据均没有发生变化。

这里特别需要强调一点，使用子查询选择要更新的行时，可以在子查询中引用正在更新的表，如本例中，子查询语句就引用了表 NEW_Teacher2。这时，子查询引用的表中的数据都认为是更新前的数据。

如在该实例中，代码执行时，DBMS 首先读出 NEW_Teacher2 表中的第一行记录，经验证其满足 WHERE 子句中的搜索条件，就将其 SAL 列中的数据更新，即由 800 更新为 840；而后系统从 NEW_Teacher2 表取出第二条记录，此时在 WHERE 子句中执行子查询即使用 AVG 聚合函数，其中要用到第一条记录的 SAL 列中的数据，这时采用的是更新前的数据，即仍然为 800。也就是说，在整个 UPDATE 语句执行期间，子查询中的 AVG 函数得到的值始终是相同的。

12.1.4　依据外表值更新数据

虽然 UPDATE 语句只允许改变单个表中的列值，但在 UPDATE 语句的 WHERE 子句中可以使用任何可用的表。因此可根据别的表中的相关值来决定目标表中要更新的数据行。

实例 7　依据外表值更新数据

在 NEW_Teacher2 表中，给所授课程学时超过 40 个（COURSE 表）或者是在 STUDENT 表中其所授课程的成绩存在优秀（超过 85 分）的教师发放 100 元的奖金。实例代码如下。

```
UPDATE       NEW_Teacher2
SET          SAL = SAL +100
WHERE   CNO IN (SELECT  CNO FROM COURSE
                  WHERE   CNO = NEW_Teacher2.CNO
                  AND          CTIME >= 40)
OR           CNO IN (SELECT  CNO FROM STUDENT
                  WHERE   CNO = NEW_Teacher2.CNO
                  GROUP BY CNO
                  HAVING  MAX(MARK) >= 85)
```

查看更新后表 New_TEACHER2 中的数据。

```
SELECT  *   FROM  New_TEACHER2
```

运行结果如图 12-8 所示。

对比更新前后 NEW_Teacher2 表中的数据，共有 5 行记录（1、3、4、6、9）的 SAL 列数据进行了更新。

	TNO	TNAME	CNO	SAL	DNAME	TSEX	AGE
1	1	王军	4	940	数学	男	32
2	2	李彤	5	1200	生物	女	54
3	3	王永军	1	1045	计算机	男	40
4	4	刘小静	2	1300	计算机	女	46
5	5	高伟	8	2100	电子工程	男	39
6	6	李伟	7	1360	机械工程	男	29
7	7	刘辉	3	900	生物	女	46
8	8	李伟	9	NULL	计算机	女	43
9	9	刘静	12	1400	经济管理	女	28
10	10	刘一凯	13	NULL	计算机	女	33

图 12-8 依据外表值更新数据

12.1.5 分步更新表

有时对数据库表中的数据完成某种更新操作，需要使用 UPDATE 语句分几步完成，这时我们需要特别注意数据更新的顺序。

实例 8 分步更新表

在 NEW_Teacher2 表中，工资超过 1500 的缴纳 10%所得税，超过 800 的缴纳 5%所得税，其余的不缴税，重新计算缴税后各教师的工资。实例代码如下。

```
UPDATE        NEW_Teacher2
SET           SAL = SAL * 0.95
  WHERE          SAL <= 1500
                 AND         SAL >800

/*继续更新大于 1500 的工资*/
UPDATE        NEW_Teacher2
SET           SAL = SAL * 0.9
WHERE         SAL >1500
```

查看更新后表 NEW_Teacher2 的数据。

```
SELECT  *  FROM  NEW_Teacher2
```

运行结果如图 12-9 所示。

	TNO	TNAME	CNO	SAL	DNAME	TSEX	AGE
1	1	王军	4	893	数学	男	32
2	2	李彤	5	1140	生物	女	54
3	3	王永军	1	992	计算机	男	40
4	4	刘小静	2	1235	计算机	女	46
5	5	高伟	8	1890	电子工程	男	39
6	6	李伟	7	1292	机械工程	男	29
7	7	刘辉	3	855	生物	女	46
8	8	李伟	9	NULL	计算机	女	43
9	9	刘静	12	1330	经济管理	女	28
10	10	刘一凯	13	NULL	计算机	女	33

图 12-9 分步更新 NEW_Teacher2 表后的纪录

上面的两个 UPDATE 语句的执行顺序是正确的，但我们如果将两个 UPDATE 语句的执行顺序颠倒，则可能会造成执行结果错误，其中原因读者可自行分析。

12.2　删除表中的数据

在 SQL 中，我们可以使用 DELETE 语句从数据库删除数据。DELETE 语句只能从表中删除数据，不能删除表定义本身。

12.2.1　DELETE 语句基本语法

使用 DELETE 语句从数据库删除数据，基本语法如下。

```
DELETE FROM          table_name
WHERE                search_condition
```

这里需要说明的是，该语句将从表中删除符合条件的数据行，如果没有 WHERE 语句，则删除所有数据行。通过使用 DELETE 语句的 WHERE 子句，SQL 可以删除单行数据、多行数据以及所有行数据。使用 DELETE 语句时，我们应注意以下几点。

- DELETE 语句不能删除单个字段的值，只能删除整行数据。要删除单个字段的值，我们可以采用 12.1 节介绍的使用 UPDATE 语句，将其更新为 NULL。
- DELETE 语句仅能删除记录即表中的数据，不能删除表本身。要删除表，我们需要使用前面介绍的 DROP TABLE 语句。
- 同 INSERT 和 UPDATA 语句一样，从一个表中删除记录将引起其他表的参照完整性问题。这是一个潜在问题，我们需要时刻注意。

注意　DELETE 语句中没有指定列名，这是因为不能从表中删除单个列的值，只能整行删除。如果需要删除特定的列值，我们应使用 UPDATE 语句将该值设置为 NULL，当然，前提是该列没有 NOT NULL 约束，具体操作可参加 12.1.2 节的实例及内容。

12.2.2　DELETE 语句删除单行数据

DELETE 语句可以删除数据库表中的单行数据、多行数据以及所有行数据。同时在 WHERE 子句中，我们也可以通过子查询删除数据。本节主要通过一个实例说明如何从表中删除单行数据。

实例 9 DELETE 语句删除单行数据

在 New_Teacher2 表中删除教工号为 8 的教师记录。实例代码如下。

```
DELETE FROM    New_Teacher2
WHERE          TNO=8
```

查看表 New_Teacher2 的数据。

```
SELECT  *  FROM  New_Teacher2
```

运行结果如图 12-10 所示。

	TNO	TNAME	CNO	SAL	DNAME	TSEX	AGE
1	1	王军	4	893	数学	男	32
2	2	李彤	5	1140	生物	女	54
3	3	王永军	1	992	计算机	男	40
4	4	刘小静	2	1235	计算机	女	46
5	5	高伟	8	1890	电子工程	男	39
6	6	李伟	7	1292	机械工程	男	29
7	7	刘辉	3	855	生物	女	46
8	9	刘静	12	1330	经济管理	女	28
9	10	刘一凯	13	NULL	计算机	女	33

图 12-10 删除 New_Teacher2 表中教工号为 8 的教师记录

我们可以看到，教工号为 8 的教师记录已经被整行删除。

12.2.3 DELETE 语句删除多行数据

与前面介绍的数据更新操作一样，我们可以在 WHERE 子句中设置各种搜索条件，也可以通过子查询或者多表连接的方式选择要删除的行。

实例 10 DELETE 语句删除多行数据

在 New_Teacher2 表中删除工资低于所有教师平均工资的男教师的记录。

实例代码如下。

```
DELETE FROM    New_Teacher2
WHERE          TSEX='男'
AND            SAL < (SELECT  avg(SAL)
                      FROM    New_Teacher2)
```

查看表 New_Teacher2 的数据。

```
SELECT  *  FROM  New_Teacher2
```

运行结果如图 12-11 所示。

我们可以看到，教工号为 1 和 3 的两位男教师记录已经被删除。

	TNO	TNAME	CNO	SAL	DNAME	TSEX	AGE
1	2	李彤	5	1140	生物	女	54
2	4	刘小静	2	1235	计算机	女	46
3	5	高伟	8	1890	电子工程	男	39
4	6	李伟	7	1292	机械工程	男	29
5	7	刘辉	3	855	生物	女	46
6	9	刘静	12	1330	经济管理	女	28
7	10	刘一凯	13	NULL	计算机	女	33

图 12-11　删除 New_Teacher2 表中工资低于所有教师平均工资的男教师的记录

12.2.4　DELETE 语句删除所有行

如果 DELETE 语句中不包含 WHERE 子句，则该表的所有行都将被删除。

实例 11　DELETE 语句删除所有行

删除 New_Teacher2 表中的所有记录，代码如下。

```
DELETE FROM     New_Teacher2
```

查看表 New_Teacher2 的数据。

```
SELECT  *  FROM  New_Teacher2
```

运行结果如图 12-12 所示。

TNO	TNAME	CNO	SAL	DNAME	TSEX	AGE

图 12-12　删除 New_Teacher2 表中的所有记录

我们可以发现，New_Teacher2 表中的所有记录都被删除了，但是 New_Teacher2 表本身（各个字段）还存在，并没有被删除。

12.2.5　TRUNCATE TABLE 语句

从 12.2.4 节可以看到，我们使用没有 WHERE 子句的 DELETE 语句可以从表中删除所有的行。SQL Server 中还提供了 TRUNCATE TABLE 语句，供用户删除表中的所有数据，同时又不删除表结构。TRUNCATE TABLE 语句语法如下。

```
TRUNCATE TABLE   table_name
```

虽然使用 DELETE 语句和 TRUNCATE TABLE 语句都能够删除表中的所有数据，但是使用 TRUNCATE TABLE 语句比用 DELETE 语句快得多，表现为以下两点。

- 使用 DELETE 语句，系统将一次一行地处理要删除的表中的记录，在从表中删除行之前，在事务处理日志中记录相关的删除操作和删除行中的列值，以备删除失败时可以使用事务处理日志来恢复数据。
- TRUNCATE TABLE 则一次性完成删除与表有关的所有数据页的操作。另外，TRUNCATE TABLE 语句并不更新事务处理日志。由此可见，现在 SQL Server 中，使用 TRUNCATE TABLE 语句从表中删除行后，我们将不能用 ROLLBACK 命令取消行的删除操作。

注意

TRUNCATE TABLE 语句不能用于有外关键字依赖的表。

实例 12　TRUNCATE TABLE 语句删除表中的数据

删除 New_Teacher 表中的所有数据，代码如下。

```
TRUNCATE TABLE      New_Teacher
```

查看删除数据后表 New_Teacher 中的数据。

```
SELECT  *  FROM  New_Teacher
```

运行结果如图 12-13 所示。

TNO	TNAME	CNO	SAL	DNAME	TSEX	AGE

图 12-13　删除 New_Teacher 表中的所有数据

由此可见，表 New_Teacher 中的数据均被删除，但表结构并没有被删除，这与 DROP TABLE 语句是不同的。

12.3　通过视图更新表

因为视图是一张虚表，所以对视图的更新，实际上是转换成对视图的底层表的更新。因此，我们可以通过更新视图的方式实现对表中数据的更新。视图的更新操作包括插入、修改和删除数据，而通过视图向表中插入数据在第 11 章已经介绍过了，这里我们主要讨论通过更新视图修改和删除表中的数据。

12.3.1　可更新视图的约束

我们在本书第 4 章中已经介绍过，不是所有的视图都是可更新的。可更新的视图必须满足如下条件。

- SELECT 子句中的目标列不能包含聚集函数。
- SELECT 子句中不能使用 DISTINCT 关键字。
- 它不能包括 GROUP BY 子句。
- 它不能包括经算术表达式计算出来的列。
- 视图必须是基于单表的，即由单个基本表使用选择、投影操作导出，并且要包含了基本表的主码。

只有在创建视图时满足了上面几点，我们才可以对视图进行更新，即对创建视图的基本表进行更新操作。

12.3.2　通过视图更新表数据

我们像更新表一样，可以使用 UPDATE 语句更新视图。更新视图的语法如下。

```
UPDATE          View_name
SET             column1=value1,
                column2=value2,
                ……
WHERE           search_condition
```

这里需要说明的是，与更新表相比，更新视图只是将表名替换为视图名，其他与更新表中数据的语法完全相同。当然视图必须满足可更新视图的条件。

> 注意　可更新的视图必须是基于单个的底层表。

在 UPDATE 语句中，使用视图代替底层表有两个好处。

- 它可以限制用户可更新的底层表中的列。
- 它使列名具有更好的描述性。

比如，要求用户只能更新 TEACHER 表中的男教师的教工号、姓名、所在系、工资信息，而 TEACHER 表中的其他信息不能够更新，这时候，我们就可以将 TEACHER 表中的相应信息创建视图 View_Teacher，并授予可更新权限，而将 TEACHER 表的权限设置成不可更新的（有关权限的授予第 13 章会作详细介绍）。SQL 代码如下。

```
CREATE VIEW  View_Teacher(Boy_NO, Boy_Name, Boy_Depart, Boy_Salary)
AS
SELECT TNO, TNAME, DNAME, SAL
FROM  TEACHER
WHERE TSEX = '男'
```

查看视图的数据。

```
SELECT * FROM  View_Teacher
```

运行结果如图 12-14 所示。

	Boy_NO	Boy_Name	Boy_Depart	Boy_Salary
1	1	王军	数学	800
2	3	王永军	计算机	900
3	5	高伟	电子工程	2100
4	6	李伟	机械工程	1200

图 12-14　视图 View_Teacher 中的记录

通过该视图我们就可以实现对 TEACHER 表中的男教师的教工号、姓名、所在系、工资信息的修改，而不能改变 TEACHER 表中的其他任何数据。

实例 13　通过视图更新表数据

为工资低于 1000 元的男教师增加 10%的工资，代码如下。

```
UPDATE          View_Teacher
SET             Boy_Salary = Boy_Salary + Boy_Salary *0.1
WHERE           Boy_Salary < 1000
```

查看更新后的 View_Teacher 视图中的数据，如图 12-15 所示。

	Boy_NO	Boy_Name	Boy_Depart	Boy_Salary
1	1	王军	数学	880
2	3	王永军	计算机	990
3	5	高伟	电子工程	2100
4	6	李伟	机械工程	1200

图 12-15　为工资低于 1000 元的男教师增加 10%工资后的记录

系统在执行此代码时，首先从数据字典中找到 View_Teacher 视图的定义，然后把此定义和更新数据操作结合起来，转换成等价的、对底层表 TEACHER 的数据更新操作，相当于对 TEACHER 表执行以下操作。

```
UPDATE          TEACHER
SET             SAL = SAL + SAL *0.1
```

```
WHERE        TSEX = '男'
AND          SAL < 1000
```

此时，查看 TEACHER 表中的数据。

```
SELECT * FROM  TEACHER
```

运行结果如图 12-16 所示。

	TNO	TNAME	CNO	SAL	DNAME	TSEX	AGE
1	1	王军	4	880	数学	男	32
2	2	李彤	5	1200	生物	女	54
3	3	王永军	1	990	计算机	男	40
4	4	刘小静	2	1200	计算机	女	46
5	5	高伟	8	2100	电子工程	男	39
6	6	李伟	7	1200	机械工程	男	29
7	7	刘辉	3	900	生物	女	46
8	8	李伟	9	NULL	计算机	女	43
9	9	刘静	12	1300	经济管理	女	28
10	10	刘一凯	13	NULL	计算机	女	33

图 12-16　与图 12-15 等价的另一种表示

由此可见，所有相关数据已经得到更新。

12.3.3　通过视图删除表数据

我们通过视图也可以从表中删除行。与 UPDATE 语句一样，如果想使用视图作为 DELETE 语句的目标表，该视图也必须要满足可更新条件。视图不必显示底层表中的所有列，但是视图的 SELECT 语句必须只引用单个表，即 DELETE 语句的目标表。

通过视图使用 DELETE 语句删除表中数据的基本语法如下。

```
DELETE FROM          View_name
WHERE                search_condition
```

这里需要说明的是，当使用视图作为 DELETE 语句的目标表时，只能删除那些在视图的 SELECT 子句中满足搜索条件，即满足视图选择标准的那些行。假如通过 13.3.2 节创建的 View_Teacher 视图删除 TEACHER 表中的数据，我们就只能删除那些 TEACHER 表中的 TSEX 值为“男”的那些行。

实例 14　通过视图删除表数据

将工资低于 1000 元的男教师记录删除，代码如下。

```
DELETE FROM      View_Teacher
WHERE            Boy_Salary < 1000
```

查看更新后的 View_Teacher 视图中的数据，如图 12-17 所示。

	Boy_NO	Boy_Name	Boy_Depart	Boy_Salary
1	5	高伟	电子工程	2100
2	6	李伟	机械工程	1200

图 12-17　删除工资低于 1000 元的男教师信息后的记录

系统在执行此代码时，首先从数据字典中找到 View_Teacher 视图的定义，然后把此定义和删除数据操作结合起来，转换成等价的、对底层表 TEACHER 的数据删除操作，相当于对 TEACHER 表执行以下操作。

```
DELETE FROM     TEACHER
WHERE           TSEX = '男'
AND             SAL < 1000
```

此时查看 TEACHER 表中的数据。

```
SELECT * FROM  TEACHER
```

运行结果如图 12-18 所示。

	TNO	TNAME	CNO	SAL	DNAME	TSEX	AGE
1	2	李彤	5	1200	生物	女	54
2	4	刘小静	2	1200	计算机	女	46
3	5	高伟	8	2100	电子工程	男	39
4	6	李伟	7	1200	机械工程	男	29
5	7	刘辉	3	900	生物	女	46
6	8	李伟	9	NULL	计算机	女	43
7	9	刘静	12	1300	经济管理	女	28
8	10	刘一凯	13	NULL	计算机	女	33

图 12-18　更新 TEACHER 信息后的记录

由此可见，底层表即 TEACHER 表中删除的也是一整列的信息。

说明

对视图使用 DELETE 语句可以删除底层表中的数据，这一点与第 4 章介绍的使用 DROP VIEW 语句删除视图是不同的。使用 DROP VIEW 语句删除视图只会删除该视图在数据字典中的定义，而与该视图有关的基本表中的数据不会受任何影响，而 DELETE 语句则将底层表中相应的数据行也删除了。这一点我们在实际应用中要特别小心。

至此，由第 4 章、第 11 章以及本节的介绍，视图的基本概念、操作、用途就介绍完了。从中我们可以发现，由于视图中的数据不是存放在视图中的，即视图没有相应的存储空间，对视图的一切操作最终都将转换成对基本表的操作，这样看来使操作更加复杂，那么为什么还要使用视图呢？使用视图主要有以下几个优点。

- 利于数据保密，我们可以为不同的用户定义不同的视图，使用户只能看到与自己有关的数据。例如，我们对 TEACHER 表创建了 View_Teacher 视图，可以设定用户只能修改男教师的特定的几列信息，而无法更改别的数据，从而保证了数据的安全性。
- 简化查询操作，为复杂的查询建立一个视图，用户不必键入复杂的查询语句，只需针对此视图做简单的查询即可。这一点在第 4 章中有过详细介绍。
- 保证数据的逻辑独立性。对于视图的操作，比如查询，只依赖于视图的定义。当构成视图的基本表要修改时，我们只需修改视图定义中的子查询部分，而基于视图的查询不用改变。

第13章 安全性控制

数据库中通常由多个用户共享，为保证数据库的安全，SQL 语言提供数据控制语句 DCL（Data Control Language）对数据库进行统一的管理。从本章开始，我们将介绍 SQL 的数据控制语言（DCL）。SQL 的数据控制功能主要包括安全性控制和完整性控制两个方面。安全性指的是保护数据库，防止不合法的使用造成数据泄漏、修改或破坏。本章将主要讨论 SQL 对数据库的安全性控制功能。

13.1 SQL 安全模式

要实现数据库的安全性，数据库必须保证未授权的用户不能查询或修改数据，同时保证授权用户对合法信息的访问。为了支持这些功能，SQL 定义了安全模式，用于确定用户对相应的数据的访问权限。

13.1.1 授权 ID

授权 ID 是数据库安全的基础，是 SQL 安全模式的核心。授权 ID 表示被授予特定访问权限的一个用户或者一组用户，通过授权 ID 可以访问 SQL 环境中的所有对象，可以授予授权 ID 权限，就像在文件系统环境中由操作系统维护权限那样。如果授权 ID 不具有访问某种对象比如 TEACHER 表的权限，那么这个用户就不能访问 TEACHER 表中的数据。另外，我们可以配置多个授权 ID，使其具有不同的权限。SQL 支持两种类型的授权 ID：用户 ID 和角色。

- 用户 ID 是一个个人的安全账户，可以表示个体、应用程序或系统服务。SQL 标准没有规定如何创建用户 ID，因此用户 ID 一般是在 RDBMS 环境中明确地创建。为了保证数据库系统的安全性，大部分数据库管理系统采用提供用户名和口令的方法来标识和鉴别用户 ID。

- 角色是一个定义的权限集，是多种权限的集合。可以将它分配给一个用户，也可以分配给另一个角色。当要为某一用户同时授予或收回多项权限时，可以把这些权限定义为一个角色，对此角色进行操作。这样就避免了许多重复性的工作，简化了操作。

说明：在 SQL 标准中，没有规定如何创建用户 ID，但却规定了如何创建角色。

除了用户 ID 和角色外，SQL 还有一个特定的授权 ID：PUBLIC。它是 SQL 内置的授权 ID，包括了所有访问数据库的用户。和其他授权 ID 一样，我们也可以将访问权限授予 PUBLIC 账户。比如，如果希望所有访问数据库的用户都可以访问 COURSE 表，那么我们就可以将访问 COURSE 表的权限授予 PUBLIC 账户。

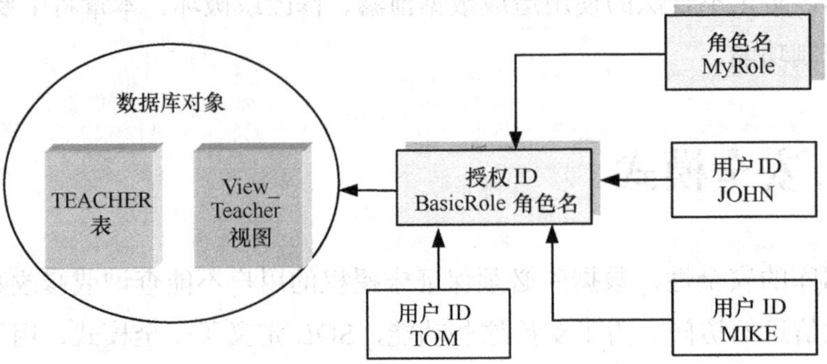

图 13-1　角色与用户 ID

13.1.2　SQL 的安全对象和权限

在 SQL 系统中，有以下两个安全机制。

- 一种是前面介绍的视图机制，当用户通过视图访问数据库时，不能访问此视图外的数据，它提供了一定的安全性。
- 另一种，也是主要的安全机制，为权限机制。

权限机制的基本思想是给用户授予不同类型的权限，在必要时可以收回授权。通过权限机制，SQL 使用户能够进行的操作以及所操作的数据限定在指定的范围内，禁止用户超越权限对数据库进行非法的操作，从而保证数据库的安全性。

SQL 数据库由诸如表、视图、存储过程、默认值、索引、约束、用户 ID、用户定义的数据类型等对象组成。对于每种类型的对象，都可以分配特定类型的权限，这些权限因对象类型的不同而有所变化。

每种 DBMS 产品都扩展了标准的安全性对象，但一般说来，大多数 DBMS 产品都支持以下几种安全性权限。

- SELECT：允许用户 ID 使用 SELECT 查询数据。如，用户 A 在 TEACHER 表中被授予 SELECT 权限，那么他就可以查询 TEACHER 表中的数据。SQL 允许对整个表授予或取消 SELECT 权限，在有些 DBMS 系统，如 SQL Server、SYBASE 等，允许对表中的特定列授予 SELECT 权限。
- INSERT: 允许用户 ID 利用 INSERT 语句向表中添加新行。如，用户 A 在 TEACHER 表中被授予 INSERT 权限，那么他就可以向 TEACHER 表中插入数据。SQL 允许 DBMS 将此权限限制为只对每行特定的列，这样，用户 ID 向表中添加新行时，未被授权的列将只能插入 NULL。
- UPDATE: 允许用户 ID 使用 UPDATE 语句更新表中的数据。如，用户 A 在 TEACHER 表中被授予 UPDATE 权限，那么他就可以更新 TEACHER 表中的数据。
- DELETE：允许用户 ID 使用 DELETE 语句删除表中的数据。
- REFERENCES：允许用户 ID 在外键或检查约束中引用表或视图中的列。
- USAGE：允许用户 ID 使用列定义的对象，包括域、用户定义的数据类型、字符集、顺序序列和转译。
- TRIGGER：允许用户 ID 在表上创建触发器。
- EXECUTE：允许用户 ID 调用 SQL 调用的例程。

具体的 DBMS 产品很可能不只支持这 8 种安全权限，如在 SQL Server 中还增加了下面几种数据库对象权限。

- EXEC：允许用户 ID 执行存储过程。
- DRI：允许用户 ID 在表上添加 FOREIGN KEY 约束。
- CREATE TABLE：允许用户 ID 向数据库中添加新表。
- ALTER TABLE：允许用户 ID 改变表的结构。
- DROP TABLE：允许用户 ID 删除表。
- BACKUP DATEBASE：允许用户 ID 将整个数据库备份到备份设备上。
- BACKUP LOG：允许用户 ID 将数据库事务处理日志备份到其他设备上。

通过使用 GRANT 语句指定对象和访问这些对象的授权 ID，我们就可以将权限授予数据库对象，另外还可以使用 REVOKE 语句取消权限。

13.1.3　授权图

SQL 中允许用户把已获得的权限转授给其他用户，也可以把已授给其他用户的权限再回收上来。因为一系列授权，可能产生由授权和重叠的权限形成的复杂网络，因此用授权图来表示授权是十分有用的。

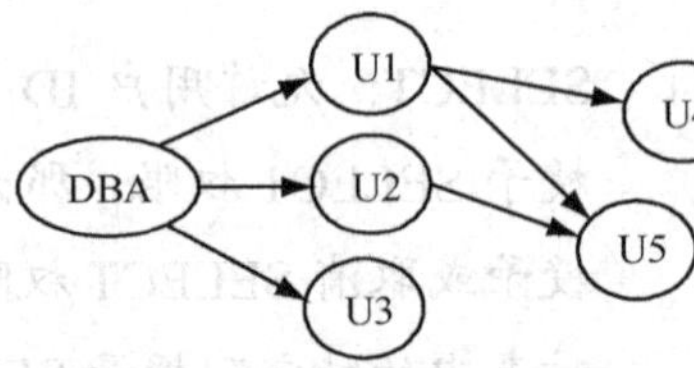

图 13.2　简单的授权图

SQL 系统维护着这张图的映像，以记录权限及来龙去脉。这张图的节点对应于一个用户和一个权限。根节点是 DBA，有向边 Ui→Uj，表示用户 Ui 把某权限授给用户 Uj。一个用户拥有权限的充分必要条件是，授权图中有一条从根节点到该用户节点的路径。图 13-2 即为简单的授权图。

13.2　角色管理

角色是多种权限的集合，可授予用户或其他角色，用来简化权限的管理。当把某个角色授予用户（和角色）或从用户（或角色）处收回时，就同时授予或收回了该角色代表的全部权限。这样就避免了为每个用户重复授权的繁琐，可以大大简化数据库管理员的工作。我们可用 CREATE ROLE 语句创建角色，使用 GRANT 语句授予角色，使用 PEVOKE 语句取消角色，使用 DROP ROLE 语句删除角色。

> 注意　不是所有的 DBMS 系统都支持 CREATE ROLE 和 DROP ROLE 语句。Oracle 系统支持这两个语句，而 SQL Server 不支持这两种语句，但是 SQL Server 提供了存储过程，用于创建和删除角色。

13.2.1　CREATE 语句创建角色

创建角色通常是一个非常简单的过程，在 Oracle 数据库系统中创建角色的语法如下。

```
CREATE ROLE        role_name
                 [ NOT INDENTIFIED |
                 [ INDENTIFIED [BY password | EXTERNALLY|GLOABALLY] ]
                 ];
```

这里需要说明的是，role_name 为指定的角色名；NOT IDENTIFIED 选项表示不需口令验证；IDENTIFIED 选项表示需要验证口令，分别为以下两种情况。

- BY password 指定本地用户口令，如果在建立角色时用口令，则用户在使用时也要给出口令。
- EXTERNALLY 指定为外部用户，该用户用外部服务进行验证。

实例 1　使用 CREATE ROLE 语句创建角色

在 Oracle 数据库中使用 CREATE ROLE 语句创建一个角色 MyRole，实现代码如下。

```
CREATE ROLE MyRole IDENTIFIED GAOSHOU;
```

创建的角色名为 MyRole，密码为“GAOSHOU”。创建了角色之后，我们就可以把角色授予用户 ID 或其他角色。

13.2.2　DROP 语句删除角色

删除角色与创建角色一样简单，可以使用 DROP ROLE 语句来实现。语法如下。

```
DROP  ROLE  role_name
```

删除角色时只需标识角色的名称即可。

实例 2　使用 DROP ROLE 语句删除角色

从数据库中删除 MyRole 角色。实例代码如下。

```
DROP  ROLE  MyRole
```

这样，MyRole 角色就从数据库中删除了。我们可以看到，创建和删除角色是非常简单的过程，通过创建角色可以使管理用户变得容易，通过角色可以把请求相同对象上相同权限的用户聚集在一起。

13.2.3　GRANT 语句授予角色

授予角色时，我们必须使用 GRANT 语句把一个或多个角色分配给一个或多个授权 ID。语法如下。

```
GRANT         Role_name1, Role_name2,……
TO            user | Role| PUBLIC
[WITH ADMIN OPTION]
```

说明如下。

- GRANT 子句用于指定一个或多个角色名。如果指定的角色名不止一个，需用逗号隔开。
- TO 子句用于指定一个或多个授权 ID，同样若指定的授权 ID 不止一个，需用逗号隔开。
- GRANT 语句还可以指定 PUBLIC 授权标识符，把角色授予所有的数据库用户。
- WITH ADMIN OPTION 是可选项，指定后则允许被授权的用户将指定的系统特权或角色再授予其他用户或角色。

实例 3　使用 GRANT 语句授予角色

将角色 MyRole 分配给用户 GSC，并且希望用户 GSC 具有将 MyRole 角色授予其他用户的能力。实例代码如下。

```
GRANT        MyRole
TO           GSC
WITH ADMIN OPTION
```

我们还可以把多个角色授予多个授权 ID，这里的授权 ID 可以是用户 ID 也可以是角色。

实例 4　把多个角色授予多个授权 ID

将角色 Manager 和角色 Analyzer 授予 GSC 用户 ID 和 Account 角色，并且希望用户 GSC 和角色 Account 具有将角色 Manager 和角色 Analyze 授予其他用户的能力。实现代码如下。

```
GRANT        Manager, Analyzer
TO           GSC, Account
WITH ADMIN OPTION
```

13.2.4 REVOKE 语句取消角色

使用 REVOKE 语句可以收回角色，即取消角色。语法如下。

```
REVOKE       [ADMIN OPTION FOR] Role_name1, Role_name2,……
FROM             User | Role| PUBLIC
```

这里需要说明的是，除了 ADMIN OPTION FOR 子句外，该语法与 GRANT 语句没有什么特别之处。ADMIN OPTION FOR 子句用于取消用户的能力，但是不取消角色本身。

实例 5　使用 REVOKE 语句取消角色

在 13.2.3 节的实例 3 中，我们已经将角色 MyRole 分配给了用户 GSC，这里将其收回。实例代码如下。

```
REVOKE      MyRole
FROM            GSC
```

同样我们也可以把多个角色从多个授权 ID 中收回。

实例 6　把多个角色从多个授权 ID 中收回

在 13.2.3 节的实例 4 中，我们已经将角色 Manager 和角色 Analyzer 授予 GSC 用户 ID 和 Account 角色，现将其收回。实例代码如下。

```
REVOKE      Manager, Analyzer
F ROM           GSC, Account
```

说明　对于授予和取消角色，包括后面要介绍的授予和取消权限操作，不同的数据库产品可能有不同的实现方式，因此读者使用时一定要查阅相应数据库产品的说明文档。

13.3　权限管理

权限是一个用户 ID 具有的访问权利。数据库管理员（DBA）通过授予及取消用户 ID 和角色的权限，控制用户及应用程序对数据库的各种操作。在 SQL 系统中，我们可以给用户授予不同类型的权限，在必要时，可以收回授权。与授予和收回角色相似，我们可以通过 GRANT 语句对每个对象授予权限，通过 REVOKE 语句取消权限。

13.3.1　GRANT 语句授予权限

作为数据库对象的拥有者，GRANT 语句可以控制数据库对象能被哪些用户 ID 或角色访问。如果创建了表或视图之类的数据库对象，只有在使用 GRANT 语句向其他用户授予访问权限后，该用户才可以对此对象执行 SQL 语句。

当使用 GRANT 语句在某个对象上授予权限时，实际上就是把一个或多个权限与用户 ID 联系起来。该权限与用户 ID 一起被分配给对象，这样就允许用户 ID 根据定义的权限来访问该对象。语法如下。

```
GRANT       Object_privilege | ALL
ON          schema.object
TO          User | Role | PUBLIC
[WITH GRANT OPTION]
```

说明如下。

- GRANT 子句包括两个选项，即 ALL 和 Object_privilege。Object_privilege 表示的是对象的权限，可以是 ALTER、DELETE、EXECUTE、INDEX、INSERT、REFERENCES、SELECT、UPDATE、TRIGGER 等。如果需要，这里可以罗列出多种权限，只是这些权限名之间要用逗号隔开。

技巧 如果使用了关键字 ALL，那么系统将把所有权限都授予该对象。比如，用户创建了一个表，作为该表的拥有者被自动授予了 SELECT、INSERT、DELETE、UPDATE、REFERENCES、TRIGGER 权限，使用了 ALL 关键字后，这 6 种权限将全部授予 GRANT 语句中的授权 ID。

- ON 子句指定要授予权限的数据库对象名，可以是基本表名、视图名等。
- TO 子句指明要授予权限的用户 ID 或角色。如果用户 ID 或角色不止一个，则它们之间必须用逗号隔开。如果我们使用了 PULBIC，表示将授权给数据库中的全部用户。
- WITH GRANT OPTION 子句为可选项，指定后，则允许被授权的用户将权限再授予其他用户或角色。

实例 7　使用 GRANT 语句授予权限

将用户（TEACHER 表的创建者）所拥有的 TEACHER 表的 SELECT、INSERT 权限授予用户 TOM。实例代码如下。

```
GRANT        SELECT,INSERT
ON           TEACHER
TO           TOM
WITH GRANT OPTION
```

这样，TOM 用户就拥有了对 TEACHER 表进行 SELECT、INSERT 操作的权限。注意，代码中加入了 WITH GRANT OPTION 子句，从而使得 TOM 用户可以将其获得的权限再授予其他用户。

注意 当 GRANT 语句中包括 WITH GRANT OPTION 子句时，一定要特别小心。如果授予另外的用户 WITH GRANT OPTION 权限，那么用户不仅可以将其获得的权限再授予别的用户，而且也可以使用 WITH GRANT OPTION 子句，使别的用户也有了再授权的能力。

13.3.2　REVOKE 语句取消权限

所有授予出去的权限在必要时都可以由数据库管理员和授权者收回，与取消角色类似，收回对象权限仍然使用 REVOKE 语句，语法格式如下。

```
REVOKE      [GRANT OPTION FOR] Object_privilege | ALL
ON          schema.object
FROM             User | Role| PUBLIC
RESTUICT | CASCADE
```

说明如下。

- REVOKE 子句可以设置为取消该对象上的所有权限（使用 ALL 关键字），或者是只取消指明的权限。
- ON 子句与 GRANT 语句中的 ON 子句完全相同，指定要取消对象权限的数据库对象名。
- FROM 子句指明要取消权限的用户 ID 或角色。如果用户 ID 或角色不止一个，则它们之间必须用逗号隔开。如果 FROM 子句使用了 PULBIC，表示对数据库中的全部用户取消该授权。
- 如果指定 RESTUICT 关键字，而此时该权限已经被该用户又传送给了其他用户，即有了依赖关系，则这个权限将不会被取消。但是如果指定 CASCADE 关键字，那么这个权限将被取消，同时由该用户传送给其他用户的该权限也被取消。

注意：如果没有指明任何关键字，几乎所有的 DBMS 产品都自动地撤销从原来的 GRANT 语句派生出来的所有权限。因此，CASCADE 关键字只是起到提示作用。

- 只有在 GRANT 语句中使用了 WITH GRANT OPTION 子句时，REVOKE 语句中使用 GRANT OPTION FOR 子句才能起作用。当使用了 GRANT OPTION FOR 子句后，GRANT 语句就丧失了取消权限的能力，只是相当于取消了 GRANT 语句中的 WITH GRANT OPTION 子句，即取消了用户将权限再授予其他用户的权限。

实例 8　使用 REVOKE 语句取消 INSERT 权限

取消用户 TOM（参见 13.3.1 节实例 7）所拥有的 TEACHER 表的 INSERT 权限，实例代码如下。

```
REVOKE      INSERT
ON          TEACHER
FROM        TOM
```

此时用户 TOM 对 TEACHER 表的 INSERT 权限已经被取消，只剩下了 SELECT 权限了。

执行 REVOKE 语句只可取消该用户以前授予目标用户的权限。因此，如果用户甲和用户乙都向目标用户授予了对象的相同权限，如果用户甲取消了权限，而用户乙却没有取消该权限，那么目标用户仍然对对象拥有该权限。

实例 9　取消一个用户授予其他用户的 INSERT 权限

13.3.1 节实例 7，通过 GRANT 语句将 TEACHER 表的 SELECT、INSERT 权限授予用户 TOM 时，由于指明了 WITH GRANT OPTION 子句，TOM 用户就具有了将权限授予其他用户的能力。这里要求取消用户 TOM 所拥有的这个能力。实例代码如下。

```
REVOKE      GRANT OPTION FOR INSERT
ON          TEACHER
FROM            TOM
```

此时，TOM 用户仍然具有对 TEACHER 表的 SELECT、INSERT 权限，但是不能将其拥有的 INSERT 权限再授予其他用户。

13.3.3　SELECT 权限控制

SELECT 权限允许用户使用表或视图查询数据。当创建一个数据库对象后，该数据库对象的拥有者具有该对象的所有权限，而其他数据库用户则什么权限都没有。因此要使别的用户可以查询表或视图，我们必须通过 GRANT 语句将该表或视图的 SELECT 权限授予该用户。语法如下。

```
GRANT       SELECT [(column1, column2,……)]
ON          Table_name | View_name
TO          User | Role | PUBLIC
[WITH GRANT OPTION]
```

这里需要说明的是，只有表或视图才能拥有 SELECT 权限。column 用于指定要授权的表或视图的一列或多列。如果不指定列名，被授权的用户将在表或视图的所有列上均拥有 SELECT 权限。

实例 10　SELECT 权限控制

TEACHER 表的拥有者要把 TEACHER 表的 SELECT 权限授予 TOM，并使 TOM 具有将该权限授予其他用户的能力。实例代码如下。

```
GRANT       SELECT
```

```
ON          TEACHER
TO          TOM
WITH GRANT OPTION
```

这样用户 TOM 就具有了对整个 TEACHER 表的查询权限，同时也可以将其获得的 SELECT 权限授予其他用户。

如果只希望用户 JOHN 拥有查询 TEACHER 表的 TNAME、AGE、DNAME 列信息的权限，我们可采用如下代码。

```
GRANT       SELECT (TNAME, AGE, DNAME)
ON          TEACHER
TO          JOHN
```

实例 11　通过创建视图进行 SELECT 权限控制

如果我们只希望用户 MIKE 拥有查询 TEACHER 表中所有男教师信息的权限，该如何处理呢？通过 GRANT SELECT 语句只能选择表中的列而不能选择行进行授权，因此直接使用 GRANT SELECT 语句是不可行的。这时我们可以创建视图 Boyteacher_View，使该视图只包含所有男教师的记录，而后通过 GRANT SELECT 语句将该视图的 SELECT 权限授予用户 MIKE，这时候用户 MIKE 就只具有对视图 Boyteacher_View 的查询功能，即只能查询 TEACHER 表中所有男教师的信息。实现代码如下。

```
CREATE VIEW Boyteacher_View
AS
SELECT * FROM TEACHER
WHERE   TSEX = '男'
/*视图创建完毕，授权*/
GRANT       SELECT
ON          Boyteacher_View
TO          MIKE
```

当向用户 ID 或角色授予 SELECT 权限的用户不再想让该用户 ID 或角色成员具有查询表中数据权限时，授权者可通过 REVOKE 语句收回该权限。

实例 12　通过 REVOKE 语句收回某一权限

收回用户 JOHN 对 TEACHER 表的 AGE 列信息的查询权限。实例代码如下。

```
REVOKE      SELECT (AGE)
ON          TEACHER
FROM            JOHN
```

13.3.4　INSERT 权限控制

与 13.3.3 节介绍的 SELECT 权限只能查询数据而不能修改数据相对照，INSERT 权限只允许用户向表中添加数据而不能查询、修改以及删除数据。因此，INSERT 权限就是向表中添加行的能力，可以直接添加也可以通过视图添加，在插入之后，就成为表中的一部分。语法如下。

```
GRANT          INSERT
ON             Table_name | View_name
TO             User | Role | PUBLIC
[WITH GRANT OPTION]
```

实例 13　INSERT 权限控制

把 TEACHER 表的 INSERT 权限授予 TOM，并使 TOM 具有将该权限授予其他用户的能力。实例代码如下。

```
GRANT          INSERT
ON             TEACHER
TO             TOM
WITH GRANT OPTION
```

当然我们也可以通过 GRANT INSERT 语句为视图授予 INSERT 权限。但是视图是一张“虚表”，它实际操作的是底层表的数据，因此要成功地授予对视图的 INSERT 权限，除了视图必须是第 12 章讲过的可更新视图外，还有一点就是权限的提供者必须对视图的底层表也具有 INSERT 权限。

当一个对底层表具有 INSERT 权限的用户创建一个视图时，例如用户 TOM，它此时对 TEACHER 表有 INSERT 权限和 SELECT 权限（13.3.3 节实例 10 授予），那么它可以基于 TEACHER 表创建一个视图 View_Teacher，也可以将对视图 View_Teacher 的 INSERT 权限授予其他用户。

实例 14　收回 INSERT 权限

当然，对用户 TOM 的 INSERT 权限的提供者，我们也可以通过 REVOKE INSERT 语句收回该权限，代码如下。

```
REVOKE         INSERT
ON             TEACHER
FROM               TOM
```

13.3.5 UPDATE 权限控制

UPDATE 权限同样是对表或视图而言的，它允许用户或应用程序执行 UPDATE 语句来更新表中的数据。如果用户只拥有 UPDATE 权限而没有其他任何权限，那么用户只可以更新表的数据，而不能查询、添加新行或删除数据。

注意 在某些数据库产品中，如 SQL Server，用户必须对表或视图同时具有 UPDATE 权限和 SELECT 权限才能成功地对表进行更新数据操作。因为在 SQL Server 中执行 UPDATE 语句时，DBMS 首先要选择需要更新的行，而后才对该行执行更新数据操作。如果没有 SELECT 权限，那么 DBMS 将无法查询（SELECT）要更新的行，更新操作也就无从谈起。因此，在实际应用中，我们要特别注意不同数据库产品的要求。

语法如下。

```
GRANT       UPDATE [(column1, column2,……)]
ON          Table_name | View_name
TO          User | Role | PUBLIC
[WITH GRANT OPTION]
```

这里需要说明的是，与 SELECT 权限一样，权限提供者可以对表或视图的一列或多列进行授权。如果不指定列名，被授权的用户将在表或视图上的所有列上均拥有 UPDATE 权限。

实例 15　UPDATE 权限控制

授予用户 TOM 更新 TEACHER 表的 TNAME、AGE、DNAME 列信息的权限。实例代码如下。

```
GRANT       UPDATE (TNAME, AGE, DNAME)
ON          TEACHER
TO          TOM
WITH GRANT OPTION
```

同样，与 INSERT 权限相似，当权限提供者对视图授予 UPDATE 权限时，除了要求视图必须是第 12 章讲过的可更新视图外，还有一点就是权限的提供者必须对视图的底层表也具有 UPDATE 权限。

当想要取消用户更新表中数据能力时，权限提供者可以执行 REVOKE UPDATE 语句取消先前授予的 UPDATE 权限，当然，可以对整个表（视图）取消 UPDATE 权限，也可以对特定的列取消 UPDATE 权限。

实例 16　对特定的列取消 UPDATE 权限

取消用户 TOM 更新 TEACHER 表的 TNAME 列信息的权限，实例代码如下。

```
REVOKE        UPDATE (AGE)
ON            TEACHER
FROM              TOM
```

13.3.6　DELETE 权限控制

DELETE 权限也是对表或视图而言的，允许用户或应用程序从表中删除一行或多行数据。DELETE 权限与其他任何一种访问权限一样，给予用户单一的功能——从数据库表中删除行。

说明　与 UPDATE 权限类似，在某些数据库产品中，如 SQL Server，用户必须对表或视图同时具有 DELETE 权限和 SELECT 权限，才能成功地对表执行 DELETE 操作。

语法如下。

```
GRANT         DELETE
ON            Table_name | View_name
TO            User | Role | PUBLIC
[WITH GRANT OPTION]
```

实例 17　DELETE 权限控制

把 TEACHER 表的 DELETE 权限授予 TOM，并且使 TOM 具有将该权限授予其他用户的能力。实例代码如下。

```
GRANT         DELETE
ON            TEACHER
TO            TOM
WITH GRANT OPTION
```

当对视图授予 DELETE 权限时，除了要求视图必须是第 12 章讲过的可更新视图外，还有一点就是，权限的提供者必须对视图的底层表也具有 DELETE 权限，具体原因可参考 13.3.4 节 INSERT 权限的介绍。

当要取消用户删除表中数据能力时，权限提供者可以执行 REVOKE DELETE 语句取消先前授予的 DELETE 权限。

实例 18 取消授予的 DELETE 权限

取消用户 TOM 删除 TEACHER 表中数据的权限。实例代码如下。

```
REVOKE      DELETE
ON          TEACHER
FROM            TOM
```

DBMS 执行了 REVOKE DELETE 语句后，用户 TOM 拥有的对 TEACHER 表的 DELETE 权限就被取消。

13.4 SQL Server 安全管理

SQL Server 的安全性管理是建立在认证（Authentication）和访问许可（Permission）两者机制上的。认证是指确定登录 SQL Server 的用户登录账号和密码是否正确，以此来验证其是否具有连接 SQL Server 的权限。但是通过认证并不代表能够访问 SQL Server 中的数据，用户只有在获取访问数据库的权限之后，才能够对数据库进行权限许可下的各种操作。针对数据库对象，如表、视图、存储过程等，这种权限的设置是通过用户账号来实现的。

13.4.1 SQL Server 登录认证

在 SQL Server 中登录到服务器的方式有两种：Windows NT 认证和 SQL Server 认证。

- Windows NT 认证利用 NT 系统本身提供的用户安全性和账号管理的机制。SQL Server 也可以使用 NT 的用户名和口令，在该模式下用户只要通过 WINDOWS 的认证就可连接到 SQL Server，而 SQL Server 本身也没有必要管理一套登录数据。
- SQL Server 认证是指用户在连接 SQL Server 时，必须提供登录名和登录密码。这些登录信息存储在系统表 syslogins 中，与 NT 的登录账号无关。

SQL Server 能在两种安全模式下运行：Windows NT 认证模式和混合模式。我们可以使用 SQL Server 提供的企业管理器来设置安全模式。具体步骤如下。

（1）启动 SQL Server，选择要进行安全模式设置的服务器。

（2）右击该服务器，在弹出菜单中选择“属性”，SQLServer 将弹出属性对话框，在其中选择“安全性”标签，如图 13-3 所示。

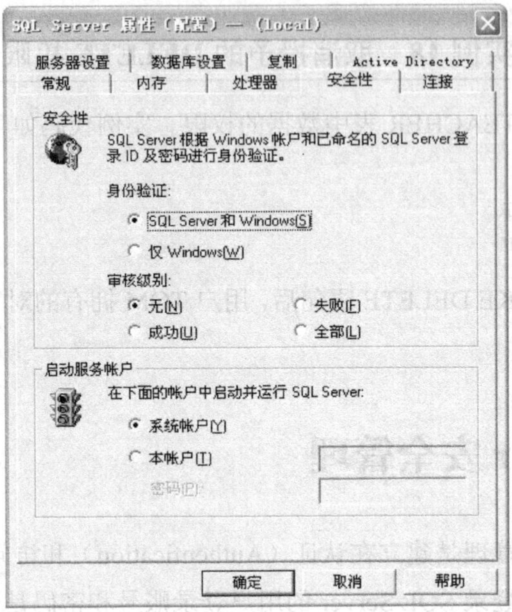

图 13-3　属性对话框的“安全性”选项栏

（3）在“身份验证”处选择要设置的认证模式，同时可以在审核级别处选择任意一个单选按钮，决定跟踪记录用户登录时的哪种信息（如登录成功或失败的信息）。

（4）在“启动服务账户处”设置当启动 SQL Server 时默认的登录者。

（5）单击“确定”按钮，窗口关闭，完成了设置。

13.4.2 SQL Server 用户 ID 的管理

SQL Server 中的用户 ID 由两个部分组成：登录账号和用户账号。

- 登录账号只表明该账号通过了 NT 认证或 SQL Server 认证，允许用户 ID 与 SQL Server 连接。
- 用户账号总是基于数据库的，即两个不同数据库中可以有两个相同的用户账号。SQL Server 通过用户账号来控制用户 ID 在数据库上的权限。

通常而言，用户账号总是与某一登录账号相关联，但有一个例外，那就是 guest 用户。在安装系统时，guest 用户被加入到 master、pubs、tempdb 和 northwind 数据库中。它主要是让那些没有账号的 SQL Server 登录者将其作为缺省的用户，从而能够访问具有 guest 用户的数据库。

我们可以使用 SQL Server 提供的企业管理器来添加用户 ID 的登录账号和用户账号。具体步骤如下。

（1）启动企业管理器，选择要登录的服务器，单击服务器紧邻的“+”标志。

（2）单击“安全性（Security）”文件夹旁边的“+”标志，展开文件夹，右击“登录”图标，在弹出菜单中选择“新建登录”选项，SQL Server 将弹出“SQL Server 登录属性 - 新建登录”对话框。

（3）在“常规”标签下的名称框中输入登录账号“MYLOG”，在“身份验证”下选择身份认证模式，如果使用 SQL Server 认证模式，那么选择“SQL Server 身份验证”单选按钮之后，必须在密码文本框中输入密码；如果使用 NT 认证模式，那么选择“Windows 身份验证”单选按钮之后，则必须在域（Domain）中输入域名。我们在“默认设置”下的两个选项框中指出用户在登录时的默认数据库以及默认的语言。如图 13-4 所示。

（4）单击数据库访问标签页，将显示该系统管理的数据库清单。为了赋予用户 ID 对数据库的访问权，我们可单击用户 ID 要访问的数据库左边的复选框，此时 USER（用户账号）字段会自动将登录账号 MYLOG 作为其用户账号，也可修改为别的用户账号，如这里将其设置为“TOM”。如图 13-5 所示。

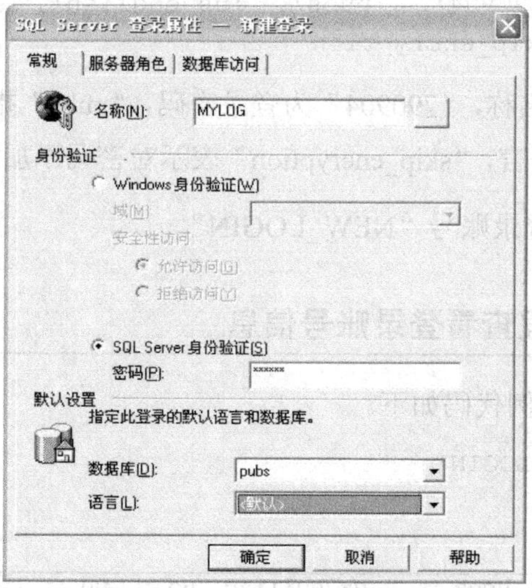

图 13-4　“常规”选项栏

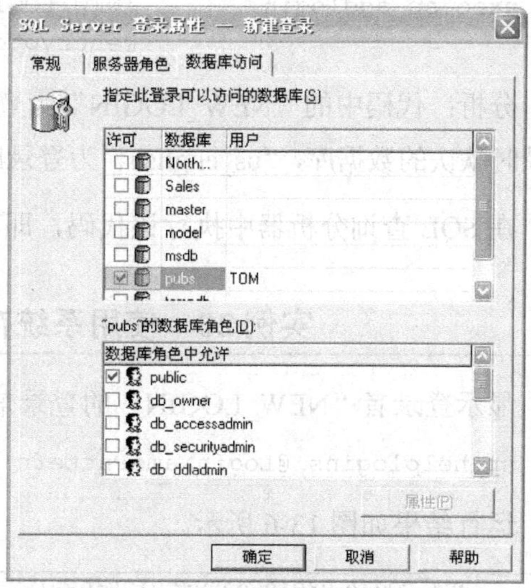

图 13-5　“数据库访问”选项栏

（5）单击“确定”按钮，由于登录账号采用的是 SQL Server 认证模式，系统会显示 Confirm Password（确认密码）对话框，重新确认密码，单击“确定”按钮，窗口关闭，就完成了用户 ID 的添加。

在 SQL Server 的 Transact-SQL 中，一些系统过程提供了管理 SQL Server 用户 ID 的主要功能，其中管理登录账户的有关系统过程包括以下几种。

- sp_granlogin：设定一个 WINDOWS NT 用户或用户组为 SQL Server 登录者。
- sp_addlogin：创建新的使用 SQL Server 认证模式的登录账号。
- sp_revokelogin：删除 NT 用户或用户组在 SQL Server 上的登录信息。
- sp_denylogin：拒绝某一 NT 用户或用户组连接到 SQL Server。
- sp_droplogin：从 SQL Server 中删除登录账号。
- sp_helplogins：显示 SQL Server 所有登录者的信息，包括每一个数据库里与该登录者相对应的用户名称。

关于各系统过程的具体语法这里就不详细介绍了，读者可参阅相应的 SQL Server 帮助文档。这里我们给出两个实例。

实例 19　使用系统存储过程创建登录账号

创建一个新的使用 SQL Server 认证模式的登录账号“NEW_LOGIN”，实例代码如下。

```
exec sp_addlogin          'NEW_LOGIN',  '790904',  'pubs',  'us_english',
                          @encryptopt ='skip_encryption'
```

分析：代码中的“NEW_LOGIN”为登录账号名称，“790904”为登录密码，“pubs”指明登录时默认的数据库，“us_english”为登录时缺省语言，“skip_encryption”表示对密码不加密。

在 SQL 查询分析器中执行该代码，即可创建登录账号“NEW_LOGIN”。

实例 20　使用系统存储过程查看登录账号信息

显示登录者“NEW_LOGIN”的登录信息，实例代码如下。

```
sp_helplogins @LoginNamePattern = 'NEW_LOGIN'
```

运行结果如图 13-6 所示。

	LoginName	SID	DefDBName	DefLangName	AUser	ARemote
1	NEW_LOGIN	0xB1DAD32A4C613A4DA61F23ED263B4D	pubs	us_english	NO	no

图 13-6　登录者“NEW_LOGIN”的登录信息

管理用户账户的有关系统过程包括以下几种。

- sp_granddbaccess：为 SQL Server 登录者或 NT 用户建立一个相匹配的数据用户账号。
- sp_revokedbaccess：将用户从当前数据库中删除，相匹配的登录者就无法使用该数据库。
- sp_helpuser：用来显示当前数据库的指定用户信息。

实例 21 使用系统存储过程创建用户账号

为登录账号“NEW_LOGIN”添加数据库用户账号“MIKE”，实例代码如下。

```
sp_grantdbaccess 'NEW_LOGIN ','MIKE'
```

实例 22 使用系统存储过程查看当前数据库的所有用户信息

实例代码如下。

```
sp_helpuser
```

运行结果如图 13-7 所示。

	UserName	GroupName	LoginName	DefDBName	UserID	SID
1	dbo	db_owner	sa	master	1	0x01
2	guest	public	NULL	NULL	2	0x00
3	MIKE	public	NEW_LOGIN	pubs	6	0xB1DAD32A4C513A4...
4	TOM	public	MYLOG	pubs	5	0xDE8C9127B7C2544...

图 13-7 当前数据库的所有用户信息

从结果中我们可以看到，当前用户包括了通过企业管理器创建的用户 TOM 以及通过系统过程创建的用户 MIKE。

13.4.3 SQL Server 权限管理

在 SQL Server 中，权限可分为系统权限和对象权限。系统权限由数据库管理员授予其他用户，是指数据库用户能够对数据库系统进行某种特定操作的权力。SQL Server 中主要的系统权限如表 13-1 所示。

表 13-1 SQL Server 系统权限

权 限 语 句	含 义	权 限 语 句	含 义
CREATE DATABASE	创建数据库	CREATE DEFAULT	创建缺省
CREATE TABLE	创建表	CREATE PROCEDURE	创建存储过程
CREATE VIEW	创建视图	BACKUP DATABASE	备份数据库
CREATE RULE	创建规则	BACKUP LOG	备份事务日志

对象权限由创建基本表、视图的用户授予其他用户，是指用户在指定的数据库对象上进行某种操作的权力。SQL Server 中主要的对象权限如表 13-2 所示。

表 13-2　SQL Server 对象权限

权 限 对 象	操　　作
表	SELECT、 INSERT、 UPDATE 、DELETE 、REFERENCE
视图	SELECT、 UPDATE、 INSERT 、DELETE
列	SELECT、 UPDATE
存储过程	EXECUTE

在 SQL Server 中，我们同样可以采用 13.3 节介绍的 GRANT 语句和 REVOKE 语句为用户授予或取消权限。这里对此不再详细介绍。

我们也可以使用 SQL Server 提供的企业管理器来进行权限管理，它提供了两种方法：面向单一用户和面向数据库对象进行权限设置。面向单一用户权限设置具体步骤如下。

（1）启动企业管理器，登录到指定的服务器。

（2）展开指定的数据库，本例为“pubs”，然后单击“Users”图标，此时在右边窗格中将显示数据库所有用户。

（3）在数据库用户清单中选择要进行权限设置的用户，本例为“MIKE”，右击用户名，然后在弹出菜单中选择“Properties（属性）”，弹出“数据库用户属性”对话框，如图 13-8 所示。

（4）在“数据库用户属性”对话框中单击“权限”按钮，弹出图 13-9 所示的“数据库用户属性”对话框，在该对话框中即可对 pubs 数据库中的各种数据库对象进行权限设置。

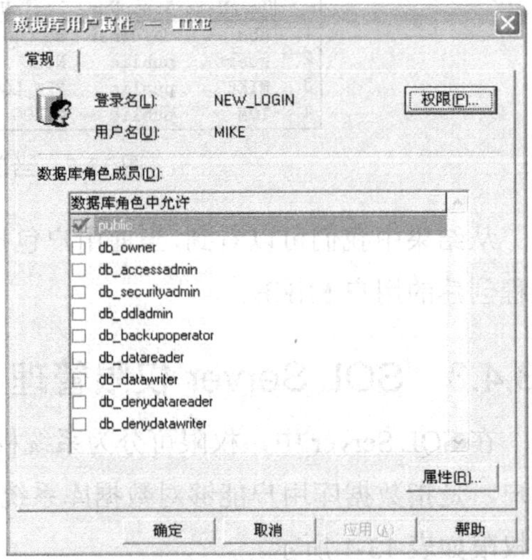

图 13-8　数据库用户属性对话框

（5）单击“确定”按钮，即完成对用户 MIKE 的 pubs 数据库对象的权限设置。

在图 13-8 所示的对话框中，如果我们在数据库角色成员选项栏中选择任何一个数据库角色（在缺省条件下任何数据库用户都至少是 public 角色），实际上就完成了数据库用户语句权限的设置。因为对于这些固定角色，SQL Server 已定义了其具有哪些权限。例如，db_owner 具有执行 CREATE DATABASE 的语句权限，关于角色我们将在 13.4.4 节作详细介绍。

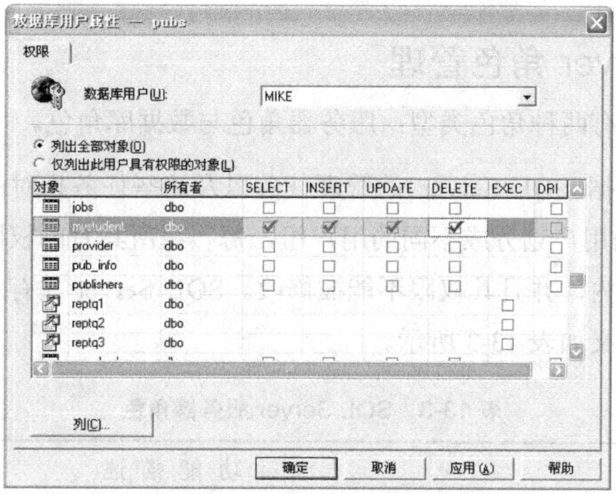

图 13-9　权限设置对话框

面向数据库对象的权限设置具体步骤如下。

（1）启动企业管理器，登录到指定的服务器。

（2）展开指定的数据库，如“pubs”，从中选择数据库对象，这里选择表，在右边的窗格中选择要进行权限设置的对象，如表“mystudent”，右击该对象。

（3）在弹出菜单中选择“所有任务（All tasks）—>管理权限（Manage Permission）”选项，此时弹出“对象属性”对话框，如图 13-10 所示。

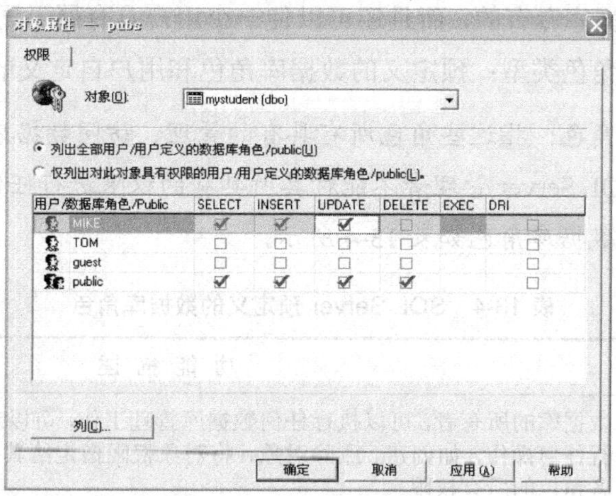

图 13-10　对象属性对话框

（4）在其中为各用户设置权限，单击“确定”按钮即完成对用户所拥有的 TEACHER 表的权限设置。

13.4.4　SQL Server 角色管理

SQL Server 中主要有两种角色类型：服务器角色与数据库角色。

服务器角色是指根据 SQL Server 的管理任务以及这些任务相对的重要性等级，把具有 SQL Server 管理职能的用户划分成不同的用户组，每一组所具有的权限已被预定义。服务器角色适用于服务器范围内，并且其权限不能被修改。SQL Server 共有 7 种预定义的服务器角色，各种角色的具体含义如表 13-3 所示。

表 13-3　SQL Server 服务器角色

服务器角色	功 能 描 述
sysadmin	可以在 SQL Server 中做任何事情
serveradmin	管理 SQL Server 服务器范围内的配置
setupadmin	增加删除连接服务器建立数据库复制管理扩展存储过程
securityadmin	管理数据库登录
processadmin	管理 SQL Server 进程
dbcreator	创建数据库并对数据库进行修改
diskadmin	管理磁盘文件

数据库角色能为某一用户（一组用户）授予不同级别的管理或访问数据库（数据库对象）的权限，这些权限是数据库专有的，而且还可以使一个用户具有属于同一数据库的多个角色。SQL Server 提供了两种角色类型：预定义的数据库角色和用户自定义的数据库角色。

- 预定义数据库角色：指这些角色所有具有的管理、访问数据库权限已被 SQL Server 定义，并且 SQL Server 管理者不能对其所具有的权限进行任何修改。在 SQL Server 中，预定义的数据库角色如表 13-4 所示。

表 13-4　SQL Server 预定义的数据库角色

预定义的数据库角色	功 能 描 述
db_owner	数据库的所有者，可以执行任何数据库管理工作，可以对数据库内的任何对象进行任何操作，如创建、删除对象，将对象权限指定给其他用户。该角色包含以下各角色的所有权限

续表

预定义的数据库角色	功 能 描 述
db_accessadmin	可增加或删除 NT 认证模式下用户登录者以及 SQLServer 用户
db_datareader	能且仅能对数据库中任何表执行 SELECT 操作，从而读取所有表的信息
db_datawriter	能对数据库中任何表执行 INSERT、UPDATE、DELETE 操作，但不能进行 SELECT 操作
db_addladmin	可以新建、删除、修改数据库中任何对象
db_securityadmin	管理数据库内权限的授予和取消。主要包括系统权限和对象权限，也包括对角色权限的管理
db_backupoperator	可以备份数据库
db_denydatareader	不能对数据库中任何表执行 SELECT 操作
db_denydatawriter	不能对数据库中任何表执行 UPDATE 、DELETE 和 INSERT 操作

- 用户自定义的数据库角色：当我们希望为某些用户设置相同的权限，但是预定义的角色没有这个权限时，就可以定义新的数据库角色来满足这一要求，从而使这些用户能够在数据库中实现某一特定功能。

虽然用户不能创建自己的服务器角色，但可以创建自定义的数据库角色。使用企业管理器创建数据库角色的步骤如下。

（1）启动企业管理器，登录到指定的服务器。

（2）展开指定的数据库，如 pubs，右击“角色”图标，在弹出菜单中选择“新建数据库角色”，弹出“数据库角色属性 - 新建角色”对话框，如图 13-11 所示。

（3）在“名称”框中输入该数据库角色的名称，如“NEW ROLE”，在“数据库角色类型”中选择数据库角色类型，这里我们选择“标准角色”，可单击“添加”按钮将数据库用户增加到新建的数据库角色当中，这里我们将用户“MIKE”与用户“TOM”添加到角色中。

（4）单击“确定”按钮，角色创建完毕，但是此时创建的角色不具有任何权限。

（5）此时可以在企业管理器中，选中“角色”图标，在右面的窗格中找到刚定义的角色“NEW_ROLE”，选中该角色，右击图标，在弹出菜单中选择“Properties（属性）”选项，将重新进入图 13-11 所示的对话框，但此时“权限”按钮为可用状态，单击该按钮，弹出“数据库角色属性”对话框，如图 13-12 所示，即可在其中进行角色权限设置。

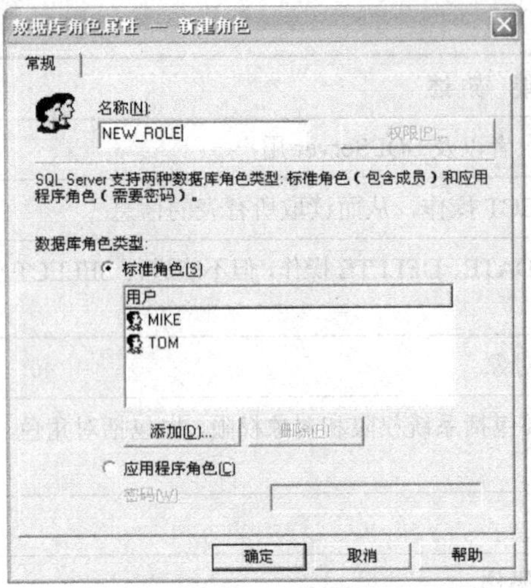

图 13-11　数据库角色属性对话框

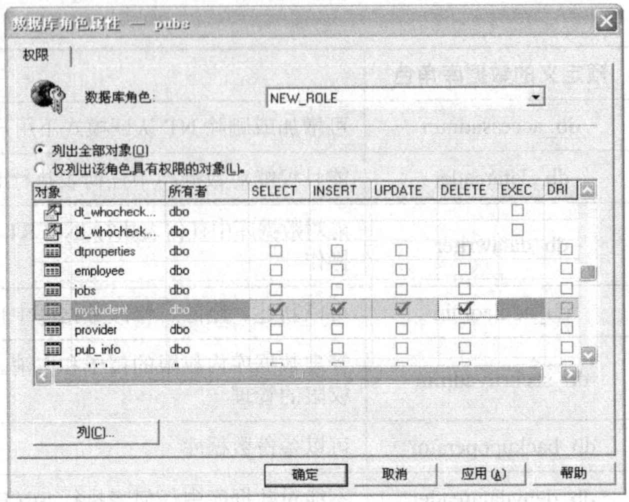

图 13-12　数据库角色属性对话框

本章 13.2 节已经介绍过，虽然 SQL 提供了角色管理的标准 SQL 语句，但是 SQL Server 却不支持这些语句。但在 SQL Server 的 Transact-SQL 中，系统提供了一些系统过程管理数据库角色，主要包括以下几种。

- sp_addrole：用来创建新数据库角色。
- sp_droprole：用来删除数据库中某一自定义的数据库角色。
- sp_helprole：用来显示当前数据库所有的数据库角色的全部信息。
- sp_addrolemember：用来向数据库某一角色中添加数据库用户。这些角色可以是用户自定义的标准角色，也可以是预定义的数据库角色。
- sp_droprolemember：用来删除某一角色的成员。

关于各系统过程的具体语法这里就不详细介绍了，读者可参阅相应的 SQL Server 帮助文档。这里我们给出几个应用实例。

实例 23　sp_addrole 和 sp_helprole 系统过程的应用

在数据库 pubs 中建立新的数据库角色“MyRole”，并且显示数据库 pubs 的所有数据库角色信息。实例代码如下。

```
use         pubs
sp_addrole 'MyRole'
sp_helprole
```

运行结果如图 13-13 所示。

	RoleName	RoleId	IsAppRole
1	public	0	0
2	db_owner	16384	0
3	db_accessadmin	16385	0
4	db_securityadmin	16386	0
5	db_ddladmin	16387	0
6	db_backupoperator	16389	0
7	db_datareader	16390	0
8	db_datawriter	16391	0
9	db_denydatareader	16392	0
10	db_denydatawriter	16393	0
11	NEW_ROLE	16400	0
12	MyRole	16401	0

图 13-13　数据库 pubs 的所有数据库角色信息

实例 24　sp_addrolemember 和 sp_helprolemember 系统过程的应用

将用户“MIKE”加入到角色“MyRole”中，并且显示 pubs 数据库中所有角色的成员。实例代码如下。

```
use          pubs
sp_addrolemember ' MIKE '
sp_helprolemember
```

运行结果如图 13-14 所示。

	DbRole	MemberName	MemberSID
1	db_owner	dbo	0x01
2	MyRole	MIKE	0xB1DAD32A4C513A4DA91F23ED293B4DEB
3	NEW_ROLE	MIKE	0xB1DAD32A4C513A4DA91F23ED293B4DEB
4	NEW_ROLE	TOM	0xDE8C9127B7C25446AA9B96EE2D60B273

图 13-14　pubs 数据库中所有角色的成员

13.5　Oracle 安全管理

Oracle 中的安全管理同样也包括系统安全、数据安全、资源管理和用户管理等方面的内容。

13.5.1　Oracle 中用户、资源、概要文件、模式的概念

对 Oracle 而言，用户是允许访问数据库系统的有效账户，是可以对数据库资源进行访问的实体。要登录到 Oracle 并访问其中的信息，必须以有效的用户账号进行登录。

在 Oracle 中，资源主要是指数据库的实例为用户分配或者消耗的一些系统资源，如 CPU

会话时间和分配 SGA 空间大小等。Oracle 对资源的管理是通过概要文件（profile）来实现的。

概要文件是一个资源限制的集合，也被称为资源配置文件。每个用户都必须分配概要文件，或者使用系统分配的一个默认概要文件。用户在使用数据库时，将受到概要文件的限制。

模式是数据中某个用户所拥有的所有对象的集合，如表、索引、触发器、存储过程、视图等。但是实际上，在 Oracle 数据库中，用户基本上等同于模式，这主要体现在以下几个方面。

- 当用户被创建时，同名的模式也被创建。
- 当用户被删除时，同名的模式也被删除。
- 一个用户只能关联一个模式，并且，模式和用户具有相同的名字。

注意：只有在 Orcle 数据库中，模式和用户才可认为是等同的，在其他的数据库系统中，模式和用户具有一定的差异。

13.5.2 Oracle 中的用户管理

Oracle 中的用户管理主要包括用户的验证方式、创建用户、更改用户、删除用户和查看用户信息几方面内容。

1．用户的验证方式

Oracle 可采用 3 种方式验证用户的有效性：口令验证、外部验证和全局验证。这里我们只介绍一下常用的口令验证方式。

口令验证是指利用指定的口令，对用户的身份进行验证。Oracle 的概要文件实现口令管理的功能。口令管理设置一些限制，如口令使用期、口令历史等。概要文件中关于口令管理方面的参数及其功能如表 13-5 所示。

表 13-5　概要文件中关于口令管理的参数及功能

参　　数	含　　义	功 能 描 述
FAILED_LOGIN_ATTEMPTS	登录失败次数	指用户连续登录失败超过了所设置的次数，系统将锁定用户账户
PASSWORD_LOCK_TIME	锁定时间	指用户账户被锁定的时间长短
PASSWORD_GRACE_TIME	口令宽限期	指口令有效期结束后，允许用户更改密码的时间。超过这个时间仍未更改密码，则锁定用户帐号
PASSWORD_LIFE_TIME	口令有效期	指口令可以存在多长时间。到时间后，系统在用户登录时将提示用户更改口令

续表

参　　数	含　　义	功 能 描 述
PASSWORD_REUSE_MAX	口令重用次数	指用户想要重新使用某个口令时中间必须经历的口令更改次数
PASSWORD_ REUSE _TIME	口令重用时间	指用户想要重新使用某个口令时必须等待的最少时间
PASSWORD_ VERIFY _ FUNCTION	口令复杂性校验函数	指可以设置口令复杂性校验函数，参数使用某个 PL/SQL 程序校验口令是否满足一定的复杂度标准

实例 25　更改概要文件

更改概要文件“PROFILE_GSC”中有关的口令管理参数。实例代码如下。

```
ALTER PROFILE PROFILE_GSC
LIMIT
FAILED_LOGIN_ATTEMPTS 4 PASSWORD_LOCK_TIME 10 PASSWORD_LIFE_TIME 40
PASSWORD_REUSE_MAX 3
```

2. 创建用户

Oracle 提供几个默认的用户，如在 Orcacle9i 中，默认的用户、口令以及登录身份如表 13-6 所示。

表 13-6　Orcacle9i 默认的用户、口令以及登录身份

用 户 名	口　　令	登 录 身 份
Sys	change_on_install	SYSDBA 或 SYSOPER，但不能以 NORMAL 登录，可作为默认的系统管理员
System	Manager	SYSDBA 或 NORMAL，但不能以 SYSOPER 登录，可作为默认的系统管理员
Scott	Tiger	NORMAL，普通用户
Aqadm	Aqadm	SYSDBA 或 NORMAL，高级队列管理员
Dbsnmp	Dbsnmp	SYSDBA 或 NORMAL，复制管理员

要创建用户，我们必须拥有 CREATE USER 系统权限。通常情况下，只有系统管理员或者安全管理员才拥有 CREATE USER 系统权限。在 Oracle 中创建用户时，我们需要指定以下的选项信息。

- 用户名称。
- 用户的概要文件。
- 用户的验证方式（如果采用口令验证，还需指定用户口令）。

- 分配给用户的表空间。
- 授予用户的角色。
- 授予用户的权限。

所有的这些选项中，除了用户名和口令外，其余的选项都有默认值，各选项及其默认值如表 13-7 所示。

表 13-7　Oracle 中创建用户的选项及其默认值

选　项	默 认 值	选　项	默 认 值
概要文件	DEFAULT	临时表空间	TEMP
验证方式	口令	锁定状态	未锁定
默认表空间	USERS	其余有默认值的选项	空

我们可以使用 SQL 语句 CREATE USER 创建新的数据库用户，下面给出一个使用 CREATE USER 语句创建用户的实例。

实例 26　创建新的数据库用户

创建一个数据库用户 TEMPUSER，口令为 tempuser，默认表空间为 USERS 并授予其创建表的权限。实例代码如下。

```
CREATE USER "TEMPUSER" PROFILE "DEFAULT"
IDENTIFIED BY "tempuser" DEFAULT TABLESPACE "USERS"
ACCOUNT UNLOCK
/*【系统权限】选项卡的配置*/
GRANT CREATE ANY TABLE TO "TEMPUSER" WITH ADMIN OPTION
/*【对象权限】选项卡的配置*/
GRANT "CONNECT" TO "TEMPUSER" WITH ADMIN OPTION
```

运行结果如下。

```
用户已创建。
授权成功。
授权成功。
```

实际上，使用 Oracle 企业管理器可以方便地实现用户的创建。这里我们以通过 Oracle 企业管理器创建用户“MIKE”为例，总结创建过程如下。

（1）启动企业管理器，双击要登录的数据库节点，在弹出的登录窗口中用“sys”用户、以 SYSDBA 的身份登录数据库，如图 13-15 所示。

（2）在企业管理器控制台的导航器中选择“安全性”—>“用户”节点，单击右键，在弹出菜单中选择“创建”命令，系统将弹出“创建 用户”窗口，如图 13-16 所示。

在“一般信息”选项卡中，设置用户名、概要文件、校验方式、默认表空间、临时表空间、状态等信息。这里设置用户名为“MIKE”，口令校验，并设置口令，其余采用默认值。

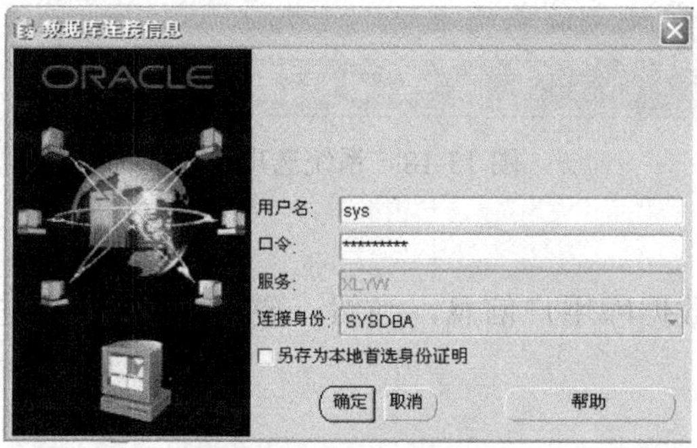

图 13-15　登录窗口

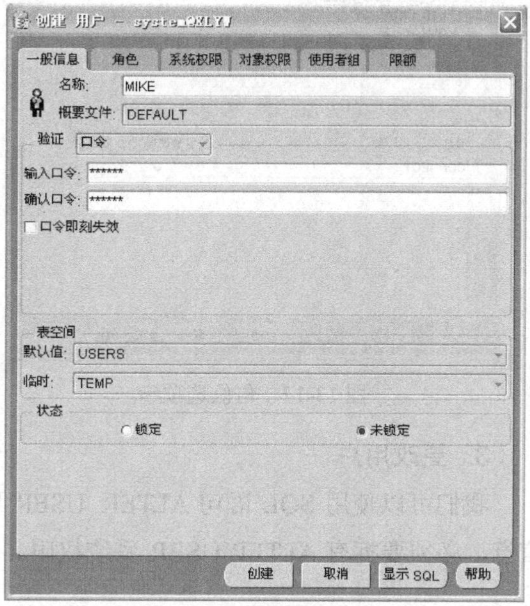

图 13-16　创建用户窗口

（3）选择“角色”选项卡，如图 13-17 所示，可以发现系统为用户默认分配了 CONNECT 角色。CONNECT 角色拥有 CREATE CLUSTER、CREATE DATEBASE LINK、CREATE SESSION、CREATE TABLE、CREATE VIEW 等权限。在窗口的下半部分选中 CONNECT 角色的管理选项，表示将有管理选项的 CONNECT 角色授予用户“MIKE”。

（4）选择“系统权限”选项卡，如图 13-18 所示，在可用系统权限中选中“SELECT ANY TABLE”，单击按钮，将此系统权限授予用户“MIKE”。

另外在“对象权限”选项卡中，我们可以把数据库中的对象及其可用权限授予用户，在“限额”选项卡中可以设置用户使用的表空间的限额，也可以在“使用者组”选项卡中设置使用者组信息。这里均采用默认设置。

（5）如果单击“显示 SQL”按钮，我们可以查看此次创建用户的 SQL 代码，单击“创建”按钮即完成了用户的创建。

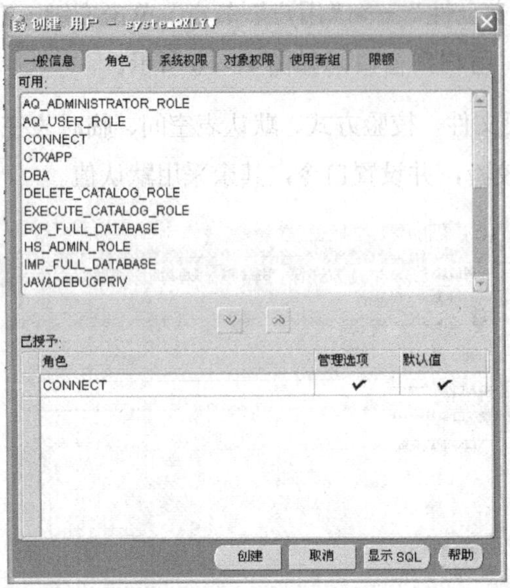

图 13-17　角色选项卡

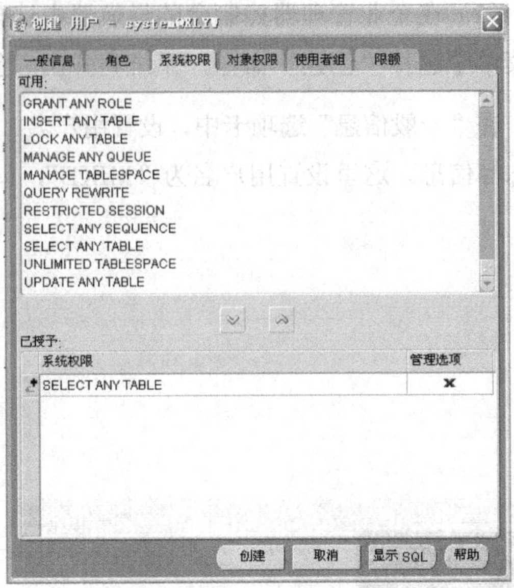

图 13-18　系统选项卡

3. 更改用户

我们可以使用 SQL 语句 ALTER USER 更改数据库用户信息，当然，要更改用户的某些信息，必须要拥有 ALTER USER 系统权限。

说明　数据库用户修改自身口令并不需要任何系统权限。

实例 27　修改用户密码

将数据库用户 TEMPUSER 的口令修改为 gsc7909，实例代码如下。

```
ALTER USER "TEMPUSER" IDENTIFIED BY "gsc7909";
```

运行结果如下。

```
用户已更改。
```

我们也可以通过企业管理器来更改用户的信息。我们在企业管理器的导航器中单击“安全性”—>“用户”节点，将在下面展开所能见到的数据库用户，单击要查询修改的用户，在导航器的右侧窗口中出现类似图 13-16 所示的用户信息选项卡，在其中就可以修改用户的各种信息，单击“应用”按钮即实现了用户的修改。

4．删除用户

我们可以使用 SQL 语句 DROP USER 删除数据库用户。当然，要删除用户，我们必须要拥有 DROP USER 系统权限。如果被删除的数据库用户在其对应的模式中拥有对象信息，要删除该用户，我们必须使用 CASCADE 子句将模式中的所有对象一同删除。

实例 28　删除数据库用户

删除数据库用户 TEMPUSER，实例代码如下。

```
DROP USER TEMPUSER CASCADE
```

运行结果如下。

```
用户已丢弃。
```

5．查看用户信息

为了方便查询与用户有关的信息，Oracle 提供了一些数据字典视图，如表 13-8 所示。

表 13-8　Oracle 中与用户信息有关的数据字典视图

数据字典视图	功　能
DBA_USERS	描述数据库中所有用户的信息
ALL_USERS	描述可以被当前用户看见的用户信息
USER_USERS	描述当前用户信息
DBA_TS_QUOTAS	描述用户的表空间限额信息
USER_PASSWORD_LIMITS	描述分配给用户的口令配置文件参数信息
USER_RESOURCE_LIMITS	描述当前用户的资源限制信息

实例 29　通过数据字典视图查看当前用户的信息

实例代码如下。

```
SELECT * FROM USER_USERS
```

运行结果如下。

```
USERNAME  USER_ID  ACCOUNT_STATUS  LOCK_DATE EXPIRY_DAT DEFAULT_TABLESPACE
--------  -------  --------------- ---------- ---------- ----------------
SYSTEM                   5 OPEN                                   TOOLS
TEMPORARY_TABLESPACE  CREATED    INITIAL_RSRC_CONSUMER_GROUP
--------------------- -------- ------------------------------
TEMP                  14-11月-00   SYS_GROUP
```

13.5.3　Oracle 中的资源管理

Oracle 中对资源的管理是通过概要文件实现的。每个用户都必须分配概要文件或使用默认的概要文件。

1．概要文件的内容

概要文件提供了资源限制和口令管理两方面的内容。口令管理参数可参见 13.5.2 节的表 13-5，资源限制参数及其功能如表 13-9 所示。

表 13-9　概要文件中的资源限制参数及其功能

参　　数	功　　能
CPU_PER_SESSION	表明每次会话期间所允许的总的 CPU 执行时间。如果某次会话期间用户所使用的 CPU 执行时间超过了这个参数的值，那么用户将不能执行任何语句，而只能通过断开连接、重新连接数据库而产生一个新的会话来执行用户的请求
CPU_PER_CALL	表明每次语句执行期间所允许的总的 CPU 执行时间。当用户执行的某条语句的 CPU 执行时间超过了这个参数的值时，并不需要断开连接重新开始新的会话，而只需要重新提交语句
CONNECT_TIME	限制了用户每次会话所允许的与数据库的连接时间，超过这个时间限制，数据库将断开与用户的连接
IDLE_TIME	限制了用户在会话期间所允许的空闲时间，超过了这个时间限制，数据库将断开与用户的连接
SESSIONS_PER_USER	限制了每个用户允许并发的会话数量，当使用同一个用户名的会话数量达到此参数的值时，将不允许此用户再与数据库建立新的连接
LOGICAL_READS_PER_SESSION	限制了用户在一个会话中所能执行的最大的逻辑读操作的数量。逻辑读是指以读出数据库的一个块大小的数据的操作。当用户进行逻辑读操作（如 SELECT）的数量达到此参数的值时，将不能执行逻辑读操作
LOGICAL_READS_PER_CALL	限制了用户在每次语句执行期间所允许的最大的逻辑读操作的数量。当此次语句执行时的逻辑读超过了此参数的值，则此语句执行被终止
PRIVATE_SGA	限制了用户在会话期间所能分配的 SGA 内存空间的大小。该参数对用户的执行效率有很大影响
COMPOSITE_LIMIT	为 Oracle 提供的一个综合的限制参数，它的值表明了前面所有参数的加权值的总和不能超过此参数所设置的值

2．创建和分配概要文件

我们可以通过 SQL 语句 CREATE PROFILE 创建新的概要文件，当然，前提是具有

CREATE PROFILE 系统权限。

实例 30 创建概要文件

创建概要文件“PROFILE_GSC”。实例代码如下。

```
CREATE PROFILE PROFILE_GSC LIMIT
SESSIONS_PER_USER 5                    /*每个用户的最多并发会话数为 5*/
CPU_PER_SESSION unlimited          /*会话期间所允许的总的 CPU 执行时间不受限*/
IDLE_TIME 20                       /*会话期间所允许的空闲时间最多为 20 分钟*/
CONNECT_TIME 200                   /*用户每次会话与数据库的连接时间最长为 200 分钟*/
CPU_PER_CALL 800                       /*每次语句执行期间允许的总的CPU执行时间为 8 秒
*/
```

运行结果如下。

```
配置文件已创建。
```

> **注意** CREATE PROFILE 语句中没有指定的参数值，将使用 DEFAULT 概要文件中相应的参数值。

概要文件在创建完成后，要发挥效用必须分配给数据库用户。一个数据库用户只能使用一个概要文件，如果对其分配了新的概要文件，则它将取代原有的概要文件。另外，系统分配概要文件时，当前正在进行的会话将不受影响。我们可以在使用 CREATE USER 或者 ALTER USER 创建或修改用户时为其指定概要文件，具体应用可参见 13.5.2 节。

3. 更改和删除概要文件

我们可以使用 ALTER PROFILE 语句更改概要文件的参数。更改概要文件中的参数设置会使以前设置的参数值失效。对概要文件的修改不影响当前会话，更改概要文件之后的会话才使用更改后的参数值。

实例 31 更改概要文件

更改概要文件“PROFILE_GSC”，实例代码如下。

```
ALTER PROFILE PROFILE_GSC  LIMIT
SESSIONS_PER_USER 10          /*每个用户的最多并发会话数为 10*/
LOGICAL_READS_PER_SESSION 2000 /*在一个会话中所能执行的最大的逻辑读操作数为 2000*/
CPU_PER_SESSION default;      /*会话期间所允许的总的 CPU 执行时间采用默认值*/
```

运行结果如下。

配置文件已更改。

我们可以通过 SQL 语句 DROP PROFILE 删除概要文件。如果概要文件已经分配给了某些用户，必须使用 CASCADE 选项才能删除它，这时系统会将 DEFAULT 概要文件分配给相应的用户。同样，删除概要文件不影响当前的会话，只影响删除概要文件后建立的会话。

注意　DEFAULT 概要文件不能被删除。

4．概要文件的启用和停用

每个用户都分配有概要文件或使用默认的概要文件，可以通过初始化参数 RESOURCE_LIMIT 决定这些概要文件的设置是否生效。当参数 RESOURCE_LIMIT 为 True 时，系统启用概要文件，实施资源限制；当 RESOURCE_LIMIT 为 False 时，系统停用概要文件，不实施资源限制。

用户可以通过 ALTER SYSTEM 语句在数据库打开时更改、启用或停用资源限制。例如在数据库打开时，执行下列语句将停用资源限制。

```
ALTER SYSTEM SET RESOURCE_LIMIT = FALSE;
```

注意　使用 ALTER 语句，并没有更改 RESOURCE_LIMIT 参数的设置，只影响此次数据库启动时的资源限制状况，数据库下一次启动后，仍将按 RESOURCE_LIMIT 参数的设置决定是否启用资源限制。

5．查看概要文件信息

为了方便查询概要文件的信息，Oracle 提供了一些与概要文件有关的数据字典视图，如表 13-10 所示。

表 13-10　Oracle 中与概要文件有关的数据字典视图

数据字典视图	功　能
USER_PASSWORD_LIMITS	描述分配给当前用户的概要文件中口令配置参数信息
USER_RESOURCE_LIMITS	描述分配给当前用户的概要文件中资源限制参数信息
RESOURCE_COST	描述每个资源的开销信息
DBA_PROFILES	描述所有的概要文件及其参数信息
V$SESSION	描述每个当前会话的信息
V$SESSTAT	描述会话的统计信息

实例 32 查看概要文件

通过数据字典视图查看当前用户的概要文件中资源限制参数信息，实例代码如下。

```
SELECT * FROM USER_RESOURCE_LIMITS
```

运行结果如下。

```
RESOURCE_NAME                      LIMIT
---------------------------------- -------------
COMPOSITE_LIMIT                    UNLIMITED
SESSIONS_PER_USER                  UNLIMITED
CPU_PER_SESSION                    UNLIMITED
CPU_PER_CALL                       UNLIMITED
LOGICAL_READS_PER_SESSION          UNLIMITED
LOGICAL_READS_PER_CALL             UNLIMITED
IDLE_TIME                          UNLIMITED
CONNECT_TIME                       UNLIMITED
PRIVATE_SGA                        UNLIMITED
```

6．通过企业管理器管理概要文件

通过 Oracle 企业管理器，我们可以方便地创建管理概要文件，下面就简单介绍一下利用企业管理器创建概要文件。

启动企业管理器，以 SYSDBA 的身份登录数据库，在控制台的导航器中选择“安全性”—>“概要文件”节点，单击右键，在弹出菜单中选择“创建”命令，系统将弹出“创建 概要文件”窗口，如图 13-19 所示。

图 13-19 概要文件窗口

在“一般信息”选项卡和“口令”选项卡中，我们可以设置相应的资源限制和口令管理参数，设置完成后，单击“创建”按钮即完成了概要文件的创建。

如果要查询或修改概要文件，我们只需在控制台的导航器中单击“概要文件”节点，将在下面列出当前用户所能见到的概要文件。我们单击要查询或修改的概要文件，在导航器的右侧窗口中出现类似图 13-19 所示的“概要文件信息”选项卡，在其中就可以修改概要文件的各参数，单击“应用”按钮即实现了概要文件的修改。

13.5.4　Oracle 中的权限管理

Oracle 中将用户权限分为两类：系统权限和对象权限。Oracle 拥有的系统权限共有一百多种，每种系统权限都允许用户执行某种特殊的操作。Oracle 中还提供了 ANY 类型的权限。所谓 ANY 类型的权限是指包含 ANY 关键字的系统权限，如 CREATE ANY TABLE、SELECT ANY VIEW 等，它允许用户访问任何模式中的对象，包括 SYS 模式中的数据字典表。

说明　系统权限 CREATE TABLE 与 CREATE ANY TABLE 的区别在于，CREATE TABLE 系统权限只允许用户在自己的模式下创建表，不允许在其他模式下创建表；而 CREATE ANY TABLE 系统权限允许用户在任何模式下创建表，即可以创建属于其他模式的表。

Oracle 中同样可以通过 GRANT 语句授予权限，通过 PEVOKE 语句取消权限，具体用法可参见 13.3 节的介绍。

为了方便查询与权限有关的信息，Oracle 提供了一些与权限有关的数据字典视图，如表 13-11 所示。

表 13-11　Oracle 中与权限有关的数据字典视图

数据字典视图	功　　能
DBA_COL_PRIVS	描述了数据库中所有列对象的授权
ALL_COL_PRIVS	描述了与当前用户 PUBLIC 有关的所有列对象的授权
DBA_TAB_PRIVS	描述了数据库中所有对象的授权
DBA_SYS_PRIVS	描述了授予用户和角色的系统权限
USER_SYS_PRIVS	描述了授予当前用户的系统权限
ROLE_SYS_PRIVS	描述了当前用户可以访问的授予角色的系统权限
ROLE_TAB_PRIVS	描述了当前用户可以访问的授予角色的对象权限
SESSION_PRIVS	描述了当前用户正在启用的权限

实例 33 通过数据字典视图查看授予当前用户的系统权限

实例代码如下。

```
SELECT * FROM USER_SYS_PRIVS
```

运行结果如下。

```
USERNAME                 PRIVILEGE                              ADM
------------------------ -------------------------------------- ---
SYSTEM                   UNLIMITED TABLESPACE                   YES
```

Oracle 中对权限的管理也可以通过企业管理器来实现。实现过程与 SQL Server 中基本相同，这里就不再详细介绍了。

13.5.5 Oracle 中的角色管理

Oracle 中角色包括系统预定义的角色和用户自定义的角色。在安装 Oracle 的过程中，系统将执行一些脚本，用于创建系统预定义的角色。不同的 Oracle 版本，系统预定义的角色也有所差别，表 13-12 列出了大部分系统预定义角色。而用户自定义角色是用户自己创建的角色，和系统预定义的角色一起满足用户的安全管理需求。

表 13-12 Oracle 中系统预定义的角色

系统预定义的角色	功 能 描 述
CONNECT	使用企业管理器创建用户时为用户自动分配的角色，有 ALTER SESSION、CREATE CLUSTER、CREATE DATABASE LINK、CREATE SESSION、CREATE SEQUENCE、CREATE SYNONYM、CREATE TABLE、CREATE VIEW 权限
RESOURCE	RESOURCE 角色包括 CREATE CLUSTER、CREATE INDEXTYPE、CREATE OPERATOR、CREATE PROCEDURE、CREATE SEQUENCE、CREATE TABLE、CREATE TRIGGER、CREATE TYPE 系统权限
DBA	该角色包括所有带管理选项的系统权限
EXP_FULL_DATEBASE	该角色提供了数据库输出的权限，如 SELECT ANY TABLE、BACKUP ANY TABLE、EXECUTE ANY PROCEDURE、EXECUTE ANY TYPE、ADMINISTER RESOURCE MANAGER 等
IMP_FULL_DATEBASE	该角色提供执行完整的数据库输入所需要的权限
DELETE_CATALOG_ROLE	该角色包括对系统审计表 AUD$的 DELETE 权限
EXECUTE_CATALOG_ROLE	该角色包括数据字典中对象的 EXECUTE 权限和 HS_ADMIN_ROLE 角色
SELECT_CATALOG_ROLE	该角色包括数据字典中对象的 SELECT 权限和 HS_ADMIN_ROLE 角色
HS_ADMIN_ROLE	该角色包括对异构服务的数据字典和包的访问

在 Oracle 中，我们可以通过 SQL 语句进行角色的管理，具体可参见 13.2 节的介绍。为了便于查询与角色有关的信息，Oracle 提供了一些与角色有关的数据字典视图，如表 13-13 所示。

表 13-13　Oracle 中与角色有关的数据字典视图

数据字典视图	功　　能
DBA_ROLES	描述了数据库的所有角色
DBA_ROLE_PRIVS	描述了所有授予用户或角色的角色
ROLE_ROLE_PRIVS	描述了当前用户可以访问的授予其他角色的角色
SESSION_ROLES	描述了当前用户正在启用的角色

实例 34　通过数据字典视图查询当前用户正在启用的角色

实例代码如下。

```
SELECT * FROM  SESSION_ROLES
```

运行结果如下。

```
ROLE
------------------------------
DBA
SELECT_CATALOG_ROLE
HS_ADMIN_ROLE
EXECUTE_CATALOG_ROLE
DELETE_CATALOG_ROLE
EXP_FULL_DATABASE
IMP_FULL_DATABASE
JAVA_ADMIN
JAVA_DEPLOY
AQ_ADMINISTRATOR_ROLE
```

同样，Oracle 中对角色的管理也可以通过企业管理器来实现，实现过程与 SQL Server 中基本相同，这里就不再详细介绍了。

第14章 完整性控制

SQL 数据库不只是存储数据，还必须保证所存储的数据是正确的。它必须提供一种机制，来检查数据是否满足规定的条件，以保证数据正确，避免不合语义的错误数据的输入和输出。SQL 提供了大量的完整性约束，保证数据库表中数据的完整性。本章将主要讨论各种类型的约束及其在 SQL 数据库中的应用。

14.1 完整性约束简介

完整性约束简称约束，是关系数据库中的对象，用来存放插入到一个表某一列数据的规则。SQL 中有多种不同类型的约束。

14.1.1 数据的完整性

约束是用来确保数据的准确性和一致性。数据的完整性就是对数据的准确性和一致性的一种保证。数据完整性（Data Integrity）是指数据的精确（Accuracy）和可靠性（Reliability）。

数据完整性分为以下四类。

- 实体完整性：规定表的每一行在表中是唯一的实体。
- 域完整性：是指表中的列必须满足某种特定的数据类型或约束，其中约束又包括取值范围、精度等规定。
- 参照完整性：是指两个表的主关键字和外关键字的数据应一致，保证表之间的数据的一致性，防止数据丢失或无意义的数据在数据库中扩散。
- 用户定义的完整性：不同的关系数据库系统根据其应用环境的不同，往往还需要一些特殊的约束条件。用户定义的完整性即针对某个特定关系数据库的约束条件，它反映某一具体应用必须满足的语义要求。

14.1.2　完整性约束的类型

SQL 完整性约束可分为 3 种类型：与表有关的约束、域（Domain）约束、断言（Assertion）。

- 与表有关的约束，是表中定义的一种约束。可以在列定义时定义该约束，此时称为列约束；也可以在表定义时定义该约束，此时称为表约束。
- 域约束是定义在域定义中的一种约束，它与在特定域中定义的任何列都有关系。
- 断言是在断言定义时定义的一种约束，它可以与一个或多个表进行关联。

在这 3 种约束中，与表有关的约束是应用最多的一种约束，可以使用多种约束选项，如主键约束、外键约束、非空约束（只能用户列约束）、校验（CHECK）约束等；而域约束和断言则只能使用校验（CHECK）约束选项。如图 14-1 所示。

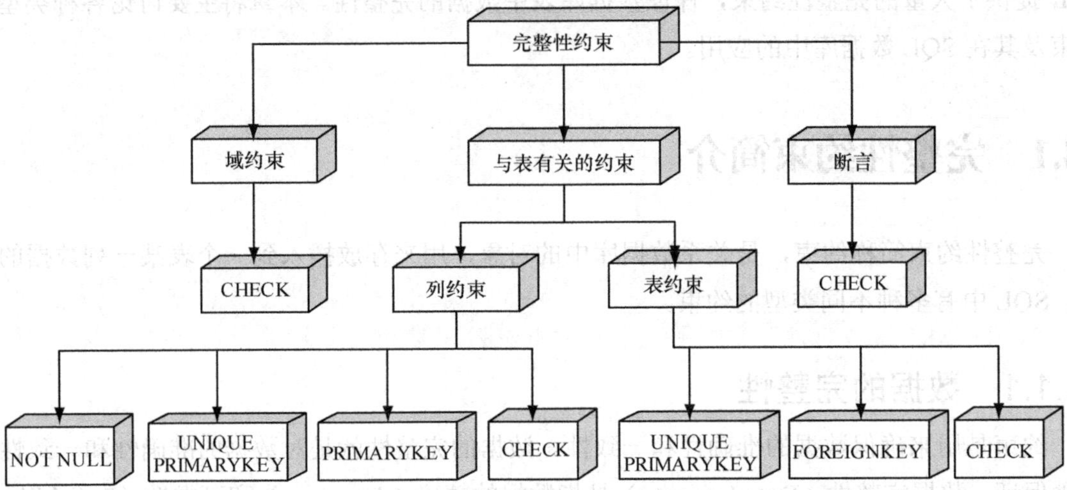

图 14-1　SQL 完整性约束类型

14.2　与表有关的约束

由图 14-1 可见，与表有关的约束包括列约束和表约束，其中表约束包括 UNIQUE 约束、PRIMARY KEY 约束、FOREIGN KEY 约束和 CHECK 约束；而列约束除了包括表约束的所有约束项外，还包括了 NOT NULL 约束。

14.2.1　列约束与表约束的创建

列约束是对某一个特定列的约束，包含在列定义中，直接跟在该列的其他定义之后用空格分隔，不必指定列名，如在 3.3.2 节介绍的创建表时，对列施加的 NOT NULL 约束。

表约束与列定义相互独立，不包括在列定义中，通常对多个列一起进行约束，与列定义用逗号分隔，定义表约束时必须指出要约束的那些列的名称。表约束的基本语法格式如下。

```
[CONSTRAINT constraint_name ]
constraint_type (column1,column2,…… )
```

这里需要说明的是，constraint_name 为约束名，约束不指定名称时，系统会给定一个名称；constraint_ type 为约束类型，可以是 UNIQUE、PRIMARY KEY、FOREIGN KEY、CHECK 等约束。

14.2.2 NOT NULL（非空）约束

在第 3 章表的创建时，我们已经提到了对表中的列可以添加非空（NOT NULL）约束。在默认的情况下，表中所有的列都可以接受空值。但也可以对列添加 NOT NULL 约束，使其不能接受空值。

NOT NULL 约束只能用于定义列约束，而表约束、域约束和断言都不支持 NOT NULL 约束。NOT NULL 约束的实现语法如下。

```
Column_name  datetype | domain  NOT NULL
```

实例 1 NOT NULL 约束的使用

创建一个名称为 EmployeeInfo 的表，包括 5 列，即 EMP_ID、EMP_NAME、ADDRESS、PHONE、EMAIL，要求输入的记录的 EMP_ID、EMP_NAME、ADDRESS 这 3 列信息不能为 NULL，即需要对这 3 列添加 NOT NULL 约束。实例代码如下。

```
CREATE TABLE EmployeeInfo
(EMP_ID         INT                 NOT NULL,
EMP_NAME            VARCHAR(20)         NOT NULL,
ADDRESS         VARCHAR(40)         NOT NULL,
PHONE           CHAR(11),
EMAIL           VARCHAR(40))
```

如果一列没有定义为 NOT NULL，则在该列中允许 NULL。在该例中，我们向表 EmployeeInfo 中插入一行新的数据时，PHONE 列和 EMAIL 列是可选的。如下面的插入代码。

```
INSERT INTO EmployeeInfo
VALUES (1,'WangHong','BeiJing','0106611234','wanghong11@163.com')
INSERT INTO EmployeeInfo
VALUES (2,'LiHua','YanTai of ShanDong', '0535461630',NULL)
```

```
INSERT INTO EmployeeInfo
VALUES (3,'GaoShou', 'ShangHai', NULL, NULL)
```

查看插入数据后表 EmployeeInfo 中的所有数据。

```
SELECT * FROM EmployeeInfo
```

运行结果如图 14-2 所示。

	EMP_ID	EMP_NAME	ADDRESS	PHONE	EMAIL
1	1	WangHong	BeiJing	0106611234	wanghong11@163.com
2	2	LiHua	YanTai of ShanDong	0535461630	NULL
3	3	GaoShou	ShangHai	NULL	NULL

图 14-2　插入数据后表 EmployeeInfo 中的所有数据

由此可见，上述的插入操作均成功执行，说明 PHONE 列和 EMAIL 列可以为 NULL。但是如果插入的数据中具有非空约束的 3 列中的任意一列为空，如下面的代码所示。

```
INSERT INTO EmployeeInfo
VALUES (4,'WangGang',NULL,'0106645284', 'wanggang@163.com')
```

系统会提示插入操作失败，给出如下的错误提示信息。

```
Cannot insert the value NULL into column 'ADDRESS', table 'pubs.dbo.EmployeeInfo'; column does not allow nulls. INSERT fails.
The statement has been terminated.
```

14.2.3　UNIQUE（唯一）约束

UNIQUE 约束用于指明某一列或多个列的组合上的取值必须唯一。定义了 UNIQUE 约束的那些列称为唯一键，系统自动为它建立唯一索引，从而保证了它的唯一性。唯一键允许为 NULL，但系统为保证其唯一性，最多只可以出现一个 NULL 值。

UNIQUE 约束既可用于列约束，也可用于表约束。UNIQUE 约束用于定义列约束时，我们可以把它作为列定义的一部分添加进去，语法格式如下。

```
Column_name  datetype | domain  UNIQUE
```

实例 2　UNIQUE 约束的使用

创建一个名称为 EmployeeInfo 的表，包括 5 列，即 EMP_ID、EMP_NAME、ADDRESS、PHONE、EMAIL，要求输入的记录的 EMP_ID、EMP_NAME、ADDRESS 这 3 列信息不能为 NULL，PHONE、EMAIL 两列信息必须唯一，即添加 UNIQUE 约束。

实例代码如下。

```
CREATE TABLE EmployeeInfo
(EMP_ID         INT                 NOT NULL,
EMP_NAME            VARCHAR(20)         NOT NULL,
ADDRESS         VARCHAR(40)         NOT NULL,
PHONE           CHAR(11)                UNIQUE,
EMAIL           VARCHAR(40)         UNIQUE)
```

> **说明** 由于 14.2.2 节实例 1 已经创建了 EmployeeInfo 表，在运行本实例代码前，我们先用 DROP TABLE EmployeeInfo 命令删除 EmployeeInfo 表，下同。

我们通过如下代码向 EmployeeInfo 表中插入数据。

```
INSERT INTO EmployeeInfo
VALUES (1,'WangHong','BeiJing','0106611234','wanghong11@163.com')
INSERT INTO EmployeeInfo
VALUES (2,'LiHua','YanTai of ShanDong','0535461630',NULL)
```

查看插入数据后表 EmployeeInfo 中的所有数据。

```
SELECT * FROM EmployeeInfo
```

运行结果如图 14-3 所示。

	EMP_ID	EMP_NAME	ADDRESS	PHONE	EMAIL
1	1	WangHong	BeiJing	0106611234	wanghong11@163.com
2	2	LiHua	YanTai of ShanDong	0535461630	NULL

图 14-3 插入数据后表 EmployeeInfo 中的所有数据

如果向 EmployeeInfo 表中插入的数据中，PHONE、EMAIL 两列中的任一列数据在表中已经存在，如下面语句所示。

```
INSERT INTO EmployeeInfo
VALUES (3,'GaoShou','ShangHai', '0106611234', 'ggaoshou@sina.com')
```

运行该语句，系统会提示插入操作失败，给出如下的错误提示信息。

```
Violation of UNIQUE KEY constraint 'UQ__EmployeeInfo__01142BA1'. Cannot insert duplicate key in object 'EmployeeInfo'.
The statement has been terminated.
```

PHONE、EMAIL 两列值允许为 NULL，但由于增加了 UNIQUE 约束，最多只能有一条记录为 NULL。如果有两行为 NULL，则系统认为其违背了唯一性原则。如下面语句所示。

```
INSERT INTO EmployeeInfo
VALUES (3,'GaoShou','ShangHai', '0204567213', NULL)
```

运行该语句，系统会提示插入操作失败，给出如下的错误提示信息。

```
Violation of UNIQUE KEY constraint 'UQ__EmployeeInfo__00200768'. Cannot insert duplicate key in object 'EmployeeInfo'.
The statement has been terminated.
```

除了在定义列时添加 UNIQUE 约束外，我们也可以将 UNIQUE 约束作为表约束添加，即把它作为表定义的元素，语法如下。

```
[CONSTRAINT constraint_name ]
UNIQUE (column1,column2,……)
```

如果采用表约束添加 UNIQUE 约束，EmployeeInfo 表的创建代码如下。

```
CREATE TABLE EmployeeInfo
(EMP_ID         INT                  NOT NULL,
EMP_NAME             VARCHAR(20)          NOT NULL,
ADDRESS         VARCHAR(40)          NOT NULL,
PHONE           CHAR(11),
EMAIL           VARCHAR(40)
CONSTRAINT E_UNIQ UNIQUE(PHONE, EMAIL))
```

实现的功能与 UNIQUE 约束完全相同，只是采用这种方式可以实现一个 UNIQUE 约束对象管理多个列。

14.2.4 PRIMARY KEY（主键）约束

PRIMARY KEY 约束用于定义基本表的主键，起唯一标识作用，其值不能为 NULL，也不能重复，以此来保证实体的完整性。

PRIMARY KEY 与 UNIQUE 约束类似，通过建立唯一索引来保证基本表在主键列取值的唯一性，但它们之间存在着很大的区别。

- 一个表中只能定义一个 PRIMARY KEY 约束，但可定义多个 UNIQUE 约束。
- 对于指定为 PRIMARY KEY 的一个列或多个列的组合，其中任何一个列都不能出现空值；而对于 UNIQUE 所约束的唯一键，则允许为 NULL，只是 NULL 值最多有一个。

注意

我们不能为同一个列或一组列既定义 UNIQUE 约束，又定义 PRIMARY KEY 约束。

一般而言，每个表都应该包括主键。因为主键不能接受空值，所以它的作用就相当于定义度量，利用该度量可以确保行的唯一性。当一个表通过外键引用另一个表时，主键也是非常有用的。要定义主键，我们就必须使用 PRIMARY KEY 约束来指定哪列或哪些列将作为表的主键。定义 PRIMARY KEY 约束的方法与定义 UNIQUE 约束的方法非常相似，只要把 UNIQUE 关键字换成 PRIMARY KEY 即可。

实例 3 PRIMARY KEY 约束的使用

创建一个名称为 EmployeeInfo 的表，包括 5 列，即 EMP_ID、EMP_NAME、ADDRESS、PHONE、EMAIL，要求 EMP_ID 列为主键，PHONE、EMAIL 两列信息必须唯一，即添加 UNIQUE 约束。实例代码如下。

```
CREATE TABLE EmployeeInfo
(EMP_ID        INT                 PRIMARY KEY,
EMP_NAME           VARCHAR(20) ,
ADDRESS       VARCHAR(40) ,
PHONE         CHAR(11)                UNIQUE,
EMAIL         VARCHAR(40)         UNIQUE)
```

通过如下代码向 EmployeeInfo 表中插入数据。

```
INSERT INTO EmployeeInfo
VALUES (1,'WangHong','BeiJing','0106611234','wanghong11@163.com')
INSERT INTO EmployeeInfo
VALUES (2,'LiHua', 'YanTai of ShanDong', '0535461630',NULL)
```

查看插入数据后表 EmployeeInfo 中的所有数据。

```
SELECT * FROM EmployeeInfo
```

运行结果如图 14-4 所示。

	EMP_ID	EMP_NAME	ADDRESS	PHONE	EMAIL
1	1	WangHong	BeiJing	0106611234	wanghong11@163.com
2	2	LiHua	YanTai of ShanDong	0535461630	NULL

图 14-4 插入数据后表 EmployeeInfo 中的所有数据

如果向 EmployeeInfo 表插入的数据中，EMP_ID 出现重复值，如下面语句所示。

```
INSERT INTO EmployeeInfo
VALUES (2,'GaoShou', 'ShangHai', '0106611234', 'gaoshou@sina.com')
```

运行该语句，系统会提示插入操作失败，给出如下的错误提示信息。

```
    Violation of PRIMARY KEY constraint 'PK__EmployeeInfo__04E4BC85'. Cannot
insert duplicate key in object 'EmployeeInfo'.
    The statement has been terminated.
```

如果向 EmployeeInfo 表插入的数据中 EMP_ID 出现 NULL 值，如下面语句所示。

```
INSERT INTO EmployeeInfo
VALUES (NULL,'GaoShou', 'ShangHai', '0106611234', 'gaoshou@sina.com')
```

运行该语句，系统会提示插入操作失败，给出如下的错误提示信息。

```
Cannot insert the value NULL into column 'EMP_ID', table 'pubs.dbo.
EmployeeInfo'; column does not allow nulls. INSERT fails.
The statement has been terminated.
```

利用下面的代码，我们也可以创建相同要求的 EmployeeInfo 表。

```
CREATE TABLE EmployeeInfo
(EMP_ID          INT ,
EMP_NAME             VARCHAR(20) ,
ADDRESS         VARCHAR(40) ,
PHONE           CHAR(11),
EMAIL           VARCHAR(40),
CONSTRAINT E_UNIQ UNIQUE(PHONE, EMAIL),
CONSTRAINT E_PRIM PRIMARY KEY(EMP_ID))
```

说明：PRIMARY KEY 约束本身就约束了其值不能为 NULL，因此如果我们对列使用了 PRIMARY KEY 约束，就不用使用 NOT NULL 约束了。但如果对列同时使用了这两种约束，系统也是允许的。

我们可以在创建表时创建 PRIMARY KEY 约束，也可以在表创建完成后通过 ALTER TABLE 命令指定主键，如下面的代码所示。

```
ALTER TABLE  EmployeeInfo
ADD          CONSTRAINT E_PRIM PRIMARY KEY(EMP_ID)
```

14.2.5　FOREIGN KEY（外键）约束

前面所讨论的约束是为了保证数据的完整性，而 FOREIGN KEY 约束则定义了一个表中的数据与另一个表中数据的联系。

FOREIGN KEY 约束指定某一个列或一组列作为外部键，其中，包含外部键的表称为子表，包含外部键所引用的主键的表称为父表。系统保证表在外部键上的取值要么是父表中某一个主键，要么取空值，以此保证两个表之间的连接，确保了实体的参照完整性。

FOREIGN KEY 约束既可用于列约束，也可用于表约束。FOREIGN KEY 约束用于定义列约束时，我们可以把它作为列定义的一部分添加进去。语法如下。

```
Column_name   datetype | domain REFERENCES table_name (column)
[MATCH FULL|PARTIAL|SIMPLE]
[referential triggered action]
```

这里需要说明的是，Column_name 为添加 FOREIGN KEY 约束的列，REFERENCES 关键字后面的 table_name 为父表的名字，而 column 则为父表中与外键对应的主键值。

MATCH FULL|PARTIAL|SIMPLE 子句为可选子句，用于设置如何处理外键中的 NULL 值；而 referential triggered action 也为可选子句，用于设置更新、删除外键列时的操作准则。这两个子句我们将在 14.3 节详细介绍。

说明　我们可以为表中的一列或多列创建 FOREIGN KEY 约束，如果为多列创建 FOREIGN KEY 约束，将分别与主表中的相应主键相对应。

实例 4　FOREIGN KEY 约束的使用

创建一个名称为 Emp_Sal 的表，包括 3 列，即 EMP_ID、SALARY、BANK_ACCOUNT，要求为 EMP_ID 指定 FOREIGN KEY 约束，实例代码如下。

```
CREATE TABLE        Emp_Sal
(EMP_ID             INT REFERENCES  EmployeeInfo  (EMP_ID),
SALARY              decimal(5,1),
BANK_ACCOUNT          CHAR(8))
```

在该例中，EMP_ID 被指定为表 Emp_Sal 的外键，参照了表 EmployeeInfo 中的 EMP_ID 列。该外键的作用是：确保表 Emp_Sal 的每个 EMP_ID 列都对应表 EmployeeInfo 中相应的 EMP_ID 列。此时，表 EmployeeInfo 就为父表，而表 Emp_Sal 为子表。子表的 EMP_ID 列参照父表的 EMP_ID 列。如果我们想在子表的 EMP_ID 列插入一个值，首先父表的 EMP_ID 列必须存在，否则会插入失败，如图 14-5 所示；如果想从父表的 EMP_ID 列删除一个值，则必须先删除子表 EMP_ID 列中所有与之对应的值。

注意　FOREIGN KEY 列上的取值可以取 NULL。

FOREIGN KEY 也可以利用创建表约束的方法实现，下面的代码可以创建相同要求的 Emp_Sal 表。

```
CREATE TABLE    Emp_Sal
(EMP_ID         INT,
SALARY          decimal(5,1),
BANK_ACCOUNT        CHAR(8)
CONSTRAINT  E_SAL FOREIGN KEY (EMP_ID) REFERENCES EmployeeInfo  (EMP_ID))
```

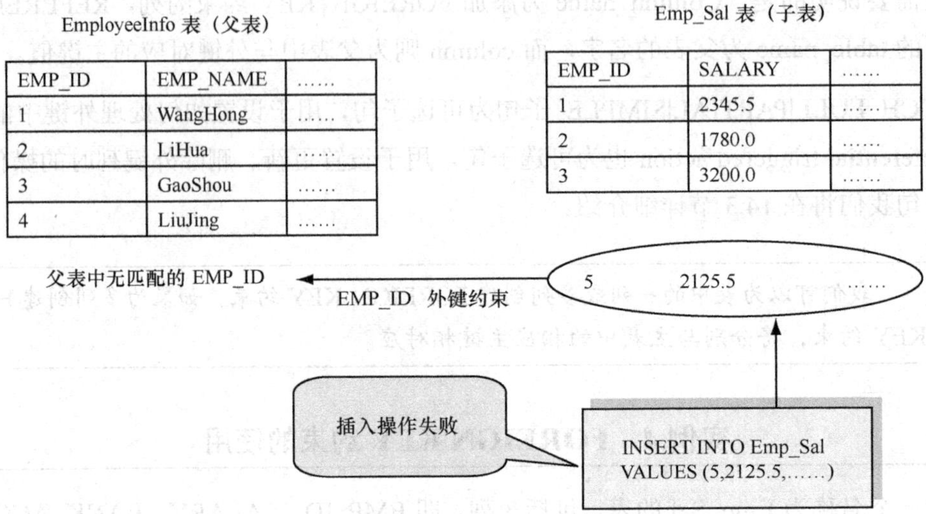

图 14-5　FOREIGN KEY 约束

代码的最后一行是约束的定义。约束的名称 E_SAL 跟在关键字 CONSTRAINT 的后面，而后是关键字 REFERENCES，跟在它后面的是要创建 FOREIGN KEY 约束的列名，如果列名不止一个，则需用逗号将它们隔开。REFERENCES 关键字后面为父表的名称和引用的列名。

与主键一样，外键也可以通过 ALTER TABLE 命令添加到表上，如下面的代码所示。

```
ALTER TABLE Emp_Sal
ADD  CONSTRAINT  E_SAL FOREIGN KEY (EMP_ID) REFERENCES EmployeeInfo (EMP_ID)
```

说明　有关 FOREIGN KEY 约束的详细论述将在 14.3 节展开。

14.2.6　CHECK（校验）约束

CHECK 约束用来检查字段值所允许的范围。如，一个字段只能输入整数，而且限定在 0~100 范围内，以此来保证域的完整性。CHECK 约束可以被定义为表约束、列约束、域约束或者被定义在断言中。

每个 CHECK 约束由关键字 CHECK 后跟搜索条件组成。DBMS 每当执行 DELETE、INSERT 或 UPDATE 语句改变表的内容时，都对这些搜索条件求值，如果修改后，搜索条件为 True，则 DBMS 允许修改；如果结果为 False，则系统取消操作并给出错误报告。

CHECK 约束是所有约束中最灵活的约束。若要创建列约束，我们应在列定义时使用下列创建语法。

```
Column_name   datetype | domain  CHECK  (search condition)
```

若要创建表约束，我们应在表定义时使用下列创建语法。

```
CONSTRAINT constraint name  CHECK (search condition)
```

语法中 search condition 为 CHECK 约束的搜索条件，可以是基于比较运算符简单表达式，也可以是复杂的子查询。这里我们只给出一个简单的 CHECK 约束的实例。

实例 5　CHECK 约束的使用

创建一个名称为 Emp_Sal 的表，包括 3 列，即 EMP_ID、SALARY、BANK_ACCOUNT，要求只能为 EMP_ID 取 1，2，3，4 这 4 个值，而 SALARY 列的取值范围为 800～5000。实例代码如下。

```
CREATE TABLE    Emp_Sal
(EMP_ID         INT,
SALARY          decimal(5,1),
BANK_ACCOUNT         CHAR(8),
CONSTRAINT ValidSal CHECK(EMP_ID IN (1,2,3,4) AND
                      (SALARY>=800 AND SALARY<=5000)))
```

在本例中，DBMS 将允许使用以下的 INSERT 语句向表中添加行。

```
INSERT INTO Emp_Sal VALUES (3,2300, NULL)
INSERT INTO Emp_Sal VALUES (1,3420, '02348793')
```

查看插入数据后表 Emp_Sal 中的所有数据。

```
SELECT * FROM Emp_Sal
```

运行结果如图 14-6 所示。

	EMP_ID	SALARY	BANK_ACCOUNT
1	3	2300.0	NULL
2	1	3420.0	02348793

图 14-6　插入数据后表 Emp_Sal 中的所有数据

假设采用如下 UPDATE 语句修改表中的数据。

```
UPDATE Emp_Sal SET SALARY = 780 WHERE EMP_ID = 1
```

系统会提示修改操作失败，给出如下的错误提示信息。

```
UPDATE statement conflicted with TABLE CHECK constraint 'ValidSal'. The conflict occurred in database 'pubs', table 'Emp_Sal'.
The statement has been terminated.
```

14.3　深入探讨外键与完整性检查

FOREIGN KEY 约束允许建立两个表的父子关系，关系数据规定子表中的每个 FOREIGN KEY 值必须作为主键值存在于父表中，该准则为引用完整性约束。

14.3.1　引用完整性检查

在 14.2.5 节我们已经介绍了简单的 FOREIGN KEY 约束的创建，其中 EMP_ID 被指定为表 Emp_Sal 的外键，参照了表 EmployeeInfo 中的 EMP_ID 列。在表 EmployeeInfo 中，EMP_ID 列为它的主键，该外键的作用是确保表 Emp_Sal 的每个 EMP_ID 列值在表 EmployeeInfo 相应的列中都有匹配的值。

保持一个表（子表）中的 FOREIGN KEY 列与另一表（父表）的 PRIMARY KEY 列（或 UNIQUE 列）的引用完整性，主要涉及以下 4 种可能破坏其引用完整性的检查。

- 向子表中插入行。DBMS 必须保证插入到子表中的每一新行的 FOREIGN KEY 列值在父表的参考列（PRIMARY KEY 列或 UNIQUE 列）中有匹配的列值，否则 DBMS 将终止 INSERT 语句。如图 14-5 所示。
- 从父表中删除行。如果要执行操作的父表的行中，参考列的值被子表的 FOREIGN KEY 列所引用，则 DBMS 不允许删除该行；如果一定要删除，则应先删除其子表中的对应行，再删除父表的行。有些 DBMS 产品则允许在 SELETE 语句中使用 CASCADE 关键词来删除父表的行及其所有子行。
- 更新子表中的 FOREIGN KEY 值。因为子表中的 FOREIGN KEY 值必须在父表的参考列中有匹配的列值，所以如果 UPDATE 语句试图修改子表的 FOREIGN KEY 值并且修改后与父表的参考列值不再匹配，则 DBMS 会终止 UPDATE 语句。
- 更新父表中的参考列值。如果参考列的值作为 FOREIGN KEY 值出现在子表行中，则 DBMS 会终止 UPDATE 语句。

14.3.2 MATCH 子句

在 FOREIGN KEY 约束的列中，带有 NULL 值的一行并不违反引用完整性。但是，当表有多列的 FOREIGN KEY 约束时，组成关键字的任何一列的 NULL 值都将使 DBMS 跳过对 FOREIGN KEY 约束的检查。因此，只要一个 FOREIGN KEY 列取值为 NULL，那么其他的 FOREIGN KEY 列就可以取任意的合法值而不必满足 FOREIGN KEY 约束。

实例 6 MATCH 子句的引入

如以下两个表所示。

```
/*创建 EmployeeInfo 表*/
CREATE TABLE EmployeeInfo
(EMP_ID          INT NOT NULL,
BANK_ACCOUNT          CHAR(4) NOT NULL,
EMP_NAME              VARCHAR(20) ,
PHONE           CHAR(11),
CONSTRAINT SC_PRIM PRIMARY KEY(EMP_ID ,BANK_ACCOUNT))
/*创建 Emp_Sal 表*/
CREATE TABLE    Emp_Sal
(SEMP_ID    INT,
SBANK_ACCOUNT   CHAR(4),
SALARY          decimal(5,1),
CONSTRAINT      E_SAL FOREIGN KEY (SEMP_ID, SBANK_ACCOUNT)
REFERENCES EmployeeInfo (EMP_ID, BANK_ACCOUNT))
```

在 EmployeeInfo 表中，EMP_ID 与 BANK_ACCOUNT 为其联合主键。而在 Emp_Sal 表中，SEMP_ID 和 SBANK_ACCOUNT 列被指定为外键，其参考列为父表 EmployeeInfo 的主键 EMP_ID 与 BANK_ACCOUNT。

图 14-7 列出了 EmployeeInfo 表与 Emp_Sal 表的结构与数值，此时 Emp_Sal 表中的数值都满足 FOREIGN KEY 约束，因此其值都是合法的。

如果外键由多个列组成，那么子表的约束列要求在父表的相关列中，必须存在与其完全匹配的行值。如下面的插入操作所示。

```
INSERT INTO Emp_Sal VALUES (4,1003, NULL)
```

虽然值“4”与“1003”均存在于父表 EmployeeInfo 中，但联合外键的约束要求多列作为一行同时存在于父表中，而在 EmployeeInfo 表的相关列中并不存在“4，1003，……”这样的列，因此插入操作失败，系统给出如下的处理信息。

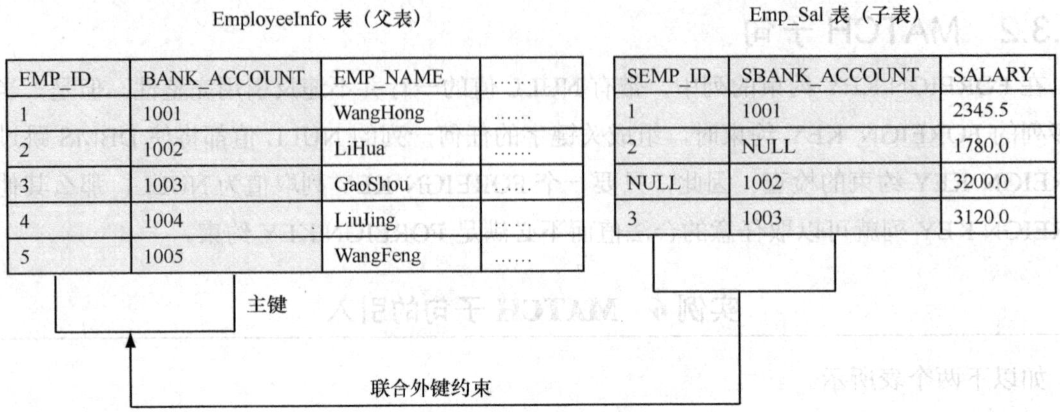

图 14-7　由多列组成的外键

```
INSERT statement conflicted with TABLE FOREIGN KEY constraint 'E_SAL'. The
conflict occurred in database 'pubs', table 'EmployeeInfo'.
The statement has been terminated.
```

然而，由于任何一列取值为 NULL 时，DBMS 将跳过对 FOREIGN KEY 约束的检查，执行如下的插入操作。

```
INSERT INTO Emp_Sal VALUES (6,NULL, NULL)
SELECT * FROM Emp_Sal
```

运行结果如图 14-8 所示。

	SEMP_ID	SBANK_ACCOUNT	SALARY
1	1	1001	2345.4
2	2	NULL	1780.0
3	NULL	1002	3200.0
4	3	1003	3120.0
5	6	NULL	NULL

图 14-8　插入数据后表 Emp_Sal 中的所有数据

由此可见，虽然 SEMP_ID 列的取值“6”在其主表的相关列中并不存在，但是其联合外键之一 SBANK_ACCOUNT 列的取值为 NULL，因此 DBMS 跳过了对 SEMP_ID 列值的检查，直接认为其值是合法的，这显然不是用户所希望的。解决该问题的方法之一是将联合外键的列添加 NOT NULL 约束，但这限制了用户的部分操作；另一种方法就是采用 MATCH 子句。MATCH 子句的语法可简单表示如下。

```
MATCH  FULL|PARTIAL|SIMPLE
```

使用时，我们只需将其添加到 FOREIGN KEY 约束的后面即可。SQL 中共有 3 种可选的 MATCH 子句，用来控制对 NULL 值的处理。

- MATCH FULL：要求 FOREIGN KEY 约束中的所有列要么全为 NULL，要么全不为 NULL。如对 Emp_Sal 表的组合外键而言，键值（NULL，NULL）、（2，1002）均是合法的，而（2，NULL）或者（NULL，1002）则违反了引用完整性原则。
- MATCH PARTIAL：允许 FOREIGN KEY 约束中的列有一列或多列为 NULL，但是要求不为 NULL 的引用列必须满足匹配条件。如对 Emp_Sal 表的组合外键而言，键值（NULL，NULL）、（2，1002）、（2，NULL）、（NULL，1002）均是合法的，而（6，NULL）或者（NULL，1006）就违反了引用完整性原则。
- MATCH SIMPLE：DBMS 将对部分 NULL 的 FOREIGN KEY 值跳过完整性检查。此时与没有 MATCH 子句的 FOREIGN KEY 约束相同。

> **注意** 并不是所有的数据库都支持 MATCH 子句，如在 SQL Sever 中就不支持 MATCH 子句。另外，某些 DBMS 产品将 MATCH SIMPLE 写作 MATCH UNIQUE。

14.3.3 更新、删除操作规则

保持引用完整性意味着确保子表中的每个 FOREIGN KEY 都与父表中的 PRIMARY KEY 匹配。具有约束的表中的每一行有唯一的 PRIMARY KEY 值，因此系统在删除或更新有 PRIMARY KEY 值的行且该值与子表的 FOREIGN KEY 中的一个或多个值相匹配时，会引起匹配完整性的丧失。

FOREIGN KEY 约束的创建语法中提供了可选的 ON UPDATE 和 ON DELETE 子句，也就是 14.2.5 节中提到的 referential triggered action 子句，通过该子句可以定义在删除和更新操作时如何保持引用的完整性。ON UPDATE 和 ON DELETE 子句可表示如下。

```
ON  UPDATE
NO ACTION|CASCADE|RESTRICT|SET NULL|SET DEFAULT
ON  DELETE
NO ACTION|CASCADE|RESTRICT|SET NULL|SET DEFAULT
```

在应用中，我们可以按照任何次序定义这两个子句，对于每个子句都可以选择如下 5 个参数之一。

- NO ACTION：更新或删除父表中的数据时如果会使子表中的外键违反引用完整性，该动作将被禁止执行。不过在某些条件下，系统允许出现暂时的违反；但在数据的最终状态中，不能违反外键的引用完整性。
- CASCADE：当父表中被引用列的数据被更新或删除时，子表中相应的数据也被更新

或删除。

- RESTRICT：与 NO ACTION 规则基本相同，只是引用列中的数据不能违反外键的引用完整性，即使暂时也不行。
- SET NULL：当父表数据被更新或删除时，子表中的相应数据要设置为 NULL 值，当然，其前提是子表中的相应列允许 NULL 值。
- SET DEFAULT：当父表的数据被更新或删除时，子表中的数据被设置为默认值，当然，前提是子表中的相应列设置有默认值。

大多数 DBMS 产品默认使用 NO ACTION 规则。

实例 7 添加 NO ACTION 规则的 ON DELETE 子句

为 Emp_Sal 表的外键约束添加 NO ACTION 规则的 ON DELETE 子句，实现过程如下。

1．删除 Emp_Sal 表中原有的外键约束 E_SAL

```
ALTER TABLE            Emp_Sal
DROP CONSTRAINT        E_SAL
```

2．重新为 Emp_Sal 表添加外键约束，并添加 ON DELETE 子句

```
ALTER TABLE        Emp_Sal
ADD CONSTRAINT  E_SAL FOREIGN KEY (SEMP_ID, SBANK_ACCOUNT)
REFERENCES EmployeeInfo (EMP_ID, BANK_ACCOUNT)
ON DELETE NO ACTION
```

此时，我们执行如下查询语句查看 Emp_Sal 表和其父表 EmployeeInfo 中的数据，如图 14-9 和图 14-10 所示。

```
SELECT * FROM Emp_Sal
```

	SEMP_ID	SBANK_ACCOUNT	SALARY
1	1	1001	2345.4
2	2	NULL	1780.0
3	NULL	1002	3200.0
4	3	1003	3120.0

图 14-9 Emp_Sal 表中的数据

```
SELECT * FROM EmployeeInfo
```

	EMP_ID	BANK_ACCOUNT	EMP_NAME	PHONE
1	1	1001	WangHong	6233835
2	2	1002	LiHua	6634835
3	3	1003	GaoShou	NULL
4	4	1004	LiuJing	NULL
5	5	1005	WangFeng	6784605

图 14-10 EmployeeInfo 表中的数据

如果此时从父表 EmployeeInfo 中删除 EMP_ID 为 1 的记录，如下面的代码所示。

```
DELETE FROM     EmployeeInfo
WHERE           EMP_ID=1
```

因为 EMP_ID 为 1 的记录被子表 Emp_Sal 中的外键约束所引用，而且该外键约束的 ON DELETE 子句采用的是 NO ACTION 规则，所以删除该记录将违反引用完整性，因此删除操作被终止。此时，系统给出如下的出错提示信息。

```
    DELETE statement conflicted with TABLE REFERENCE constraint 'E_SAL'. The
conflict occurred in database 'pubs', table 'Emp_Sal'.
    The statement has been terminated.
```

实例 8　添加 CASCADE 规则的 ON DELETE 子句

为 Emp_Sal 表的外键约束添加 CASCADE 规则的 ON DELETE 子句，实现过程如下。

（1）删除 Emp_Sal 表中原有的外键约束 E_SAL。

```
ALTER TABLE            Emp_Sal
DROP CONSTRAINT        E_SAL
```

（2）重新为 Emp_Sal 表添加外键约束，并添加 ON DELETE 子句。

```
ALTER TABLE          Emp_Sal
ADD CONSTRAINT  E_SAL FOREIGN KEY (SEMP_ID, SBANK_ACCOUNT)
REFERENCES EmployeeInfo (EMP_ID, BANK_ACCOUNT)
ON DELETE CASCADE
```

（3）此时从父表 EmployeeInfo 中删除 EMP_ID 为 1 的记录，如下面的代码所示。

```
DELETE FROM     EmployeeInfo
WHERE           EMP_ID=1
```

（4）查看表 EmployeeInfo 中的数据，如图 14-11 所示。

```
SELECT * FROM EmployeeInfo
```

	EMP_ID	BANK_ACCOUNT	EMP_NAME	PHONE
1	2	1002	LiHua	6634835
2	3	1003	GaoShou	NULL
3	4	1004	LiuJing	NULL
4	5	1005	WangFeng	6784605

图 14-11　表 EmployeeInfo 中的数据

（5）EMP_ID 为 1 的记录被成功删除，此时表 Emp_Sal 中的数据如图 14-12 所示。

```
SELECT * FROM Emp_Sal
```

	SEMP_ID	SBANK_ACCOUNT	SALARY
1	2	NULL	1780.0
2	NULL	1002	3200.0
3	3	1003	3120.0

图 14-12　表 Emp_Sal 中的数据

由此可见子表中引用列中相应的数据，即 SEMP_ID 为 1 的记录也被删除。

14.4　域约束与断言

除了与表有关的约束外，SQL 还支持域约束与断言。然而，与表约束不同，域约束与断言中只能使用校验（CHECK）约束。

14.4.1　域与域约束

域是列中合法数据值的集合。它是一种用户定义的对象，在定义列时，我们可以指定它代替数据类型。域基于 SQL 数据类型，但它可以包括默认值和约束，通过约束进一步限制可以存储在列中的值。域中的约束只能是 CHECK 约束。创建域及 CHECK 约束的语法如下。

```
CREATE DOMAIN domain_name AS data type
[DEFAULT default_value]
[CONSTRAINT constraint_name] CHIECK (VALUE condition expression)
```

实例 9　域约束的使用

创建一个名称为 EmployeeInfo 的表，包括 5 列，即 EMP_ID、EMP_NAME、ADDRESS、PHONE、EMAIL，要求职工的职工号 EMP_ID 必须为 100～999 之间的号码。这时，我们可以用以下语句创建域。

```
CREATE DOMAIN valid_NO AS INT
CONSTRAINT constraint_NO CHIECK (VALUE BETEEN 100 AND 999)
```

然后在定义 EMP_ID 列时，我们使用 valid_NO 域。

```
CREATE TABLE EmployeeInfo
(EMP_ID          valid_NO,
EMP_NAME             VARCHAR(20) ,
ADDRESS         VARCHAR(40) ,
PHONE           CHAR(11),
EMAIL           VARCHAR(40))
```

> **说明** 并不是所有的 DBMS 产品都支持 CREATE DOMAIN 语句，如 SQL Server 中就不支持 CREATE DOMAIN 语句，但在 SQL Server 中可以创建用户自己的数据类型，如 3.2.5 节的介绍。

14.4.2 利用断言创建多表约束

与域相似，断言也是一种数据库对象，但它不必与特定的列绑定，可以理解为能应用于多个表的 CHECK 约束，因此必须在表定义之外独立地创建断言。语法如下。

```
CREATE ASSERTION constraint name
CHECK  search condition
```

这里需要说明的是，创建断言与创建表 CHECK 约束非常相似，在 CHECK 关键字之后必须提供搜索条件。

实例 10 通过创建断言来实现非 NULL 检查

如 14.3.2 节创建的 Emp_Sal 表和 EmployeeInfo 表，要求 Emp_Sal 表对应的 EmployeeInfo 表中职工姓名 EMP_NAME 列不能为 NULL。这时我们可通过创建断言来实现，实现代码如下。

```
CREATE ASSERTION Name_Constr
CHECK (Emp_Sal.SEMP_ID IN (SELECT EMP_ID FROM EmployeeInfo
    WHERE EMP_NAME IS NOT NULL))
```

定义了 Name_Constr 断言后，每当我们试图添加或修改 Emp_Sal 表中的数据时，就对断言中的搜索条件求值，如果求值条件为 False，就取消所完成的工作，并给出错误提示信息。

14.5 SQL Server 中的完整性控制

SQL Server 中，除了前面介绍的一些完整性约束外（有些是不支持的），还提供了一些工具来帮助用户实现数据完整性，其中最主要的是规则（Rule）、缺省值（Default）和触发器（Trigger）。触发器在后面的章节会详细介绍，本节主要介绍规则和缺省值。

14.5.1 创建规则（Rule）

规则（Rule）就是对存储在表的列或自定义数据类型中的值的规定和限制。规则是单独存储的、独立的数据库对象，它与其作用的表或用户自定义数据类型是相互独立的，即表或用户自定义对象的删除修改不会对规则产生影响。SQL Server 在进行 CHECK 约束检查时使用规则。在 SQL Server 中，规则的创建可使用 CREATE RULE 语句或者企业管理器。

1. 使用 CREATE RULE 语句创建规则

CREATE RULE 命令用于在当前数据库中创建规则。语法如下。

```
CREATE RULE  rule_name AS  condition_expression
```

这里需要说明的是，condition_expression 子句是规则的定义，它可以是能用于 WHERE 条件子句中的任何表达式，可以包含算术运算符、关系运算符和谓词（如 IN、LIKE、BETWEEN 等）。

注意

condition_expression 子句中，表达式必须以“@”开头。

实例 11 创 建 规 则

创建工资规则 Wage_Rule，要求工资的范围是 1000～5000。实现代码如下。

```
CREATE RULE  Wage_Rule
AS @value BETWEEN 1000 AND 5000
```

2. 使用企业管理器创建规则

在企业管理器中，选择“规则（Rules）”，单击右键，从快捷菜单中选择“新建规则（New Rule）”选项，会弹出图 14-13 所示的“规则属性”对话框。

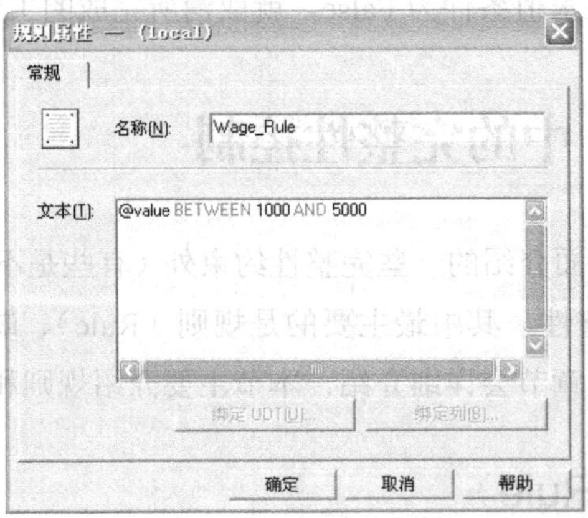

图 14-13 “规则属性”对话框

输入规则名称和表达式之后，单击“确定”按钮即完成规则的创建。

14.5.2 规则的绑定与松绑

创建规则后，规则只是一个存在于数据库中的对象，并未发生作用。因此我们必须先将规则与其作用的对象绑定在一起。表的一列或一个用户自定义数据类型只能与一个规则相绑定，而一个规则可以绑定多个对象。解除规则的绑定称为“松绑”。

规则的绑定与松绑操作可以通过 SQL Server 提供的存储过程进行，也可以通过企业管理器进行。

1. 用存储过程 Sp_bindrule 绑定规则

存储过程 Sp_bindrule 可以绑定一个规则到指定对象上。语法如下。

```
sp_bindrule [@rulename =] 'rule',
[@objname =] 'object_name'
[, 'futureonly']
```

这里需要说明的是，“[@rulename =] 'rule'”指定了规则的名称，“[@objname =] 'object_name'”指定规则绑定的对象，而“'futureonly'”选项仅在绑定规则到用户自定义数据类型上时才可以使用，当指定此选项时，只有以后使用此自定义数据类型的列会应用新规则，而当前已经使用此数据类型的列则不受影响。

实例 12 用存储过程 Sp_bindrule 绑定规则

将 14.5.1 节创建的 Wage_Rule 规则绑定到 14.3.2 节创建的 Emp_Sal 表的 SALARY 列。实例代码如下。

```
sp_bindrule ‘Wage_Rule’, 'Emp_Sal.SALARY'
```

运行结果如下。

```
Rule bound to table column.
```

注意

规则对表中已有的数据不起作用。它所指定的数据类型必须与所绑定的对象的数据类型一致，且规则不能绑定一个数据类型为 TEXT、MAGE 或 TIMESTAMP 的列。

存储过程 Sp_unbindrule 可解除规则与列或用户自定义数据类型的绑定，语法如下。

```
sp_unbindrule [@objname =] 'object_name'
[, 'futureonly']
```

它的应用与规则的绑定完全相同，这里我们不再详细介绍。

2．使用企业管理器绑定规则

在企业管理器中选择要绑定的规则“Wage_Rule”，单击右键，从快捷菜单中选择“属性”选项，即会出现图 14-14 所示的“规则属性”对话框。

图中的“绑定 UDT…”按钮用于绑定用户自定义数据类型，“绑定列…”按钮用于绑定表的列。单击“绑定列…”按钮，出现图 14-15 所示的“将规则绑定到列”对话框。

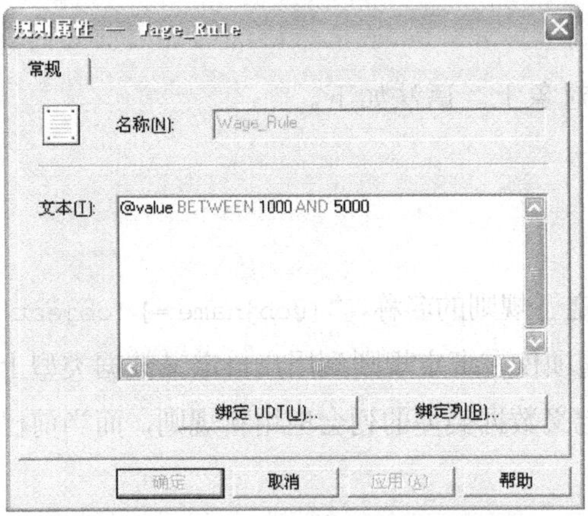

图 14-14 “规则属性”对话框

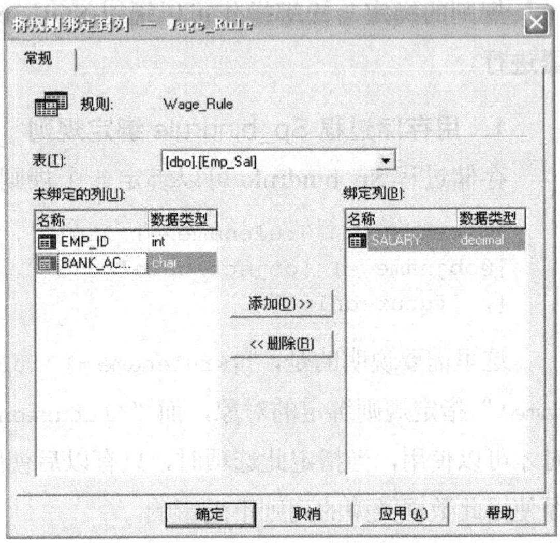

图 14-15 “将规则绑定到列”对话框

在“表”下拉列表中，选中需要绑定规则的表“Emp_Sal”，在列出的表中选择要绑定规则的列“SALARY”，单击“添加”按钮即实现了列与规则的绑定。

同样，如果要实现规则的“松绑”，我们只需要在右侧窗口中选中该列，单击“删除”按钮即可。

绑定规则后就实现了对表列或者用户自定义数据类型的约束。如上面的绑定操作使 Wage_Rule 规则绑定到 Emp_Sal 表的 SALARY 列中。此时，我们通过如下语句向 Emp_Sal 表中插入数据。

```
INSERT INTO Emp_Sal VALUES (4, 1004, 980)
```

显然插入的 SALARY 列的数据不满足 Wage_Rule 规则定义的 1000～5000 之间，因此系统会取消操作，并给出如下的出错提示信息。

```
    A column insert or update conflicts with a rule imposed by a previous CREATE
RULE statement. The statement was terminated. The conflict occurred in database
'pubs', table 'Emp_Sal', column 'SALARY'.
```

```
The statement has been terminated.
```

14.5.3 创建缺省值（Default）

缺省值（Default）对象是指当用户没有指定具体数据时，向相应的列中自动插入的数据。缺省值对象可以用于多个列或用户自定义数据类型，与规则有许多相似之处。表的一列或一个用户自定义数据类型也只能与一个缺省值相绑定。

在 SQL Server 中，缺省值的创建可使用 CREATE DEFAULT 语句或者企业管理器。

1. 使用 CREATE DEFAULT 语句创建缺省值

CREATE DEFAULT 命令用于在当前数据库中创建缺省值对象。语法如下。

```
CREATE DEFAULT default_name AS constant_expression
```

这里需要说明的是，constant_expression 子句是缺省值的定义，constant_expression 子句可以是数学表达式或者函数，其中也可以包含表的列名或其他数据库对象。

实例 13　创建缺省值

创建职工电话号码的缺省值 Phone_Com，实现代码如下。

```
CREATE DEFAULT  Phone_Com
AS              '01062340001'
```

运行结果如下。

```
The command(s) completed successfully.
```

2. 使用企业管理器创建缺省值

在企业管理器中选择数据库对象“默认值（Defaults）”，单击右键，在快捷菜单中选择“新建默认（New Default）”选项，会弹出图 14-16 所示的“默认属性”对话框。

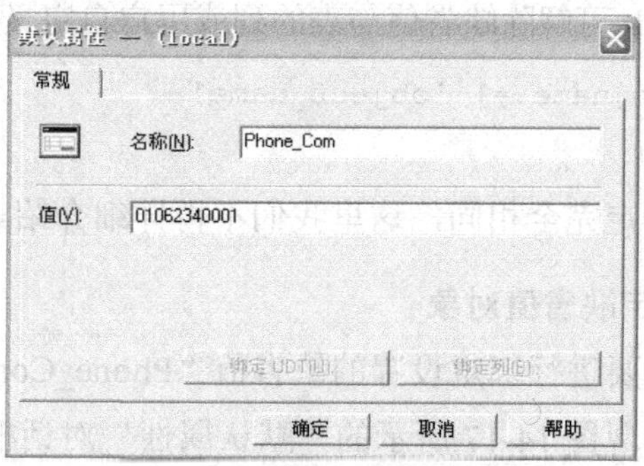

图 14-16　创建缺省值属性对话框

输入缺省值名称和值表达式，单击“确定”按钮即完成缺省值对象的创建。

14.5.4　缺省值的绑定与松绑

创建缺省值后，缺省值仅仅是一个存在于数据库中的对象，并未发生作用。同规则一样，我们需要将缺省值与表或用户自定义对象绑定。

缺省值的绑定与松绑操作可以通过 SQL Server 提供的存储过程进行，也可以通过企业管理器进行。

1．用存储过程 Sp_bindefault 绑定缺省值

存储过程 Sp_bindefault 可以绑定一个缺省值到表的一列或一个用户自定义数据类型上。语法如下。

```
Sp_bindefault [@defname =] 'default',
[@objname =] 'object_name'
[, 'futureonly']
```

这里需要说明的是，“'futureonly'”选项仅在绑定缺省值到用户自定义数据类型上时才可以使用。当指定此选项时，只有以后使用该用户自定义数据类型的列会应用新缺省值，而当前已经使用此数据类型的列不受影响。

实例 14　用存储过程 Sp_bindefault 绑定缺省值

将 Phone_Com 缺省值对象绑定到 EmployeeInfo 表的 PHONE 列，实现代码如下。

```
Sp_bindefault 'Phone_Com', 'EmployeeInfo. PHONE'
```

运行结果如下。

```
Default bound to column.
```

存储过程 Sp_unbindefault 可解除缺省值与表的列或用户自定义数据类型的绑定，语法如下。

```
sp_unbindefault [@objname =] 'object_name'
[, 'futureonly']
```

它的应用与缺省值的绑定完全相同，这里我们不再详细介绍。

2．使用企业管理器绑定缺省值对象

在企业管理器中，选择要进行绑定设置的缺省值“Phone_Com”，单击右键，在快捷菜单中选择”属性”选项，即出现图 14-17 所示的“默认属性”对话框。

图中的“绑定 UDT…”按钮用于绑定用户自定义数据类型，“绑定列…”按钮用于绑定

表的列。单击“绑定列…”按钮，则出现图 14-18 所示的“将默认值绑定到列”对话框。

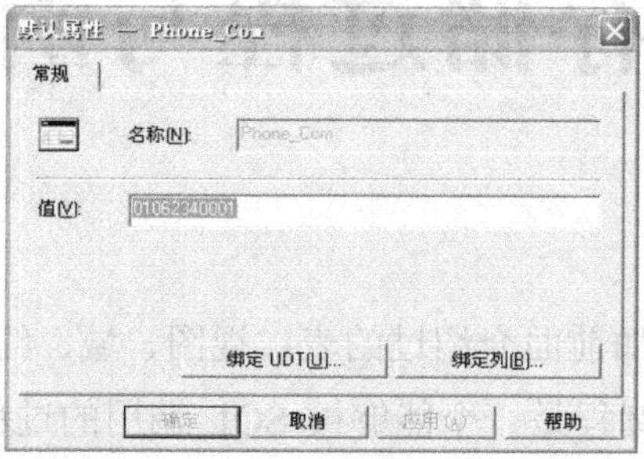

图 14-17 “默认属性”对话框

图 14-18 “将默认值绑定到列”对话框

在“表”下拉列表中，选中需要绑定规则的表“EmployeeInfo”，在列出的表列中选择要绑定规则的列“PHONE”，单击“添加”按钮即实现了列与规则的绑定。

同样，如果要实现规则的“松绑”，我们只需要在右侧窗口中选中绑定缺省值的列，单击“删除”按钮即可。

绑定缺省值后就实现了缺省值约束。如上面的绑定操作使 Phone_Com 缺省值对象绑定到 EmployeeInfo 表的 PHONE 列中。此时，我们通过如下语句向 EmployeeInfo 表中插入数据。

```
INSERT INTO EmployeeInfo(EMP_ID,BANK_ACCOUNT,EMP_NAME)
     VALUES (6, 1006, 'LiuJing')
```

执行如下查询语句查看 EmployeeInfo 表中的数据，如图 14-19 所示。

```
SELECT * FROM EmployeeInfo
```

	EMP_ID	BANK_ACCOUNT	EMP_NAME	PHONE
1	2	1002	LiHua	66348354
2	3	1003	GaoShou	NULL
3	4	1004	LiuJing	NULL
4	5	1005	WangFeng	67846050
5	6	1006	LiuJing	01062340001

图 14-19 EmployeeInfo 表中的数据

我们可以发现，虽然插入操作没有提供 PHONE 列的值，但是该列绑定了 Phone_Com 缺省值，因此其值即为 Phone_Com 定义的缺省值。

注意　如果列同时绑定了一个规则和一个缺省值，那么缺省值应该符合规则的规定。

第 15 章 存储过程与函数

SQL:1999 标准中定义了 11 种类型的模式对象，如前面介绍过的表、视图、域、约束等，另外还包括了 SQL 调用例程、触发器等。SQL 调用例程是一个能够被 SQL 调用的过程或函数。函数和过程都是预先定义的 SQL 语句，能够执行一定的操作。调用过程被称为存储过程，而调用函数被称为用户自定义函数。

15.1 SQL 中的存储过程与函数

函数我们已经多次用到了，如前面介绍的聚合函数、时间函数、数值计算函数等。和这些函数一样，用户自定义函数可以接受输入参数，并返回一定的值。

存储过程是由 SQL 语句和控制流语句构成的语句串（语句集合）。它不仅可以带有输入参数，而且可以带有输出参数，存储过程能够通过接收参数向调用者返回结果集，结果集的格式由调用者确定；返回状态值给调用者，指明调用是成功或是失败，包括针对数据库的操作语句，并且可以在一个存储过程中调用另一存储过程。

相比交互式的 SQL 语句，存储过程主要具有如下优点。

- 存储过程允许组件式编程。它在被创建以后，可以在程序中多次调用而不必重新编写该存储过程的 SQL 语句，从而极大地提高了程序的可移植性。
- 存储过程能够实现较快的执行速度。如果某一操作包含大量的 SQL 代码，或分别被多次执行，那么使用存储过程能够提高执行速度。
- 存储过程能够减少网络流量。对于针对数据库对象的相同操作，如查询、修改表，如果这一操作所涉及到的 SQL 语句被组织成存储过程，那么当在客户计算机上调用该存储过程时，网络中传送的只是该调用语句而不是多条 SQL 语句，从而大大减少了网络流量，降低网络负载。

- 存储过程可作为一种安全机制。

> **说明** 本章主要以 SQL Server 数据库系统为例，详细介绍存储过程与函数的创建及调用过程，最后还对 Oracle 数据库中的存储过程与函数的使用作了简单介绍。

15.2 SQL Server 中的流控制语句

存储过程是由 SQL 语句和控制流语句构成的语句串（语句集合），因此在介绍存储过程之前，我们首先介绍一下 SQL Server 提供的流控制语句。SQL Server 提供了用于存储过程的一系列关键字的流控制语言，下面我们分别介绍。

15.2.1 BEGIN…END 语句

该语句用来定义一串由顺序执行的 SQL 语句构成的块。语法规则如下。

```
BEGIN
       Statement block
END
```

15.2.2 IF…ELSE 语句

该语句用来定义有条件执行的某些语句，其中 ELSE 子句是可选的，语法规则如下。

```
IF  boolean_expression
    statement
[ELSE [IF boolean_expression] statentent]
```

实例 1 IF…ELSE 语句的使用

在 STUDENT 表中查询学号为 9704 学生的成绩状况，实例代码如下。

```
IF (SELECT MIN(MARK) FROM STUDENT WHERE Sno='9704')>90
       PRINT '学生 9704 成绩全部优秀. '
ELSE
IF (SELECT MIN (MARK) FROM STUDENT WHERE Sno='9704')>60
        PRINT '学生 9704 成绩全部合格. '
ELSE
        PRINT '学生 9704 有成绩不合格. '
```

运行结果如下。

```
学生 9704 成绩全部合格.
```

15.2.3 WHILE、BREAK 和 CONTINUE 语句

WHILE 语句是用来表示当某条件满足时，重复执行某语句或语句块的情况。语法如下。

```
WHILE        boolean_expression
             Statement
```

实例 2　WHILE、BREAK 和 CONTINUE 语句的使用

在 STUDENT 表中，学号为 9705 学生的平均成绩如果小于 75，则将该学生的每门成绩以 5%的比例提高，当平均成绩大于等于 75 或者所有课程都及格时，终止操作。实例代码如下。

（1）为了不影响 STUDENT 表的其他应用，首先我们将 STUDENT 表学号为 9705 学生的所有信息复制到表 The_Student 中。

```
SELECT       *
INTO         The_Student
FROM              STUDENT
WHERE        SNO='9705'
```

（2）查询复制后表 The_Student 中的数据及平均成绩。

```
SELECT * FROM The_Student
SELECT AVG(MARK) FROM The_Student
```

运行结果如下。

```
SNO  SNAME       DNAME       SSEX     CNO          MARK  TYPE
---- ---------- ---------- ---- ----------- ----- ----
9705 孙庆          电子工程        男    8            79.0  必修
9705 孙庆          电子工程        男    1            59.0  必修
9705 孙庆          电子工程        男    11           52.0  必修
9705 孙庆          电子工程        男    6            68.0  必修
(4 row(s) affected)
-----------------------------------------
64.500000
(1 row(s) affected)
```

（3）更新表 The_Student 中的数据。

```
WHILE (SELECT AVG(MARK) FROM The_Student) <75
    BEGIN
        UPDATE The_Student
```

```
        SET MARK = MARK*1.05
        IF(SELECT MIN(MARK) FROM The_Student) >= 60
          BREAK
    END
```

（4）查询更新后表 The_Student 中的数据及平均成绩。

```
SELECT * FROM The_Student
SELECT AVG(MARK) FROM The_Student
```

运行结果：

```
SNO  SNAME          DNAME        SSEX CNO              MARK  TYPE
---- ---------- ---------- ---- ------------- ----
9705 孙庆          电子工程        男    8                 91.6  必修
9705 孙庆          电子工程        男    1                 68.4  必修
9705 孙庆          电子工程        男    11                60.2  必修
9705 孙庆          电子工程        男    6                 78.8  必修
(4 row(s) affected)
----------------------------------------
74.750000
(1 row(s) affected)
```

15.2.4　DECLARE 语句

DECLARE 语句用来定义一个局部变量，可用 SELECT 语句为该变量赋初值。这个变量必须用@开头，跟着一个标识符。语法如下。

```
DECLARE @variable_name datatype
        [, @variable_name datatype] …
```

说明　变量名 variable_name 是一个合法标识符，datatype 可以是一个系统数据类型，也可以是一个用户定义的数据类型。

用 SELECT 语句给局部变量赋初值的语法格式如下。

```
SELECT @variable_name =
{expression | (SELECT_statement)}
[, @variable ={expression | (SELECT_statement)} …]
[FROM clause]
[WHERE clause]
```

注意　局部变量的定义和使用必须在同一个存储过程中。

实例 3　DECLARE 语句的使用

在 STUDENT 表中查询学号为 9704 学生的成绩状况，实例代码如下。

```
declare @verygood int
    SELECT @verygood = min(MARK)
    FROM STUDENT
    WHERE Sno = '9704'
    if @verygood > 60
    PRINT '成绩合格!'
    SELECT @verygood  /* 输出最低分数*/
```

运行结果为“成绩合格!”，同时输出的数据如图 15-1 所示。

	(No column name)
1	70

图 15-1　学号为 9704 学生的成绩状况

全局变量在形式上与局部变量不同，它们冠以两个@符号，如@@error 等。常见的全局变量有以下两种。

- @@error：当事务成功时，其值为 0；否则为由系统产生的、最近的一个错误号。
- @@textsize：SELECT 语句返回的 text 或 image 数据的字节数。

15.2.5　GOTO label 语句

GOTO label 语句用来无条件地将语句的执行顺序转到用户定义的标号(label)处，语法如下。

```
label:
GOTO label
```

实例 4　GOTO 语句的使用

输出四个“hello”，实例代码如下。

```
declare @count smallint
SELECT @count = 1
Restart:
PRINT 'hello'
SELECT @count = @count + 1
While @count <= 4
goto Restart
```

运行结果如下。

```
hello
hello
hello
hello
```

15.2.6 RETURN 语句

RETURN 语句用来无条件地退出一个查询或一个过程，语法如下。

```
RETURN [int_expression]
```

这里需要说明的是，可选的整数表达式 int_expression 返回给调用者一个状态值，如下面的存储过程。

```
CREATE PROCEDURE findrules @name varchar(30)= null
  AS
    IF @name ISnull
     BEGIN
          PRINT 'You must give a user name '
          RETURN
      END  ELSE
     BEGIN
           ……
     END
```

15.2.7 WAITFOR 语句

WAITFOR 语句用来定义某天中的一个时刻，执行一个语句块。语法如下。

```
WAITFOR { DELAY 'time' | TIME 'time'}
```

这里需要说明的是，DELAY 后面的 time 说明了 SQL Server 为了执行语句要等待的时间，如 time 为 01:30 意味着等 1.5 小时。TIME 后面的 time 说明了 SQL Server 要等到哪个时刻，如 time 为 01:30 意味着要等到一点三十分。

实例 5 WAITFOR 语句的使用

在晚上 10:20 执行存储过程 update_all_stats，实例代码如下。

```
BEGIN
    WAITFOR TIME '22:20'
    EXECUTE update_all_stats
END
```

15.2.8　PRINT 语句

PRINT 语句用来在屏幕上显示最长为 255 个字符的信息，或类型为 char、varchar 的局部变量或全局变量的内容。语法如下。

```
PRINT{ string_expr | @local_variable |@global_variable }
```

15.2.9　注释

可以对某些 SQL 语句及存储过程做注释，注释的长度没有限制。语法如下。

```
/* text_of_comment */
```

这里需要说明的是，text_of_comment 为具体的注释内容。对于多行注释，第一行以“/*”开头，其余行以“**”开头，最终以“*/”结尾。

15.3　SQL Server 中的存储过程和函数

在 SQL Server 中，存储过程分为两类：系统提供的存储过程和用户自定义存储过程。系统存储过程主要存储在 master 数据库中，以 sp_为前缀，主要是从系统表中获取信息；用户自定义存储过程由用户创建，并且能完成某一特定功能（如查询用户所需数据信息）。

15.3.1　系统存储过程

系统存储过程能够方便地从系统表中查询信息或完成其他的系统管理任务。系统存储过程主要包括以下几类。

- 目录存储过程：主要有 sp_column_privileges、sp_special_columns、sp_columns、sp_sproc_columns、sp_databases、sp_statistics、sp_fkeys、sp_stored_procedures 等。
- 复制类存储过程：主要有 sp_addarticle、sp_adddistpublisher、sp_adddistributiondb、sp_adddistributor、sp_addpublication、sp_help_agent_profile、sp_addpublication_snapshot、sp_help_publication_access、sp_addpublisher70、sp_helparticle 等。
- 安全管理类存储过程：主要有 sp_addalias、sp_droprole、sp_addapprole、sp_droprolemember、sp_addgroup、sp_dropServer、sp_addlinkedsrvlogin、sp_dropsrvrolemember、sp_addlogin、sp_dropuser 等。
- 分布式查询存储过程：主要有 sp_addlinkedServer、sp_indexes、sp_addlinkedsrvlogin、

sp_linkedServers、sp_catalogs、sp_primarykeys 等。

> **说明**　这里我们只是简单介绍了 SQL Server 中的一部分系统存储过程，更多的系统存储过程与其用法请参阅 SQL Server 用户手册。

15.3.2　使用 CREATE PROCEDURE 创建存储过程

在 SQL Server 中，我们可以使用 CREATE PROCEDURE 语句创建、编译存储过程。在默认情况下，只有数据库的拥有者具有 CREATE PROCEDURE 权限。我们可通过 GRANT 语句将 CREATE PROCEDURE 权限授予其他用户。

```
GRANT CREATE PROCEDURE username
```

语法如下。

```
CREATE PROCEDURE procedure_name [ ; version number ]
    [ { @parameter data_type }
        [ VARYING ] [ = default value ] [ OUTPUT ]
    ] [ ,...n ]
[WITH
    { RECOMPILE | ENCRYPTION | RECOMPILE , ENCRYPTION } ]
[FOR REPLICATION ]
AS sql_statement [ ...n ]
```

这里需要说明几点。

- procedure_name 是存储过程的名称，最多可有 128 个字符。
- version number 为版本号，通过指定不同的版本号，可以创建相同名称的存储过程。在执行存储过程时，也要通过指定版本号执行相应的存储过程，如 EXEC update_all_stats;3。

> **注意**　如果在调用存储过程中没有指定版本号，DBMS 将执行具有相同名称的存储过程组中版本号最高的存储过程。但在使用 DROP 语句删除存储过程时，如果没有指定版本号，则 DROP 语句将删除存储过程的所有版本。

- @parameter 是存储过程的参数名。在 Create Procedure 语句中，我们可以声明一个或多个参数，当调用该存储过程时，除非定义了参数的缺省值，用户必须给出所有的参数值。一个存储过程至多有 1024 个参数，参数可以用作存储过程中的变量名，但参数不能用作列名、表名或其他数据库对象的名称。

- Data_type 是参数的数据类型。在存储过程中所有的数据类型都可被用作参数，但是如果参数为游标（CURSOR）数据类型，则该参数必须被指定为 VARING 和 OUTPUT。
- VARYING 指定由 OUTPUT 参数支持的结果集，仅应用于游标型参数。
- default value 是指参数的缺省值。
- OUTPUT 表明该参数是一个返回参数。我们用 OUTPUT 参数可以向调用者返回信息，该参数在存储过程中可以变化，但是 Text 类型参数不能用作 OUTPUT 参数。
- RECOMPILE 指明 SQL Server 并不保存该存储过程的执行计划，该存储过程每执行一次都要重新编译。如果没有指明此选项，DBMS 在执行 CREATE PROCEDURE 语句时编译存储过程，每次调用时都使用同一计划。
- ENCRYPTION 为 SYSCOMMENTS 表中存储过程条目加密，防止用户查看编译后的语句。
- FOR REPLICATION 选项指明了该存储过程只能在复制过程中执行。
- sql_statement 是包含在存储过程中的任何数量和类型的 SQL 语句。

下面我们通过几个实例说明存储过程的创建方法。

首先创建一个最简单的存储过程，该存储过程不带任何参数。

创建存储过程 usp_Show_Teacher，用于查询所有教师的信息。实例代码如下。

```
CREATE PROCEDURE usp_Show_Teacher
AS
SELECT * FROM TEACHER
```

注意：在命名存储过程时，应尽量避免使用“sp_”前缀。因为在接收到以“sp_”开头的存储过程命令后，SQL Server 首先会在 Master 数据库中寻找存储过程，这会影响存储过程的执行效率。

实例 6　使用 CREATE PROCEDURE 创建存储过程

创建存储过程 usp_Select_Teacher，查询特定系的教师的信息，判定教师的年龄结构并将该系教师的平均年龄和最大年龄传递给用户。实例代码如下。

```
CREATE PROCEDURE usp_Select_Teacher @depart CHAR(10),
                 @avg_age INT OUTPUT, @max_age INT OUTPUT
AS
SELECT * FROM TEACHER
```

```
WHERE DNAME = @depart
SELECT @max_age = MAX(AGE)
FROM TEACHER
WHERE DNAME = @depart
SELECT @avg_age = AVG(AGE)
FROM TEACHER
WHERE DNAME = @depart
IF @avg_age <=30
SELECT '年龄结构'='年龄结构偏年轻',' 平均年龄' = @avg_age
IF @avg_age >30 and @avg_age <=40
SELECT '年龄结构'='年龄结构合理',' 平均年龄' = @avg_age
IF @avg_age >40
SELECT '年龄结构'='年龄结构偏大' ,' 平均年龄' = @avg_age
```

在本例中，参数@depart 为输入参数，而参数@avg_age、@max_age 为输出参数。

15.3.3 使用 EXECUTE 语句调用存储过程

要执行已创建的存储过程，可以使用 EXECUTE 命令。语法如下。

```
[[EXEC [UTE]]
   {[@return_status =]
         {procedure_name [ ;number ]|@procedure_name_var}
   [[@parameter=] {value|@variable[OUTPUT ]|[DEFAULT]]
      [,...n]
[WITH RECOMPILE]
```

这里需要说明两点。

- @return_status 是可选的整型变量，用来存储返回的值。
- @procedure_name_var 是一变量名，用来代表存储过程的名字。

其他参数和保留字的含义与 CREATE PROCEDURE 中一样。

实例 7 调用存储过程

调用 15.3.2 节创建的存储过程 usp_Show_Teacher，查看 TEACHER 表中所有教师的信息。

实例代码如下。

```
EXEC usp_Show_Teacher
```

运行结果如图 15-2 所示。

	TNO	TNAME	CNO	SAL	DNAME	TSEX	AGE
1	1	王军	4	800	数学	男	32
2	2	李彤	5	1200	生物	女	54
3	3	王永军	1	900	计算机	男	40
4	4	刘小静	2	1200	计算机	女	46
5	5	高伟	8	2100	电子工程	男	39
6	6	李伟	7	1200	机械工程	男	29
7	7	刘辉	3	900	生物	女	46
8	8	李伟	9	NULL	计算机	女	43
9	9	刘静	12	1300	经济管理	女	28
10	10	刘一凯	13	NULL	计算机	女	33

图 15-2　TEACHER 表中所有教师的信息

如果存储过程有参数清单，可在存储过程名之后包括参数值。参数值是按先后顺序列出的，参数之间用逗号分隔。

实例 8　查看存储过程的输出参数

调用 15.3.2 节创建的存储过程 usp_Select_Teacher 并查看其输出参数的值。实例代码如下。

```
DECLARE @Avgage INT, @Maxage INT
EXECUTE usp_Select_Teacher '计算机',@Avgage OUTPUT, @Maxage OUTPUT
SELECT @Avgage,@Maxage /* 输出平均年龄与最大年龄*/
```

运行结果如下。

```
TNO         TNAME      CNO         SAL         DNAME      TSEX AGE
----------- ---------- ----------- ----------- ---------- ---- -----------
3           王永军      1           900         计算机      男    40
4           刘小静      2           1200        计算机      女    46
8           李伟        9           NULL        计算机      女    43
10          刘一凯      13          NULL        计算机      女    33
(4 row(s) affected)
年龄结构         平均年龄
------------ -----------
年龄结构合理        40
(1 row(s) affected)
----------- -----------
40          46
(1 row(s) affected)
```

15.3.4　使用 CREATE FUNCTION 创建函数

当执行一段语句产生单一值或表时，我们可使用自定义函数而不是存储过程。与存储过程不同，自定义函数只能返回单一值或表。此外，函数不能执行 INSERT、UPDATE 和 DELETE

操作。在 SQL Server 中，根据函数返回值形式的不同，用户自定义函数分为 3 种类型。

- 标量型函数（Scalar Functions）：返回一个确定类型的标量值。
- 内联表值型函数（Inline Table-valued Functions）：以表的形式返回一个返回值，即返回的是一个表，相当于一个参数化的视图。
- 多声明表值型函数（Multi-statement Table-valued Functions）：可以看作标量型和内联表值型函数的结合体。返回值是一个表，但它和标量型函数一样，有一个 BEGIN-END 语句括起来的函数体，该函数体包含插入语句，向返回表中插入数据。

下面我们分别介绍 3 种函数的创建过程。

1. 创建标量型函数

语法如下。

```
CREATE  FUNCTION [owner_name.] function_name
   ([{@parameter_name[AS]scalar_parameter_data_type[=default]} [,...n]])
RETURNS scalar_return_data_type
[WITH {ENCRYPTION|SCHEMABINDING}]
[AS]
BEGIN
   function_body
   RETURN scalar_expression
END
```

说明如下。

- owner_name：创建函数的用户名，该用户名必须是已有的用户 ID。
- function_name：用户自定义函数的名称。
- @parameter_name：自定义函数的参数名，参数的作用范围是整个函数。
- scalar_parameter_data_type：标量型参数的数据类型。参数可以是任何有效的 SQL 标量数据类型，不能是自定义的数据类型、表或游标。
- scalar_return_data_type：返回值的数据类型，可以是任何有效的 SQL 标量数据类型，不能是用户自定义的数据类型、表或游标。
- ENCRYPTION：加密选项，对 CREATE FUNCTION 的声明加密，防止用户自定义函数被发布。
- SCHEMABINDING：计划绑定选项，将自定义函数绑定到它所引用的数据库对象。
- function_body：指定一系列的 Transact-SQL 语句，它们决定了函数的返回值。
- scalar_expression：指定自定义函数返回的标量值表达式。

实例 9　创建标量型函数

创建工龄工资计算函数 Year_Wage，共有 3 个输入参数：工作时间（work_date），当前时间（now_date），工龄工资标准（per_wage）。实例代码如下。

```
CREATE FUNCTION  Year_Wage (@work_date  DATETIME,
@now_date DATETIME, @per_wage DECIMAL)
RETURNS  DECIMAL
AS
BEGIN
RETURN((YEAR(@now_date)-YEAR(@work_date))*@per_wage)
END
```

调用该函数，可采用下面的语句。

```
SELECT dbo.Year_Wage ('1997-9-1',GETDATE(),12) AS '工龄工资'
```

运行结果如图 15-3 所示。

	工龄工资
1	108

图 15-3　使用工资计算函数查询的结果

2. 创建内联表值型用户自定义函数

语法如下。

```
CREATE FUNCTION [ owner_name. ] function_name
   ([{@parameter_name[AS]scalar_parameter_data_type[=default]} [,...n]])
RETURNS TABLE
[WITH {ENCRYPTION|SCHEMABINDING}]
 [AS]
RETURN [()select-stmt[]]
```

说明如下。

- TABLE：指定返回值为一个表。
- select-stmt：单个 SELECT 语句，确定返回表的数据。

其余参数与标量型用户自定义函数相同。

实例 10　创建内联表值型用户自定义函数

创建函数 Course_Student，能够显示 STUDENT 表（参见 9.1 节表 9-1）中选修了某门课程（课程名称）的所有学生的信息。实例代码如下。

```
CREATE FUNCTION Course_Student (@course_name varchar(20))
RETURNS TABLE
AS
RETURN (SELECT S.*
FROM STUDENT AS S, COURSE AS C
WHERE S.CNO =C.CNO
AND C.CNO IN (SELECT CNO FROM COURSE
WHERE CNAME = @course_name))
```

调用该函数，查询选修了“计算机软件基础”的所有学生的信息，代码如下。

```
SELECT * FROM Course_Student('计算机软件基础')
```

运行结果如图 15-4 所示。

	SNO	SNAME	DNAME	SSEX	CNO	MARK	TYPE
1	9701	刘建国	管理工程	男	1	78.5	选修
2	9704	李华	计算机	女	1	92.0	必修
3	9705	孙庆	电子工程	男	1	59.0	必修
4	9706	高伟	机械工程	男	1	78.0	选修

图 15-4 调用 Course_Student 查询选修“计算机软件基础”的学生信息

3．创建多声明表值型用户自定义函数

语法如下。

```
CREATE FUNCTION [owner_name.] function_name
    ([{@parameter_name[AS]scalar_parameter_data_type[=default]} [,...n]])
RETURNS@return_variable TABLE({column_definition|table_constraint}
                                [,...n])
[WITH {ENCRYPTION|SCHEMABINDING}]
 [AS]
BEGIN
    function_body
    RETURN
END
```

这里需要说明的是，@return_variable 为 TABLE 类型的变量，用于存储返回的数据行。其余参数与标量型用户自定义函数相同。

实例 11 创建多声明表值型用户自定义函数

创建函数 TeacherInfo，用于查询指定系的教师的姓名、性别、所在系、所授课程的课程号、课程名以及学时信息。实例代码如下。

```
CREATE FUNCTION TeacherInfo (@depart VARCHAR(18))
RETURNS @TeacherInfo TABLE
(T_name VARCHAR(8),
T_sex CHAR(2),
T_dname VARCHAR(20),
T_cno INT PRIMARY KEY,
T_cname VARCHAR(20),
T_ctime INT)
AS
BEGIN
INSERT @TeacherInfo
SELECT T.TNAME,T.TSEX,T.DNAME,T.CNO,C.CNAME,C.CTIME
FROM TEACHER AS T,COURSE AS C
WHERE C.CNO=T.CNO
AND T.CNO IN (SELECT CNO FROM TEACHER WHERE DNAME = @depart)
RETURN
END
```

调用该函数查询计算机系所有教师的相关信息，代码如下。

```
SELECT * FROM TeacherInfo ('计算机')
```

运行结果如图 15-5 所示。

	T_name	T_sex	T_dname	T_cno	T_cname	T_ctime
1	王永军	男	计算机	1	计算机软件基础	32
2	刘小静	女	计算机	2	计算机硬件基础	24
3	李伟	女	计算机	9	数据库设计	16

图 15-5　调用 TeacherInfo 函数查询计算机系教师的相关信息

15.3.5　使用 Enterprise Manager（企业管理器）创建存储过程和函数

在 SQL Server 中，存储过程和用户自定义函数的创建也可以通过企业管理器来实现。

1．创建存储过程

首先我们介绍如何通过企业管理器创建存储过程，步骤如下。

（1）启动企业管理器，登录到要使用的服务器。

（2）选择要创建存储过程的数据库，即“pubs”，在左窗格中单击“存储过程”文件夹，此时在右窗格中显示该数据库的所有存储过程，如图 15-6 所示。

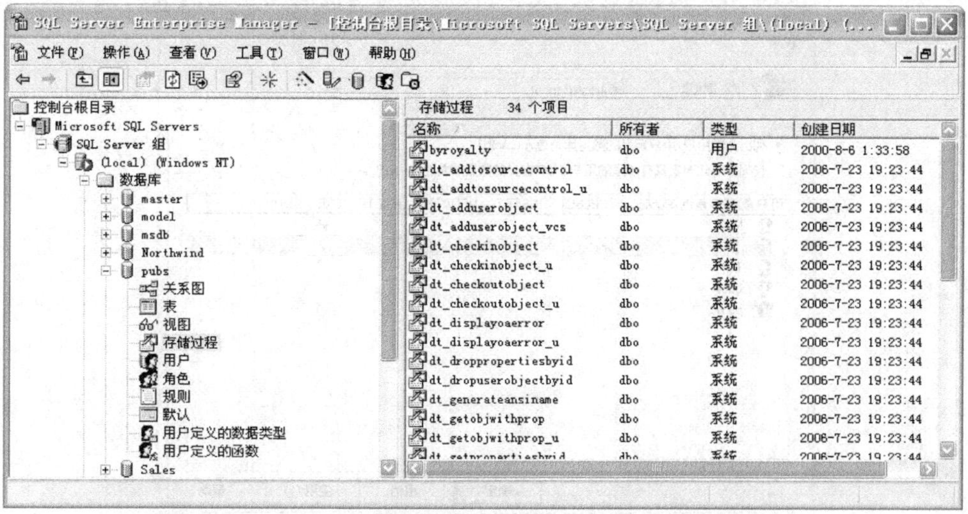

图 15-6 Enterprise Manager 中显示的存储过程的详细信息

（3）右击存储过程文件夹，在弹出菜单中选择“新建存储过程”，此时打开对话框如图 15-7 所示。

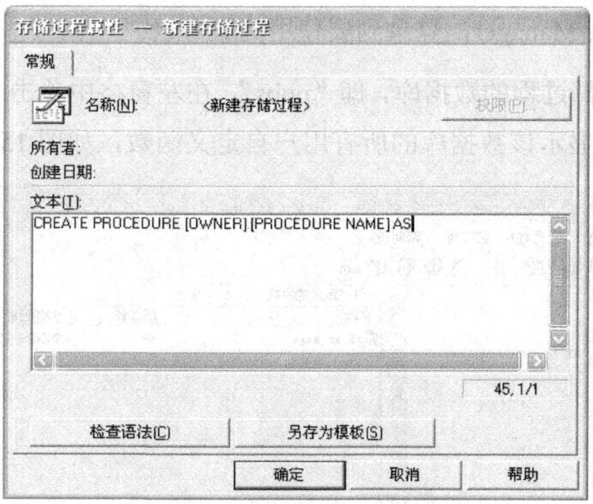

图 15-7 “新建存储过程”对话框

（4）输入存储过程内容，单击“检查语法”按钮，检查语法是否正确，单击“确定”按钮保存存储过程。

（5）在企业管理器的右窗格中，右击该存储过程，在弹出菜单中选择“所有任务–>管理权限”设置权限，如图 15-8 所示。

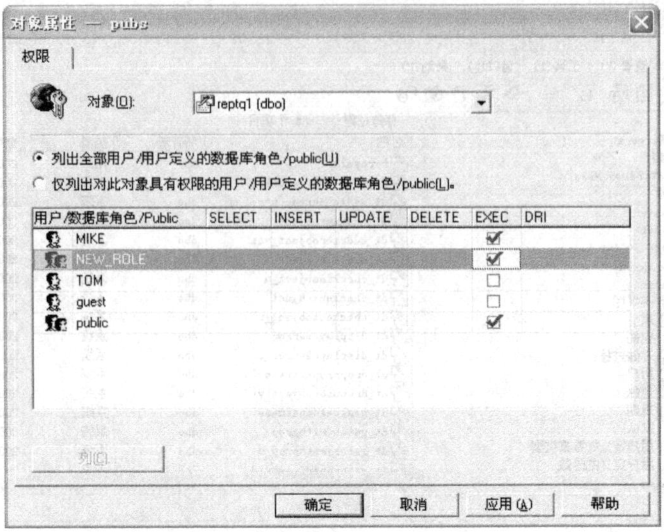

图 15-8　设置存储过程权限对话框

2. 创建用户自定义函数

通过 Enterprise Manager 创建用户自定义函数的步骤如下。

（1）启动 Enterprise Manager，登录到要使用的服务器。

（2）选择要创建存储过程的数据库，即“pubs”，在左窗格中单击“用户定义的函数”文件夹，此时在右窗格中显示该数据库的所有用户自定义函数，如图 15-9 所示。

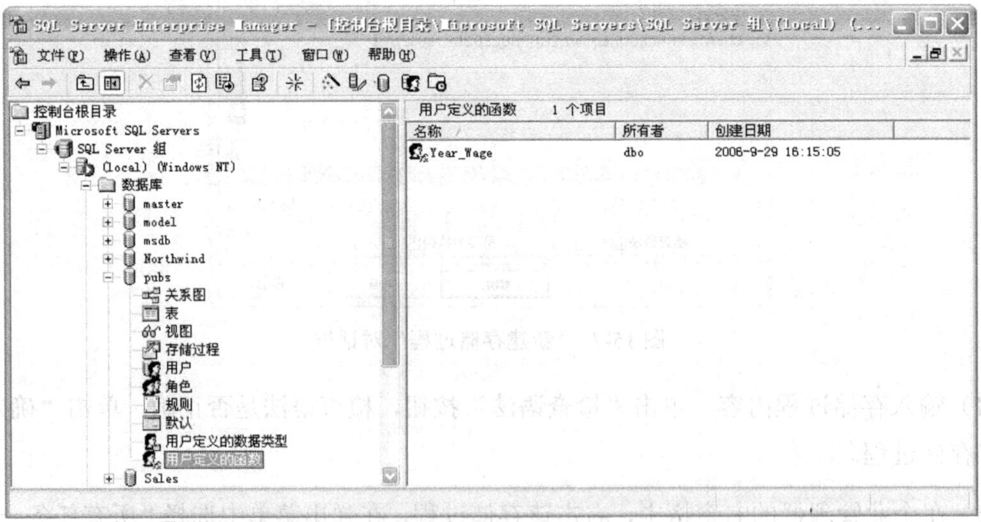

图 15-9　Enterprise Manager 中显示的用户自定义函数的详细信息

（3）右击“用户定义的函数”文件夹，在弹出菜单中选择“新建用户定义的函数”，此时打开创建用户自定义函数对话框，如图 15-10 所示。

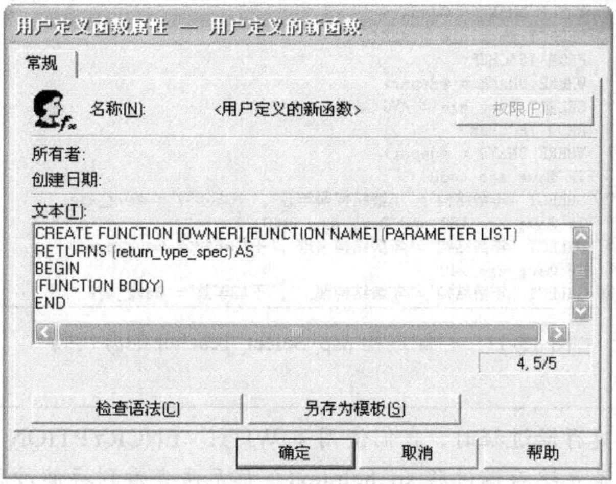

图 15-10　创建用户自定义函数对话框

（4）输入用户自定义函数的内容，单击“检查语法（Check Syntax）”按钮，检查语法是否正确，单击“确定”按钮保存用户自定义函数。

15.3.6　修改和删除存储过程和函数

创建存储过程以后，它的名字存储在系统表 sysobjects 中，源代码存放在系统表 syscomments 中，可以通过系统存储过程查看关于用户创建的存储过程信息。

1．通过系统存储过程 sp_helptext 查看存储过程的源代码

语法如下。

```
sp_helptext sp_name
```

这里需要说明的是，sp_name 为存储过程的名称。

实例 12　通过 sp_helptext 命令查看存储过程的源代码

查看前面创建的存储过程 usp_Select_Teacher 的源代码，代码如下。

```
sp_helptext usp_Select_Teacher
```

运行结果如图 15-11 所示。

```
Text
CREATE PROCEDURE usp_Select_Teacher @depart CHAR(10),
  @avg_age INT OUTPUT, @max_age INT OUTPUT
AS
SELECT * FROM TEACHER
WHERE DNAME = @depart
SELECT @max_age = MAX(AGE)
FROM TEACHER
WHERE DNAME = @depart
SELECT @avg_age = AVG(AGE)
FROM TEACHER
WHERE DNAME = @depart
IF @avg_age <=30
SELECT '年龄结构'='年龄结构偏年轻','平均年龄'= @avg_age
IF @avg_age >30 and @avg_age <=40
SELECT '年龄结构'='年龄结构合理','平均年龄'= @avg_age
IF @avg_age >40
SELECT '年龄结构'='年龄结构偏大','平均年龄'= @avg_age
```

图 15-11　存储过程 usp_Select_Teacher 的源代码

注意

如果在创建存储过程时，我们使用了 WITH　ENCRYPTION 选项，那么无论是使用企业管理器还是系统存储过程 sp_helptext，都无法查看到存储过程的源代码。

2．使用 sp_rename 重命名存储过程

修改存储过程的名字，可使用系统存储过程 sp_rename。语法如下。

```
sp_rename old_name, new_name
```

这里需要说明的是，old_name 为原存储过程的名字，new_name 为新存储过程的名字。

实例 13　使用 sp_rename 重命名存储过程

将存储过程 usp _Select_Teacher 的名字改为 usp _Check_Teacher。实例代码如下。

```
sp_rename usp_Select_Teacher, usp_Check_Teacher
```

运行结果如下。

```
The object was renamed to 'usp_Check_Teacher'.
```

3．使用 DROP 命令删除存储过程

使用 DROP 命令可以删除存储过程，DROP 命令可将一个或多个存储过程从当前数据库中删除。语法如下。

```
DROP PROCEDURE {procedure}} [,…n]
```

与删除表、删除约束等操作完全相同，这里我们不再介绍了。

当然，上述对存储过程的各种操作都可以通过企业管理器来实现，首先选中存储过程，

然后右击，在弹出菜单中选取相应的操作选项即可。

我们也可以修改和删除用户自定义函数，这时，使用企业管理器非常方便。首先选择要进行改动的用户自定义函数，单击右键，从快捷菜单中选择“属性”选项，则会出现图 15-12 所示的对话框，可以修改用户自定义函数的函数体、参数等。

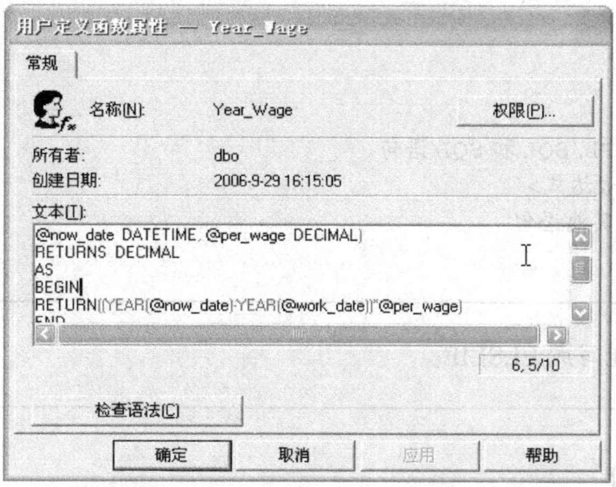

图 15-12 修改用户自定义函数结构对话框

ALTER FUNCTION 命令也可以用来修改用户自定义函数，此命令的语法与 CREATE FUNCTION 相同，因此使用 ALTER FUNCTION 命令相当于重建了一个同名的函数，用起来不大方便。

另外，我们可以用 DROP FUNCTION 命令删除用户自定义函数，语法如下。

```
DROP FUNCTION { [ owner_name. ] function_name } [ ,...n ]
```

15.4 Oracle 中的流控制语句

在 PL/SQL 程序中，要使程序能按照逻辑进行处理，除了 SQL 语句外，还必须有逻辑控制语句。下面就介绍进行处理流程的语句结构。

15.4.1 条件语句

在 Oracle 的 PL/SQL 程序中，条件语句采用的也是 IF 语句，主要有 3 种形式。语法如下。

```
/*形式 1*/
IF <布尔表达式>
THEN            PL/SQL 和 SQL 语句
```

```
END IF;

/*形式 2*/
IF <布尔表达式>
THEN     PL/SQL 和 SQL 语句
ELSE                其他语句
END IF;

/*形式 3*/
IF <布尔表达式>
THEN                PL/SQL 和 SQL 语句
ELSIF    <其他布尔表达式>
THEN                其他语句
END IF;
```

注意：ELSIF 不能写成 ELSEIF。

15.4.2　循环语句

在 Oracle 的 PL/SQL 程序中，循环语句共有 3 种结构：简单 LOOP 循环、WHILE 循环和 FOR 循环。

1. 简单 LOOP 循环

语法如下。

```
LOOP
          要执行的语句;
END LOOP;
```

这里需要说明的是，此循环将执行到遇到一条 EXIT 语句为止。

实例 14　LOOP 循环

```
declare
    x  number;
begin
    x:=0;
    loop
    x:=x+1;
    dbms_output.put_line('LOOP 循环的结果: '||to_char(x));
    exit  when x=5;
    end loop;
```

```
end;
```

运行结果如下。

```
LOOP 循环的结果: 1
LOOP 循环的结果: 2
LOOP 循环的结果: 3
LOOP 循环的结果: 4
LOOP 循环的结果: 5
PL/SQL 过程已成功完成。
```

注意

在 SQL*Plus 中显示上述结果，需要首先运行 set serverout on 命令。

2. WHILE 循环

语法如下。

```
WHILE  <布尔表达式>
LOOP
            要执行的语句;
END LOOP;
```

实例 15 WHILE 循环

```
declare
  x  number;
   begin
   x:= 1;
   while  x<5  loop
   dbms_output.put_line(to_char(x)||'还小于 5');
   x:= x+1;
  end loop;
 end;
```

运行结果如下。

```
1 还小于 5
2 还小于 5
3 还小于 5
4 还小于 5
PL/SQL 过程已成功完成。
```

3. FOR 循环

语法如下。

```
FOR loop_counter  IN [ REVERSE ] low_bound  .. high_bound  LOOP
```

```
  Sequence_of_statements;
END LOOP;
```

这里需要说明的是，如果我们在 for 中用 INVERSE 关键字，则循环索引将从最大向最小进行迭代。

实例 16 FOR 循环

```
begin
  for I  in  1..4 loop
 dbms_output.put_line ('in='||to_char(I));
  end loop;
end;
```

运行结果如下。

```
in=1
in=2
in=3
in=4
```

15.4.3 标号和 GOTO

PL/SQL 中 GOTO 语句是无条件跳转到指定的标号的意思，语法如下。

```
GOTO  label;
……
<<label>>
```

实例 17 GOTO 语句

```
//创建表 test_table
create table test_table(
v_counter number,
decrible varchar2(20));
DECLARE
   V_counter  BINARY_INTEGER := 1;
Begin
  Loop
  Insert into test_table
Values( v_counter,'loop count' );
V_counter  := v_counter + 1;
If  v_counter > 5 then
   Goto l_endofloop;
End  if;
```

```
End loop;
<<l_endofloop>>
insert  into  test_table (decrible)
  values('Done !');
End;
```

运行结果如下。

```
SQL> select * from test_table;
 V_COUNTER DECRIBLE
---------- --------------------
         1 loop count
         2 loop count
         3 loop count
         4 loop count
         5 loop count
           Done !
```

15.5 Oracle 数据库中的存储过程

同样，在 Oracle 数据库中，我们可以把 PL/SQL 程序存储在数据库中，并且可以在任何地方来运行，这样就叫存储过程或函数。

15.5.1 存储过程的创建与调用

Oracle 的存储过程是用 PL/SQL 语言编写的、能完成一定处理功能的程序。创建语法如下。

```
CREATE  PROCEDURE   procedure_name
ARGMENT  [IN|OUT|IN OUT] type
 IS|AS
  <类型.变量的说明>
 BEGIN
  <执行部分>
 EXCEPTION
   <可选的异常处理说明>
END;
```

说明如下。

- 这里的 IN 表示传入的参数，OUT 表示从存储过程返回的参数。而 IN OUT 表示传递参数和返回参数。
- 在存储过程内的变量只能指定类型，不能指定长度。

- 在 AS 或 IS 关键字后要声明变量名称和变量类型及长度，我们不能加 DECLARE 语句。

Oracle 的函数是一个独有的对象，也是由 PL/SQL 语句编写而成，但不同的地方是：函数必须返回某些值，而存储过程可以不返回任何值。与创建存储过程类似，创建函数的语法如下。

```
CREATE[or REPLACE] FUNCTION  function_name
      ARGMENT [ { in | out | in out } ] type]
RETURN  return_type  IS | AS
BEGIN
 function_body
EXCEPTION
……
END;
```

实例 18 创建存储过程

```
CREATE  PROCEDURE ModeTest (
  p_InParameter    IN NUMBER,
  p_OutParameter   OUT NUMBER,
  p_InOutParameter IN OUT NUMBER) IS
  v_LocalVariable  NUMBER;
BEGIN
  /* 分配 p_InParameter 给 v_LocalVariable. */
  v_LocalVariable := p_InParameter;
  /* 分配 7 给 p_InParameter. 这是合法的,因为声明是 OUT */
  p_OutParameter := 7;
  /* 分配 p_InOutParameter 给 v_LocalVariable. 这是合法的,因为声明是 IN OUT */
  v_LocalVariable := p_InOutParameter;
  /*分配 7 给 p_InOutParameter. 这是合法的,因为声明是 IN OUT */
  p_InOutParameter := 7;
END ModeTest;
```

存储过程建立完成后，只要通过授权，用户就可以通过 SQL PLUS、Oracle 开发工具或第三方开发工具来调用运行。Oracle 使用 EXECUTE 语句来实现对存储过程的调用，调用语法如下。

```
EXEC[UTE]  procedure_name( parameter1, parameter2…);
```

15.5.2 Oracle 中存储过程和函数的管理

存储过程或函数的源代码存放 Oracle 的数据字典里，主要是 DBA_SOURCE 和 DBA_ERRORS。

DBA_SOURCE 放有 Oracle 系统的所有包、存储过程、函数的源代码，其各列存储的内容如表 15-1 所示。

表 15-1　DBA_SOURCE 数据字典各列存储的内容

列　名	数据类型	是否空	说　明
Owner	Varchar2(30)	Not null	对象的主人
Name	Varchar2(30)	Not null	对象名称
Type	Varchar2(12)		对象类型，可以是 PROCEDURE,FUNCTION, PACKAGE,TYPE,TYPE BODY ,PACKAGE BODY
Line	Number	Not null	行号
text	Varchar2(4000)		源代码

DBA_ERRORS 存放所有对象的错误列表，其各列存储的内容如表 15-2 所示。

表 15-2　DBA_ERRORS 数据字典各列存储的内容

列　名	数据类型	是否空	说　明
Owner	Varchar2(30)	Not null	对象的主人
Name	Varchar2(30)	Not null	对象名称
Type	Varchar2(12)		对象类型，可以是 PROCEDURE,FUNCTION, PACKAGE,TYPE,TYPE BODY ,PACKAGE BODY
sequence	number	Not null	顺序号
Line	Number	Not null	行号
position	number	Not null	错误在行中的位置（列）
text	Varchar2(4000)		错误代码

实例 19　使用数据字典管理存储过程

在 DBA_SOURCE 中查询存储过程 ModeTest 的所有信息，实例代码如下。

```
SELECT * FROM DBA_SOURCE WHERE Name='ModeTest';
```

运行结果如下。

```
OWNER        NAME         TYPE          LINE  TEXT
---------  -----------  --- -----  ----  ----------------- ----------
SYSTEM     MODETEST     ROCEDURE     1     PROCEDURE ModeTest (
SYSTEM     MODETEST     PROCEDURE    2     p_InParameter    IN NUMBER,
SYSTEM     MODETEST    PROCEDURE    3      p_OutParameter   OUT NUMBER,
……
```

第16章 SQL触发器

前面我们已经介绍过了表、视图、存储过程以及函数的创建。一般而言，创建这些对象后，我们需要配置一些对应的操作，例如，执行SELECT语句查询数据，执行EXEC命令执行存储过程等。SQL也支持自动执行的对象，对数据的更改作出反应，即触发器。

16.1 触发器的基本概念

触发器是一种特殊的存储过程，它在表的数据变化时发生作用。触发器可以维护数据完整性。

16.1.1 触发器简介

触发器在数据库里以独立的对象存储。与存储过程不同的是，存储过程通过其他程序来启动运行，而触发器是由一个事件来启动运行。当某个事件发生时，触发器自动地隐式运行，并且，它不能接收参数。

触发器对象定义了触发器的特征和被调用时采取的行动。而这些动作是通过一个或多个SQL语句来实现的。SQL支持3种类型的触发器：INSERT（插入）、UPDATE（更新）和DELETE（删除）。当向表中插入数据、更新数据或删除数据时，触发器就被调用。通过给表定义一个或多个触发器，我们可以指定哪个数据修改时，可以激发触发器。

16.1.2 触发器执行环境

触发器执行环境包含了触发器正确执行所必需的信息。这些信息主要是触发器本身的细节和触发器所定义的目标表。另外，触发器执行环境还包括一个或两个测试表，我们称之为INSERTED表和DELETED表。测试表是虚表，用于保存目标表更新、插入或删除的数据信息。

这些测试表用来测试数据修改的结果以及设置触发器行动的条件。用户不能直接修改测试表中的数据，但能在 SELECT 语句中，使用这些表来检测 INSERT、UPDATE 或 DELETE 的结果。各种类型触发器用到的测试表如图 16-1 所示（针对 SQL Server 数据库系统而言）。

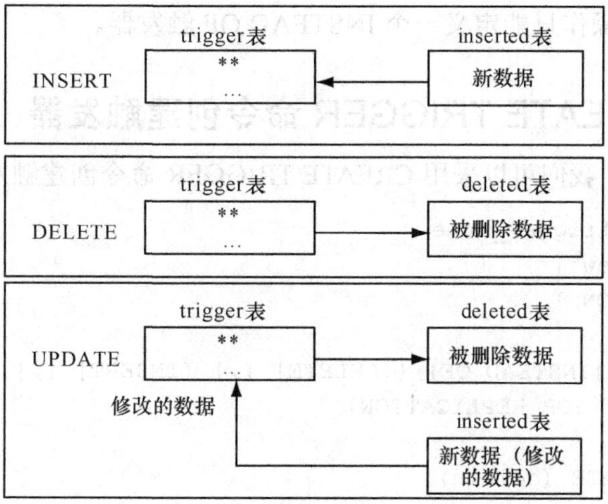

图 16-1　触发器测试表

- deleted 表存放了 DELETE 和 UPDATE 语句中相关行的副本。在 DELETE 或 UPDATE 语句的执行中，这些相关行从 trigger 表中移到了 deleted 表中。一般情况下，这两张表中无共同行。
- inserted 表存放了 INSERT 和 UPDATE 语句中的副本。在 INSERT 或 UPDATE 语句的执行中，这些新行同时被加到 inserted 表和 trigger 表中。inserted 表中的行是 trigger 表中新行的副本。
- 一个 UPDATE 效果上等价于一个 DELETE 再接着一个 INSERT，首先“旧”行被复制到 deleted 表中，然后新行被复制到 trigger 表和 inserted 表中。

16.2　SQL Server 中的触发器

当对某一表进行操作时，SQL Server 就会自动执行触发器所定义的 SQL 语句，从而确保对数据的处理符合规则。触发器的作用就是保证参照完整性和数据的一致性。

16.2.1　SQL Server 触发器的种类

SQL Server 支持两种类型的触发器：AFTER 触发器和 INSTEAD OF 触发器，其中 AFTER

触发器即为前面介绍的 UPDATE、INSERT、DELETE 触发器。

INSTEAD OF 触发器表示并不执行其定义的操作（INSERT、UPDATE、DELETE），而只是执行触发器本身。我们既可在表上定义 INSTEAD OF 触发器，也可以在视图上定 INSTEAD OF 触发器，但对同一操作只能定义一个 INSTEAD OF 触发器。

16.2.2　使用 CREATE TRIGGER 命令创建触发器

在 SQL Server 中，我们可以采用 CREATE TRIGGER 命令创建触发器。语法如下。

```
CREATE TRIGGER trigger_name
ON { table | view }
[ WITH ENCRYPTION ]
{
   {{ FOR|AFTER|INSTEAD OF} {[DELETE] [,] [INSERT] [,] [UPDATE]}
           [NOT FOR REPLICATION]
      AS
      [{IF UPDATE (column)
         [{AND|OR } UPDATE (column)]
            [...n ]
      |IF ( COLUMNS_UPDATED ( ) { bitwise_operator } updated_bitmask )
            { comparison_operator } column_bitmask [ ...n ]
      }]
      sql_statement [ ...n ]
   }
}
```

说明如下。

- trigger_name：为用户要创建的触发器的名字，它必须符合 SQL Server 的命名规则，并且名字在当前数据库中必须是唯一的。
- Table、view：与触发器相关联的表或视图的名字，并且该表或视图必须已经在数据库中存在。
- WITH ENCRYPTION：表示对含有 CREATE TRIGGER 文本的 syscomments 表进行加密，防止用户通过查询 syscomments 表获取触发器的代码。
- AFTER：表示只有执行了指定的操作（INSERT、DELETE、或 UPDATE）之后，触发器才被激活，执行触发器中的 SQL 语句。
- FOR：表示为 AFTER 触发器，并且该触发器仅能在表上创建。
- INSTEAD OF：指定触发器为 INSTEAD OF 触发器。

说明

每个表最多只能有一个 INSTEAD OF（INSERT、UPDATE、DELETE）触发器，但是可以为每个表创建多个视图，对每个视图都可以有不同的 INSTEAD OF 触发器。有关 INSTEAD OF 触发器的详细信息在 16.2.6 节会有详细介绍。

- DELETE、INSERT、UPDATE：指明执行哪种操作将激活触发器，至少要包含 3 种操作类型种的一种，也可以是 3 种操作语句的任意组合，其中三者的顺序不受限制，各选项要用逗号隔开。
- NOT FOR REPLICATION：告诉 DBMS，当复制表时触发器不能被执行。
- AS：后面列出触发器将要执行的动作。
- IF UPDATE column：用来测定对某一确定列是 INSERT 操作还是 UPDATE 操作。如果要测试是 INSERT 还是 UPDATE 操作的列多于一列，可用 AND 或 OR 逻辑连接向 IF UPDATE 子句添加所希望的附加列名。
- IF COLUMNS_UPDATED( )：仅在 INSERT 和 UPDATE 类型的触发器中使用，检查列是被更新还是被插入。
- bitwise_operator：代表位逻辑运算符，常用“&”。
- updated_bitmask：表示列的整位掩码，其中最右边的位表示表或视图的第 1 列，左边第 2 位代表第 2 列，依此类推。
- comparison_operator：表示比较操作符，可以是“=”或者“>”。“=”表示检查在 updated_bitmask 中定义的所有列是否都被更新，“>”表示检查是否在 updated_bitmask 中定义的某些列被更新。
- column_bitmask：该字段是要检查的列的整型位掩码，用来检查是否已更新或插入了这些列。

说明

为了便于理解，这里我们给出一个使用 IF COLUMNS_UPDATED( )子句的例子。如果表 T 包括 C1、C2、C3、C4、C5 和 C6 共 6 列，为了检查 C2、C4 或者 C6 列是否更新过，可使用 42（二进制表示为“101010”）作为掩码，表示为：`IF (COLUMNS_UPDATED()&42)>0`；如果检查 C2、C4 和 C6 3 列是否都被更新过，表示为：`IF (COLUMNS_UPDATED()&42)=42`。

- sql_statement：代表包含在触发器中的处理语句。

当不再需要触发器时，我们可用 DROP TRIGGER 语句删除触发器。语法如下。

```
DROP TRIGGER trigger_name  [ ...n ]
```

16.2.3 INSERT 触发器

实例 1　创建 INSERT 触发器

为 STUDENT 表创建触发器 S_insert，当向 STUDENT 表中插入数据时，要求学号必须以“97”开头，并且课程号 CNO 必须在 COURSE 表中，否则取消插入操作。实例代码如下。

```
CREATE TRIGGER S_insert
ON STUDENT
FOR INSERT AS
DECLARE @S_no VARCHAR(4), @S_cno INT
SELECT @S_no= SNO, @S_cno=CNO
FROM INSERTED
IF (LEFT(@S_no,2)!='97')
BEGIN
ROLLBACK TRANSACTION
RAISERROR('输入的学号: %s 不是 97 级的学生，请确认后重新录入! ',16,1, @S_no)
END
IF(@S_cno NOT IN (SELECT CNO FROM COURSE))
BEGIN
ROLLBACK TRANSACTION
RAISERROR('输入的课程号: %d 在 COURSE 表中不存在，请确认后重新录入! ',16,1, @S_cno)
END
```

通过如下语句向 STUDENT 表中插入数据。

```
INSERT INTO STUDENT VALUES('9602','王永','机械工程','男',2,76,'必修')
```

因为插入数据的学号为“9602”，并不是以“97”开头，所以系统执行 S_insert 触发器时，将执行“ROLLBACK TRANSACTION”语句取消完成的工作，并且执行 RAISERROR 语句给出错误信息。

运行结果如下。

```
输入的学号: 9602 不是 97 级的学生，请确认后重新录入!
```

通过如下语句向 STUDENT 表中插入数据。

```
INSERT INTO STUDENT VALUES('9702','王永','机械工程','男',12,76,'必修')
```

由于课程号 12 在 COURSE 表中不存在，所以系统执行 S_insert 触发器时，将执行“ROLLBACK TRANSACTION”语句取消工作，并且执行 RAISERROR 语句给出错误信息。运行结果如下。

```
输入的课程号：12 在 COURSE 表中不存在，请确认后重新录入！
```

我们可以在一个表上创建多个触发器。数据库把一个表中所有触发器都看作同一事务的一部分。因此只要其中一个触发器执行了 ROLLBACK TRAN SACTION 语句，那么所有的操作（与该 INSERT 语句有关）都将被取消。

16.2.4　DELETE 触发器

实例 2　创建 **DELETE** 触发器

为 STUDENT 表创建 DELETE 触发器 S_delete，当一次删除的记录大于一行或者删除记录的课程为本系教师所开设时，取消删除操作。实例代码如下。

```
CREATE TRIGGER S_delete
ON STUDENT
FOR DELETE AS
DECLARE @rowcount int
SELECT @rowcount=@@ROWCOUNT
IF @rowcount>1
    BEGIN
      ROLLBACK TRANSACTION
      RAISERROR('当前要删除的记录数为%d,一次只允许删除一行记录！',16,1,
@rowcount)
    END
DECLARE @S_dname VARCHAR(16), @S_cno INT
SELECT @S_dname=DNAME, @S_cno=CNO
FROM DELETED
IF(@S_cno IN (SELECT CNO FROM TEACHER WHERE DNAME=@S_dname))
    BEGIN
      ROLLBACK TRANSACTION
      RAISERROR('删除记录的课程为本系即%s 系教师所开设，不允许删除！',16,1,
@S_dname)
    END
```

通过如下语句从 STUDENT 表中删除数据。

```
DELETE STUDENT WHERE SNO='9706'
```

运行结果如下。

```
当前要删除的记录数为 4,一次只允许删除一行记录！
```

当用户从 STUDENT 表执行 DELETE 语句时，DBMS 就激活触发器 S_delete，该触发器首先判断要删除记录的行数，只要多于一条，就取消删除操作；当删除的记录只有一行时，触发器继续判断删除的记录的课程是否为本系教师所开设，如果是，就取消删除操作，否则就完成删除操作。如下面的删除代码所示。

```
DELETE STUDENT WHERE SNO='9705' AND CNO=8
```

运行结果如下。

```
删除记录的课程为本系即电子工程　系教师所开设，不允许删除!
```

> **说明** 在 SQL Server 中执行 TRUNCATE TABLE 语句，从表中删除所有的行时，不会触发 DELETE 触发器。

16.2.5 UPDATE 触发器

我们在特定的表上执行 UPDATE 语句时，会触发 UPDATE 触发器。UPDATE 操作包括两个部分：先将需要更新的内容从表中删除，然后插入新值。因此 UPDATE 触发器同时涉及到删除表和插入表。

实例 3　创建 UPDATE 触发器

为 COURSE 表创建 UPDATE 触发器 C_update，当 COURSE 表的 CNO 和 CNAME 列（第 1、2 列）被更新时，触发器给出提示信息，该两列不能被更新，并回滚事务；当其余的列（第 3、4、5 列）被更新时，触发器将更新前后的数据写入 C_UpInfo 表中。实例代码如下。

1．创建跟踪信息表 C_UpInfo

```
CREATE TABLE C_UpInfo
(
    Oper_Time   smalldatetime,
    Date_Type  CHAR(3),
    CNO         int ,
    CNAME   char(30),
    CTIME   int,
    SCOUNT  int,
    CTEST   smalldatetime,
)
```

2．创建 UPDATE 触发器 C_update

```
CREATE TRIGGER C_update
ON COURSE
FOR UPDATE AS
```

```
IF(COLUMNS_UPDATED()&3)>0  /* 第 1 列或第 2 列被更新*/
/* 掩码“11”用十进制表示即为“3”  */
    BEGIN
      ROLLBACK TRANSACTION
      RAISERROR('COURSE 表的 CNO 列和 CNAME 列中的数据不允许被更新! ',16,1)
    END
IF(COLUMNS_UPDATED()&28)>0  /* 第 3 列、第 4 列或第 5 列被更新 */
/* 掩码“11100”用十进制表示即为“28”  */
    BEGIN
      /* 将 DELETED 表中存放的记录即更新前的记录存入 UpInfo 表*/
      INSERT INTO C_UpInfo(Oper_Time, Date_Type,CNO,CNAME,CTIME,SCOUNT,
CTEST)
      SELECT GETDATE(),'OLD',del.CNO,del.CNAME, del.CTIME, del.SCOUNT,
del.CTEST
      FROM DELETED AS del
      /* 将 INSERTED 表中存放的记录,即更新后的记录存入 UpInfo 表*/
      INSERT INTO C_UpInfo(Oper_Time, Date_Type,CNO,CNAME,CTIME,SCOUNT,
CTEST)
      SELECT GETDATE(),'NEW',ins.CNO,ins.CNAME, ins.CTIME, ins.SCOUNT,
ins.CTEST
      FROM INSERTED AS ins
    END
```

通过下面的代码更新 COURSE 表的 CNAME 列的值。

```
UPDATE COURSE
SET CNAME = '线性代数基础'
WHERE CNO = 4
```

运行结果如下。

COURSE 表的 CNO 列和 CNAME 列中的数据不允许被更新!

此时查看“CNO = 4”的课程名称。

```
SELECT CNAME FROM COURSE WHERE CNO=4
```

运行结果如图 16-2 所示。

	CNAME
1	应用数学基础

图 16-2 “CNO = 4”的课程名称

由此可见，CNAME 列的值并没有被更新。我们通过下面代码更新 CNO 和 CNAME 列以外的信息时。

```
UPDATE COURSE
SET CTIME=32,SCOUNT=90, CTEST='2006-9-15'
WHERE CNO = 4
```

查看“CNO = 4”的课程信息。

```
SELECT * FROM COURSE WHERE CNO=4
```

运行结果如图 16-3 所示。

	CNO	CNAME	CTIME	SCOUNT	CTEST
1	4	应用数学基础...	32	90	2006-09-15 ...

图 16-3 “CNO = 4”的课程信息

由此可见，该记录已经被更新。

查看跟踪信息表 C_UpInfo 中的数据。

```
SELECT * FROM C_UpInfo
```

运行结果如图 16-4 所示。

	Oper_Time	Date_Type	CNO	CNAME	CTIME	SCOUNT	CTEST
1	2006-08-04 21:06:00	OLD	4	应用数学基础	48	120	2006-07-10 ...
2	2006-08-04 21:06:00	NEW	4	应用数学基础	32	90	2006-09-15 ...

图 16-4 表 C_UpInfo 中的数据

该表详细记录了 COURSE 表的更新时间以及更新前后的数据。

16.2.6 INSTEAD OF 触发器

INSTEAD OF 触发器的优点是使不能被更新的视图支持更新操作。为了提高查询性能，视图通常来自多个表的结果集，但由 12.3.1 节的介绍可知，基于多表的视图不能被更新。我们通过 INSTEAD OF 触发器则可以实现这个功能。

实例 4 创建 INSTEAD OF 触发器

假设有 3 个表（Stu97、Stu98、Stu99），分别存储 97 级、98 级和 99 级的学生信息，3 个表具有相同的结构。视图 Stu_View 则包含了这 3 个表的所有学生信息。我们为视图 Stu_View 创建 INSTEAD OF 触发器 Stu_Instead，实现直接向视图 Stu_View 中插入数据。实例代码如下。

1. 创建表 Stu97、Stu98 和 Stu99

```
CREATE TABLE Stu97
(   Sno char(5),
     Sname  CHAR(8),
     Age INT  )
CREATE TABLE Stu98
(   Sno char(5),
     Sname  CHAR(8),
     Age INT  )
CREATE TABLE Stu99
(   Sno char(5),
     Sname  CHAR(8),
     Age INT  )
```

2. 创建视图 Stu_View

```
CREATE VIEW Stu_View
AS
SELECT * FROM Stu97
UNION ALL
SELECT * FROM Stu98
UNION ALL
SELECT * FROM Stu99
```

3. 为视图 Stu_View 创建 INSTEAD OF 触发器 Stu_Instead

```
CREATE TRIGGER Stu_Instead
ON Stu_View
INSTEAD OF INSERT AS
   BEGIN
     DECLARE @S_NO CHAR(2)
     /*该变量用于存放插入数据的学号 Sno 的前两位，以判断插入记录属于哪张表*/
     SELECT @S_NO= SUBSTRING(Sno,1,2)
     FROM INSERTED
     IF @S_NO = '97' /*由学号判断该学生属于 97 级学生，记录插入 Stu97 表中*/
       BEGIN
         INSERT INTO Stu97
         SELECT Sno, Sname, Age
         FROM INSERTED
         RETURN
       END
     IF @S_NO = '98' /*由学号判断该学生属于 98 级学生，记录插入 Stu98 表中*/
       BEGIN
         INSERT INTO Stu98
```

```
            SELECT Sno, Sname, Age
            FROM INSERTED
            RETURN
        END
      IF @S_NO = '99' /*由学号判断该学生属于 99 级学生，记录插入 Stu99 表中*/
        BEGIN
            INSERT INTO Stu99
            SELECT Sno, Sname, Age
            FROM INSERTED
        END
    ELSE
        BEGIN
            ROLLBACK TRANSACTION
            RAISERROR('插入记录的学号信息不正确，请确认是 97 级、98 级或 99 级学生的学号!
',16,1)
        END
    END
```

此时，我们通过下面的语句就可以直接向视图 Stu_View 中插入数据。

```
INSERT INTO Stu_View VALUES ('97005','王二明', 21)
```

执行过程中，系统首先执行触发器 Stu_Instead，根据插入的学号“97005”的前两位“97”判断是 97 级的学生，因此就将记录插入到表 Stu97 中。此时，我们查看表 Stu97 中的数据，结果如图 16-5 所示。

	Sno	Sname	Age
1	97005	王二明	21

图 16-5　表 Stu97 中的数据

```
SELECT * FROM Stu97
```

16.2.7　嵌套触发器

当某一触发器执行时，能够触发另外一个触发器，这种情况称之为触发器嵌套。在执行过程中，如果一个触发器修改某个表，而这个表已经有其他触发器，这时就使用了嵌套触发器。在 SQL Server 中，触发器能够嵌套至 32 层。如果不需要嵌套触发器，我们可以通过 sp_configure 选项来进行设置。

说明

Oracle 数据库不支持嵌套触发器。

实例 5　创建嵌套触发器

假如数据库中存在两个表，Book 表和 Author 表，其结构和数据如图 16-6 所示。

Author表

	Author	Home	Age
1	王刚	北京	52
2	李华	上海	40
3	任鸣	天津	38
4	李彤	西安	42

BOOK表

	ISBN	Name	Author	Price
1	1001	信号处理	李华	32.00
2	1002	图像处理	王明	42.00
3	1003	数据库结构	任鸣	18.00
4	1004	编译原理	李彤	24.50
5	1005	信号与系统	李华	32.00

图 16-6　Book 表和 Author 表的结构和数据

为 Author 表创建 DELETE 触发器 A_delete，实现每次只能从 Author 表中删除一条记录，同时删除 Book 表中与之对应的记录。为 Book 表创建 DELETE 触发器 B_delete，每次只能删除 Book 表中的一条记录。实例代码如下。

```
/*为 Author 表创建 DELETE 触发器 A_delete*/
CREATE TRIGGER A_delete
ON Author
FOR DELETE AS
DECLARE @rowcount int
SELECT @rowcount=@@ROWCOUNT
/*记录删除操作所涉及的行数*/
IF @rowcount>1                              /*删除的记录多于一行*/
   BEGIN
      ROLLBACK TRANSACTION                  /*回滚操作*/
      RAISERROR('当前要删除的记录数为%d,一次只允许删除一行记录! ',16,1,
@rowcount)
   END
ELSE
      DECLARE @Author CHAR(8)
      SELECT @Author = Author               /*记录删除记录的 Author 列信息*/
      FROM DELETED
      DELETE Book                           /*从 Book 表中删除 Author 对应的记录*/
      WHERE Author = @Author

/*为 Book 表创建 DELETE 触发器 B_delete*/
CREATE TRIGGER B_delete
ON Book
FOR DELETE AS
DECLARE @rowcount int
SELECT @rowcount=@@ROWCOUNT           /*记录删除操作所涉及的行数*/
IF @rowcount>1                        /*删除的记录多于一行*/
   BEGIN
      ROLLBACK TRANSACTION                   /*回滚操作*/
      RAISERROR('当前要删除的记录数为%d,一次只允许删除一行记录! ',16,1,
@rowcount)
   END
```

```
ELSE
    PRINT 'Author 表和 Book 表中相应的数据均被删除！'
```

通过如下语句从 Author 表中删除记录。

```
DELETE Author WHERE Author='李华'
```

系统首先激活触发器 A_delete，在 Author 表中“Author='李华'”的记录共有一个，所以触发器 A_delete 将执行 DELETE 语句，从 Book 表中删除“Author='李华'”的记录；而对 Book 表进行 DELETE 操作时，基于 Book 表的 DELETE 触发器 B_delete 就被激活，它首先判断删除记录的行数。由图 16-6 可知，“Author='李华'”的记录共有两条，大于一条，所以触发器 B_delete 将执行 ROLLBACK TRANSACTION 操作，取消所有与 DELETE 有关的操作。

运行结果如下。

```
当前要删除的记录数为 2,一次只允许删除一行记录!
```

此时，查看 Author 表中的数据如图 16-7 所示。

```
SELECT * FROM Author
```

	Author	Home	Age
1	王刚	北京	52
2	李华	上海	40
3	任鸣	天津	38
4	李彤	西安	42

图 16-7　Author 表中的数据

由此可见，Author 表中“Author='李华'”的记录并没有被删除，当然 Book 表中“Author='李华'”的记录也没有被删除。

通过如下语句从 Author 表中删除记录。

```
DELETE Author WHERE Author='李彤'
```

因为在 Author 表和 Book 表中，“Author='李彤'”的记录都只有一条，所以触发器 A_delete 将执行 DELETE 语句，从 Book 表中删除“Author='李彤'”的记录，此时，触发器 B_delete 就被激活，删除记录为一条，所以删除操作成功执行。

运行结果如下。

```
Author 表和 Book 表中相应的数据均被删除!
```

分别查看 Author 表和 Book 表中的数据如图 16-8、图 16-9 所示。

```
SELECT * FROM Author ORDER BY AGE
SELECT * FROM Book
```

	Author	Home	Age
1	任鸣	天津	38
2	李华	上海	40
3	王刚	北京	52

图 16-8 Author 表中的数据

	ISBN	Name	Author	Price
1	1001	信号处理	李华	32.00
2	1002	图像处理	王明	42.00
3	1003	数据库结构	任鸣	18.00
4	1005	信号与系统	李华	32.00

图 16-9 Book 表中的数据

由此可见，Author 表和 Book 表中，“`Author='李彤'`”的记录都被删除了。

注意 如果 Author 表和 Book 表之间已经建立了主键和外键约束，那么上述嵌套触发器不能执行，其原因读者可自行分析。

16.2.8 递归触发器

16.2.7 节介绍了嵌套触发器，即由触发器 Trigger1 触发 Trigger2，Trigger2 又可以触发触发器 Trigger 3，……，而如果最后触发器 Trigger n 又触发了触发器 Trigger 1，这就形成了递归触发器。

递归可以分为两种：间接递归和直接递归。我们举例解释如下，假如有表 Table1、表 Table2，在 Table11、Table12 上分别有触发器 Trigger1、Trigger2。

- 间接递归：对 Table1 操作触发 Trigger1，Trigger1 对 Table12 操作从而触发 Trigger2，Trigger2 对 Table1 操作从而再次触发 Trigger1，……。
- 直接递归：对 Table1 操作从而触发 Trigger1，Trigger1 对 Table1 操作从而再次触发 Trigger1，……。

在默认情况下，SQL Server 是禁止直接递归的。要使 SQL Server 支持直接递归，我们可采用如下两种方法进行设置。

1．通过系统存储过程 sp_dboption 进行设置

语法如下。

```
sp_dboption 'dbName', 'Recursive Triggers', TRUE
```

这里需要说明的是，dbName 为数据库名。如果我们把最后的参数由“True”变为“False”，则为禁止数据库直接递归操作。

2．通过 Enterprise Manager 进行设置

启动企业管理器 r 后，右击要设置的数据库，在弹出菜单中，选择“属性”命令，在弹出的“属性”对话框中，选择“选项”标签页，选中“递归触发器”选项，单击“确定”按

钮即可。如图 16-10 所示。

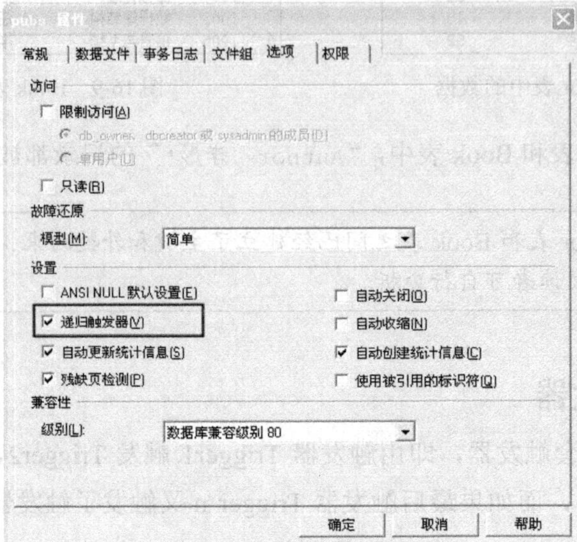

图 16-10　数据库属性对话框

下面我们就给出一个简单的直接递归的实例。

实例 6　创建递归触发器

假设数据库中有一个仓库库存表 Storage，结构和数据如图 16-11 所示。

Storage 表

编号	物品名称	库存	单位
101	洗衣粉	35	袋
102	香皂	50	块
103	毛巾	30	条
104	工作手套	60	副
201	复印纸	10	包
202	签字笔	20	只
203	笔记本	60	本

图 16-11　Storage 表的结构和数据

我们为表 Storage 创建 DELETE 触发器 Storage_delete，在该触发器中，一次只允许删除一条记录，并删除与当前记录相连的下一条记录。即，如果我们当前要删除编号为“101”的记录，在触发器中就会查找与之相邻的下一条记录，也就是编号为“102”的记录，如果存在，则从表 Storage 中将其删除。实例代码如下。

```
CREATE TRIGGER Storage_delete
ON Storage
FOR DELETE AS
DECLARE @rowcount int
SELECT @rowcount=@@ROWCOUNT
/*记录删除操作所涉及的行数*/
IF @rowcount>1                          /*删除的记录多于一行*/
  BEGIN
    ROLLBACK TRANSACTION                /*回滚操作*/
    RAISERROR('当前要删除的记录数为%d,一次只允许删除一行记录！',16,1,
@rowcount)
  END
IF @rowcount=1                          /*删除的记录为一行*/
  BEGIN
    DECLARE @S_NO int, @New_NO int
    SELECT @S_NO = 编号                 /*记录删除记录的编号信息*/
    FROM DELETED
    SELECT @New_NO = @S_NO+1
    DELETE Storage                      /*删除记录*/
    WHERE 编号 = @New_NO
  END
```

执行如下代码从 Storage 表中删除记录。

```
DELETE Storage  WHERE 编号 = 102
```

由于对 Storage 表进行了 DELETE 操作，基于 Storage 表的 DELETE 触发器 Storage_delete 就被触发。该触发器首先判断删除记录的行数，这里编号为 102 的记录只有一行，所以触发器将执行从 Storage 表中删除下一个编号的记录（即编号为 103 的记录）；而此时因为又对 Storage 表进行了 DELETE 操作，所以 Storage_delete 触发器再次被触发，判断删除记录的行数，Storage 表中编号为 103 的记录也只有一条，所以接着执行从 Storage 表中编号为 104 的记录，……。这样，就形成了直接递归的触发器。

最终我们查看表 Storage 中的数据如图 16-12 所示。

```
SELECT * FROM STORAGE
```

	编号	物品名称	库存	单位
1	101	洗衣粉	35	袋
2	201	复印纸	10	包
3	202	签字笔	20	只
4	203	笔记本	60	本

图 16-12　表 Storage 中的数据

与图 16-11 中的数据对比，Storage 表中编号为 102～104 的 3 条记录均被删除。

16.2.9 SQL Server 中触发器的管理

如果要显示触发器有哪些操作，我们必须查看触发器信息。SQL Server 中有多种方法。这里介绍两种常用的方法：通过企业管理器以及通过系统存储过程 sp_help、sp_helptext 和 sp_depends。

通过企业管理器方法非常简单。启动企业管理器，在要查询的表上单击右键，在弹出菜单中选择“所有任务”→“管理触发器”，弹出图 16-13 所示的对话框，在“名称”下拉菜单中列出了基于该表的所有触发器，选择查询的触发器，在“文本”窗口中就会显示该触发器定义的详细代码。

图 16-13 触发器属性对话框

下面我们介绍一下通过系统存储过程查询触发器的各种信息。

1. sp_help

使用 sp_help 命令可以查询触发器的基本信息，如触发器的名字、属性、类型、创建时间等。

实例 7 使用 sp_help 命令查询触发器的基本信息

利用系统存储过程 sp_help 查询触发器 Stroage_delete 的基本信息，代码如下。

```
sp_help Stroage_delete
```

运行结果如图 16-14 所示。

	Name	Owner	Type	Created_datetime
1	Stroage_delete	dbo	trigger	2006-08-06 16:37:38.920

图 16-14　Stroage_delete 触发器的基本信息

2．sp_helptext

使用 sp_helptext 命令能够查看触发器的正文信息，即触发器的创建语句。

实例 8　使用 sp_helptext 命令查看触发器的正文信息

利用系统存储过程 sp_helptext 查询触发器 Stroage_delete 的基本信息，代码如下。

```
sp_helptext Stroage_delete
```

运行结果如图 16-15 所示。

	Text
1	CREATE TRIGGER Stroage_delete
2	ON Storage
3	FOR DELETE AS
4	DECLARE @rowcount int
5	SELECT @rowcount=@@ROWCOUNT
6	/*记录删除操作所涉及的行数*/
7	IF @rowcount>1　　　/*删除的记录多于1行*/
8	BEGIN
9	ROLLBACK TRANSACTION　　/*回滚操作*/
10	RAISERROR('当前要删除的记录数为%d,一次只允许删除一行记录!',16,1,@rowcount)
11	END
12	IF @rowcount=1　　　/*删除的记录为1行*/
13	BEGIN
14	DECLARE @S_NO int, @New_NO int
15	SELECT @S_NO = 编号　　　/*记录删除记录的编号信息*/
16	FROM DELETED
17	SELECT @New_NO = @S_NO+1
18	DELETE Storage　　　/*删除记录*/
19	WHERE 编号 = @New_NO
20	END

图 16-15　触发器 Stroage_delete 的基本信息

3．sp_depends

通过 sp_depends 命令能够查看指定触发器所引用的表，或指定的表涉及到的所有触发器。

实例 9　通过 sp_depends 命令查询指定的表涉及到的所有触发器

利用系统存储过程 sp_depends 查看 TEACHER 表涉及到的所有触发器，代码如下。

```
sp_depends TEACHER
```

运行结果如图 16-16 所示。

	name	type
1	dbo.S_delete	trigger
2	dbo.Show_Teacher	stored procedure
3	dbo.TeacherInfo	table function
4	dbo.usp_Check_Teacher	stored procedure
5	dbo.usp_Show_Teacher	stored procedure

图 16-16　TEACHER 表涉及到的所有触发器

由此可见，结果中不仅包含了 TEACHER 表所涉及到的触发器，还包含了所涉及的存储过程和用户自定义的函数。

16.3　Oracle 数据库中触发器的操作

Oracle 系统里，触发器类似过程和函数，都有声明、执行和异常处理。Oracle 将触发器的功能扩展到了 Oracle 系统事件，如数据库的启动与关闭等。

16.3.1　Oracle 触发器类型

Oracle 中共有 3 种类型的触发器：DML 触发器、替代触发器和系统触发器。

- DML 触发器：Oracle 可以在 DML 语句（INSERT、UPDATE、DELETE）进行触发，可以在 DML 操作前或操作后进行触发，并且可以对每个行或语句进行触发。
- 替代触发器（INSTEAD OF）：与 SQL Server 中的 INSTEAD OF 触发器类似，因为在 Oracle 里，不能直接对由两个以上的表建立的视图进行操作，所以给出了替代触发器。
- 系统触发器：从 Oracle 开始，提供了第三种类型的触发器叫系统触发器。它可以在 Oracle 的事件中进行触发，如 Oracle 系统的启动与关闭等。

16.3.2　触发器的创建

在 Oracle 中，触发器的创建也是通过 CREATE TRIGGER 语句来实现的，但与 SQL Server 中的触发器创建语法有较大的差别。语法如下。

```
CREATE TRIGGER  trigger_name
[BEFORE|AFTER]  trigger_event
ON  table_reference
[FOR EACH ROW [WHEN trigger_condition]]
trigger_body
```

说明如下。

- trigger_name：为触发器的名字。在 Oracle 中，触发器名与存储过程名字不一样，它是单独的名字空间，因而触发器名可以和表或存储过程有相同的名字。
- BEFORE|AFTER：指明了触发器是在数据修改前（BEFORE）还是修改后（AFTER）被调用。
- trigger_event：为触发器事件，可以是 INSERT、UPDATE 或 DELETE。如果要创建替代触发器，我们只需在触发事件前加上关键词 INSTEAD OF 即可。
- ON：子句则包含了目标表的名称，也就是触发器应用的表。
- FOR EACH ROW：指明每次插入、更新或删除一行时就调用触发器。
- WHEN：是可选的，可以定义搜索条件，来限制调用触发器时的搜索范围。
- trigger_body：为触发器执行的 SQL 语句，这些语句必须要放在 BEGIN……END 块中。

另外，在 Oracle 中，触发器的应用受到一定的限制，主要的限制条件有以下几个。

- 触发器中可以包括 DML 语句，但不能使用控制语句、COMMIT 语句、ROLLBACK 语句、SVAEPOINT 语句。然而，对于“系统触发器”，我们则可以使用 CREATE 语句、ALTER 语句或者 DROP 语句。
- 由触发器所调用的存储过程或函数也不能使用控制语句。
- 触发器中不能使用 LONG、LONG RAW 数据类型。

下面我们给出一个简单的 DML 触发器的实例。

实例 10　DML 触发器的创建

创建 DML 触发器 del_emp，当数据库中有记录删除时，把被删除记录写到日志表中。实例代码如下。

```
-- 创建删除日志记录表 del_temp
CREATE TABLE del_temp(
empname varchar2(8),empdepart varchar2(8),empsex char(2),empage number,
status varchar(8));
-- 创建触发器 del_emp
CREATE  TRIGGER  del_emp
BEFORE delete  ON  employee for each row
BEGIN
    --   将修改前数据插入到日志记录表 del_emp，以供监督使用。
        INSERT INTO del_temp (empname , empdepart, empsex , empage , status )
```

```
    VALUES ( :old.ename, :old.department, :old.sex , :old.age,'已删除');
END;
```

从 employee 表中删除职工王静的纪录。

```
DELETE employee WHERE ename='王静' ;
```

此时 employee 表中的数据如下。

```
SQL> SELECT * FROM employee;
ENAME      DEPARTMENT SE  AGE
---------- ---------- -- ----------
王东       生产科     男      45
李霞       销售科     女      32
刘俊       财务科     男      32
刘静       人事科     女      25
高伟       生产科     男      28
李春       生产科     女      48
李东       销售科     男      19
刘凯       生产科     男      43
```

由此可见，职工王静的纪录确实被删除。而此时职工表删除日志表 del_emp 的数据如下。

```
SQL> SELECT * FROM del_temp;
EMPNAME  EMPDEPAR EM     EMPAGE STATUS
-------- -------- -- ---------- --------
王静     生产科   女         34 已删除
```

在 Oracle 中，INSTEAD OF 触发器的用法与 16.2.6 节介绍的 SQL Server 数据库中的 INSTEAD OF 触发器基本相同，这里我们不再详细介绍。

16.3.3 创建系统触发器

从 Oracle 开始，Oracle 提供了系统触发器。数据库系统事件包括数据库服务器的启动或关闭、用户的登录与退出、数据库服务错误等。语法如下。

```
CREATE  TRIGGER [sachema.] trigger_name
{BEFORE|AFTER}
{ddl_event_list|database_event_list}
ON { DATABASE | [schema.] SCHEMA }
[when_clause]
trigger_body;
```

说明如下。

- ddl_event_list：一个或多个 DDL 事件，事件间用“OR”分开。

- database_event_list：一个或多个数据库事件，事件间用“OR”分开。

其余的可参见 16.3.2 节的语法。系统触发器的种类和事件出现前后如表 16-1 所示。

表 16-1 系统触发器的种类和事件

事 件	允许的时机	说 明
启动	之后	实例启动时激活
关闭	之前	实例正常关闭时激活
服务器错误	之后	只要有错误就激活
登录	之后	成功登录后激活
注销	之前	开始注销时激活
创建	之前，之后	在创建之前或之后激活
撤消	之前，之后	在撤消之前或之后激活
变更	之前，之后	在变更之前或之后激活

实例 11 创建系统触发器

建立一个触发器 logALLconnects，当数据库中有用户登录时，将用户登录信息写到日志表 login_temp 中。实例代码如下。

```
-- 创建日志记录表 login_temp
CREATE TABLE login_temp(
user_name varchar2(12),describe varchar2(10));
-- 创建触发器 logALLconnects
CREATE TRIGGER logALLconnects
AFTER LOGON ON SCHEMA
BEGIN
INSERT INTO login_temp
VALUES(USER,'登录数据库');
END logALLconnects;
```

当以 SYSTEM 身份重新登录数据库时，表 login_temp 中数据如下。

```
SQL> SELECT * FROM login_temp;
USER_NAME    DESCRIBE
------------ ----------
SYSTEM       登录数据库
```

16.3.4 触发器的触发次序和触发谓词的使用

在 Oracle 中，每张表最多可建立 12 个触发器，如下所示。

```
BEFORE      INSERT
BEFORE      INSERT  FOR  EACH  ROW
AFTER       INSERT
AFTER       INSERT  FOR  EACH  ROW
BEFORE      UPDATE
BEFORE      UPDATE  FOR  EACH  ROW
AFTER       UPDATE
AFTER       UPDATE  FOR  EACH  ROW
BEFORE      DELETE
BEFORE      DELETE  FOR  EACH  ROW
AFTER       DELETE
AFTER       DELETE  FOR  EACH  ROW
```

但是它们的触发是有次序的，基本触发次序如下。

（1）首先执行（触发）的是 BEFORE 语句级的触发器，即 BEFORE INSERT、BEFORE UPDATE 或者 BEFORE DELETE 触发器。

（2）接着执行带有 FOR EACH ROW 子句的触发器，这其中的执行顺序可表示为：

- 执行 BEFORE 语句行级触发器；
- 执行 DML 语句；
- 执行 AFTER 语句行级触发器。

（3）最后系统才执行 AFTER 语句级的触发器，即 AFTER INSERT、AFTER UPDATE 或者 AFTER DELETE 触发器。

Oracle 提供 3 个参数：INSERTING、UPDATEING 和 DELETING，用于判断触发了哪些操作。这 3 个谓词的功能如表 16-2 所示。

表 16-2　触发谓词及其功能

谓　　词	行　　为
INSERTING	如果触发语句是 INSERT 语句，则为 True,否则为 False
UPDATING	如果触发语句是 UPDATE 语句，则为 True,否则为 False
DELETING	如果触发语句是 DELETE 语句，则为 True,否则为 False

下面我们通过一个实例说明触发谓词的使用。

实例 12　触发器的触发次序和触发谓词的使用

建立一个触发器 Emp_Changes，当职工表 employee 中的数据被改变（更新、插入或删除）

时，将操作的时间、操作的类型以及更改前后的数据记录到日志表 chang_temp 中。

实例代码如下。

```
--创建日志表 Emp_Changes
CREATE TABLE chang_temp(
date_type varchar2(6),change_type varchar2(6),timestamp date,
empname varchar2(8),empdepart varchar2(8),empsex char(2),empage number);
--创建触发器
CREATE TRIGGER Emp_Changes
  BEFORE INSERT OR DELETE OR UPDATE ON employee
  FOR EACH ROW
DECLARE
  v_ChangeType CHAR(4);
BEGIN
   IF INSERTING THEN
    v_ChangeType := '插入';
  ELSIF UPDATING THEN
    v_ChangeType := '更新';
  ELSE
    v_ChangeType := '删除';
  END IF;
  --在 chang_temp 表中记录所有的改变，使用 sysdate 来产生系统时间
  INSERT INTO chang_temp
    (date_type,change_type, timestamp,empname , empdepart, empsex , empage)
  VALUES
    ('旧数据',v_ChangeType, SYSDATE,:old.ename, :old.department,:old.sex,:
old.age);
  INSERT INTO chang_temp
    (date_type,change_type, timestamp,empname , empdepart, empsex , empage)
  VALUES
    ('新数据',v_ChangeType, SYSDATE,:new.ename, :new.department, :new.sex,:
new.age);
END Emp_Changes;
```

通过下列语句向表 employee 中更新、插入和删除数据。

```
UPDATE employee SET department = '销售科' WHERE ename = '高伟';
INSERT INTO employee VALUES ('王静','生产科','女',34);
DELETE employee WHERE ename='李春';
```

日志表 chang_temp 中的数据如下。

```
SQL> SELECT * FROM chang_temp;
DATE_T CHANGE TIMESTAMP  EMPNAME  EMPDEPAR EM    EMPAGE
------ ------ ---------- -------- -------- -- ----------
```

```
旧数据 更新   30-7 月 -06 高伟      生产科    男          28
新数据 更新   30-7 月 -06 高伟      销售科    男          28
旧数据 插入   30-7 月 -06
新数据 插入   30-7 月 -06 王静      生产科    女          34
旧数据 删除   30-7 月 -06 李春      生产科    女          48
新数据 删除   30-7 月 -06
```

注意　通过 DELETE 语句从表 employee 表中删除数据时，不仅 Emp_Changes 触发器被触发，16.3.2 节创建的 del_emp 触发器也被触发。

此时 del_temp 表中的数据如下。

```
SQL> SELECT * FROM del_temp;
EMPNAME  EMPDEPAR EM     EMPAGE STATUS
-------- -------- -- ---------- --------
王静     生产科   女         34 已删除
李春     生产科   女         48 已删除
```

由此可见，删除的记录同样也被写入表 del_temp 中。

最后，employee 表中的数据如下。

```
SQL> SELECT * FROM employee;
ENAME      DEPARTMENT SE        AGE
---------- ---------- -- ----------
王东       生产科     男         45
李霞       销售科     女         32
刘俊       财务科     男         32
刘静       人事科     女         25
高伟       销售科     男         28
李东       销售科     男         19
刘凯       生产科     男         43
王静       生产科     女         34
```

16.3.5　Oracle 触发器的管理

1．禁用/启用触发器

我们可以通过 ALTER 语句禁用或启用触发器，有两种方式：ALTER TRIGGER 语句和 ALTER TABLE 语句。语法如下。

```
ALTER TRIGGER [user.]trigger {ENABLE | DISABLE}
ALTER  TABLE [user.]table {ENABLE | DISABLE} ALL TRIGGERS
```

这里需要说明的是，ENABLE 关键字表示启用触发器，DISABLE 关键字则表示禁用触发器。

实例 13 禁用触发器

禁用 employee 表上的所有触发器，实例代码如下。

```
ALTER TABLE employee DISABLE ALL TRIGGERS;
```

2. 删除触发器

我们可以采用 DROP TRIGGER 语句删除触发器，语法如下。

```
DROP TRIGGER trigger_name
```

实例 14 删除触发器

从数据子字典中查询所有触发器并删除触发器 DEL_EMP。实例代码如下。

```
SQL> select trigger_name from user_triggers;
```

运行结果如下。

```
TRIGGER_NAME
------------------------------
DEF$_PROPAGATOR_TRIG
DEL_EMP
EMP_CHANGES
REPCATLOGTRIG
LOGALLCONNECTS
SQL> DROP TRIGGER DEL_EMP;
触发器已丢弃
```

3. 查询触发器的内容

当创建了触发器后，它的源代码就存放在数据字典中。与触发器有关的数据字典有：USER_TRIGGERS、ALL_TRIGGERS 和 DBA_TRIGGERS。这里我们只介绍 DBA_TRIGGERS，其各列存储的信息如表 16-3 所示。

表 16-3 DBA_TRIGGERS 数据字典的内容

列 名	数据类型	是否空	说 明
Owner	Varchar2(30)	Not null	触发器的主人
Trigger_Name	Varchar2(30)	Not null	触发器名称
Trigger_Type	Varchar2(16)		触发器类型，可以是： Before each row, After each row Before statement, After statement
Triggering_event	Varchar2(26)	Not null	语句，可以是 INSERT,UPDATE,DELETE

续表

列　　名	数 据 类 型	是 否 空	说　　明
Table_owner	Varchar2(30)	Not null	表的主人
Table_name	Varchar2(30)	Not null	表名
Referencing_name	Varchar2(87)		引用名，可以是 OLD 或 NEW
When_clause	Varchar2(4000)		When 条件
status	Varchar2(8)		如果是 DISABLE，则不触发
Description	Varchar2(4000)		触发器描述
Trigger_body	long		当触发时要进行的动作

实例 15　使用 DBA_TRIGGERS 数据字典

从 DBA_TRIGGERS 数据字典中查询触发器 EMP_CHANGES 的相关信息。实例代码如下。

```
SELECT  Trigger_Name,Triggering_event, Table_name FROM  DBA_TRIGGERS
WHERE Trigger_Name = 'EMP_CHANGES';
```

运行结果如下。

```
TRIGGER_NAME    TRIGGERING_EVENT                TABLE_NAME
--------------  ----------------------------  -------------
EMP_CHANGES     INSERT OR UPDATE OR DELETE      EMPLOYEE
```

第17章 SQL中游标的使用

在数据库开发过程中，用户检索查询数据时，一般都是使用SELECT语句。而使用SELECT语句返回的数据以结果集的形式出现，但是用户往往需要从结果集中逐一地读取一条记录，那么如何解决这种问题呢？在SQL中，我们可以采用游标来解决这个问题。

17.1 SQL游标的基本概念

在数据库中，游标是一个十分重要的概念。游标提供了一种灵活手段，可以对表中检索出的数据进行操作。就本质而言，游标实际上是一种能从包括多条数据记录的结果集中每次提取一条记录的机制。

17.1.1 游标的概念

一般来说，应用程序设计语言并不能处理数据集合，如C语言。这样，SQL语句访问数据库所返回的结果（如SELECT操作返回的查询结果）就不能被程序设计语言所接收。为了实现对结果集的逐条处理，SQL通过游标解决了这个问题。

游标由结果集（可以是零条、一条或由相关的SELECT语句检索出的多条记录）和结果集中指向特定记录的游标位置组成，游标起到指针的作用。尽管游标能够遍历查询结果中的所有行，但它一次只指向一行。

概括来讲，SQL的游标是一种临时的数据库对象，既可以用来存放储存在数据库表中的数据行的副本，也指向存储在数据库表中的数据行的指针。游标提供了在逐行的基础上操作表中数据的方法。

例如，我们通过下列语句查询TEACHER表中所有女教师的姓名、所在系和年龄信息。

```
SELECT TNAME,DNAME,AGE FROM TEACHER
```

```
WHERE TSEX='女'
```

此时得到的查询结果是 TEACHER 表中满足查询条件的结果集，如图 17-1 所示，共有 6 个数据行。而如果我们使用的应用程序设计语言一次只能处理一行数据，就可把游标声明为程序设计语言中的嵌入式 SQL 语句，然后打开游标从查询结果集中检索处理一行数据。图 17-1 说明了游标如何充当指针作用来返回一行数据。

游标 ⇨ (刘辉)

TNAME	DNAME	AGE
李彤	生物	54
刘小静	计算机	46
刘辉	生物	46
李伟	计算机	43
刘静	经济管理	28
刘一凯	计算机	33

图 17-1　使用游标访问查询结果

在此例中，游标此时所在行是“刘辉”教师的记录，我们也可以在结果集上滚动游标，返回结果集中的任何一行。只要没有关闭，游标就可以一直检索下去，一旦游标关闭，检索就不能继续进行下去。

17.1.2　游标的作用及其应用

我们使用数据游标可以选择一组数据，可以在记录集上滚动游标，并检查游标指向的每一行数据；可以用局部变量和游标的组合来分别检查每个记录，并且在转移到下一个记录之前，进行所需的任何外部操作。

游标的另一个常见用途就是保存查询的结果，以便以后使用。游标的结果集由 SELECT 语句产生，如果处理过程需要重复使用一个记录集，那么创建一次游标而重复使用若干次，比重复查询数据库要快得多。SQL 中游标的使用通常有以下几个步骤。

（1）创建游标，也称为声明游标：定义游标的名称、特性以及可调用的查询表达式。

（2）打开游标，调用查询表达式，以便在过程或应用中使用它。

（3）每次检出（FETCH）数据记录中的一行，直到记录集中的最后一行。

（4）完成之后关闭游标并清除分配给游标的内存。

大部分程序设计语言都能使用游标来检索 SQL 数据库中的数据，在程序代码中嵌入游标与嵌入 SQL 语句相同。在程序设计语言中使用游标一般都遵循上面介绍的几个步骤，具体来说，就是先通过 DECLARE CURSOR 语句创建声明游标，然后通过 OPEN 语句利用声明的名称打开游标，用它通过 FETCH 语句来检索单行数据，最后检索完毕通过 CLOSE 语句关闭游标。图 17-2 说明了在程序设计语言（主语言）中使用游标相关语句的过程。

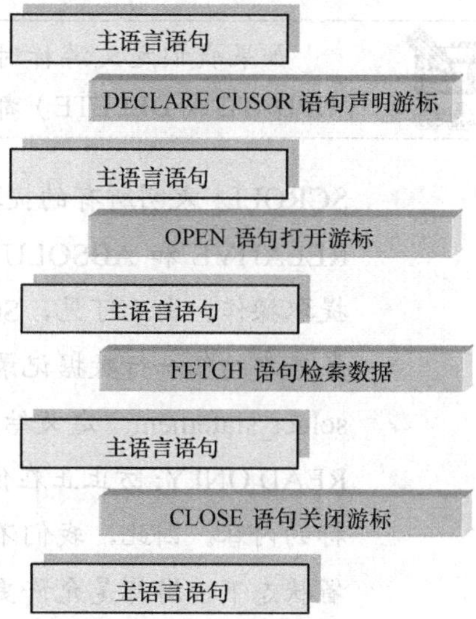

图 17-2　嵌入游标

> **注意**　我们必须先声明游标而后才能打开，通常在主语言定义的循环结构中根据需要来使用 FETCH 语句，检索到所需的数据后应该关闭游标。

17.2　SQL 游标的使用

SQL 中游标的使用都经过 DECLARE 游标、OPEN 游标、从游标中 FETCH 信息以及 CLOSE 游标 4 个步骤。在不同的数据库系统中，游标的声明和 FETCH 语句检索数据的实现有着较大的差别。

17.2.1　使用 DECLARE CURSOR 语句创建游标

我们在使用游标检索数据之前必须先创建游标，可以在程序代码的任何位置创建游标，只要保证在其他语句中使用游标语句之前创建就可以了。SQL 使用 DECLARE CUSOR 语句创建游标，该语句不仅可以指定存储于游标中的结果集，也可以指定用户或应用程序使用游标时可采取的动作。

在 SQL Server、DB2、Sybase 等数据库系统中，创建游标的语法可表示如下。

```
DECLARE cursor_name [INSENSITIVE] [SCROLL] CURSOR
FOR select_statement
[FOR {READ ONLY | UPDATE [OF column_name [,...n]]}]
```

说明如下。

- cursor_name：为游标的名字。
- INSENSITIVE：告诉 DBMS 制作查询结果集数据的临时副本，而不是使用指针指向数据库表中真实数据行中的列。我们如果正在使用 INSENSITIVE 游标，对底层表中的任何改动（UPDATE 或 DELETE）都不会反映到游标的数据中。另外，INSENSITIVE 游标是只读的（READ ONLY），因此不能修改其内容，也不能通过 INSENSITIVE 游标修改其底层表的内容。

说明　如果我们定义游标时没有指定 INSENSITIVE 选项，则对底层表中的任何改动（UPDATE 或 DELETE）都会反映到游标的数据中。

- SCROLL: 表明所有的提取操作，即 FETCH 选项，如 FIRST、LAST、PRIOR、NEXT、RELATIVE 和 ABSOLUTE 都可用。如果不使用该选项，那么我们只能进行 NEXT 提取操作。由此可见，SCROLL 极大地增加了提取数据的灵活性，可以随意读取结果集中的任一行数据记录而不必关闭后再重开游标。
- select_statement: 定义结果集的 SELECT 语句。
- READ ONLY: 防止正在使用游标的用户或应用程序通过更新数据或删除行来改变游标的内容。因此，我们不能用 READ ONLY 游标修改游标的底层表中的数据。在缺省状态下，游标是允许更新的。
- UPDATE [OF column_name [,...n]]: 定义在游标中可被修改的列。如果 DECLARE CUSOR 语句只指定了 UPDATE 选项，而没有列出要更新的列，那么游标将允许更新它的所有列。

在 Oracle 数据库系统中，创建游标的语法可表示如下。

```
DECLARE CURSOR cursor_name
IS
select_statement
```

cursor_name 为游标的名字，select_statement 为定义结果集的 SELECT 语句。

当游标被成功创建后，游标名成为该游标的唯一标识。如果在以后的存储过程、触发器中使用游标，我们必须指定该游标的名字。

实例 1　创建游标

创建游标 Teacher_Cursor，其指向的结果集为 TEACHER 表中所有教师的姓名、所在系和年龄信息，在结果集中以年龄的升序排序。

实例代码如下。

```
DECLARE Teacher_Cursor SCROLL CURSOR
FOR
SELECT TNAME,DNAME,AGE FROM TEACHER
ORDER BY AGE
```

说明：本节所给出的实例都是在 SQL Server 数据库中实现的。

17.2.2 使用 OPEN/CLOSE 语句打开/关闭游标

打开游标的过程非常简单，我们只需使用关键字 OPEN 和游标的名字。打开游标的语法可表示如下。

```
OPEN cursor_name
```

实例 2 打 开 游 标

打开实例 1 创建的游标 Teacher_Cusor，代码如下。

```
OPEN  Teacher_Cursor
```

当执行 DECLARE CUSOR 语句来创建游标时，DBMS 只是确认游标的 SELECT 语句；而当执行 OPEN 语句来打开游标时，DBMS 则通过执行游标的 SELECT 语句填充游标。也就是说，在创建和打开游标期间修改的数据都会反映在游标的返回结果中。

在完成使用游标的工作后，我们就要使用 CLOSE 语句关闭游标，以释放游标所占用的系统资源。CLOSE 语句的语法如下。

```
CLOSE cursor_name
```

关闭游标后我们就不能再检索查询结果中的行了，只有再打开游标才能检索。

17.2.3 使用 FETCH 语句检索数据

当游标被成功打开以后，我们就可以从游标中逐行地读取数据以进行相关处理。从游标中读取数据主要使用 FETCH 命令。正如前面的介绍，FETCH 语句用于找出数据集中的单行并从中提取单个值传给主变量，语法如下。

```
FETCH [ [fetch_orientation]FROM]
cursor_name INTO host_variables
```

这里需要说明的是，cursor_name 为游标的名称，host_variables 为接收游标检索行值的主变量。fetch_orientation 和 FROM 关键字为可选项，fetch_orientation 为游标的定位选项，当 FETCH 语句中有定位选项时，必须加上 FROM 关键字。在 SQL 中，游标有 6 种定位选项，用来确定从游标的查询结果中选择哪一行，我们将这些选项列举如下。

- NEXT：返回结果集中当前行的下一行。如果 FETCH NEXT 是第一次读取游标中数据，则返回结果集中是第一行而不是第二行。

- PRIOR：返回结果集中当前行的前一行。如果 FETCH PRIOR 是第一次读取游标中数据，则无数据记录返回，并把游标位置设为第一行。
- FIRST：返回游标中第一行。
- LAST：返回游标中的最后一行。
- ABSOLUTE n：移动到结果集中的第 n 行。如果 n 为正数，DBMS 从游标的结果集的第一行算起移到第 n 行；如果 n 是负数，DBMS 从结果集最后一行算起，移到第 n 行。例如，ABSOLUTE 1 返回第一行，ABSOLUTE 2 返回第二行，ABSOLUTE -1 返回最后一行。
- RELATIVE n：从游标指针的当前位置移动 n 行。若 n 为正数，则 DBMS 读取游标当前位置起向后的第 n 行数据；如果 n 为负数，则读取游标当前位置起向前的第 n 行数据。如果在打开游标后的第一个 FETCH 语句中使用，RELATIVE 1 返回查询结果的第一行，RELATIVE -1 返回查询结果的最后一行。

如果 FETCH 语句中没有定位选项，DBMS 将自动执行 FETCH NEXT 选项，即游标总是指向下一行。

注意　仅当使用 SCROLL 游标时，才能使用 FETCH 语句的行定位选项（除了 NEXT 以外）。

实例 3　检 索 游 标

在游标 Teacher_Cusor 中检索出年龄排在前 3 位（即年龄最大的 3 位）的教师姓名、所在系及年龄信息。

实例代码如下。

```
/*游标 Teacher_Cusor 的创建参见 17.2.1 节的实例*/
OPEN  Teacher_Cusor  /*打开游标*/
/*定义变量存储游标检索信息的列值*/
DECLARE @T_Name CHAR(12), @T_Department CHAR(12), @T_Age INT
/*由于游标 Teacher_Cusor 中的数据集是按年龄升序的顺序排列的,
所以最大年龄的教师信息位于结果集的最后一行*/
FETCH LAST FROM Teacher_Cusor INTO @T_Name, @T_Department, @T_Age
/*显示最大年龄的教师信息*/
PRINT '姓名:'+ @T_Name+'所在系:'+ @T_Department+'年龄:'+ CAST(@T_Age AS char(2))
/*翻滚游标到倒数第二行记录*/
```

```
    FETCH PRIOR FROM Teacher_Cusor INTO @T_Name, @T_Department, @T_Age
    /*显示第二大年龄的教师信息*/
    PRINT '姓名: '+ @T_Name+'所在系: '+ @T_Department+'年龄: '+  CAST(@T_Age AS char(2))
    /*翻滚游标到倒数第三行记录*/
    FETCH PRIOR FROM Teacher_Cusor INTO @T_Name, @T_Department, @T_Age
    /*显示第三大年龄的教师信息*/
    PRINT '姓名: '+ @T_Name+'所在系: '+ @T_Department+'年龄: '+  CAST(@T_Age AS
char(2))
    CLOSE Teacher_Cusor  /*关闭游标*/
```

运行结果如下。

```
姓名: 李彤        所在系: 生物        年龄: 54
姓名: 刘小静      所在系: 计算机      年龄: 46
姓名: 刘辉        所在系: 生物        年龄: 46
```

> **注意** 实例代码中SELECT语句使用了ORDER BY子句，与非游标SELECT语句的ORDER BY子句不同，只有在查询的SELECT子句中列出供显示的列，才能作为ORDER BY子句的列出现，即ORDER BY子句中只能根据TNAME、DNAME或AGE 3列排序。

下面我们分析一下该实例的实现过程。

（1）打开游标，DBMS 首先定义了 3 个变量，用于存储每次游标检索的数据行的列（TNAME、DNAME、AGE）的信息。

（2）开始执行 FETCH 语句来检索数据，DBMS 首先通过 FETCH LAST 语句将游标指针移动到结果集中的最后一行记录，将该记录的 3 列信息复制到 INTO 语句指定的 3 个临时变量中，而后通过 PRINT 语句显示其信息。

（3）DBMS 通过 FETCH PRIOR 语句将游标指针向前移动一行，即获得倒数第二行的记录，同样将该记录的 3 列信息复制到 INTO 语句指定的 3 个临时变量中。

Teacher_Cusor 游标返回的查询结果集以及游标指针的滚动如图 17-3 所示。

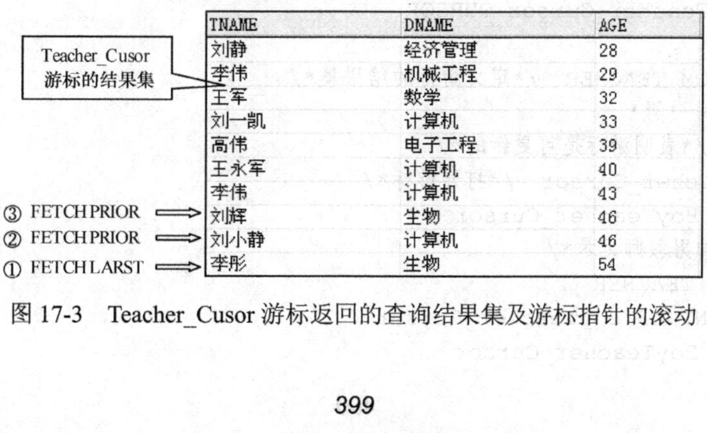

图 17-3 Teacher_Cusor 游标返回的查询结果集及游标指针的滚动

（4）执行完毕后，DBMS 通过 CLOSE 语句关闭游标。

17.2.4　基于游标的定位 DELETE 语句

通常情况下，游标用来从基础表中检索数据以实现对数据的行处理。但在某些情况下，用户也常常需要修改游标中的数据。如果游标是可更新的，也就是说用来创建游标的 DECLARE CURSOR 语句不包含 READ ONLY 选项，我们就可以用游标从游标数据的源表（底层表）中删除行。基于游标的 DELETE 语句称为定位 DELETE 语句，因为它告诉 DBMS 从基于游标行指针的当前位置的表中删除一行。语法如下。

```
DELETE FROM table_name
WHERE CURRENT OF cursor_name
```

这里需要说明的是，table_name 为要删除记录的表名，cursor_name 为游标名。WHERE 子句必须与 CURRENT OF 选项一起使用，用来确定打开的游标。

> **注意**　如果游标的 SELECT 子句中包含有 ORDER BY 子句，DBMS 将把游标限制为 READ ONLY，因此不能在相同的游标 SELECT 语句中同时有 ORDER BY 子句和 FOR UPDATE 语句。也就是说，只要游标的 SELECT 子句中包含有 ORDER BY 子句，那么该游标就是不可更新的，即不能使用定位 DELETE 语句或者定位 UPDATE 语句对其源表进行删除或更新操作。

实例 4　创建可更新游标，用于 **DELETE** 操作

创建可更新游标 BoyTeacher_Cursor，返回 TEACHER 表中所有男教师记录的结果集。再通过基于游标的定位 DELETE 语句，从 TEACHER 表中删除第一行和第三行的男教师记录。

实例代码如下。

```
/*创建游标 BoyTeacher_Cursor*/
DECLARE BoyTeacher_Cursor CURSOR
FOR
SELECT * FROM TEACHER  /*定义游标的结果集*/
WHERE TSEX = '男'
FOR UPDATE /*表明游标是可更新的*/
OPEN  BoyTeacher_Cursor  /*打开游标*/
FETCH  FROM BoyTeacher_Cursor
/*删除第一行的男教师记录*/
DELETE FROM TEACHER
WHERE CURRENT OF BoyTeacher_Cursor
FETCH  FROM BoyTeacher_Cursor
```

```
FETCH  FROM BoyTeacher_Cursor
/*删除第三行的男教师记录*/
DELETE FROM TEACHER
WHERE CURRENT OF BoyTeacher_Cursor
CLOSE BoyTeacher_Cursor  /*关闭游标*/
```

执行上面的删除操作前，执行如下查询语句，TEACHER 表中所有男教师的记录如图 17-4 所示。

```
SELECT * FROM TEACHER WHERE TSEX = '男'
```

	TNO	TNAME	CNO	SAL	DNAME	TSEX	AGE
1	1	王军	4	800	数学	男	32
2	3	王永军	1	900	计算机	男	40
3	5	高伟	8	2100	电子工程	男	39
4	6	李伟	7	1200	机械工程	男	29

图 17-4　TEACHER 表中所有男教师的记录

执行上述实例 4 全部代码后，执行如下查询语句，TEACHER 表中所有男教师的记录如图 17-5 所示。

```
SELECT * FROM TEACHER WHERE TSEX = '男'
```

	TNO	TNAME	CNO	SAL	DNAME	TSEX	AGE
1	3	王永军	1	900	计算机	男	40
2	6	李伟	7	1200	机械工程	男	29

图 17-5　更新后 EACHER 表中所有男教师的记录

注意　对于具体的数据库产品，我们一定要检查各种 DECLARE CUSOR 子句对游标 READ ONLY 选项的认可，例如，在 SQL Server 中就强制把 SCROLL 游标设为 READ ONLY。

17.2.5　基于游标的定位 UPDATE 语句

除了可以使用定位 DELETE 语句以外，我们也可以使用定位 UPDATE 语句，通过游标更新源表的记录，前提是该游标是可更新的。

在标准的 UPDATE 语句中，WHERE 子句用于搜索基于一列或多列要修改值的行；而在定位 UPDATE 语句的 WHERE 子句中，搜索条件是基于游标的当前行指针的位置，而不是搜索基于一列或多列要修改值的行。语法如下。

```
UPDATE table_name
SET column_name1 = value1}
[, ……,column_name n = value n}
```

```
WHERE CURRENT OF cursor_name
```

这里需要说明的是，table_name 为要更新的表名，cursor_name 为游标名，column_name 为 UPDATE 的列名。WHERE 子句必须与 CURRENT OF 选项一起使用，用来确定打开的游标。

实例 5　创建可更新游标，用于 UPDATE 操作

创建可更新游标 GirlTeacher_Cusor，返回 TEACHER 表中所有女教师工资的结果集；再通过基于游标的定位 UPDATE 语句，从 TEACHER 表中将工资记录为 NULL 的女教师工资信息设置为所有女教师工资的均值。实例代码如下。

```
/*创建游标 GirlTeacher_Cursor*/
DECLARE GirlTeacher_Cursor CURSOR
FOR
SELECT SAL FROM TEACHER  /*定义游标的结果集*/
WHERE TSEX = '女'
FOR UPDATE /*表明游标是可更新的*/
DECLARE @Avg_Sal INT,@T_Sal INT /*定义变量*/
SELECT @Avg_Sal = AVG(SAL) /*将所有女教师的平均工资赋给@Avg_Sal 变量*/
FROM TEACHER
WHERE TSEX = '女'
OPEN  GirlTeacher_Cursor  /*打开游标*/
FETCH  FROM GirlTeacher_Cursor /*定位到游标的第一行记录*/
INTO @T_Sal
WHILE @@FETCH_STATUS = 0 /*FETCH 语句执行成功*/
BEGIN
   IF @T_Sal IS NULL
   UPDATE TEACHER SET SAL = @Avg_Sal
   WHERE CURRENT OF GirlTeacher_Cursor
   FETCH  FROM GirlTeacher_Cursor INTO @T_Sal/*游标指针下移一条记录*/
END
CLOSE GirlTeacher_Cursor  /*关闭游标*/
```

执行上面更新操作前，执行如下查询语句，TEACHER 表中所有女教师的记录如图 17-6 所示。

```
SELECT * FROM TEACHER WHERE TSEX = '女'
```

	TNO	TNAME	CNO	SAL	DNAME	TSEX	AGE
1	2	李彤	5	1200	生物	女	54
2	4	刘小静	2	1200	计算机	女	46
3	7	刘辉	3	900	生物	女	46
4	8	李伟	9	NULL	计算机	女	43
5	9	刘静	12	1300	经济管理	女	28
6	10	刘一凯	13	NULL	计算机	女	33

图 17-6　TEACHER 表中所有女教师的记录

执行上述实例 5 全部代码后，执行如下查询语句，TEACHER 表中所有女教师的记录如图 17-7 所示。

```
SELECT * FROM TEACHER WHERE TSEX = '女'
```

	TNO	TNAME	CNO	SAL	DNAME	TSEX	AGE
1	2	李彤	5	1200	生物	女	54
2	4	刘小静	2	1200	计算机	女	46
3	7	刘辉	3	900	生物	女	46
4	8	李伟	9	1150	计算机	女	43
5	9	刘静	12	1300	经济管理	女	28
6	10	刘一凯	13	1150	计算机	女	33

图 17-7　更新后 TEACHER 表中所有女教师的记录

可见，R 表中 SAL 列为 NULL 的女教师的信息中，SAL 列被更改为了所有女教师的平均工资。

说明　在实例代码中的@@FETCH_STATUS 为 SQL Server 定义的 FETCH 执行状态的全局变量，如果为 0，表示成功执行了 FETCH 语句。

17.3　SQL Server 中游标的扩展

SQL Server 中除了可以使用 SQL 标准游标语法创建和使用游标外，Transact_SQL 还给出了一些扩展游标功能。

17.3.1　Transact_SQL 扩展 DECLARE CURSOR 语法

SQL Server 扩展了 Transact_SQL 语法创建游标，通过增加另外的保留字，使游标的功能得到了进一步增强。语法如下。

```
DECLARE cursor_name CURSOR
[LOCAL | GLOBAL]
[FORWARD_ONLY | SCROLL]
[STATIC | KEYSET | DYNAMIC | FAST_FORWARD]
[READ_ONLY | SCROLL_LOCKS | OPTIMISTIC]
[TYPE_WARNING]
FOR select_statement
[FOR UPDATE [OF column_name [,...n]]]
```

说明如下。

- LOCAL：定义游标的作用域仅限于其所在的存储过程、触发器或批处理中。当建立游标的存储过程执行结束后，LOCAL 型的游标会被自动释放。如果在存储过程中，系统使用 OUTPUT 保留字将游标传递给该存储过程的调用者，那么在存储过程执行结束后，还可以引用该游标变量。在这种情况下，直到引用该游标的最后一个变量被释放时，游标才会自动释放。

- GLOBAL：定义游标的作用域是整个会话层。会话层指用户的连接时间，包括从用户登录 SQL SERVER 到脱离数据库的整段时间。选择 GLOBAL 选项，表明在整个会话层的任何存储过程、触发器或批处理中都可以使用该游标。只有当用户脱离数据库时，该游标才会被自动释放。
- FORWARD_ONLY：该选项指明从游标中提取数据记录时，只能按照从第一行到最后一行的顺序，此时，只能选用 FETCH NEXT 定位游标操作。除非我们使用 STATIC、KEYSET 或 DYNAMIC 关键字，游标才变成 SCROLL 游标，否则，如果未指明是使用 FORWARD_ ONLY，还是使用 SCROLL，那么 FORWARD_ONLY 将成为缺省选项。

说明：如果使用了 FORWARD_ONLY 选项，我们就不能使用 FAST_FORWARD 选项。

- STATIC：该选项的含义与 INSENSITIVE 选项一样，SQL Server 会将游标定义所选取出来的数据记录，存放在一个临时表内（建立在 tempdb 数据库下）。我们对该游标的读取操作都是通过操作临时表来实现的。因此对源表的修改并不影响游标中的数据，即游标不会随着源表内容的改变而改变，同时我们也无法通过游标来更新源表。
- KEYSET：当游标被打开时，游标中列的顺序是固定的，并且 SQL Server 会在 tempdb 内建立一个名为 KEYSET 的表，该表的键值可唯一识别游标中的某行数据。当用户对源表中的非键值数据进行修改时，这种变化能够反映到游标中。如果游标中的某一行被删除，随后对游标同一行进行 FETCH 操作时，@@FETCH_STATUS 的值为 −2。任何插入到 KEYSET 游标源表中的行都将不会被添加到游标中，即使是新插入的行满足游标 SELECT 语句的搜索条件。

我们对 KEYSET 游标源表中的关键字列所做的任何改动，都被作为删除原行后再插入新行来处理，因此将导致 KEYSET 游标中相应的行“消失”，就像它被删除了一样。

注意：如果源表中没有包含唯一的主键或索引，则一个 KEYSET 游标将自动变为 STATIC 游标。

- DYNAMIC：指明源表的变化将反映到游标中，即游标能够反映出 UPDATE、DELETE 和 INSERT 语句对源表所做的任何修改。当满足游标搜索条件的行被添加到游标的源表时，DBMS 将向游标添加新的行指针。相反，当相应的行被从源表中删除，或者它的列值被改变而不再满足搜索条件时，DBMS 将从游标中删除指针。使用这个选项会最大程度上保证数据的一致性。然而与 KEYSET 和 STATIC 类型游标相比，此类型游标需要大量的游标资源。
- FAST_FORWARD：指明一个 FORWARD_ONLY、READ_ONLY 型游标，并且此选项为执行进行了优化。如果我们定义了 SCROLL 或 FOR_UPDATE 选项，则不能定义 FAST_FORWARD 选项。
- SCROLL_LOCKS：当服务器向游标添加行时，在源表的每行上放置一个锁定。这个选项确保对一个游标进行的更新和删除操作总能被成功执行。如果我们定义了 FAST_FORWARD 选项，则不能选择该选项。另外，由于数据被游标锁定，我们在数据并发处理时应避免使用该选项。
- OPTIMISTIC：当数据被读入游标后，如果游标中的某行数据发生了变化，那么对游标的任何定位 UPDATE 或定位 DELETE 操作都将失败。如果我们使用了 FAST_FORWARD 选项，则不能使用该选项。
- TYPE_WARNING：指明若游标类型被修改成与用户定义的类型不同时，DBMS 将发送一个警告信息给客户端。

注意　我们不能将 17.2.1 节介绍的 SQL 标准创建游标的语法规则与 SQL Server 提供的扩展游标语法混合使用。

如果用 DECLARE CURSOR 创建游标，我们没有选择 READ_ONLY、OPTIMISTIC 或 SCROLL_LOCKS 选项时，游标的缺省情况如下。

- 如果 SELECT 语句不支持更新，则游标为 READ_ONLY 类型。
- STATIC 和 FAST_FORWARD 类型的游标缺省为 READ_ONLY。
- DYNAMIC 和 KEYSET 游标缺省为 OPTIMISTIC。

使用 SQL Server 提供的扩展游标语法创建游标时，一定要深刻理解语法中各参数的含义。

17.3.2　@@CURSOR_ROWS 全局变量确定游标的行数

在 SQL Server 中，当我们使用 OPEN 语句打开游标后，@@CURSOR_ROWS 全局变量将用来记录游标内数据行数。@@CURSOR_ROWS 为全局系统变量，其返回值共有 4 个，含义如表 17-1 所示。

表 17-1　@@CURSOR_ROWS 的值及其含义

返 回 值	含　义
-m	表示从源表向游标读入数据的处理仍在进行，m 表示当前在游标中的数据行数
-1	表示该游标是一个动态游标（DYNAMIC 型），因为动态游标反映源表的所有变化，所以符合游标定义的数据行经常变动，故无法确定
0	表示无符合条件的游标记录或游标已被关闭
n	表示从源表读入数据已经结束，n 即为游标中已有数据记录的行数

如果所打开的游标在其创建时带有 SCROLL 或 INSENSITIVE 选项，那么@@CURSOR_ROWS 的值为正数，且其值为该游标的所有数据行；如果未加上这两个选项中的一个，@@CURSOR_ROWS 的值可能为负数，如果@@CURSOR_ROWS 的值为-1，说明该游标内只有一条数据记录。

实例 6　创建游标，使用全局变量@@CURSOR_ROWS

创建游标 Girl_Cusor，返回 TEACHER 表中所有女教师信息的结果集。并使用全局变量@@CURSOR_ ROWS 读出所有记录的数目。

实例代码如下。

```
/*创建游标 Girl_Cursor*/
DECLARE Girl_Cursor SCROLL CURSOR
FOR
SELECT * FROM TEACHER  /*定义游标的结果集*/
WHERE TSEX = '女'
OPEN  Girl_Cursor /*打开游标*/
PRINT '所有女教师的记录共有'+ CAST(@@CURSOR_ROWS AS VARCHAR(4))+ '条'
CLOSE Girl_Cursor  /*关闭游标*/
```

运行结果如下。

```
所有女教师的记录共有 6 条
```

执行如下查询语句，查看 TEACHER 表中所有女教师的记录如图 17-8 所示。

```
SELECT * FROM TEACHER WHERE TSEX = '女'
```

由此可见，查询结果与实例 6 运行显示的结果相吻合。

注意　我们使用@@CURSOR_ ROWS 全局变量读出游标记录的数目之前，必须要先使用 OPEN 语句打开游标。

	TNO	TNAME	CNO	SAL	DNAME	TSEX	AGE
1	2	李彤	5	1200	生物	女	54
2	4	刘小静	2	1200	计算机	女	46
3	7	刘辉	3	900	生物	女	46
4	8	李伟	9	1150	计算机	女	43
5	9	刘静	12	1300	经济管理	女	28
6	10	刘一凯	13	1150	计算机	女	33

图 17-8　TEACHER 表中所有女教师的记录

17.3.3　@@FETCH_STATUS 全局变量检测 FETCH 操作的状态

当创建并打开游标后，我们便可以用 FETCH 命令读取游标中的数据并将其存放在多个变量中。SQL Server 中提供了全局变量@@FETCH_STATUS，用于检测最近执行的 FETCH 语句的执行状态。

在每次用 FETCH 语句从游标中读取数据时，我们都应检查该变量，以确定上次 FETCH 操作是否成功，从而决定如何进行下一步处理。@@FETCH_STATUS 变量有 3 个不同的返回值，如表 17-2 所示。

表 17-2　@@FETCH_STATUS 的值及其含义

返 回 值	含　义
0	FETCH 命令被成功执行
−1	FETCH 命令失败，或者行数据超过游标数据结果集的范围
2	所读取的数据已经不存在

@@FETCH_STATUS 全局变量可以用作 WHILE 循环的终止测试条件，进而操作游标终止的行。17.2.5 节的实例 5 中已经使用了@@FETCH_STATUS 全局变量，这里我们再给出一个实例。

实例 7　创建游标，使用全局变量@@FETCH_STATUS

在屏幕上显示出 17.3.2 节创建的游标 Girl_Cusor 的所有信息。

实例代码如下。

```
OPEN  Girl_Cusor                           /*打开游标*/
/*定义变量存储游标记录信息*/
DECLARE @T_NO INT, @T_NAME CHAR(10), @C_NO INT, @T_SAL INT,
@D_NAME CHAR(12), @T_SEX CHAR(2), @T_AGE INT
FETCH  FROM Girl_Cusor                     /*定位到游标的第一行记录*/
```

```
INTO  @T_NO, @T_NAME, @C_NO, @T_SAL, @D_NAME, @T_SEX, @T_AGE
WHILE @@FETCH_STATUS = 0 /*FETCH 语句执行成功，进入循环，直到 FETCH 命令失败*/
BEGIN
    PRINT '教工号: '+ CAST(@T_NO AS CHAR(6)) + '姓名: '+ @T_NAME + '课程号:
'+
        CAST(@C_NO AS CHAR(6)) + '工资: '+ CAST(@T_SAL AS CHAR(8)) +
    '所在系: '+ @D_NAME + '性别: '+ @T_SEX + '年龄: '+ CAST(@T_AGE AS CHAR(2))
    FETCH  FROM Girl_Cusor                              /*游标后移一条记录*/
    INTO  @T_NO, @T_NAME, @C_NO, @T_SAL, @D_NAME, @T_SEX, @T_AGE
END
CLOSE Girl_Cusor                                       /*关闭游标*/
```

运行结果如下。

```
教工号: 2   姓名: 李彤    课程号: 5  工资: 1200   所在系: 生物     性别: 女年龄: 54
教工号: 4   姓名: 刘小静  课程号: 2  工资: 1200   所在系: 计算机   性别: 女年龄: 46
教工号: 7   姓名: 刘辉    课程号: 3  工资: 900    所在系: 生物     性别: 女年龄: 46
教工号: 8   姓名: 李伟    课程号: 9  工资: 1150   所在系: 计算机   性别: 女年龄: 43
教工号: 9   姓名: 刘静    课程号: 12 工资: 1300   所在系: 经济管理 性别: 女年龄: 28
教工号: 10  姓名: 刘一凯  课程号: 13 工资: 1150   所在系: 计算机   性别: 女年龄: 33
```

17.3.4　游标的关闭与释放

在处理完游标中数据之后，我们必须关闭游标来释放数据结果集和定位于数据记录上的锁定。前面介绍的 CLOSE 语句用来关闭游标，但不释放游标占用的数据结构。也就是说，我们可以在随后的使用中，通过 OPEN 语句再次打开游标。

在 SQL Server 中，要释放游标占用的数据结构需要使用 DEALLOCATE 命令。DEALLOCATE 语句不仅删除游标中的数据，而且将游标作为对象从数据库中删除。当使用 DEALLOCATE 语句释放游标后，我们就不能通过 OPEN 语句再次打开游标，因为游标对象已经被删除，因此需要使用 DECLARE CUSOR 语句重新创建游标。DEALLOCATE 命令的语法如下。

```
DEALLOCATE cusor_name
```

这里需要说明的是，如果使用 DEALLOCATE 语句释放游标，在之前我们不必再用 CLOSE 语句关闭游标。因为 DEALLOCATE 命令包括了关闭游标和释放游标两个动作。

另外，当我们从游标中读取一条数据记录进行以 BEGIN TRANSATION 为开头、以 COMMIT TRANSATION 或 ROLLBACK TRANSATION 为结束的事务处理时，SQL SERVER 都会自动关闭游标。所以当我们继续从游标中读取数据时，就会造成错误。

要使事务结束后不关闭游标，我们可以使用 SET 命令将 CURSOR_CLOSE_ON_ COMMIT 这一参数设置为 OFF 状态，其目的就是让游标在事务结束时，仍保持打开状态。SET 命令的格式为如下。

```
SET CURSOR_CLOSE_ON_COMMIT OFF
```

17.3.5 游标变量

在 SQL Server 中，游标可以看作是一种变量类型，即可以定义游标变量。定义一个游标变量有两种方法。

（1）先创建一游标，而后通过 SET 语句将游标赋值给游标变量。如下面的代码所示。

```
/*创建游标*/
DECLARE Girl_Cursor SCROLL CURSOR
FOR
SELECT * FROM TEACHER                          /*定义游标的结果集*/
WHERE TSEX = '女'
/*定义游标变量并赋予其游标值*/
DECLARE @T_Cursor cursor
SET @T_Cursor = Girl_Cusor
```

（2）直接将创建游标语句放置在游标变量的赋值语句中。如下面的代码所示。

```
DECLARE @T_Cursor cursor                       /*定义游标变量*/
SET @T_Cursor = SCROLL CURSOR
FOR
SELECT * FROM TEACHER                          /*定义游标的结果集*/
WHERE TSEX = '女'
```

下面我们给出一个在存储过程中使用游标变量的实例。

实例 8　在存储过程中使用游标变量

创建存储过程 TeacherInfo_Cursor，能够在客户端从数据库服务器检索出 TEACHER 表中各个系教师信息。

实例代码如下。

```
/*创建存储过程*/
CREATE PROCEDURE TeacherInfo_Cursor @T_Dname VARCHAR(16),
@teacher_cursor CURSOR VARYING OUTPUT
AS
SET @teacher_cursor = CURSOR FORWARD_ONLY STATIC FOR
```

```
SELECT * FROM TEACHER                /*定义游标的结果集*/
WHERE DNAME = @T_Dname
OPEN   @teacher_cursor               /*打开游标*/
```

注意 在存储过程中，如果我们定义为游标类型的变量为输出参数，即使用 OUTPUT 选项，那么必须在 OUTPUT 关键字前使用 VARYING 关键字。

创建了存储过程后，我们就可以通过存储过程的输入输出参数，来查询 TEACHER 表中各个系的教师信息了。这里我们以查询“计算机”教师信息为例，说明存储过程的调用。

```
DECLARE @mycursor CURSOR/*定义游标变量接收存储过程的输出参数*/
EXEC TeacherInfo_Cursor '计算机',@teacher_cursor = @mycursor OUTPUT
FETCH NEXT FROM @mycursor        /* 定位到游标的第一行*/
WHILE (@@FETCH_STATUS = 0)       /* FETCH 成功执行*/
BEGIN
    FETCH NEXT FROM @mycursor        /* 游标向后移动一行*/
END
DEALLOCATE @mycursor                 /* 释放游标变量*/
```

运行结果如下。

```
TNO          TNAME      CNO          SAL          DNAME      TSEX AGE
----------- ---------- ----------- ----------- ---------- ---- -----------
3            王永军      1            900          计算机      男    40
(1 row(s) affected)
TNO          TNAME      CNO          SAL          DNAME      TSEX AGE
----------- ---------- ----------- ----------- ---------- ---- -----------
4            刘小静      2            1200         计算机      女    46
(1 row(s) affected)
TNO          TNAME      CNO          SAL          DNAME      TSEX AGE
----------- ---------- ----------- ----------- ---------- ---- -----------
8            李伟        9            1150         计算机      女    43
(1 row(s) affected)
TNO          TNAME      CNO          SAL          DNAME      TSEX AGE
----------- ---------- ----------- ----------- ---------- ---- -----------
10           刘一凯      13           1150         计算机      女    33
(1 row(s) affected)
```

17.3.6 使用系统过程管理游标

SQL Server 的企业管理器中并没有提供对游标的管理，但是可以利用系统过程进行管理。管理游标的系统过程及其功能如表 17-3 所示。

表 17-3 管理游标的系统过程及其功能

系统过程	功能
sp_cursor_list	显示在当前作用域内的游标及其属性
sp_describe_cursor	用来显示游标的属性
sp_describe_cursor_tables	用来显示游标引用的基础表
sp_describe_cursor_columns	用来显示游标结果集中数据列的属性

下面我们主要以系统过程 sp_cursor_list 为例，简单介绍一下如何利用系统过程管理游标。语法如下。

```
sp_cursor_list  [@cursor_return = ] cursor_variable_name  OUTPUT ,
                     [@cursor_scope = ] cursor_scope
```

这里需要说明的是，cursor_variable_name 为创建的游标变量，该游标变量中存储了当前作用域内的游标及其属性。cursor_scope 指出游标的作用域，其取值及含义如表 17-4 所示。

表 17-4 cursor_scope 的取值及其作用域

取值	功能
1	表示返回所有的 LOCAL 游标
2	表示返回所有的 GLOBAL 游标
3	表示将 LOCAL、GLOBAL 游标都返回

实例 9 使用系统过程管理游标

运用 sp_cursor_list 系统过程，查看当前作用域内的 LOCAL 游标及其属性。

实例代码如下。

```
DECLARE @Report CURSOR                    /* 声明游标变量*/
EXEC sp_cursor_list @cursor_return= @Report OUTPUT,
     @cursor_scope = 2
FETCH NEXT FROM @Report                   /* 定位到游标变量的第一行*/
WHILE (@@FETCH_STATUS = 0)                /* FETCH 成功执行*/
BEGIN
   FETCH NEXT FROM @Report                    /* 游标向后移动一行*/
END
DEALLOCATE @Report                        /* 释放游标变量*/
```

运行结果如下所示。

```
reference_name      cursor_name         cursor_scope status  model   ......
-------------------------- -------------------------- --------------------------
--------- ------- ------
BoyTeacher_Cursor   BoyTeacher_Cursor   2            -1      3     ......
Girl_Cursor         Girl_Cursor         2            -1      1     ......
GirlTeacher_Cursor  GirlTeacher_Cursor  2            -1      3     ......
Teacher_Cursor      Teacher_Cursor      2            1       1     ......
```

由此可见，前面所创建的游标及其属性均可通过 sp_cursor_list 系统过程来查看。

17.4　Oracle 中游标的使用

为了处理 SQL 语句，Oracle 必须分配一片上下文（context area）区域来处理所必需的信息，其中包括要处理的行的数目、一个指向分析后的 SQL 语句的指针以及查询的结果集。而在 Oracle 中，游标则被定义为一个指向上下文的句柄或指针。它的定义和使用与标准 SQL 语法以及 SQL Server 中的游标有较大的区别。

17.4.1　显式游标与隐式游标

Oracle 中的 PL/SQL 游标按使用方式可以分为显式游标和隐式游标。

1．显式游标

显式游标是指在 PL/SQL 程序中定义的游标，它的使用与前面介绍的游标基本相同，即包括创建游标（DECLARE CURSOR）、打开游标（OPEN）、游标检索（FETCH）、关闭游标（CLOSE）4 个步骤。

有关 Oracle 中创建游标 DECLARE CURSOR 的语法前面我们已经介绍过了，而其他几个步骤的语法均与标准 SQL 游标的语法相同，这里不再重复。

实例 10　Oracle 中创建显式游标

创建游标 E_Cursor，从 Employee 表中检索职工王东的部门和年龄信息，并将结果显示出来。

实例代码如下。

```
/*定义游标*/
DECLARE CURSOR MYCursor IS SELECT Department, Age FROM Employee WHERE
EName = '王东';
```

```
E_Depart  VARCHAR2(10);
E_Age       INT;
BEGIN
OPEN MYCursor;
FETCH  MYCursor  INTO  E_Depart, E_Age;
DBMS_OUTPUT.PUT_LINE ('职工王东所在部门为: '||E_Depart||'年龄
为: '||to_char(E_Age) );
CLOSE MYCursor;
END;
```

运行结果如下。

```
职工王东所在部门为: 生产科年龄为: 45
PL/SQL 过程已成功完成。
```

2．隐式游标

隐式游标一般用于对 DML 语句的处理。在 SELECT…INTO、DELETE、UPDATE、INSERT 等语句执行时，Oracle 系统有一个称为“SQL”的隐式游标，它可以指示最近执行的 SQL 语句的情况。隐式游标常用在 UPDATE、DELETE 语句后，用于查看刚才的操作是否成功。与显式游标不同，隐式游标不被程序打开和关闭。

实例 11　Oracle 中创建隐式游标

将 Employee 表中职工李东伟的所在部门更改为生产科，如果更新没有匹配，即 Employee 表中没有李东伟的信息，则向 Employee 表中添加他的信息。

实例代码如下。

```
BEGIN
   UPDATE Employee  SET Department = '生产科'
     WHERE EName = '李东伟';
       -- 如果更新没有匹配则插入一新行
   IF SQL%ROWCOUNT = 0  THEN /*使用了隐式游标*/
           INSERT INTO Employee (EName,Department,Sex,Age )
           VALUES ('李东伟','生产科','男',25);
   END IF;
END;
```

运行结果如下。

```
SELECT * FROM Employee;
ENAME      DEPARTMENT SE     AGE
---------- ---------- -- ----------
```

```
王东        生产科      男          45
李霞        销售科      女          32
刘俊        财务科      男          32
刘静        人事科      女          25
高伟        生产科      男          28
李春        生产科      女          48
李东        销售科      男          19
刘凯        生产科      男          43
王静        生产科      女          34
李东伟      生产科      男          25
```

通过上面的介绍我们可知，显式游标和隐式游标各种性质的对比如表 17-5 所示。

表 17-5　显式游标和隐式游标的特性

显 式 游 标	隐 式 游 标
在程序中显式创建、打开、关闭，游标有一个名字	PL/SQL 维护，当执行 DML 语句时自动打开和关闭
游标属性的前缀是游标名	游标属性前缀是 SQL
属性%ISOPEN 根据游标的状态确定值	属性%ISOPEN 总是为 False
可以处理多行数据，在程序中设置循环，取出每一行数据	只有 DML 语句或 SELECT INTO 语句才有隐式游标

17.4.2　游标的属性

显式游标中共有 4 种属性用于判断游标的状态，其含义如表 17-6 所示。

表 17-6　显式游标的属性及其含义

显式游标属性	含　　义
%FOUND	布尔型属性，当最近一次读记录时成功返回，则值为 True
%NOTFOUND	布尔型属性，与%FOUND 相反
%ISOPEN	布尔型属性，当光标已打开时返回 True
%ROWCOUNT	数字型属性，返回已从光标中读取的记录数

隐式游标只使用 SQL%FOUND、SQL%NOTFOUND 和 SQL%ROWCOUNT 3 个属性。对隐式游标而言，SQL%ISOPEN 总是 False，这是因为隐式游标在 DML 语句执行时打开，结束时就立即关闭。

SQL%FOUND、SQL%NOTFOUND 是布尔值，SQL%ROWCOUNT 是整数值。在执行任何 DML 语句前，SQL%FOUND 和 SQL%NOTFOUND 的值都是 NULL，而只有在以下情况

时，SQL%FOUND 的值才为 True。

- 执行了 INSERT 操作。
- 执行了 DELETE 或 UPDATE 操作，且至少有一行记录被 DELETE 或 UPDATE。
- 执行了 SELECT INTO 操作，且至少返回一行。

当 SQL%FOUND 为 True 时，SQL%NOTFOUND 为 False。

在执行任何 DML 语句之前，SQL%ROWCOUNT 的值都是 NULL。对于 SELECT INTO 语句，如果执行成功，SQL%ROWCOUNT 的值为 1；如果没有成功，SQL%ROWCOUNT 的值为 0，同时产生一个异常 NO_DATA_FOUND。

NO_DATA_FOUND 与%NOTFOUND 在意义上有些类似，但它们的用法是有区别的，主要体现在以下几个方面。

- SELECT…INTO 语句触发 NO_DATA_FOUND。
- 当一个显式游标的 WHERE 子句未找到符合条件的记录时，触发%NOTFOUND。
- 当 UPDATE 或 DELETE 语句的 WHERE 子句未找到符合条件的记录时，触发 SQL%NOTFOUND。
- 在游标的提取（FETCH）循环中，我们要用%NOTFOUND 或%FOUND 来确定循环的退出条件，而不能用 NO_DATA_FOUND。

17.4.3 %TYPE、%ROWTYPE 定义记录变量

在 Oracle 的 PL/SQL 中，游标的记录变量内可以使用%TYPE 和%ROWTYPE 变量属性。%TYPE 变量属性将返回表中给定列的数据类型。在 PL/SQL 程序块中，我们可以使用%TYPE 代替固定的数据类型说明，从而使程序代码易于保持数据类型的一致性。

如果采用%TYPE 变量属性，那么 17.4.1 节创建的使用游标 E_Cursor 的代码可表示为：

```
DECLARE CURSOR  E_Cursor  IS
SELECT  Department, Age  FROM  Employee
WHERE  EName = '王东';
E_Depart  Employee.Department%TYPE;
E_Age        Employee.Age%TYPE;
……
```

这样，通过使用%TYPE 声明，变量 E_Depart 具有与 Employee 表的 Department 列相同的数据类型。同样，变量 E_Age 具有与 Employee 表的 Age 列相同的数据类型。

%ROWTYPE 变量属性将返回游标中检索记录一整行（即其包含的所有列）的数据类型。

同样，上面的代码可以采用如下的实现方式。

```
DECLARE CURSOR  E_Cursor  IS
SELECT  Department, Age  FROM  Employee
WHERE  EName = '王东';
E_DepartAge E_Cursor%ROWTYPE;
……
```

这样，就声明了一个 E_DepartAge 的变量，%ROWTYPE 属性定义该变量的数据类型同游标 E_Cursor 的一整行的数据类型相一致。使用%ROWTYPE 属性定义的数据变量也称为聚集变量。

17.4.4　参数化游标

与存储过程和函数相似，我们可以将参数传递给游标并在查询中使用。语法如下。

```
DECALARE CURSOR cursor_name[(parameter[,parameter],...)]
                                IS select_statement;
```

参数定义的语法如下。

```
Parameter_name [IN] data_type[{:=|DEFAULT} value]
```

这里需要说明的是，与存储过程不同，游标只能接受传递的值，而不能返回值。参数只定义数据类型，没有大小。另外，我们可以给参数设定一个缺省值，当没有参数值传递给游标时，就使用缺省值。

注意

当我们创建了带有参数的游标，打开游标时就要给参数赋值。

实例 12　创建带有参数的游标

创建带有参数（职工所在部门）的游标 Department_Cursor，从 Employee 表中检索指定部门的职工信息，然后从该游标中检索各条记录并显示出来。

实例代码如下。

```
/*定义参数化游标*/
DECLARE
CURSOR Department_Cursor(e_dname VARCHAR2) IS
SELECT * FROM Employee
WHERE Department = e_dname
ORDER BY Age;
e_info  Department_Cursor %ROWTYPE;
```

```
BEGIN
OPEN Department_Cursor( '生产科');
LOOP
FETCH  Department_Cursor INTO e_info;
EXIT WHEN Department_Cursor %NOTFOUND;
DBMS_OUTPUT.PUT_LINE( '姓名: ' ||e_info.EName||' 部门: ' ||e_info.Department
||' 性别: ' || e_info. Sex||' 年龄: ' || to_char(e_info.Age));
END LOOP;
CLOSE Department_Cursor;
END;
```

运行结果如下。

```
姓名: 高伟部门: 生产科性别: 男年龄: 28
姓名: 王静部门: 生产科性别: 女年龄: 34
姓名: 刘凯部门: 生产科性别: 男年龄: 43
姓名: 王东部门: 生产科性别: 男年龄: 45
姓名: 李春部门: 生产科性别: 女年龄: 48
PL/SQL 过程已成功完成。
```

17.4.5 游标中的循环

在使用游标时，我们经常使用“提取循环(FETCH LOOP)”来实现逐行提取所需数据的方法。Oracle 中主要有 3 种方法来实现：简单 LOOP 循环、WHILE 循环和游标 FOR 循环。

1. 简单 LOOP 循环

我们可以使用 LOOP 和 END LOOP 来实现简单循环。这样的循环需要在循环体内说明跳出循环的语句，即定义 EXIT WHEN 语句，否则就会出现无限循环现象。17.4.4 节的实例中采用的就是简单 LOOP 循环，此处不再介绍。

注意

跳出循环语句 EXIT WHEN 必须紧跟在 FETCH 语句后面。

2. WHILE 循环

与简单 LOOP 循环不同，WHILE 循环先判断后执行，只有满足条件才能执行其循环体内的语句，而简单 LOOP 循环至少执行一次。

实例 13 使用 WHILE 循环

使用 WHILE 循环实现实例 12 的功能，代码如下。

```
DECLARE
CURSOR Department_Cursor(e_dname VARCHAR2) IS
SELECT * FROM Employee
WHERE Department  = e_dname
ORDER BY Age;
e_info  Department_Cursor %ROWTYPE;
BEGIN
OPEN Department_Cursor( '生产科' );
FETCH  Department_Cursor INTO e_info;
WHILE Department_Cursor %FOUND
LOOP
DBMS_OUTPUT.PUT_LINE( '姓名: ' || e_info. EName ||' 部门: ' || e_info. Department
||' 性别: ' || e_info. Sex||' 年龄: ' || to_char(e_info.Age));
FETCH  Department_Cursor INTO e_info;
END LOOP;
CLOSE Department_Cursor;
END;
```

运行结果如下。

```
姓名: 高伟部门: 生产科性别: 男年龄: 28
姓名: 王静部门: 生产科性别: 女年龄: 34
姓名: 刘凯部门: 生产科性别: 男年龄: 43
姓名: 王东部门: 生产科性别: 男年龄: 45
姓名: 李春部门: 生产科性别: 女年龄: 48
PL/SQL 过程已成功完成。
```

3. 游标 FOR 循环

FOR 循环与前面介绍的两种循环不同，用于 FOR 循环的游标按照正常的方式创建，但并不需要显式地打开游标、关闭游标、读取游标数据，定义存放数据的变量等。

游标 FOR 循环是显示游标的一种快捷使用方式，它使用 FOR 循环，依次读取结果集中的行数据。当 FOR 循环开始时，游标自动打开（不需要 OPEN），每循环一次，系统自动读取游标当前行的数据（不需要 FETCH）；当退出 FOR 循环时，游标被自动关闭（不需要使用 CLOSE）。语法如下。

```
FOR record_name IN
(corsor_name[(parameter[,parameter]... ])
LOOP
statements
END LOOP;
```

这里需要说明的是，record_name 为存放游标记录的变量，但其并不需要定义；corsor_name 为创建的游标名，使用时也不需要显式打开。

实例 14 使用游标 FOR 循环

使用游标 FOR 循环实现实例 12 的功能，代码如下。

```
/*定义参数化游标*/
DECLARE
CURSOR Department_Cursor(e_dname VARCHAR2) IS
SELECT * FROM Employee
WHERE Department  = e_dname
ORDER BY Age;
BEGIN
FOR  e_Info  IN  Department_Cursor( '生产科' )     /*自动打开游标*/
LOOP                                                /*循环前隐含检查%NOFOUND*/
DBMS_OUTPUT.PUT_LINE( '姓名: '||e_info.EName||' 部门: '||e_info.Department
||' 性别: ' || e_info. Sex||' 年龄: ' || to_char(e_info.Age));
END LOOP;                                           /*自动关闭游标*/
END;
```

运行结果如下。

```
姓名: 高伟部门: 生产科性别: 男年龄: 28
姓名: 王静部门: 生产科性别: 女年龄: 34
姓名: 刘凯部门: 生产科性别: 男年龄: 43
姓名: 王东部门: 生产科性别: 男年龄: 45
姓名: 李春部门: 生产科性别: 女年龄: 48
PL/SQL 过程已成功完成。
```

该实例通过 FOR LOOP 循环自动滚动游标，FOR LOOP 循环执行一个隐含的 FETCH 语句。由于游标的%NOFOUND 属性也隐含在 FOR LOOP 循环中，该属性在 FOR LOOP 循环中也可以省略。

注意

使用游标 FOR 循环的时候我们不能使用 OPEN 语句、FETCH 语句和 CLOSE 语句，否则会产生错误。

17.4.6 游标变量

前面所给出的游标都是静态的游标，在 Oracle 中我们也可以创建动态游标，即游标变量，通过它，允许开发人员编写的程序在运行时与不同的语句相关联。游标变量在运行时可以取不同的值，以达到灵活的目的。

游标变量的使用包括创建游标变量、打开游标变量、关闭游标变量几个步骤。语法如下。

```
/*创建游标变量*/
TYPE  type_name  IS REF CURSOR  RETURN  return_type;
/*打开游标变量*/
OPEN  cursor_variable  FOR SELECT_statements;
/*关闭游标变量*/
CLOSE  cursor_variable;
```

下面我们介绍一个在 PL/SQL 中的存储过程中使用游标变量的例子。

实例 15　存储过程中使用游标变量

创建存储过程 ShowCursorVariable，在其中通过游标变量显示 Employee 表中某个性别的职工信息，要求显示结果可以选择是按照姓名排序还是按照年龄排序。实例代码如下。

```
    CREATE  PROCEDURE  ShowCursorVariable(p_Sex IN VARCHAR2, p_Oder IN
VARCHAR2 )
    AS
      /* 定义游标变量类型 */
      TYPE t_EmployeeInfo IS REF CURSOR;
      /* 引用游标变量*/
      e_CursorVar  t_EmployeeInfo;
      /* 处理输出变量. */
     e_info  e_CursorVar %ROWTYPE;
    BEGIN
    /* 根据输入参数来打开游标变量 */
      IF p_Oder = 'Age'  THEN
        OPEN e_CursorVar FOR
          SELECT *  FROM Employee
           WHERE Sex = p_Sex
           ORDER BY Age;
      ELSIF p_Oder = 'EName'  THEN
       OPEN e_CursorVar FOR
          SELECT *  FROM  Employee
           WHERE Sex = p_Sex
           ORDER BY EName;
      ELSE
     /* 输入错误值则触发错误  */
        RAISE_APPLICATION_ERROR(-20000,'Input must be '' Age '' or '' EName '');
      END IF;
      /* 处理循环，当处理完退出 */
      LOOP
          FETCH e_CursorVar INTO e_info;
          EXIT WHEN e_CursorVar%NOTFOUND;
```

```
    DBMS_OUTPUT.PUT_LINE('姓名: '|| e_info. EName ||'部门: '|| e_info. Department
||'性别: '|| e_info. Sex||'年龄: '|| to_char(e_info.Age));
    END LOOP;
    /* 关闭光标变量*/
    CLOSE e_CursorVar;
    COMMIT;
  END ShowCursorVariable;
```

运行程序，系统将调用存储过程 ShowCursorVariable，显示 Employee 表中所有男职工的信息，并按年龄排序。输出结果如下。

```
EXEC ShowCursorVariable ('男','Age');
姓名: 李东部门: 销售科性别: 男年龄: 19
姓名: 高伟部门: 生产科性别: 男年龄: 28
姓名: 刘俊部门: 财务科性别: 男年龄: 32
姓名: 刘凯部门: 生产科性别: 男年龄: 43
姓名: 王东部门: 生产科性别: 男年龄: 45
PL/SQL 过程已成功完成。
```

17.5 小结

本章的重点是游标的概念以及游标创建、使用和销毁的一般步骤，而有关游标的难点在于游标变量的使用。读者通过本章的学习，需要掌握游标的基本应用以及游标在 SQL Server 数据库和 Oracle 数据库中的扩展应用。

第 18 章 事务控制与并发处理

前面我们介绍了数据库的完整性控制，通过各种约束、域或断言的创建，确保 SQL 从数据库获取数据的完整性和有效性。但只有这些方法并不能完全确保数据的完整性。例如，当多用户同时访问或修改同一数据表时，就可能造成由于一个用户的行为结果导致另一个用户使用的数据无效。为了解决这个问题，SQL 支持使用事务，通过事务控制与并发处理，确保同时发生的行为与数据的有效性不发生冲突。

18.1 SQL 事务控制

SQL 采用事务将一系列不可分割的数据库操作作为整体来执行，保证数据库数据的完整性和有效性。

18.1.1 事务控制的引入

一个数据库的应用通常包含一系列对数据库的操作，如果在这些操作的执行过程中出现了软硬件的错误而中断了正常的操作，那么就可能导致数据库出现错误，如在生活中经常用到的银行转账。一般而言，转账程序可表示为图 18-1 所示的几个步骤。

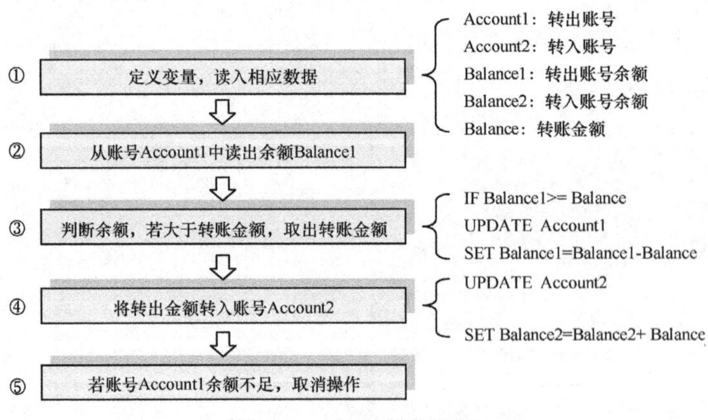

图 18-1 转账程序流程

如果转账程序执行到第 3 步结束时，由于硬件故障而中断，那么数据库就处于这样一种状态：转出账号 Account1 中的余额已被扣除掉金额 Balance，而转入账号 Account2 中的余额却没有相应地增加。在应用中，这种状态是决不允许出现的。

解决上述问题的方法就是将这些数据库操作放在一个事务（Transction）中，这些操作要么都执行，要么都不执行。

18.1.2　事务的特性

事务是用户对数据库进行的一系列操作的集合。事务需要具有 ACID 特性，即 ATOMIC（原子性）、CONSESTENT（一致性）、ISOLATED（隔离性）、DURABLE（永久性）。具体含义如下。

- 原子性：指事务全有或全无的性质。也就是说，事务应作为一个工作单元。事务处理完成后，所有的工作要么都在数据库中保存下来，要么完全回滚，全部不保留。
- 一致性：事务完成或者撤销后，都应该处于一致的状态。即事务中任何数据的变化都必须符合数据定义的规则。另外，数据结束时，数据库内所有结构都必须正确。
- 隔离性：多个事务同时进行，它们之间应该互不干扰。事务过程中暂时不一致的数据不能被其他事务应用，直到数据再次一致。
- 永久性：一旦由事务引发了变化，事务提交以后，所做的工作就被永久保存下来，即使硬件和应用程序发生错误，这些数据也会可靠一致。

事务中一旦发生任何问题，整个事务都重新开始，数据库也返回到事务开始前的状态。事务过程中所发生的任何行为都被取消，数据也恢复到事务开始前的原始状态。在整个过程中，无论事务是否成功完成，我们总能确保数据库的完整性。

18.1.3　SQL 中与事务有关的语句

SQL 中有多种与事务有关的语句，可以使用这些语句开始事务、设置事务属性、设置断点、回滚事务、提交事务等。表 18-1 列出了 SQL:1999 标准中与事务有关的语句及其功能说明。

表 18-1　与事务有关的 SQL 语句

SQL 语句	功　能
SET TRANSACTION	设置下一个将要执行的事务的属性

续表

SQL 语句	功　能
START TRANSACTION	开始事务
SET CONSTRAINS	在当前事务中设置约束模式。所谓约束模式是指当修改数据时，约束是否立刻应用于数据或者是否将约束的应用延迟到下一个事务
SAVEPOINT	在事务中建立保存点。保存点用来标识重新开始时事务的位置，相当于断点
RELEASE SAVEPOINT	释放保存点
ROLLBACK	终止事务，取消事务进行的任何操作，返回事务开始的状态或者返回保存点
COMMIT	提交事务

注意　上面介绍的只是 SQL:1999 标准中定义的与事务有关的 SQL 语句。然而，对于不同的 SQL 实现方式，即不同的数据库产品，SQL 支持的事务相关语句以及如何实现这些语句有着很大的不同。

SQL 中使用事务控制的一般过程为：首先通过 SET TRANSACTION 设置事务的属性，再由 START TRANSACTION 语句开始事务。事务的结束可以有两种方式：由 COMMIT 语句提交事务和由 ROLLBACK 语句回滚事务。

- COMMIT 提交事务：该语句将成功地结束当前事务并永久地保存事务中对于数据库的所有改变。而在未提交事务以前，这些改变是暂时的。一般情况下，在其他事务中不能看到本事务中对数据库所做的修改。
- ROLLBACK 回滚事务：该语句也结束当前事务，但它将撤销该事务所作的全部工作，即事务中对于数据库的任何改变都将无效。回滚一般是回到事务开始时的状态，但也可以在事务中设置保存点，然后回滚到事务指定的保存点。保存点与 ROLLBACK 语句一起使用，可使当前事务进行部分回滚。

SQL 事务控制的使用流程可表示为图 18-2 所示。

当事务开始时，数据库处于初始状态，然后开始执行 SQL 语句，如果执行成功，执行 COMMIT 语句提交事务，这时更新数据库数据，并终止事务；如果 SQL 语句执行失败，则执行 ROLLBACK 语句，数据库恢复到初始状态。

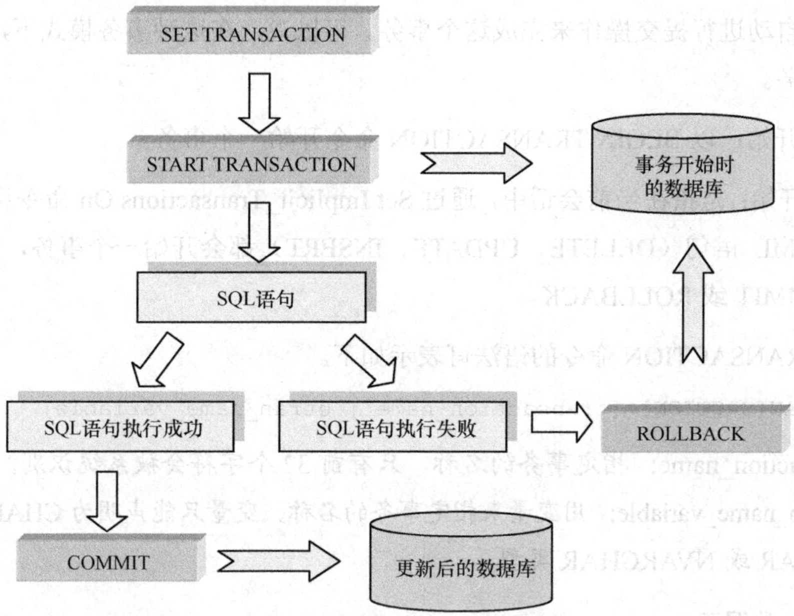

图 18-2 SQL 事务控制流程

18.2 事务控制的具体实现

前面我们介绍了 SQL 事务控制的基本语句及使用流程，本节将具体讲解各单元的实现过程，其中，SET TRANSACTION 语句用来设置事务的属性，主要用于对事务的并发控制。

18.2.1 开始事务

在 SQL:1999 标准的定义中，事务既可以隐式开始，也可以显式开始。所谓隐式开始就是当执行某些 SQL 语句时，事务自动开始，即这些语句必须在事务中执行。而显式开始就是通过使用 START TRANSACTION 语句来开始事务。

然而对于不同的数据库产品，事务的开始方式并不完全遵循该标准。下面我们分别介绍在 SQL Server 数据库和 Oracle 数据库中事务的一些开始方式。

1. SQL Server

在 SQL Server 中有 3 种开始事务的方式，分别是隐式事务、显式开始、自动提交，缺省为自动提交。

（1）自动提交：是指对于用户发出的每条 SQL 语句，SQL Server 都会自动开始一个事务，并且在执行后自动进行提交操作来完成这个事务。可以说，在这种事务模式下，一个 SQL 语句就是一个事务。

（2）显式开始：以 BEGIN TRANSACTION 命令开始一个事务。

（3）隐式开始：是指在当前会话中，通过 Set Implicit_Transactions On 命令设置事务类型，这时，任何 DML 语句（DELETE、UPDATE、INSERT）都会开始一个事务，而事务的结束也是使用 COMMIT 或 ROLLBACK。

BEGIN TRANSACTION 命令的语法可表示如下。

```
BEGIN TRAN[SACTION] [transaction_name | @tran_name_variable]
```

- transaction_name：指定事务的名称，只有前 32 个字符会被系统识别。
- @tran_name_variable：用变量来指定事务的名称。变量只能声明为 CHAR、VARCHA、NCHAR 或 NVARCHAR 类型。

2．Oracle 数据库

Oracle 中没有 SQL Server 的那些事务类型，缺省情况下，任何一个 DML 语句都会开始一个事务，直到用户发出 COMMIT 或 ROLLBACK 操作，这个事务才会结束，这与 SQL Server 的隐式事务模式相似。当执行到下一条 DDL 语句时，即使用户没有发出 COMMIT 或 ROLLBACK 操作，Oracle 系统也会提交当前事务，并且开始一个新的事务，如在 Oracle 中执行下面的 SQL 代码。

```
INSERT  INTO  table1  BALUES  ('Before');
CREATE  TABLE Table (Col  INT );
INSERT  INTO  table1  VALLUES  ('After');
ROLLBACK;
```

从 DML 语句（INSERT）开始，Oracle 开始一个事务，在 Oracle 执行 CREATE TABLE 语句之前，由于即将开始一个 DDL 语句，这里先进行了提交；而在 CREATE TABLE 执行后会自动发出 COMMIT 命令，所以只有插入 After 的行被回滚，而插入 Before 的行不会被回滚。即使 CREATE TABLE 语句失败，CREATE TABLE 命令的结果也不会被回滚，所进行的 Before 插入仍然会被提交。如果最后发出 COMMIT 命令，因为插入 Before 及 CREATE TABLE 的操作结果已经在之前提交，所以 COMMIT 命令影响的只有插入 After 的操作。

在 SQL Server 中，DDL 语句对事务的影响与其他 DML 语句相同。也就是说，在 DML 语句发出之前或之后，系统都不会自动发出 COMMIT 命令。如果同样执行上面的代码，最后发出 ROLLBACK 后，数据库会回滚到插入 Before 之前的状态，即插入 Before 和 After 的行都会被回滚，数据表 T 也不会被创建；如果最后发出 COMMIT 操作，则会把 3 个操作的结果全部提交。

18.2.2 SET CONSTRAINTS 语句设置约束的延期执行

在实际应用中，用户在一个事务中，经常需要违反约束在表中修改数据。

实例 1 违反约束在表中修改数据

如下面的 SQL Server 代码所示。

```
/*创建表 MyFriemds */
CREATE TABLE  MyFriemds
(NAME  CHAR(6)   NOT NULL,
SEX     CHAR(2),
PHONE  CHAR(11)  NOT NULL
)
/*开始事务 */
BEGIN TRANSACTION
    INSERT INTO MyFriemds (NAME, SEX)  VALUES ('王国庆', '男')
    UPDATE MyFriemds
    SET PHONE = '01067846050'
    WHERE NAME = '王国庆'
COMMIT  /*提交事务 */
```

运行结果如下。

```
    Cannot insert the value NULL into column 'PHONE', table 'pubs.dbo.MyFriemds';
column does not allow nulls. INSERT fails.
    The statement has been terminated.
```

系统提示语句执行失败，因为表 MyFriemds 中，PHONE 列具有非空约束，而在开始事务时，系统首先执行 INSERT 语句插入数据。插入操作时，PHONE 列的值为 NULL，违背了非空约束，所以系统将取消操作。

而实际上，纵观整个事务，虽然执行 INSERT 语句时 PHONE 列的值为 NULL，但是后面的 UPDATE 语句又为 PHONE 列赋值了，因此如果我们能够让整个事务处理完毕，那么其数据就满足 MyFriemds 表的约束。

在 SQL 中，为了解决这个问题，我们可使用 SET CONSTRAINTS 语句把约束的应用延期，待整个事务处理完毕再应用约束，这样在事务结束前可暂时违反约束插入数据。语法如下。

```
SET  CONSTRAINTS
{constrain_name | ALL} {DEFERRED | IMMEDIATE }
```

这里需要说明的是，语法中第一组选项用于指定语句影响到的延期性约束，如果指定 ALL，则所有的约束都延期；另一组选项用来说明是延期标识的约束（DEFERRED）还是取消延期立即应用约束（IMMEDIATE）。

> **注意** 使用 SET CONSTRAINTS 语句前，我们一定要查询数据库产品的帮助文档，查明其是否支持该语句延期约束，如在 SQL Server 中就不支持该语句。

使用 SET CONSTRAINTS 语句设置约束的延期执行，在事务控制中的应用可表示为图 18-3 所示的过程。

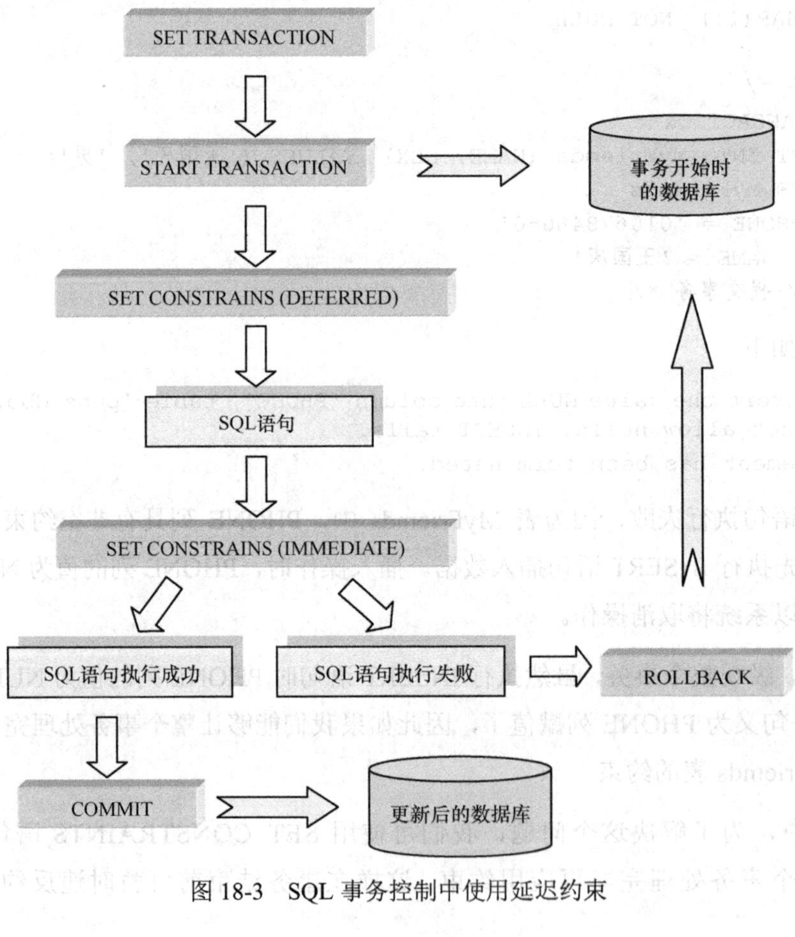

图 18-3　SQL 事务控制中使用延迟约束

18.2.3 终止事务

SQL 终止事务主要有两种方法：COMMIT（提交）和 ROLLBACK（回滚）。当执行 COMMIT 命令时，事务发生的变化都保存在数据库中并终止事务；而当执行 ROLLBACK 命令时，数据库将返回到事务开始时的初始状态并终止事务。

直接使用 ROLLBACK 命令回滚事务将取消整个事务操作。但如果用户想在事务执行语句的中途“半提交”事务，则可以使用保存点（SavePoint）来保存事务。在执行 ROLLBACK 命令时，我们就可以引用该保存点，将事务回滚到该保存点，只取消保存点以下的操作。

注意：使用 ROLLBACK 语句使事务回滚到保存点时，事务并不终止。

在 SQL Server 中，设置保存点的语法如下。

```
SAVE TRAN[SACTION] {savepoint_name | @savepoint_variable}
```

这里需要说明几点。

- avepoint_name：指定保存点的名称。
- @savepoint_variable：用变量来指定保存点的名称变量，只能声明为 CHAR、VARCHAR、NCHAR 或 NVARCHAR 类型。

回滚到保存点的语法如下。

```
ROLLBACK [TRAN[SACTION] [transaction_name | @tran_name_variable
| savepoint_name | @savepoint_variable] ]
```

在 Oracle 数据库中，设置保存点的语法如下。

```
SAVEPOINT savepoint_name
```

语法中 savepoint_name 为保存点的名称。

回滚到保存点的语法如下。

```
ROLLBACK TO savepoint_name
```

下面我们通过一个 SQL Server 实例来说明事务的提交、回滚以及保存点的使用方法。

实例 2　事务的提交、回滚以及保存点的使用

代码如下。

```
CREATE TABLE trans_table
 (Row_number INT, Describe VARCHAR(20))                    /* 创建表*/

/*开始事务*/
BEGIN TRANSACTION
    INSERT INTO  trans_table  VALUES (1,'insert 1')
    INSERT INTO  trans_table  VALUES (2,'insert 2')
    SAVE  TRANSACTION  save1                                /*存储点 save1*/

    DELETE FROM trans_table WHERE Row_number = 2
    INSERT INTO trans_table VALUES(3,'insert 3')
    INSERT INTO trans_table VALUES (4,'insert 4')
    SAVE  TRANSACTION  save2                                /*存储点 save2*/
    DELETE FROM trans_table WHERE Row_number = 1
    DELETE FROM trans_table WHERE Row_number = 3

    ROLLBACK TRANSACTION save2                                   /*回滚到存储点 save2*/
    UPDATE  trans_table
    SET Describe = 'row 1 after 2'
    DELETE FROM trans_table WHERE Row_number = 4

/*提交事务*/
COMMIT TRANSACTION
```

在执行上面语句后，执行如下查询语句，查看 trans_table 表中的数据如图 18-4 所示。

```
SELECT * FROM trans_table
```

	Row_number	Describe
1	1	row 1 after 2
2	3	row 1 after 2

图 18-4　trans_table 表中的数据

上述实例 2 代码中，事务的执行过程可表示为图 18-5 所示的流程。

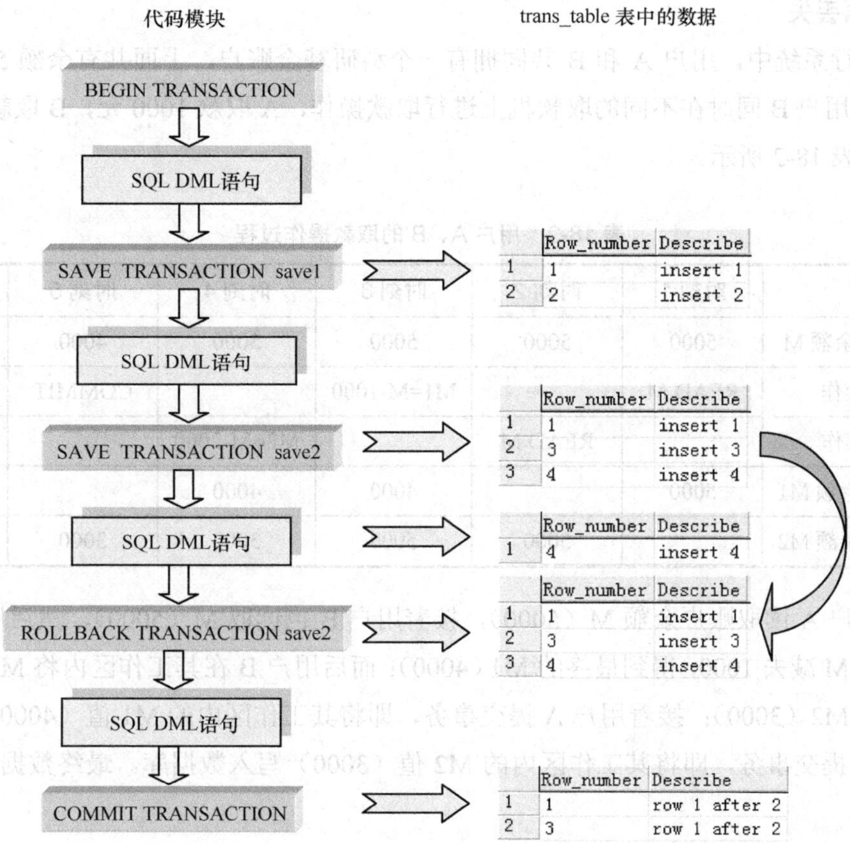

图 18-5 实例代码的执行流程

18.3 并发控制

到目前为止，对数据库的读写操作都是单用户的情况，也就是说，同一时刻只有一个操作，一个数据操作之后的数据库状态也就是下一个操作之前的状态。然而，数据库是一个共享资源，许多用户可能同时访问数据库。当多事务同时对数据库中的同一数据进行操作，即并发操作时，系统就需要对操作进行并发控制，保证数据的完整性和一致性。

18.3.1 并发操作的问题

一般来说，如果 DBMS 不能适当地处理数据库的并发事务处理过程，则可能出现以下 4 种问题。

1．数据丢失

如在银行系统中，用户 A 和 B 共同拥有一个科研基金账户，上面共有余额 5000 元。如果用户 A 和用户 B 同时在不同的取款机上进行取款操作，A 取款 1000 元，B 取款 2000 元。操作过程如表 18-2 所示。

表 18-2　用户 A、B 的取款操作过程

	时刻 1	时刻 2	时刻 3	时刻 4	时刻 5	时刻 6
数据库中的余额 M	5000	5000	5000	5000	4000	3000
A 用户操作	READ M		M1=M-1000		COMMIT	
B 用户操作		READ M		M2=M-2000		COMMIT
A 工作区的余额 M1	5000		4000	4000		
B 工作区的余额 M2		5000	5000	3000	3000	

首先用户 A 读取账户余额 M（5000），接着用户 B 也读取 M（5000），然后用户 A 在其工作区内将 M 减去 1000，得到最终的 M1（4000）；而后用户 B 在其工作区内将 M 减去 2000，得到最终的 M2（3000）；接着用户 A 提交事务，即将其工作区内的 M1 值（4000）写入数据库，用户 B 提交事务，即将其工作区内的 M2 值（3000）写入数据库。最终数据库中的余额为 3000 元。

这个过程中没有任何非法操作，然而 A、B 分别取了 1000 元和 2000 元，数据库本应剩下 2000 元，现在却剩下了 3000 元。问题在于两个操作同时对数据库进行操作，发生了更改丢失，A 用户的更改被 B 用户的更改覆盖了。

2．未提交的数据读取（错读）

还是上面的例子，如果用户 A、B 同时在超市里用该账号进行结账，这两个并发事务的操作过程如图 18-6 所示。

A 首先结账，从账户里扣除了 3500 元，这时，用户 B 开始结账，读取账户余额不足 2000 元，因此只能取消操作。后来，用户 A 改变了主意，让收款员取消了其收费，数据库就回滚到其购物前的状态了。实际上，用户 A 整个购物过程结束后，并没有花去账户上的一分钱，而用户 B 由于读取了用户 A 中间的数据修改结果，导致了错读的发生，这种情况也被称为“脏数据”。“脏数据”是数据库中的一个特定名词，它是指那些被某事务更改但还没有提交的数据。

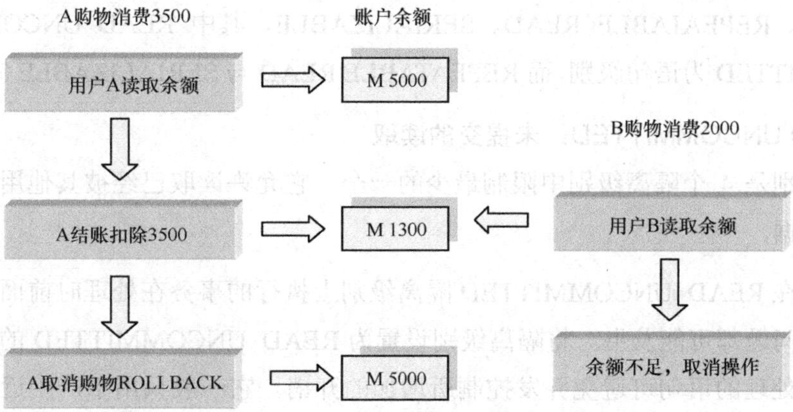

图 18-6 并发事务导致错读

> **注意** Oracle 中，通过回滚段机制，不允许一个会话读取其他事务未提交的数据修改结果，从而避免了由于事务回滚发生的读取错误。

3．不一致的读（不可重复读）

在日常业务中，用户经常需要一个“读一致”的环境，也就是说，在一段时间内，能够反复读取某些数据库表中的数据，而结果总是保持一致。如，为了生成一个财务报表，用户需要从多个关系中查询数据，这些数据应该是同一时刻的数据，但用户不可能在同一时刻查询到所有数据，这就要求在查询期间，这些数据能够保持一个状态。但是，如果同时有其他用户在操作，用户就会受到干扰，两个相同的查询会返回不同的结果。这就出现了不一致数据的读取。

4．幻影读（假读）

假设事务 A 要两次读出 TEACHER 表性别为男的记录。但是有可能在事务 A 读取第一次过后、第二次之前，事务 B 向 TEACHER 表插入了新行或删除了其中一行，则两次读的结果将不一样。当我们对某行执行插入或删除操作，而该行属于某个事务正在读取的行的范围时，被称为幻影读或假读。

要解决这些问题，我们可以通过 SET TRANSACTION 语句设置隔离层，来设置事务与事务之间的隔离性。

18.3.2 事务隔离级别

隔离级别是高级的 DBMS 锁定技术，通过使用隔离级别达到多用户环境中保证每个用户都在一人专用数据库的目的，同时仍然让尽量多的用户同时访问数据库中的数据。

在 SQL 标准中，事务隔离级别分为 4 种，分别为：READ UNCOMMITTED、READ

COMMITTED、REPEATABLE READ、SERIALIZABLE，其中 READ UNCOMMITTED 与 READ COMMITTED 为语句级别，而 REPEATABLE READ 与 SERIALIZABLE 针对事务级别。

1．READ UNCOMMITTED：未提交的读取

该隔离级别是 4 个隔离级别中限制最少的一个，它允许读取已经被其他用户修改但尚未提交确定的数据。

事实上，在 READ UNCOMMITTED 隔离级别上执行的事务在处理时前面介绍的 4 种并发处理遇到的问题都可能发生。将隔离级别设置为 READ UNCOMMITTED 的主要好处是，在此环境下所处理的语句可避免并发控制所增加的开销。它一般只用于产生近似信息的事务中，例如结果不要求太精确的统计数据等。

2．READ COMMITTED：提交读取

READ COMMITTED 隔离级别比 READ UNCOMMITTED 高一层，通过隐藏未提交的变化解决了读“脏数据”（错读）的并发事务问题。

虽然 READ COMMITTED 避免了读取未提交数据，但并不能防止不可重复的读取和幻影读（假读）。

3．REPEATABLE READ：可重复读取

该隔离级别层次又在 READ COMMITTED 之上。在此隔离级别下，用 SELECT 命令读取的数据在整个命令执行过程中均由 DBMS 实施锁定，不会被更改。

说明：此选项会影响系统的效能，非必要情况最好不用此隔离级别。

4．SERIALIZABLE：可串行化

该隔离级别是 4 个隔离级别中限制最大的级别，指的是将事务以一种顺序方式连接起来，防止一个事务影响其他事务。

说明：此选项会严重影响系统的效能，不到非用不可的情况，最好不要使用。

18.3.3　SET TRANSACTION 设置事务属性

在标准 SQL 规范中，隔离级别是通过使用 SET TRANSACTION 语句来设置的。语法如下。

```
SET TRANSATION [READ ONLY | READ WRITE]
ISOLATION LEVEL  level
DIAGNOSTECS SIZE size
```

这里需要说明的是，SET TRANSACTION 可指定 3 种事务模式：访问层、隔离级别和诊断区大小。

- 访问层：有两个选项，READ ONLY 和 READ WRITE。如果我们选择 READ ONLY，事务中就不能有任何修改数据库的语句，包括更改数据的语句（如 UPDATE）和修改数据库结构的语句（如 CREATE TABLE）；如果选择 READ WRITE，事务中既可以有访问语句，也可以有修改语句。
- 隔离级别：level 的取值包括 READ UNCOMMITTED、READ COMMITTED、REPEATABLE READ 和 SERIALIZABLE 4 种级别，各隔离级别可能存在的并发数据异常如表 18-3 所示。

表 18-3　各隔离级别可能存在的并发数据异常

隔 离 级 别	数据更新丢失	读脏数据（错读）	不可重复读取	幻影读（假读）
READ UNCOMMITTED	可能	可能	可能	可能
READ COMMITTED	防止	防止	可能	可能
REPEATABLE READ	防止	防止	防止	可能
SERIALIZABLE	防止	防止	防止	防止

- 诊断区大小：诊断区用于存储执行 SQL 语句时产生的条件，包括警告、异常或其他信息。Size 是指存储执行一个 SQL 语句时所产生条件的数目。

说明：不是所有的数据库产品都支持 SET TRANSACTION 语句的 3 种事务模式的设定。如在 SQL Server 中，我们只能用 SET TRANSACTION ISOLATION LEVEL 语句设置隔离级别。

18.4　SQL Server 中的并发事务控制

SQL Server 中，对于多用户环境下对资源访问的限制机制是通过锁（LOCK）来实现的。当对一个数据源加锁后，此数据源就有了一定的访问限制，也就是对此数据源进行了锁定。前面讲的隔离级别可以看成一种高级锁定技术。

18.4.1　锁的分类

在 SQL Server 中，我们可以对以下的对象进行锁定。

- 数据行（Row）：数据页中的单行数据。
- 索引行（Key）：索引页中的单行数据，即索引的键值。
- 页（Page）：SQL Server 存取数据的基本单位，其大小为 8KB。
- 盘区（Extent）：一个盘区由 8 个连续的页组成。
- 表（Table）。
- 数据库（Database）。

在 SQL Server 中，锁有两种分类方法：从数据库系统角度分类和从程序员的角度分类。

从数据库系统角度来看，锁可以分为共享锁（Shared Lock）、独占锁（Exclusive Lock）和更新锁（Update Lock）。锁的功能描述如表 18-4 所示。

表 18-4　数据库系统角度分类的锁的功能

锁的分类	实现的功能
共享锁	共享锁锁定的资源可以被其他用户读取，但不能修改。在 SELECT 命令执行时，SQL Server 通常会对对象进行共享锁锁定。一般情况下，加共享锁的数据页被读取完毕后，共享锁就会立即被释放
独占锁	独占锁锁定的资源只允许进行锁定操作的程序使用，对它的任何其他操作均不会被接受。执行数据更新命令，即 INSERT、UPDATE 或 DELETE 命令时，SQL Server 会自动使用独占锁。但当对象上有其他锁存在时，无法对其加独占锁。更新操作结束，独占锁才能被释放
更新锁	更新锁是为了防止死锁而设立的。当 SQL Server 准备更新数据时，它首先对数据对象作更新锁锁定，这样数据将不能被修改，但可以读取。等到 SQL Server 确定要进行更新数据操作时，它会自动将更新锁换为独占锁。但当对象上有其他锁存在时，无法对其作更新锁锁定

从程序员的角度来看，锁分为乐观锁（Optimistic Lock）和悲观锁（Pessimistic Lock），其功能描述如表 18-5 所示。

表 18-5　程序员角度分类的锁的功能

锁的分类	实现的功能
乐观锁	乐观锁是指在处理数据时，不需要在应用程序的代码中做任何事情就可以直接在记录上加锁，即完全依靠数据库来管理锁的工作。一般情况下，当执行事务处理时，SQL Server 会自动对事务处理范围内更新到的表做锁定
悲观锁	悲观锁不采用数据库系统的自动管理，需要程序员直接管理数据或对象上的加锁处理，并负责获取共享和放弃正在使用的数据上的任何锁

18.4.2　SQL Server 中表级锁的使用

在 SQL Server 中，提供了几种表级锁定提示（locking hints），如表 18-6 所示。通过使用这些悲观锁，我们可以在多个同时修改数据库的用户间实现悲观并发控制。对数据库表加锁后，其他人不可操作，直到加锁用户用 COMMIT 命令或 ROLLBACK 命令解锁。

表 18-6　SQL Server 中的表级锁定提示

锁定提示	功 能 描 述
HOLDLOCK	持有共享锁，直到整个事务完成。应该在被锁对象不需要时立即释放，等于 SERIALIZABLE 事务隔离级别
NOLOCK	语句执行时不发出共享锁，允许读“脏数据”，等同于 READ UNCOMMITTED 事务隔离级别
PAGLOCK	在使用一个表锁的地方用多个页锁
READPAST	跳过任何锁定行执行事务，仅适用于 READ UNCOMMITTED 事务隔离级别，只跳过行锁，不跳过页锁、盘区锁和表锁，并且只能用于 SELECT 语句
ROWLOCK	强制使用行锁代替页锁、盘区锁和表锁等
TABLOCKX	强制使用独占表级锁，这个锁在事务期间阻止任何其他事务使用这个表
UPDLOCK	强制在读表时使用更新锁而不用共享锁，直到事务结束

锁定数据库的一个表的方法可表示如下。

```
SELECT * FROM table [WITH] (HOLDLOCK|TABLOCKX|……)
```

如果采用了 HOLDLOCK 表级锁，其他事务可以读取表中的数据，但不能更新、删除表中的数据。如果采用了 TABLOCKX 表级锁，其他事务不能读取表、更新和删除表中的数据。

为了便于读者理解，这里我们首先给出一个使用 HOLDLOCK 表级锁实现共享锁的实例。

实例 3　SQL Server 中表级锁的使用

假定数据库中有一个表 Table_test，结构和数据如图 18-7 所示。

```
SELECT * FROM Table_test
```

	A	B	C
1	a1	b1	c1
2	a2	b2	c2
3	a3	b3	c3

图 18-7　表 Table_test 的结构和数据

用户 S1 执行如下操作。

```
BEGIN TRANSACTION                               /*开始事务*/
    Declare @now_time VARCHAR(8)                /*定义变量*/
    /*对表 Table_test 实行 HOLDLOCK 表级锁，即共享锁*/
```

```
    SELECT * FROM  Table_test WITH (HOLDLOCK) WHERE 1=2
    /*实际上，上面的 SELECT 语句只是实现了对表加锁的功能，因为 WHERE 子句不可能实现*/
    SELECT @now_time = CONVERT(VARCHAR, GETDATE (),8)
    PRINT '用户 S1 锁定的时间为: '+ @now_time              /*显示加锁时间*/
    WAITFOR  DELAY  '00:00:10'                             /*等待 10 秒*/
    SELECT @now_time = CONVERT(VARCHAR, GETDATE (),8)
    PRINT '用户 S1 解除锁的时间为: '+ @now_time            /*显示解锁时间*/
COMMIT TRANSACTION                                    /*提交事务，解除锁定*/
```

在用户 S1 执行上述操作的同时，用户 S2 执行如下操作。

```
BEGIN TRANSACTION                                     /*开始事务*/
    Declare @now_time VARCHAR(8)                           /*定义变量*/
    SELECT @now_time = CONVERT(VARCHAR, GETDATE (),8)
    PRINT '用户 S2 开始事务的时间为: '+ @now_time            /*显示事务开始的时间*/
    SELECT * FROM Table_test
    WHERE B='b2'
    SELECT @now_time = CONVERT(VARCHAR, GETDATE (),8)
    PRINT '用户 S2 执行 SELECT 语句的时间为: '+ @now_time  /*显示 SELECT 语句执行时间*/
    UPDATE  Table_test
    SET A='aa'
    WHERE B='b2'
    SELECT @now_time = CONVERT(VARCHAR, GETDATE (),8)
    PRINT '用户 S2 执行 UPDATE 语句的时间为: '+ @now_time  /*显示 UPDATE 语句执行时间*/
ROLLBACK                                                   /*回滚事务*/
```

如果用户 S1、S2 先后开始执行上述两个语句，由于用户 S1 的操作对表 Table_test 施加了共享锁，直到事务处理完毕才解除锁，所以用户 S2 的 SELECT 查询可以立即执行，而 UPDATE 操作必须等待用户 S1 结束事务，即解除锁定后才能执行。

查看运行结果，用户 S1 和用户 S2 的操作结果如图 18-8 所示。

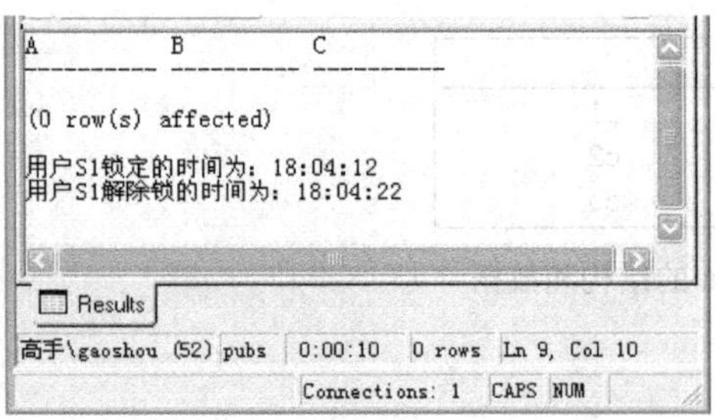

（a）用户 S1

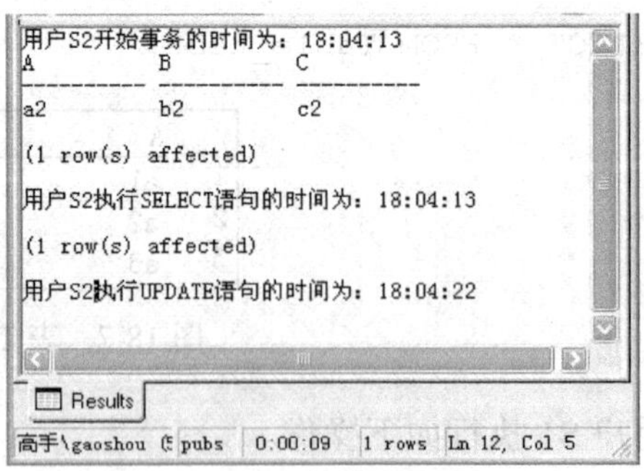

（b）用户 S2

图 18-8　用户 S1、S2 对数据库表的操作结果

18.4.3 设置隔离级别实现并发控制

在 MS-SQL Sever 中，指定事务的隔离级别与在 SELECT 语句中使用锁定选项来控制锁定方式具有相同的效果。设置事务的隔离级别是通过 SET TRANSATION 语句实现的，语法如下。

```
SET TRANSATION ISOLATION LEVEL  level
```

可选的隔离级别 level 从低到高有 READ UNCOMMITTED、READ COMMITTED、REPEATABLE READ、SERIALIZABLE4 种。各级别对并发操作异常的控制与标准 SQL 中的定义完全相同。

下面我们通过 4 个实例介绍各隔离级别对操作异常的控制情况。

1. READ UNCOMMITTED

这表示不发出共享锁，也不接受独占锁。当设置该选项时，我们可以对数据执行未提交读或脏读；在事务结束前可以更改数据内的数值。该选项的作用与在事务内所有语句中的所有表上设置 NOLOCK 相同。这是 4 个隔离级别中限制最小的级别。

实例 4　READ UNCOMMITTED 隔离级别的使用

用户 S1、S2 先后（间隔很短，少于 10 秒）访问 Table_test 表，并且指定事务隔离级别为 READ UNCOMMITTED。

用户 S1 的操作代码如下。

```
SET TRANSACTION ISOLATION LEVEL READ UNCOMMITTED/*设置隔离级别*/
BEGIN TRANSACTION                                  /*开始事务*/
   UPDATE Table_test set C='c' /*更新操作*/
   PRINT '事务结束前表中的数据'
   SELECT  * FROM Table_test
   WAITFOR  DELAY '00:00:10' /*等待 10 秒*/
ROLLBACK TRANSACTION     /*回滚结束事务*/
PRINT '事务结束后表中的数据'
SELECT  * FROM Table_test
```

用户 S2 的操作代码如下。

```
SET TRANSACTION ISOLATION LEVEL READ UNCOMMITTED /*设置隔离级别*/
PRINT '读取了“脏数据”，即用户 S1 修改中间的数据'
SELECT  * FROM Table_test
```

```
IF @@rowcount>0 /*结果不为空*/
BEGIN
    WAITFOR DELAY '00:00:10' /*等待 10 秒,用户 S1 的操作已完成*/
    PRINT '不重复读,即两次 SELECT 语句结果不同'
    SELECT * FROM Table_test
END
```

用户 S2 在用户 S1 结束（回滚）UPDATE 事务之前，访问了 S1 正在处理的表 Table_test，而设置的隔离级别为 READ UNCOMMITTED，因此出现了读“脏数据”和不重复读取的数据异常。

查看运行结果，用户 S1 和用户 S2 的操作结果如图 18-9 所示。

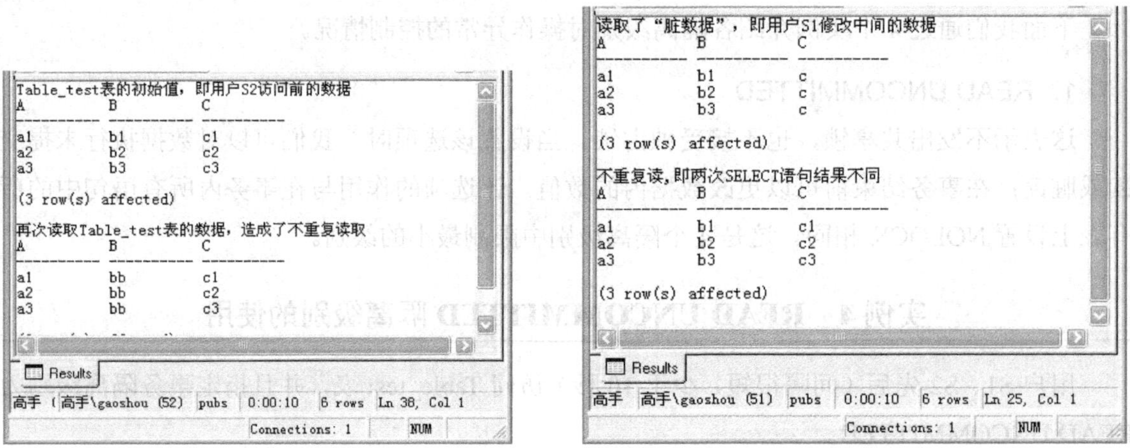

（a）用户 S1　　　　（b）用户 S2

图 18-9　用户 S1、S2 对数据库表的操作结果

2．READ COMMITTED

该隔离级别指定在读取数据时控制独占锁以避免读“脏数据”，但数据可在事务结束前更改，从而产生不可重复读取或幻影读。

> **注意**　READ COMMITTED 隔离级别是 MS-SQL Sever 的默认值。

如果将实例 4 中的 READ UNCOMMITTED 替换为 READ COMMITTED，则用户 S2 进行的两次 SELECT 操作都要在 S1 提交事务后才能进行，即避免了读“脏数据”。然而，使用 READ COMMITTED 隔离级别并不能避免不可重复读取或幻影读。

实例 5 READ COMMITTED 隔离级别的使用

用户 S1、S2 先后（间隔很短，少于 10 秒）访问 Table_test 表，并且指定事务隔离级别为 READ COMMITTED。

用户 S1 的操作代码如下。

```
SET TRANSACTION ISOLATION LEVEL READ COMMITTED
BEGIN TRANSACTION
   PRINT 'Table_test 表的初始值，即用户 S2 访问前的数据'
   SELECT  * FROM Table_test
   WAITFOR  DELAY '00:00:10' /*等待 10 秒，在此过程中用户 S2 访问了数据库表*/
   PRINT '再次读取 Table_test 表的数据，造成了不重复读取'
   SELECT  * FROM Table_test
ROLLBACK TRANSACTION     /*回滚结束事务*/
```

用户 S2 的操作代码如下。

```
SET TRANSACTION ISOLATION LEVEL READ COMMITTED
UPDATE Table_test  /*更新表 Table_test*/
SET B='bb'
PRINT '更新后表 Table_test 的数据'
SELECT  * FROM Table_test
```

在用户 S1 进行了第一个 SELECT 操作之后、第二个 SELECT 操作之前，用户 S2 更新了 Table_test 表，所以导致用户 S1 两次执行同样的查询操作得到了不同的结果，即造成了不可重复读取。

查看运行结果，用户 S1 和用户 S2 的操作结果如图 18-10 所示。

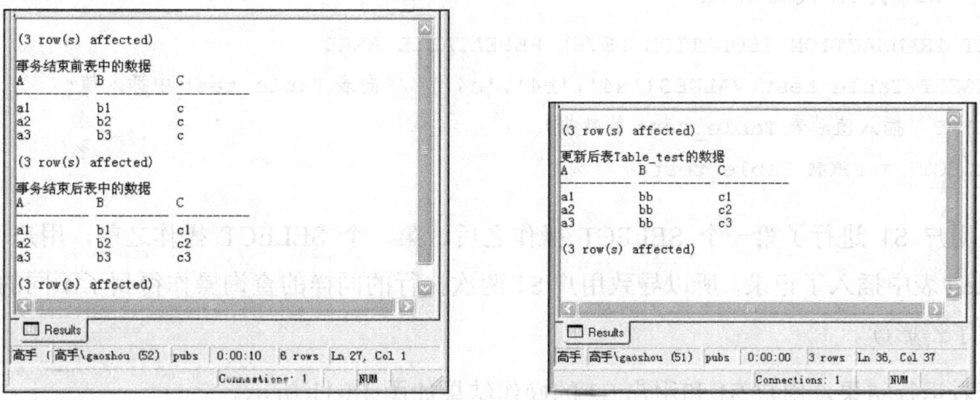

（a）用户 S1　　（b）用户 S2

图 18-10　用户 S1、S2 对数据库表的操作结果

3. REPEATABLE READ

该隔离级别将锁定查询中使用的所有数据，以防止其他用户更新。但是其他用户可以将新的幻影行插入到数据集，并且幻影行包含在当前事务的后续读取中。

如果将实例 5 代码中的 READ COMMITTED 替换为 REPEATABLE READ，则用户 S2 进行的 UPDATE 操作，只有在用户 S1 结束事务之后才能进行，因此用户 S1 就不会出现不可重复读取。但是，使用 REPEATABLE READ 隔离级别并不能避免幻影读。

实例 6　REPEATABLE READ 隔离级别的使用

用户 S1、S2 先后（间隔很短，少于 10 秒）访问 Table_test 表，并且指定事务隔离级别为 REPEATABLE READ。

用户 S1 的操作代码如下。

```
SET TRANSACTION ISOLATION LEVEL REPEATABLE READ
BEGIN TRANSACTION
    PRINT 'Table_test 表的初始值，即用户 S2 访问前的数据'
    SELECT  * FROM Table_test
    WAITFOR  DELAY '00:00:10' /*等待 10 秒，在此过程中用户 S2 访问了数据库表*/
    PRINT '再次读取 Table_test 表的数据，造成了幻影读'
    SELECT  * FROM Table_test
ROLLBACK TRANSACTION    /*回滚结束事务*/
```

用户 S2 的操作代码如下。

```
SET TRANSACTION ISOLATION LEVEL REPEATABLE READ
INSERT Table_test VALUES('a4','b4','c4') /*向表 Table_test 中插入值*/
PRINT '插入值后表 Table_test 的数据'
SELECT  * FROM Table_test
```

在用户 S1 进行了第一个 SELECT 操作之后、第二个 SELECT 操作之前，用户 S2 向 Table_test 表中插入了记录，所以导致用户 S1 两次执行的同样的查询操作得到了不同的结果，即造成了幻影读。

查看运行结果，用户 S1 和用户 S2 的操作结果如图 18-11 所示。

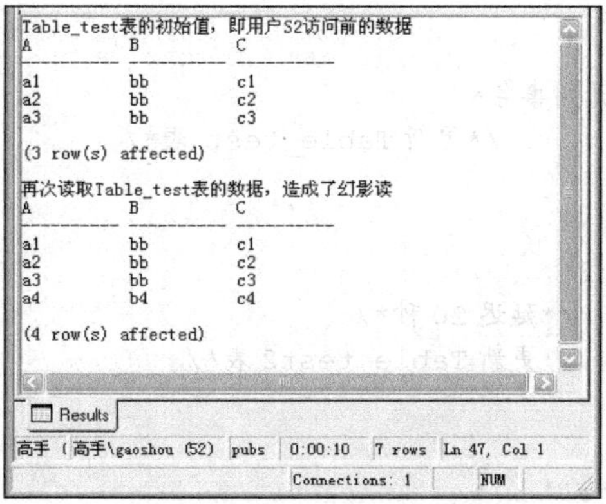

（a）用户 S1

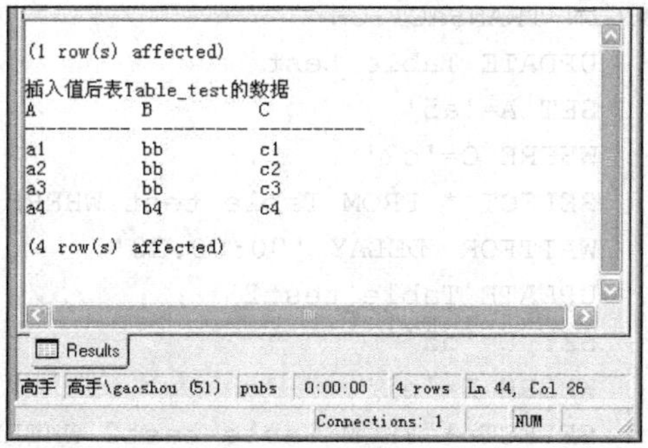

（b）用户 S2

图 18-11　用户 S1、S2 对数据库表的操作结果

4．SERIALIZABLE

该隔离级别将在数据集上放置一个范围锁，以防止其他用户在事务完成之前更新数据集或将行插入数据集内。这是 4 个隔离级别中限制最大的级别。因为并发级别较低，所以我们应只在必要时才使用该选项。该隔离级别的作用与在事务内所有 SELECT 语句中的所有表上设置 HOLDLOCK 相同。

该隔离级别相比 REPEATABLE READ 隔离级别，能够防止并发操作出现幻影读异常。如果将上例代码中的 REPEATABLE READ 替换为 SERIALIZABLE，那么用户 S2 进行的 INSERT 操作只有在用户 S1 结束事务之后才能进行，因此用户 S1 就不会出现幻影读。

18.4.4　死锁及其预防

死锁（Deadlocking）是在多用户或多进程状况下，为使用同一资源而产生的无法解决的争用状态。通俗地讲，就是两个用户各占用一个资源，两人都想使用对方的资源，但同时又不愿放弃自己的资源，就一直等待对方放弃资源，如果不进行外部干涉就将一直耗下去。下面我们通过一个具体的实例说明死锁的情况。

实例 7　导致死锁的实例

创建一个表 Table_test2 并向其中插入一行数据，代码如下。

```
CREATE TABLE Table_test2(D CHAR(4),E CHAR(4))
INSERT INTO Table_test2 VALUES('d1','e1')
```

用户 S1、S2 先后（间隔很短，少于 10 秒）访问同一个数据库，对 Table_test 表和 Table_test2 表进行更新操作。

用户 S1 的操作代码如下。

```
BEGIN TRANSACTION                                     /*开始事务*/
    UPDATE Table_test                                   /*更新 Table_test 表*/
    SET A='a5'
    WHERE C='c2'
    SELECT * FROM Table_test WHERE C='c2'
    WAITFOR  DELAY '00:00:20'                    /*延迟 20 秒*/
    UPDATE Table_test2                           /*更新 Table_test2 表*/
    SET D='d5'
    WHERE E='e1'
    SELECT * FROM Table_test2 WHERE E='e1'
COMMIT TRANSACTION                                    /*提交事务*/
```

用户 S2 的操作代码如下。

```
BEGIN TRANSACTION                                     /*开始事务*/
    UPDATE Table_test2                           /*更新 Table_test2 表*/
    SET D='dd'
    WHERE E='e1'
    SELECT * FROM Table_test2 WHERE E='e1'
    WAITFOR  DELAY '00:00:10'                    /*延迟 10 秒*/
    UPDATE Table_test                            /*更新 Table_test 表*/
    SET A='aa'
    WHERE C='c2'
    SELECT * FROM Table_test WHERE C='c2'
COMMIT TRANSACTION                                /*提交事务*/
```

实际上用户 S1 和用户 S2 代码实现的对数据库的访问过程可以表示为图 18-12 所示的流程。

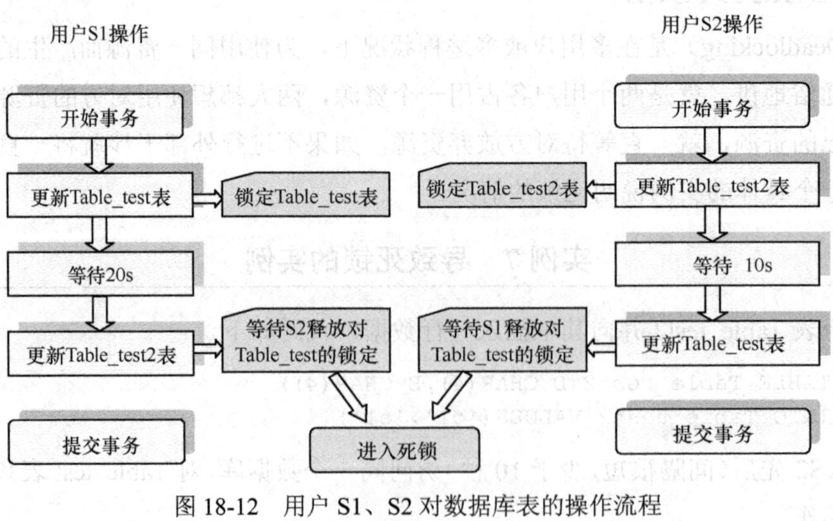

图 18-12　用户 S1、S2 对数据库表的操作流程

我们从中可以看到，用户 S1 和用户 S2 事务执行过程中，都在等待对方提交事务以解除对表的锁定，这样就形成了死锁。死锁会造成资源的大量浪费，甚至会使系统崩溃。在 SQL Server 中，解决死锁的原则是牺牲一个，即挑出一个进程作为牺牲者，将其事务回滚并向执行此进程的程序发送编号为 1205 的错误信息。

查看运行结果，用户 S1 和用户 S2 的操作结果如图 18-13 所示。

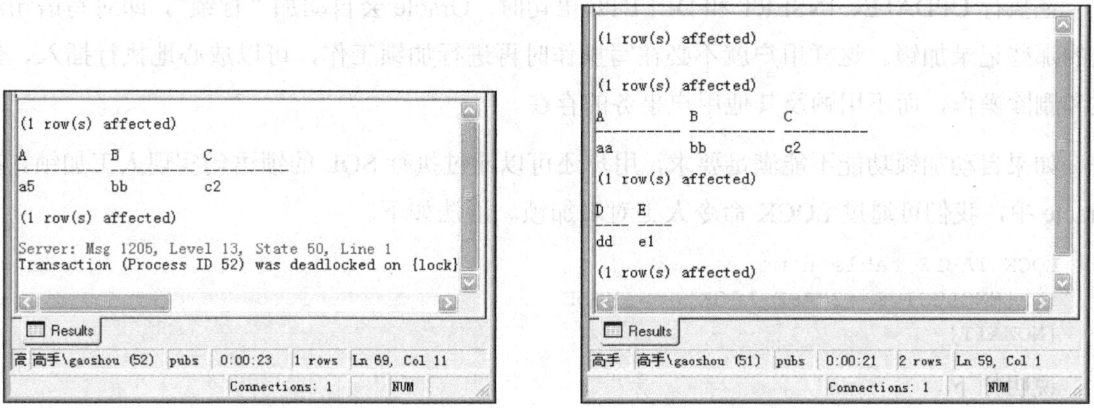

（a）用户 S1　　　　（b）用户 S2

图 18-13　用户 S1、S2 对数据库表的操作结果

从结果可见，系统强行结束了用户 S1 的进程，将其事务回滚，这样解决了死锁的问题，保证了用户 S2 事务的运行。

防止死锁的途径就是避免满足死锁条件的情况发生，为此用户需要遵循以下原则。

- 尽量避免并发地执行涉及到修改数据的语句。
- 要求每个事务一次就将所有要使用的数据全部加锁，否则就不予执行。
- 预先规定一个封锁顺序，所有的事务都必须按这个顺序对数据执行封锁，如不同的过程在事务内部对对象的更新执行顺序应尽量保持一致。
- 每个事务的执行时间不可太长，对程序段长的事务可考虑将其分割为几个事务。

18.5 Oracle 中的并发事务控制

在并发控制中，Oracle 主要利用了事务的特性和锁的机制。锁可以防止用户访问同一数据时相互干扰，而事务之间存在着不同级别的隔离作用。

18.5.1 通过加锁避免写数据丢失

在 Oracle 中，解决两个写事务冲突的方法就是采用“加锁”。如当 A 事务要修改一数据时，就对该数据加锁，禁止其他事务对该数据的修改。只有当 A 事务完成写操作并将锁打开后，才运行其他事务的写操作。我们通过加锁可以防止两个写事务同时对一个数据进行修改，所以也就不会出现写数据丢失的问题。

在执行 UPDATE、INSERT 和 DELETE 语句时，Oracle 会自动加“行锁”，即对写语句涉及的那些记录加锁。这样用户就不必在写操作时再进行加锁工作，可以放心地执行插入、修改和删除操作，而不用顾及其他用户事务的存在。

如果自动加锁功能不能满足要求，用户还可以通过执行 SQL 的锁语句实现人工加锁。在 Oracle 中，我们可通过 LOCK 命令人工对表加锁。语法如下。

```
LOCK TABLE table_name
IN {EXCLUSIVE |SHARE LOCK|……}MODE
[NOWAIT]
```

说明如下。

- table_name 为要锁定的表的表名。
- IN 后面指定加锁方式，EXCLUSIVE 是排他锁，即只运行其他事务对该表的查询，而禁止其他任何操作。SHARE LOCK 为共享锁，允许相关资源共享，即几个事务同时读取同一数据时，这几个事务就可以对同一数据资源施加共享锁。
- NOWAIT 是指当要锁定的表已被其他用户锁定时，系统立即返回控制，并给出提示信息；如果没有指定该选项，该语句就处于等待状态，一旦该表被解除锁定，就执行本语句的加锁功能，然后返回控制。

在 Oracle 中，执行 UPDATE、INSERT 和 DELETE 语句时，系统会自动加锁（排他锁）；而对于读语句（SELECT 语句），系统不会加锁。但有些时候，系统读取数据的目的就是为了后续的写操作。如职工部门调整时，需要先从职工信息表 Employee 中读出职工现在的部门，而后再根据现在部门调整到新部门，在这种情况下，用户需要在读语句时就加锁，这样读出的数据就不会变了，便于调整。

实例 8　Oracle 中在 SELECT 语句中指定加锁子句

Oracle 允许在 SELECT 语句中指定加锁子句，如下面的代码所示。

```
SELECT Ename, Department
```

```
FROM Employee
WHERE Age <= 40
FOR UPDATE OF Department
```

上述代码首先查询符合搜索条件的行，即年龄小于 40 岁的职工记录，然后锁定这些记录行的 Depatement 列，这就为稍后修改这些记录做好了准备。

无论是自动加锁还是人工加锁，当写操作完成后，我们都应立即解锁，否则会影响到其他的写操作。解锁的方法就是结束事务，因为锁只在事务的范围内有效，当事务结束时，锁也就被释放。

与 SQL Server 数据库一样，有锁的存在就可能出现“死锁”现象。在 Oracle 系统中，当系统检测到一个死锁时，会给引起死锁的其中一个事务发出一个错误信息，然后回滚该事务的当前语句。这样其他的事务就可以顺利进行，也就解除了死锁。

18.5.2 设置只读事务（READ ONLY）

前面我们介绍过可以将事务设置成只读的（READ ONLY）。虽然 SQL Server 中不支持这种设置，在 Oracle 中我们却可以通过 SET TRANSACTION 语句设置只读事务。设置只读事务的过程可表示如下。

```
SET TRANSACTION READ ONLY
……
只读事务
……
COMMIT;
```

通过设置只读事务可以给用户提供一个读一致的环境，即避免了多用户并发访问的不可重复读取异常。设置使用只读事务时，我们需要注意以下几点。

- 只读事务中，只允许用户执行 SELETC 语句（读操作），而不能执行 UPDATE、INSERT 和 DELETE 语句（写操作）。
- 当执行了 COMMIT 语句、ROLLBACK 语句或一个 DDL 语句时，只读事务也就结束了。
- 只读事务不影响其他事务的操作，其他事务依然可以对数据库中的数据进行查询或更新。
- 在只读事务中，所有的查询都是引用数据库的一个只读副本，即只读事务开始时的数据库中的数据。也就是说，只读事务开始后，其他事务对数据库数据的修改即使已经提交了，在只读事务中也看不到。

例如，用户 S1 进入只读事务，查询到 Employee 表中职工高大伟的所在部门为生产科，而此时，用户 S2 将高大伟的所在部门更改为销售科。这时只读用户 S1 的只读事务没有结束，他无论读多少次高大伟所在的部门，结果都为生产科。如果 S1 结束了只读事务，再做一次查询，结果将变为销售科。

说明　只读事务为用户提供了一个读一致的环境，生成报表、分析数据等工作都适宜在只读事务中进行。

18.5.3　Oracle 中的隔离级别

Oracle 中没有 READ UNCOMMITTED 和 REPEATABLE READ 隔离级别。Oracle 中不允许一个会话读取其他事务未提交的数据修改结果，从而避免了由于事务回滚发生的读取错误。

Oracle 中的 READ COMMITTED 和 SERIALIZABLE 级别，其含义与 SQL Server 类似，但是实现方式却大不一样。

注意　Oracle 缺省的设置是 READ COMMITTED 隔离级别（也称为语句级别的隔离）。

在 Oracle 中设置事务的隔离级别也是采用 SQL 标准中的 SET TRANSACTION 语句，可表示如下。

```
SET TRANSATION ISOLATION LEVEL {READ COMMITTED|SERIALIZABLE}
```

- READ COMMITTED：在这种隔离级别下，如果一个事务正在对某个表进行 DML 操作，而这时另外一个会话正对这个表的记录进行读取操作，则 Oracle 会去读取回滚段或撤销段中存放的更新之前的记录，而不会和 SQL Server 一样等待更新事务的结束。
- SERIALIZABLE：也称为事务级别的隔离。在该隔离级别下，事务中的读取操作只能获取这个事务开始之前已经提交的数据结果。如果在读取时，其他事务正在对记录进行修改，则 Oracle 就会在回滚段或撤销段中去寻找对应的原来未经更改的记录。这里是在读取操作所在的事务开始之前存放于回滚段或撤销段的记录，这时读取操作也不会因为相应记录被更新而等待。

下面我们通过一个简单的例子说明 Oracle 是如何利用回滚段或撤销段来防止读“脏数据”的。

当事务 A 对数据库表 Employee 进行 UPDATE、INSERT 或 DELETE 操作时，Oracle 先把这些操作所涉及的记录拷贝出来，放到回滚段或撤销段中，然后再执行这些写操作。在事务 A 结束之前，其他事务如果要查询 Employee 表中的数据，所看到的实际上是表 Employee 中写操作没有涉及到的数据和回滚段或撤销段中记录的一个组合视图。也就是说，我们所看到的是事务 A 修改前的数据。

在事务 A 结束之前，我们只有在事务 A 中才能查看修改后的数据。当提交事务 A 后，回滚段或撤销段中的数据被释放，在事务 A 中对数据的修改才为其他用户所见。如果回滚事务 A，那么回滚段或撤销段中的数据将被重新写回数据库，其他用户所看到的还是事务 A 开始前的数据状态。

第19章 嵌入式SQL

SQL 的表达能力和高级语言相比，有一定的限制，有些数据访问要求，单纯使用 SQL 语句无法实现。一方面，SQL 在逐渐增强自己的表达能力；另一方面，太多的扩展会导致优化能力及执行效率的降低。而且实际的应用非常复杂，数据库访问只是其中一个部件。有些动作如与用户交互、图形化显示数据等只能用高级语言实现。因此，我们可以将 SQL 访问数据库的能力，与宿主语言的过程化处理的能力进行综合，即将 SQL 语句嵌入宿主语言中来使用。

19.1　SQL 的调用

前面章节介绍的 SQL 的使用方法，都是通过查询分析器或 SQL*PLUS 实现与数据库的直接交互。实际上，实际应用中调用 SQL 的方法还包括嵌入式 SQL 和调用层接口（Call-Level Interface，CLI）。

19.1.1　直接调用 SQL

直接调用 SQL 也称为交互式 SQL。通常大多数数据库产品都会提供客户端应用软件，用户在该软件中可以直接运行 SQL 语句并返回它的运行结果。

正如前面所介绍的，在 SQL Server 数据库中，交互式 SQL 是在查询分析器软件内实现的，如图 19-1 所示。

在 Oracle 数据库中，交互式 SQL 的实现是在 SQL*Plus 软件中完成的，如图 19-2 所示。

虽然不同的数据库系统中直接调用方法支持的 SQL 语句类型有些差异，但是像基本的 SELECT、INSERT、UPDATE 和 DELETE 语句以及与模式定义、事务、连接和会话有关的语句，基本上都可以在交互式 SQL 环境中实现。实际上，几乎所有对维护数据以及与基础性的数据库结果有关的操作，都可以直接调用。

交互 SQL 是一个纯 SQL 环境，它的突出优点表现在只要是实现方式支持的数据类型，就都可以使用。然而，SQL 本身非过程化的局限性，使得交互式 SQL 的应用受到很大限制。因此，在实际应用中，大多数的访问都是通过嵌入式 SQL 和 CLI 机制完成的，只有极少用户依靠交互式 SQL。

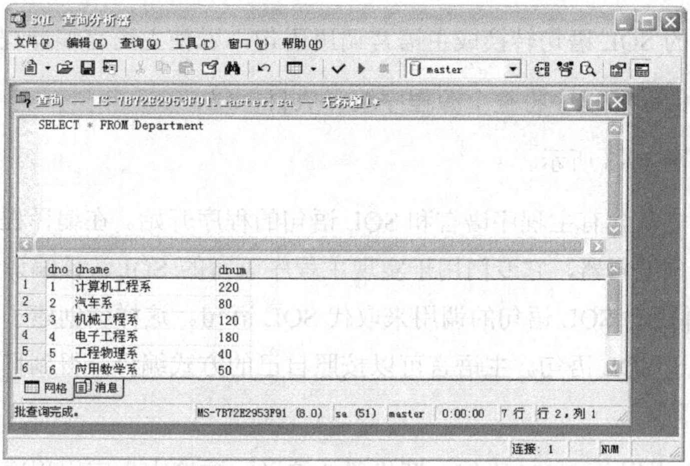

图 19-1　查询分析器执行 SQL 语句

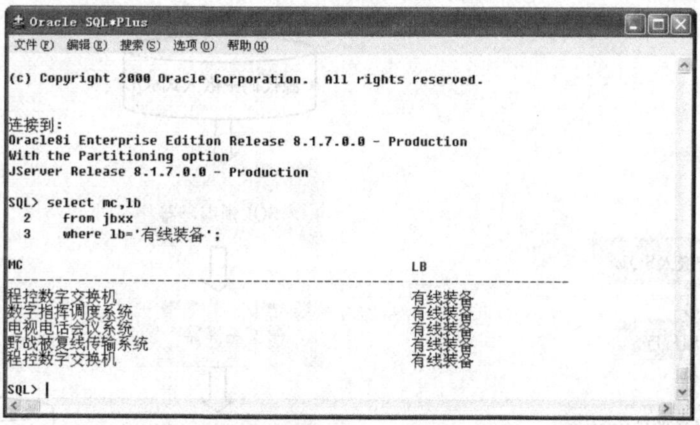

图 19-2　SQL*Plus 执行 SQL 语句

19.1.2　嵌入式 SQL

SQL 语言可以嵌入到高级语言中，如 PL/1、COBOL、FORTRAN、C，利用高级语言的过程性结构，可以弥补 SQL 语言在实现复杂应用方面的不足，在这种方式下使用的 SQL 语言称为嵌入式 SQL。

嵌入式 SQL 的实现主要有两种方法：扩充宿主语言（高级语言）的编译程序，使之能处理 SQL 语句和预处理方式。其中常用的是后者，即预处理方式。预处理方式的处理过程可表示如下。

（1）由 DBMS 的预处理程序对源程序进行扫描，识别出 SQL 语句。

（2）把识别出的 SQL 语句转换成主语言调用语句，以使主语言编译程序能识别它。

（3）由主语言的编译程序将整个源程序编译成目标码。

具体的流程如图 19-3 所示。

预处理方式首先从含有主程序语言和 SQL 语句的程序开始。在编译程序之前，系统首先把程序提交给一个预编辑器，它专门用于实现主程序语言的 SQL。预编译器从主语言代码中剥离 SQL 语句，并用对 SQL 语句的调用来取代 SQL 语句。这样就创建了两个文件，一个用于主语言，一个用于 SQL 语句。主语言可以按照自己的方式编译，得到目标代码，从而可以连接到各数据库例程。

例如在 C 语言中嵌入 SQL 语句，源代码的编译、链接产生应用程序的过程可表示为图 19-4 所示的流程。

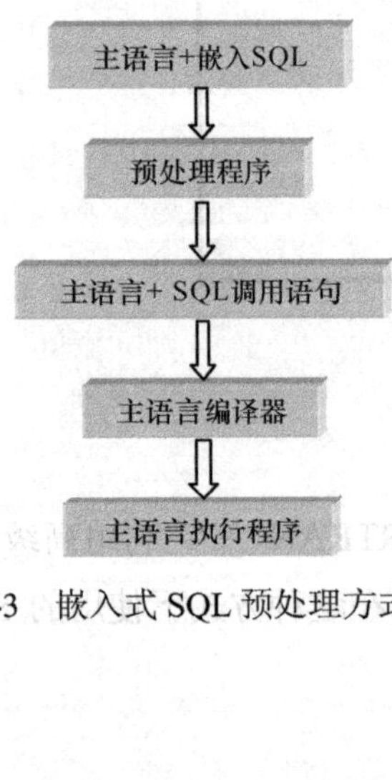

图 19-3　嵌入式 SQL 预处理方式的实现

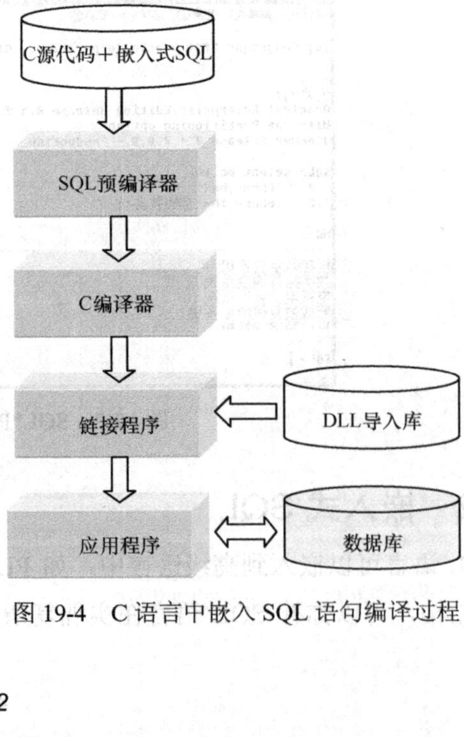

图 19-4　C 语言中嵌入 SQL 语句编译过程

19.1.3 SQL 调用层接口（CLI）

SQL 调用层接口（CLI）是一种应用程序接口（API），它支持一种已经预定义的例程，通过这些例程实现程序设计语言与 SQL 数据库之间的交流。程序设计语言调用例程，然后连接到数据库。这些例程主要负责访问数据库中的数据信息，如果需要，也可把这些信息返回给程序。

程序设计语言与 SQL 数据库通过 CLI 进行交流的过程可表示为图 19-5 所示的流程。

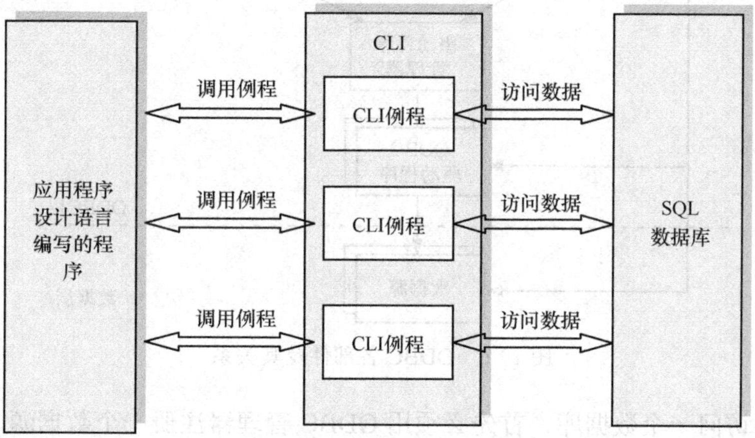

图 19-5 通过 CLI 访问数据库流程

程序通过使用函数来调用 CLI 例程，函数通过设定参数把值传递给目标历程，由它来充当应用程序和 SQL 数据库之间的接口。CLI 实际上隐藏了从程序访问数据库的细节，可让程序在不同的数据库管理系统中访问数据。

目前最有名的 CLI 模块工具是 Microsoft 公司的 ODBC（Open Database Conectivity，开放式数据库互联）API。另外，新一代的数据访问 API 正越来越普及，如 Microsoft 公司的 OLE-DB/ADO（ActiveX Data Object）。

1．ODBC

ODBC 技术，作为 MicroSoft 公司对数据库进行访问的标准应用程序接口（API）和 Windows 开放式服务体系结构 OSA 的一个重要组成部分，已广为众多的 Windows 程序员所熟悉和认可。

使用 ODBC API 的时候，Windows 的 ODBC 管理程序把数据库访问的请求传递给正确的驱动程序，驱动程序再使用 SQL 语句，指示 DBMS 完成数据库访问工作。因此，ODBC 的存在，为开发应用数据库程序提供了非常强大的功能和灵活性。

ODBC 所包含的部件及其关系如图 19-6 所示。

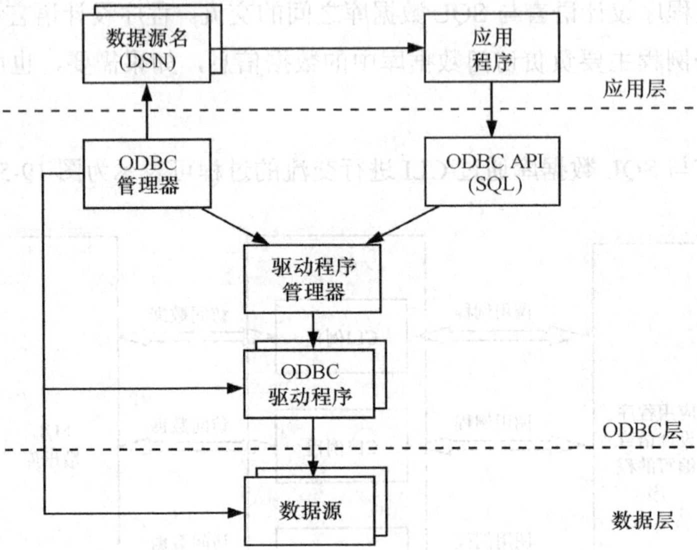

图 19-6　ODBC 各部件及其关系

应用程序要访问一个数据库，首先必须用 ODBC 管理器注册一个数据源，管理器根据数据源提供的数据库位置、数据库类型及 ODBC 驱动程序等信息，建立起 ODBC 与具体数据库的联系。这样，只要应用程序将数据源名称提供给 ODBC，ODBC 就能建立起与相应数据库的连接。

在 ODBC 中，ODBC API 不能直接访问数据库，必须通过驱动程序管理器与数据库交换信息。驱动程序管理器负责将应用程序对 ODBC API 的调用传递给正确的驱动程序，而驱动程序在执行完相应的操作后，通过驱动程序管理器将结果返回给应用程序。

2．OLE-DB/ADO

OLE DB 是系统级的编程接口，可在 C/C++语言中直接使用。它定义了一组 COM 接口，这组接口封装了各种数据系统的访问操作，为数据使用方和数据提供方建立了标准。OLE DB 还提供了一组标准的服务组件，用于提供查询、缓存、数据更新、事务处理等操作。

ADO 是微软公司最新的对象层次上的数据操作技术，为操作 OLE DB 数据源提供了一套高层次自动化接口。尽管 OLE DB 已经是一个强大的数据操作接口，大多数数据库应用开发者却并不需要 OLE DB 提供的操作数据的底层控制接口。

从功能上来说，ADO 也是一种 OLE DB 客户程序，不过它不依赖于特定的 OLE DB 服务器，相反，它支持所有的 OLE DB 服务提供者。通过这些 OLE DB 服务提供者，ADO 支持客户/服务器模式和基于 Web 的数据库应用，尤其支持通过客户/服务器模式或者基于 Web 模式访问微软的 SQL Server 数据库服务器。当然，ADO 也可以很容易访问 Oracle 数据库。

ADO 同 OLE DB、数据库应用以及数据源之间的关系如图 19-7 所示。

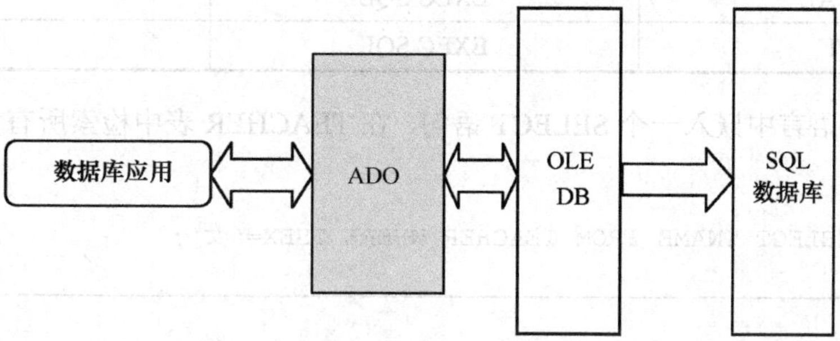

图 19-7　ADO 同 OLE DB、数据库应用以及数据源之间的关系

说明　通过 CLI 访问 SQL 数据库核心并不在于 SQL，而在于访问 SQL 数据库的开发工具以及 CLI 实现本身，对此本书不做详细讨论。

19.2　嵌入式 SQL 的使用

将 SQL 嵌入到高级语言中混合编程，程序中会含有两种不同计算模型的语句，如何区分它们以及它们之间如何通信，就成为使用嵌入式 SQL 的关键。

19.2.1　创建嵌入式 SQL 语句

当开发一种包含嵌入式 SQL 的程序时，必须遵守一些明确的协定，用来决定 SQL 代码被添加到程序中的方式。要在主语言中得以使用，嵌入式 SQL 语句必须遵守以下原则。

- 每个 SQL 语句都必须以限定前缀开头，并且指定结束符。
- 必须根据主语言的要求，处理 SQL 语言中出现的行中断。
- 注释的位置必须根据主语言的风格来处理。

几种主要语言的嵌入 SQL 语句的前缀和结束符如表 19-1 所示。

表 19-1　SQL 语句的前缀和结束符

语　言	前　缀	结 束 符
C	EXEC SQL	;
COBOL	EXEC SQL	END-EXEC
FORTRAN	EXEC SQL	无
PASCAL	EXEC SQL	;
PL/I	EXEC SQL	;

例如，在 C 语言中嵌入一个 SELECT 语句，在 TEACHER 表中检索所有女教师的姓名信息，可表示如下。

```
EXEC SQL SELECT TNAME FROM TEACHER WHERE TSEX='女';
```

说明　以后各节对嵌入式 SQL 的讨论，其主语言均是 C 语言。

19.2.2　SQL 通信区

SQL 语句与主语言之间的通信方式有 SQL 通信区、主变量和游标 3 种方式，其中 SQL 通信区（SQL Communication Area，SQLCA）是一个数据结构，用于存储 SQL 语句运行时 DBMS 反馈给应用程序的状态信息。这些信息主要描述系统当前工作状态以及运行环境等。应用程序从 SQLCA 中取出这些状态信息，据此决定接下来执行的语句。

使用 SQLCA 时，首先需要在主语言中定义，定义语句如下。

```
EXEC SQL INCLUDE SQLCA
```

SQLCA 中包含的字段及各字段的含义如表 19-2 所示。

表 19-2　SQLCA 包含的字段及其含义

字　段	含　义
SQLCAID	8 字节字符字段，包含作为 SQLCA 结构标识的字符串 SQLCA。在查看内存内容时，该字段可帮助进行调试
SQLCABC	包含 SQLCA 结构的长度（136 字节）的长整型数
SQLCODE	数据库在请求上检测到错误时，指定错误代码的长整数。成功操作的错误代码是 0（零），正数表示警告，负数表示错误
SQLERRML	字段中信息的长度

续表

字　段	含　义
SQLERRMC	要插入到错误消息中的零个或多个字符串。某些错误消息包含一个或多个占位字符串（%1、%2、…），这些占位字符串可替换为此字段中的字符串。例如，如果生成未找到表错误，则 sqlerrmc 包含表名，该表名要插入到错误消息中的适当位置
SQLERRP	保留
SQLERRD	长整数的实用程序数组
SQLWARN	保留
SQLSTATE	状态值。除了以前标准中的 SQLCODE 值外，ANSI SQL 标准（SQL-92）还定义了 SQL 语句的一种新类型的返回值。SQLSTATE 值始终是一个由 5 个字符组成且以空值终止的字符串，它分为双字符类（前两个字符）和三字符子类。每个字符都可以是从 0 到 9 的数字或从 A 到 Z 的大写字母字符。以 0 到 4 或 A 到 H 开头的任何类或子类都是由 SQL 标准定义的，其他类和子类则是各自实现自行定义的。SQLSTATE 值 00000 表示还没有错误或警告

SQLERRD 字段数组包含以下元素。

- SQLERRD [1]：完成命令所需的实际输入/输出操作数。数据库执行每个命令之前不会清零。在执行一个命令序列之前，用户的程序可以将此变量设置为零。在最后一个命令执行之后，此数字是整个命令序列的输入/ 输出操作的总数。
- SQLERRD [2]：此字段的值取决于要执行的语句。
- SQLERRD [3]：完成命令所需的输入/输出操作的估计数。

在实际应用中，经常用到 SQLCA 测试特定错误代码。当数据库请求有错误时，SQLCODE 和 SQLSTATE 字段包含错误代码。

注意　应用程序每执行完一条 SQL 语句之后，都应该测试一下 SQLCODE 的值，以了解该 SQL 语句执行情况并做相应处理。

SQLCODE 常用的取值及表示的含义如表 19-3 所示。

表 19-3　SQLCODE 的取值及表示的含义

取　值	含　义
0	成功
-1	失败
100	未找到元组

SQLSTATE 常用的取值及表示的含义如表 19-4 所示。

表 19-4　SQLSTATE 的取值及表示的含义

取　值	含　义
00000	成功
非 0	失败
02000	未找到元组

实例 1　C 语言中嵌入 SQL 语句中 SQLCA 的应用

下面的代码演示了 SQLCA 在 C 语言中嵌入 SQL 语句中的应用。

```
#include <stdio.h>
/*以下包括 SQLCA 变量，它可以用来进行错误检查*/
EXEC SQL INCLUDE SQLCA;                              /*定义使用 SQLCA*/
main()
{
EXEC SQL CONNECT TO pubs USER sa;      /*连接数据库*/
/* 以下是连接数据库并检查是否有错误产生 T */
if(sqlca.sqlcode)             /*SQLCODE 的值为非 0，即上面的 SQL 语句没有成功执行*/
{
   printf (Printer, "Error connecting to database server.\n");
   exit();
}
……
```

19.2.3　主变量

嵌入式 SQL 语句中可以使用主语言的程序变量来输入或输出数据。在 SQL 语句中使用的主语言程序变量简称为主变量。

1. 主变量的分类及其功能

主变量根据作用的不同，分为输入主变量和输出主变量。输入主变量由应用程序对其赋值，SQL 语句引用。输出主变量由 SQL 语句对其赋值或设置状态信息，返回给应用程序。一个主变量有可能既是输入主变量，又是输出主变量。

利用输入主变量，可以实现如下功能。

- 指定向数据库中插入的数据。
- 将数据库中的数据修改为指定值。

- 指定 WHERE 子句或 HAVING 子句中的条件。

利用输出主变量，则可以得到 SQL 语句的结果数据和状态。

一个主变量可以附带一个任选的指示变量（Indicator Variable）。所谓指示变量是一个整型变量，用来指示返回给宿主变量的值是否为 NULL 值以及返回给宿主变量的字符串是否发生了截断。如果一个宿主变量所对应的数据库字段允许空值，或者字符串类型的宿主变量的长度可能小于所对应的数据库字段的长度，则需要一个指示变量来指明数据库访问的返回状态。指示变量的返回值及其含义如表 19-5 所示。

表 19-5 指示变量的返回值及表示的含义

返 回 值	含 义
0	取到主变量的值不空，没有发生截断
-1	取到主变量的值为空值
>0	取到主变量的值发生了截断，指示变量的值是截断前的字符串的实际长度

2．主变量的定义和使用

输入主变量出现于 SQL 语句中时，前面加冒号（:）以区别于数据库对象名（表名、视图名、列名等）。

说明：输入主变量可出现的地方主要包括 SQL 的数据操纵语句中可出现常数的任何地方，SELECT 等语句的 INTO 子句中。

实例 2 输入主变量的定义

如下面的代码所示。

```
EXEC  SQL         SELECT   TNAME ,AGE
                  INTO     :teacher_name , :age
                  FROM     TEACHER
                  WHERE    TNO = :input_no ;
```

代码中，teacher_name、age、input_no 变量是在主语言中定义的。

定义输出变量及指示变量的方法，是在 SQL 语句 BEGIN DECLARE SECTION 与 END DECLARE SECTION 之间进行说明。说明之后，主变量可以在 SQL 语句中任何一个能够使用表达式的地方出现。同样，SQL 语句中的主变量和指示变量名前要加冒号（:）作为标志，并且指示变量要紧跟在所指主变量之后。在 SQL 语句之外，主变量和指示变量均可以直接引用，不必加冒号。

实例 3 输出主变量的定义

如下面的代码所示。

```
EXEC  SQL  BEGIN  DECLARE  SECTION
             INT      teacher _no;
             CHAR     teacher_name [8];
             INT      age;
             CHAR   SQLSTATE[6]
EXEC  SQL  END  DECLARE  SECTION
EXEC  SQL   SELECT   TNAME , AGE
             INTO     :teacher_name ,:age
             FROM     TEACHER
             WHERE    TNO = : teacher _no;
```

代码中，主变量 teacher _no、teacher_name、age 以及 SQLSTATE 都是在嵌入的 SQL 语句中定义的，在主语言中使用时，可以直接引用而不必加冒号。

下面我们再给出一个在主变量中使用指示变量的实例。

实例 4 主变量中使用指示变量

在 INSERT 语句可以包括一个指示变量，如下所示。

```
EXEC SQL BEGIN DECLARE SECTION
CHAR E_name[8];
CHAR E_department[10];
CHAR E_sex[2];
INT  E_age;
SHOT INT Ind_age;             /* 主变量 E_age 的指示变量*/
EXEC SQL END DECLARE SECTION
……/*实现对各主变量的赋值操作*/
if( /* E_age 的信息未知，即为 NULL */ )
{
    Ind_age = -1;             /*表示主变量的值为 NULL，参见表 19-5*/
}
else
{
    ind_phone = 0;            /*表示主变量的值不为 NULL，也未截断，参见表 19-5*/
}
```

```
EXEC SQL INSERT INTO Employee
VALUES (:E_name, :E_department,:E_sex, :E_age:Ind_age );
```

这里需要说明的是，上述代码实现的 INSERT 插入操作中，如果指示变量 Ind_age 的值为 -1，则写入 NULL；如果值为 0，则写入 E_age 的实际值。

注意 指示变量使用时，必须紧跟在它所指示的主变量的后面，如代码中的 “:E_age:Ind_age”。

3．主变量的应用环境

主变量可用于以下环境中。

- 位于任何允许使用数字或字符串常量位置的 SELECT、INSERT、UPDATE 和 DELETE 语句。
- SELECT 和 FETCH 语句的 INTO 子句。
- 主变量也可用来代替语句名、游标名或嵌入式 SQL 特定命令中的选项名。
- 对于 CONNECT、DISCONNECT 和 SET CONNECT，可以用主变量代替用户 ID、口令、连接名、连接字符串或数据库环境名。
- 对于 SET OPTION 和 GET OPTION 命令，可以用主机变量代替用户 ID、选项名或选项值。

不能用主变量代替任何语句中的表名或列名。另外，就 SQL 预处理器而言，主变量是全局的，因此两个主变量不能同名。

19.2.4 嵌入式 SQL 中使用游标

SQL 语言与主语言具有不同数据处理方式。SQL 语言是面向集合的，一条 SQL 语句原则上可以产生或处理多条记录。而主语言是面向记录的，一组主变量一次只能存放一条记录，所以仅使用主变量并不能完全满足 SQL 语句向应用程序输出数据的要求。为此，嵌入式 SQL 引入了游标的概念，用游标来协调这两种不同的处理方式。

在嵌入式 SQL 中，游标是系统为用户开设的一个数据缓冲区，存放 SQL 语句的执行结果。每个游标区都有一个名字，用户可以用 SQL 语句逐一从游标中获取记录并赋给主变量，然后由主语言进一步处理。

在嵌入式 SQL 中使用游标主要有以下几个步骤。

（1）定义一个游标，使之对应一个 SELECT 语句。实现过程可简单表示如下。

```
EXEC SQL  DECLARE <游标名> CURSOR FOR <SELECT语句>;
```

（2）打开游标，执行游标对应的查询，结果集合为该游标的活动集。实现过程可简单表示如下。

```
EXEC SQL OPEN <游标名>
```

此时游标指针定位于结果集第一行的前一行。

（3）在活动集中将游标移到特定的行，并且取出该行数据放到相应的主变量中，这一过程称为游标推进。实现过程可简单表示如下。

```
EXEC SQL FETCH FROM <游标名> INTO <主变量名>;
```

（4）关闭游标，释放活动集及其所占资源，使它不再和查询结果相联系；需要再使用该游标时，执行 OPEN 语句。实现过程可简单表示如下。

```
EXEC SQL CLOSE <游标名>;
```

为了说明游标的使用，下面给出带有嵌入式 SQL 的一小段 C 程序，其中使用了游标。

实例 5　嵌入式 SQL 中使用游标

代码如下。

```
EXEC SQL INCLUDE SQLCA;/*定义 SQL 通信区*/
EXEC SQL BEGIN DECLARE SECTION;/*说明主变量*/
CHAR teacher_name[8];
CHAR teacher_ course[16];
INT teacher_sal;
EXEC SQL END DECLARE SECTION;
main()
{
   EXEC SQL DECLARE Teacher_Cur CURSOR FOR  /*游标操作－定义游标*/
   SELECT TNAME, DNAME,SAL FROM TEACHER;
   /* 从 TEACHER 表中查询 TNAME, DNAME,SAL */
   EXEC SQL OPEN Teacher_Cur; /*游标操作－打开游标*/
   for(;;)
   {
       EXEC SQL FETCH Teacher_Cur INTO :teacher_name,
                                       :teacher_ course, :teacher_sal;
      /*游标操作－推进游标指针，将当前数据放入主变量*/
       if (sqlca.sqlcode <>0) /*利用 SQLCA 中的状态信息决定何时退出循环*/
          break;
       printf("教师姓名：%s, 所授课程：%s, 工资：%d", teacher_name,
              teacher_ course, teacher_sal); /* 打印查询结果 */
}
```

```
EXEC SQL CLOSE Teacher_Cur; /*游标操作－关闭游标*/
}
```

关于嵌入式 SQL 语句的编译调试，在本章的 19.5 节会针对不同的数据库系统具体讲解。

19.3 检索、操作 SQL 数据

嵌入式 SQL 中处理多条记录的结果集时，采用的是游标机制。因此，SQL DML 语句在嵌入使用时，要注意是否使用了游标机制。

19.3.1 不需要游标的 SQL DML 操作

在嵌入式 SQL 中，不用游标的 SQL DML 语句主要包括以下几种。

- 查询结果为单记录的 SELECT 语句。
- 非 CURRENT 形式的 UPDATE 语句。
- 非 CURRENT 形式的 DELETE 语句。
- INSERT 语句。

下面我们对这几种语句分别介绍，并通过实例说明其具体使用方法。

1. 查询结果为单记录的 SELECT 语句

语法如下。

```
EXEC SQL SELECT  [ALL|DISTINCT]
         <目标列表达式>{,<目标列表达式>}
         INTO    <主变量>[<指示变量>]
                                 {,<主变量>[<指示变量>]}
         FROM    <表名或视图名>{,<表名或视图名>}
         [WHERE  <条件表达式>]
```

这里需要说明的是，该语句对交互式 SELECT 语句进行了扩充，即多了一个 INTO 子句。要求返回的结果最多只能有一条记录，因此不能包括 GROUP BY、HAVING 和 ORDER BY 子句。

另外，在 INTO 子句中可以使用指示变量。当查询得出的某个数据项为空值时，系统会自动将相应主变量后面的指示变量置为负值（一般为-1），但不向该主变量执行赋值操作，即主变量值仍保持执行 SQL 语句之前的值。当我们发现指示变量值为负值时，不管主变量为何值，均应认为主变量值为 NULL。

如果数据库中没有满足条件的记录，即查询结果为空，那么 DBMS 将 SQLCODE 的值置为 100。当查询结果为多条记录时，程序将出错，DBMS 会在 SQLCA 中返回错误信息。

实例 6　嵌入式 SQL 中使用查询结果为单记录的 SELECT 语句

在 TEACHER 表中查询教工号为 5 的教师的姓名、年龄信息，将其值赋予主变量 teacher_name 和 age。

实例代码如下。

```
EXEC  SQL   SELECT  TNAME , AGE
            INTO     :teacher_name ,:age
            FROM     TEACHER
            WHERE    TNO = 5;
```

teacher_name、age 均是主变量，并假定均已在前面的程序中说明过了。在 TEACHER 表中，教工号为 5 的记录只有一行，因此该 SELECT 语句的查询结果为单记录。

说明

从提高应用程序的数据独立性角度考虑，SELECT 语句在任何情况下都应该使用游标。虽然对于仅返回一行结果数据的 SELECT 语句可以不使用游标，但如果以后数据库改变了，该 SELECT 语句可能会返回多行数据，这时该语句就会出错。

2．非 CURRENT 形式的 UPDATE 语句

所谓非 CURRENT 形式的 UPDATE 语句，是指执行 UPDATE 操作时，所有满足更新条件的记录都进行更新，而不是一行一行地单独更新。语法与交互式 UPDATE 语句完全相同，只是在 SET 子句和 WHERE 子句中可以使用主变量，在 SET 子句中还可以使用指示变量。

实例 7　嵌入式 SQL 中使用非 CURRENT 形式的 UPDATE 语句

将 TEACHER 表中所有男教师增加若干工资，假设增加的工资已赋给主变量 Raise。

实例代码如下。

```
EXEC SQL UPDATE TEACHER
         SET SAL=SAL+:Raise
         WHERE TSEX='男';
```

与返回单一值的 SELECT 语句不同，非 CURRENT 形式的 UPDATE 语句可以操作多条元组。在该例中，所有男教师的记录都将被更新。

实例 8 通过指示变量设置 NULL 值

将 TEACHER 表中所有女教师的工资置为 NULL。

实例代码如下。

```
Salind=-1;                          /*假定 Salind 为已经定义的指示变量*/
EXEC SQL  UPDATE TEACHER
        SET SAL=:Raise:Salind
        WHERE TSEX='女';
```

将指示变量 Salind 赋一个负值后，无论主变量 Raise 为何值，DBMS 都会将 TEACHER 表中所有女教师记录的工资信息置空值，等价于以下代码。

```
EXEC SQL  UPDATE TEACHER
        SET SAL=NULL
        WHERE TSEX='女';
```

3．非 CURRENT 形式的 DELETE 语句

嵌入式 SQL 语句中的 DELETE 语句的语法与交互式 DELETE 语句完全相同，只是在 WHERE 子句中可以使用主变量。

实例 9 嵌入式 SQL 中使用非 CURRENT 形式的 DELETE 语句

从 TEACHER 表中删除年龄大于某值的所有教师记录，该值已经被赋予了主变量 teacher_age。

实例代码如下。

```
EXEC  SQL   DELETE  FROM  TEACHER
            WHERE  TAGE> :teacher_age ;
```

4．INSERT 语句

嵌入式 SQL 语句中的 INSERT 语句的语法与交互式 INSERT 语句完全相同，只是在 VALUES 子句中可以使用主变量和指示变量。

实例 10 嵌入式 SQL 中使用 INSERT 语句

向 TEACHER 表中插入一条记录，假定各字段的信息已经存储在主变量 teacher_no、teacher_name、course_no、teacher_department、teacher_sal、teacher_sex、teacher_age 中。

实例代码如下。

```
Courseind=-1;                          /*假定 Courseind 为已经定义的指示变量*/
```

```
EXEC  SQL  INSERT  INTO  TEACHER
VALUES (:teacher_no, :teacher_name, :course_no:Courseind,
      :teacher_department,:teacher_sal,teacher_sex,:teacher_age) ;
```

因为新的课程计划还未实施，教师记录中所授课程的课程号还不确定，所以本例中用指示变量 Courseind 指示相应的主变量 course_no 为空值。

19.3.2　使用游标的 SQL DML 操作

在嵌入式 SQL 中，必须使用游标的 SQL DML 操作主要包括以下几种。

- 查询结果为多条记录的 SELECT 语句。
- CURRENT 形式的 UPDATE 语句。
- CURRENT 形式的 DELETE 语句。

下面分别介绍这几种语句，并且通过实例说明其具体使用。

1. 查询结果为多条记录的 SELECT 语句

当 SELECT 语句查询结果是多个元组时，主语言程序无法使用，要用游标把多个元组依次传递给宿主语言程序处理，具体过程如下。

- 用游标定义语句定义一个游标，与某个 SELECT 语句对应。
- 游标用 OPEN 语句打开后，处于活动状态，此时游标指向第一个元组之前。
- 每执行一次 FETCH 语句，游标指向下一个元组并把其值送到主变量供程序处理，如此重复，直到所有查询结果处理完毕。
- 用 CLOSE 语句关闭游标。关闭的游标可以被重新打开，与新的查询结果相联系，没有打开前，不能使用。

实例 11　查询结果为多条记录的 SELECT 语句中使用游标

在 STUDENT 表中检索某学生的学号、姓名、课程号和成绩信息，其中学号由主变量 givensno 给出。

实例代码如下。

```
Void  sel()
{
EXEC SQL INCLUDE SQLCA;
EXEC SQL BEGIN DECLARE SECTION;      /*定义主变量*/
    CHAR sno[4];
    INT  cno;
```

```
    CHAR givensno[4];
    CHAR sname[8];
    INT   mark;
EXEC SQL END DECLARE SECTION;
gets(givensno);                                  /*为主变量 givensno 赋值*/
EXEC SQL DECLARE Stu_Cur CURSOR FOR              /*游标操作 - 定义游标*/
     SELECT SNO, SNAME,CNO,MARK FROM STUDENT WHERE SNO=:givensno;
EXEC SQL OPEN Stu_Cur;                           /*游标操作 - 打开游标*/
While(1)
{
    EXEC SQL FETCH FROM Stu_Cur INTO :sno,:sname,:cno,:mark;
    if (sqlca.sqlcode <> 0)
        break;        /*若所有查询结果均已处理完或出现 SQL 语句错误，则退出循环*/
    /* 打印查询结果 */
    printf("学号: %s,姓名: %s,课程号: %s,成绩: :%d", sno,sname,cno,mark);
}
EXEC SQL CLOSE Stu_Cur;                          /*游标操作 - 关闭游标*/
}
```

在游标处于活动状态时，可以修改或删除游标指向的元组。

2. CURRENT 形式的 UPDATE 语句和 DELETE 语句

非 CURRENT 形式的 UPDATE 语句和 DELETE 语句都是集合操作，一次修改或删除所有满足条件的记录。如果只想修改或删除其中某个记录，则需要用带游标的 SELECT 语句查出所有满足条件的记录，从中进一步找出要修改或删除的记录，然后修改或删除。具体介绍如下。

- 用 DECLARE 语句说明游标。如果是为 CURRENT 形式的 UPDATE 语句作准备，则 SELECT 语句中要用 FOR UPDATE OF <列名>子句，指明将来检索出的数据在指定列是可修改的。如果是为 CURRENT 形式的 DELETE 语句作准备，则不必使用上述子句。
- 用 OPEN 语句打开游标，把所有满足查询条件的记录从指定表取到缓冲区中。
- 用 FETCH 语句推进游标指针，并且把当前记录从缓冲区中取出来送至主变量。
- 检查该记录是否为要修改或删除的记录。如果是，则用 UPDATE 语句或 DELETE 语句修改或删除该记录。这时 UPDATE 语句和 DELETE 语句中要用 WHERE CURRENT OF <游标名>子句，表示修改或删除的是该游标中最近一次取出的记录，即游标指针指向的记录。
- 处理完毕用 CLOSE 语句关闭游标，释放结果集占用的缓冲区和其他资源。

实例 12　CURRENT 形式的 UPDATE 语句和 DELETE 语句中使用游标

在 STUDENT 表中检索某学生的所有成绩信息，如果成绩少于 55 分，则将该条记录删除；成绩在 55 分到 60 分之间，将其成绩设置为 60 分，其中学生的学号由主变量 givensno 给出。

实例代码如下。

```
Void  sel()
{
EXEC SQL INCLUDE SQLCA;
EXEC SQL BEGIN DECLARE SECTION;              /*定义主变量*/
   CHAR givensno[4];
   INT   mark;
EXEC SQL END DECLARE SECTION;
gets(givensno);                               /*为主变量 givensno 赋值*/
EXEC SQL DECLARE Mark_Cur CURSOR FOR          /*游标操作－定义游标*/
    SELECT MARK FROM STUDENT
    WHERE SNO=:givensno
    FOR UPDATE OF MARK;
EXEC SQL OPEN Mark_Cur;                            /*游标操作－打开游标*/
While(1)
{
EXEC SQL FETCH FROM Mark_Cur INTO :mark;
if (sqlca.sqlcode <> 0)
      break;     /*若所有查询结果均已处理完或出现 SQL 语句错误，则退出循环*/
if(mark<55)
  EXEC SQL  DELETE  FROM STUDENT  WHERE CURRENT OF Mark_Cur;
else
{  if  (mark<60)
      EXEC SQL  UPDATE STUDENT  SET  MARK=60 WHERE CURRENT OF Mark_Cur;
}
}
EXEC SQL CLOSE Mark_Cur;                      /*游标操作－关闭游标*/
}
```

注意　当游标定义中的 SELECT 语句带有 UNION 或 ORDER BY 子句时，或者该 SELECT 语句相当于定义了一个不可更新的视图时，不能使用 CURRENT 形式的 UPDATE 语句和 DELETE 语句。

19.3.3 动态 SQL 技术

嵌入式 SQL 语句为编程提供了一定的灵活性，使用户可以在程序运行过程中根据需要输入特定值。这些 SQL 语句的共同特点是，语句中主变量的个数与数据类型在预编译时都是确定的，只有主变量的值是程序运行过程中动态输入的。这类嵌入式 SQL 语句被称为静态 SQL 语句。

然而在许多情况下，静态 SQL 语句仍显得不足，有时候需要编写更为通用的程序。例如，在 STUDENT 表中查询学生成绩信息，任课教师想查选修某门课程所有学生的学号及其成绩，班主任想查某个学生选修的所有课程的课程号及相应成绩，学生想查自己选修的某门课程的成绩，即查询条件是不确定的，要查询的属性列也是不确定的，这时就无法用一条静态 SQL 语句实现了。

实际上，如果在预编译时下列信息不能确定，就必须使用动态 SQL 技术。

- SQL 语句
- 主变量个数
- 主变量的数据类型
- SQL 语句中引用的数据库对象（例如列、索引、基本表、视图等）

动态 SQL 方法允许在程序运行过程中临时“组装”SQL 语句，主要有 3 种形式。

- 语句可变：允许用户在程序运行时临时输入完整的 SQL 语句。
- 条件可变：对于非查询语句，条件子句有一定的可变性；对于查询语句，SELECT 子句是确定的，即语句的输出是确定的，其他子句（如 WHERE 子句）有一定的可变性。
- 数据库对象、查询条件均可变：对于查询语句，SELECT 子句中的列名、FROM 子句中的表名或视图名、WHERE 子句等均可由用户临时构造，即语句的输入和输出可能都是不确定的。

这几种形式几乎可以覆盖所有的可变要求。为了实现上述 3 种可变形式，SQL 提供了相应的语句，例如 EXECUTE IMMEDIATE、PREPARE、EXECUTE、DESCRIBE 等。

说明：使用动态 SQL 技术更多的是涉及程序设计方面的知识，而不是 SQL 语言本身，所以这里就不详细介绍了，有兴趣的读者可以参阅有关书籍。

19.4　SQL Server 中嵌入式 SQL 的编译运行

本节将要讨论在 VC++ 6.0 中，使用嵌入式 SQL 语言（主语言为 C 语言）访问 SQL Server 数据库的方法。

19.4.1　嵌入式 SQL 代码

该实例采用在 C 语言中嵌入 SQL 语句的方式，代码的功能是在 pubs 数据库中创建一个表 mystudent，向其中插入数据并依次读取、显示数据。

实例 13　SQL Server 中嵌入式 SQL 代码

具体代码如下。

```
#include <stdio.h>
#include <stdlib.h>
EXEC SQL INCLUDE sqlca;
int main()
{
    EXEC SQL BEGIN DECLARE SECTION;
        //主变量
        char sno[5];
        char sname[10];
        int age;
        char city[10] null;
        short cityInd;                                        //指示变量
    EXEC SQL END DECLARE SECTION;
    printf("嵌入式 SQL 的应用\n");
    EXEC SQL CONNECT TO pubs USER sa.790904;                  //连接到数据库
    if (SQLCODE == 0)
    {
        printf("数据库连接成功\n");
    }
    else
    {
        // 连接 DBMS 错误
        printf("ERROR: 连接数据库失败\n");
        return (1);
    }
```

```
  //下面为程序的主体部分
EXEC SQL create table mystudent                              //创建表mystudent/
(
    sno  char(5)     primary key,
    sname    char(10)    not null,
    age int,
    city    char(10)
    );
    //向mystudent/表中插入数据
    EXEC SQL insert into mystudent values('9601','王永','21','天津');
    EXEC SQL insert into mystudent values('9602','李萍','19','北京');
    EXEC SQL insert into mystudent values('9603','高太','20','天津');
    EXEC SQL insert into mystudent values('9604','刘静','20','天津');
    EXEC SQL insert into mystudent values('9605','王东','23','上海');
    EXEC SQL insert into mystudent values('9606','李大为','22',null);

    EXEC SQL WHENEVER SQLERROR GOTO error;                  //错误处理
    EXEC SQL WHENEVER NOT FOUND GOTO done;                  //未找到元组
    //创建游标，读取mystudent表中的数据
    EXEC SQL DECLARE mystudentCursor CURSOR FOR
    SELECT   sname, city
    FROM     mystudent;
    EXEC SQL OPEN mystudentCursor ;                        //打开游标
    printf ("mystuden表中的姓名和城市信息如下: \n");
    for ( ; ; ) {
       //依次读取游标中的每一行数据
       EXEC SQL FETCH mystudentCursor INTO :sname,:city:cityInd;
       printf ("姓名:%s  ",sname);                          //显示数据
       if ( cityInd< 0)//通过设置指示变量，并判断指示变量的值<0来确认输出null值
          printf ("城市:NULL\n");
       else
          printf ("城市:%s\n",city);
    }

error:
    printf ("SQL error %d\n",sqlca->sqlcode);
done:
    EXEC SQL WHENEVER SQLERROR continue;
    EXEC SQL CLOSE mystudentCursor;              //关闭游标
    EXEC SQL COMMIT WORK RELEASE;
    EXEC SQL DISCONNECT ALL;                     //断开连接
    return 0;
}
```

这里需要说明的是，代码中使用了 WHENEVER 语句。在每条嵌入式 SQL 语句之后立即编写一条语句来检查 SQLCODE 值是十分麻烦的，为了简化错误处理，我们可以使用 WHENEVER 语句。

WHENEVER 是说明语句，不是可执行语句，不返回 SQLCODE，只是根据 SQLCA 中的返回码指定相应的措施。它通知预编译程序自动生成错误处理程序并指定了错误处理操作。我们可以使用 WHENEVER 语句实现 3 种异常处理。

- WHENEVER SQLERROR action：当 SQL 语句执行遇到错误信息时，执行 action，action 中包含了处理错误的代码（SQLCODE<0）。
- WHENEVER SQLWARNING action：当 SQL 语句执行遇到警告信息时，执行 aciton，action 中包含了处理警报的代码（SQLCODE=1）。
- WHENEVER NOT FOUND：当 SQL 语句执行没有找到相应的元组时，执行 action，action 包含了处理没有查到内容的代码（SQLCODE=100）。

针对上述 3 种异常处理，用户可以指定预编译程序采取以下 3 种行为（action）。

- WHENEVER …GOTO：通知预编译程序产生一条转移语句。
- WHENEVER…CONTINUE：取消先前的 WHENEVER 语句的作用，让程序转入到下一个语句。
- WHENEVER…CALL：通知预编译程序调用函数。

另外，对数据库操作完成后，我们需要断开连接释放资源，可采用的方法如下。

释放资源清除环境代码如下。

```
EXEC SQL COMMIT WORK RELEASE;
```

断开连接代码如下。

```
EXEC SQL DISCONNECT ALL;//断开所有连接
EXEC SQL DISCONNECT connection_name; //如果在连接时定义了连接名，则可通过断开连接名来断开连接
EXEC SQL DISCONNECT CURRENT; //表示断开当前连接
```

使用文本编辑器，如记事本，键入上述的嵌入式 SQL 程序代码并将其保存为文件“esqlc2.sqc”。

注意　预编译前的嵌入式 SQL 文件的扩展名为“.sqc”。

19.4.2 预编译文件

19.1.2 节已经介绍过，嵌入式 SQL 采用预编译的方式实现。对本例而言，就是通过预编译器，将嵌有 SQL 语句的 C 代码编译成 VC++ 6.0 可以编译的代码，换句话说就是将“.sqc”文件编译成“.c”文件。

SQL Server 中提供的预处理程序是 nsqlprep.exe。nsqlprep.exe 在 SQL Server 安装目录的 MSSQL\Binn 下。

注意 默认的安装方式（典型安装）并没有安装应用程序 nsqlprep.exe，因此，我们需要把安装盘中 x86\binn 目录下的内容拷贝到该目录下。

SQL Server 为其嵌入式 SQL 提供了一些特殊的接口，然而默认的安装方式（典型安装）并没有安装这些接口。因此，我们需要把安装盘中 devtools 文件夹中的文件拷贝到 SQL Server 的系统目录下（注意，不是安装目录），本机是把操作系统安装在 C 盘，所以 SQL Server 的系统目录则是 C:\Program Files\Microsoft SQL Server。

另外，在预编译之前我们还需要初始化 SQL Server 的预编译环境。

1．初始化 Visual C++ 6.0 编译器环境

这个过程要在 DOS 下运行，即找 vcvars32.bat 的路径，在 DOS 下运行。本机中 vcvars32.bat 文件所在路径为 C: \Program Files\Microsoft Visual Studio\VC98\Bin\VCVARS32. BAT。

（1）首先运行操作系统“开始”—>“运行”选项，弹出图 19-8 所示窗口，键入“cmd”后单击“确定”按钮即可以进入 DOS 操作窗口。

（2）在 DOS 窗口中键入 vcvars32.bat 程序的路径，执行程序，如图 19-9 所示。

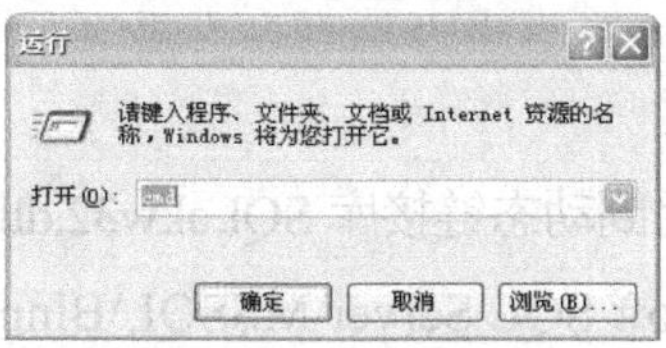

图 19-8　运行窗口

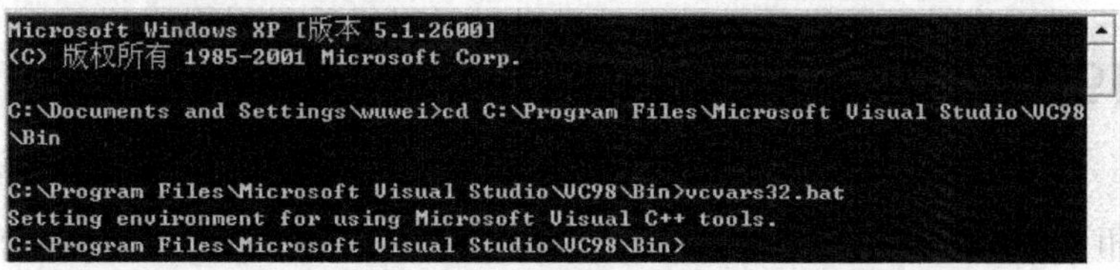

图 19-9　运行 vcvars32.bat

2．初始化 SQL Server 的预编译环境

（1）运行文件“C:\Program Files\Microsoft SQL Server\devtools\samples\esqlc\ setenv.bat”，运行方式与“vcvars32.bat”相同，结果如图 19-10 所示。

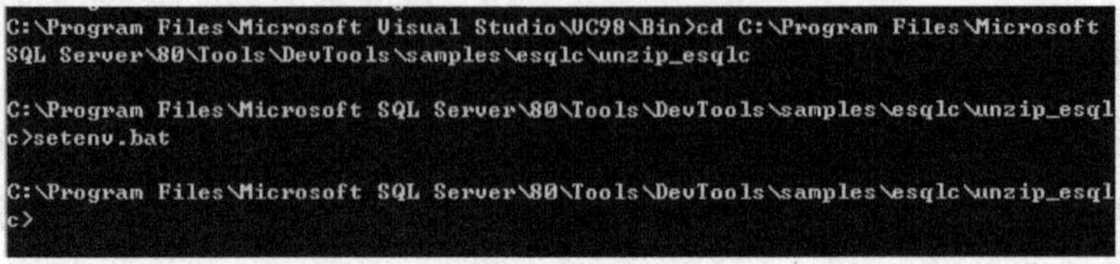

图 19-10　运行 setenv.bat

（2）此时就可以利用预处理程序 nsqlprep.exe 对文件“esqlc2.sqc”进行预编译，生成.c 文件。具体过程如下。

将 esql.sqc 文件放在 C:\Program Files\Microsoft SQL Server\MSSQL\Binn 目录下，运行 cmd，进入 C:\Program Files\Microsoft SQL Server\MSSQL\Binn 目录，执行“nsqlprep esql.sqc”命令，运行过程如图 19-11 所示。

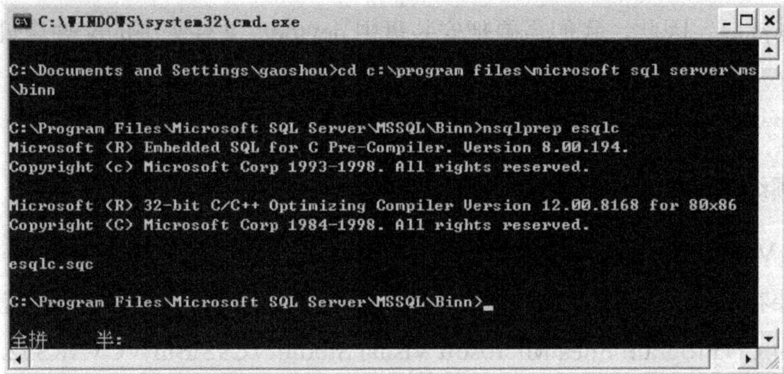

图 19-11　预编译文件

（3）运行后，我们就可以在 C:\Program Files\Microsoft SQL Server\MSSQL\Binn 中找到预编译后生成的.c 文件——“esqlc2.c”。

19.4.3　设置 Visual C++ 6.0 连接

经过预处理后的.c 文件就可以进行编译连接了。这时我们需要用到动态链接库 SQLakw32.dll 和 sqlaiw32.dll，这两个文件已经被复制到了 C:\Program Files\Microsoft SQL Server\MSSQL\Binn 目录下，但仍然需要把该路径加到系统的路径变量中，以便程序运行时能找到这两个文件。具体步骤如下。

（1）把这两个文件复制到操作系统目录下的子目录 system32 中。

（2）把“C:\Program Files\Microsoft SQL Server\MSSQL\Binn”加到系统环境变量 path 中。

右击“我的电脑”，单击“属性”选项，在弹出的“属性”对话框中，选择“高级”选项卡，单击“环境变量”按钮，在弹出的“环境变量”对话框中的“path”变量中加入该路径值。路径间用分号“;”分开，如图 19-12 所示。

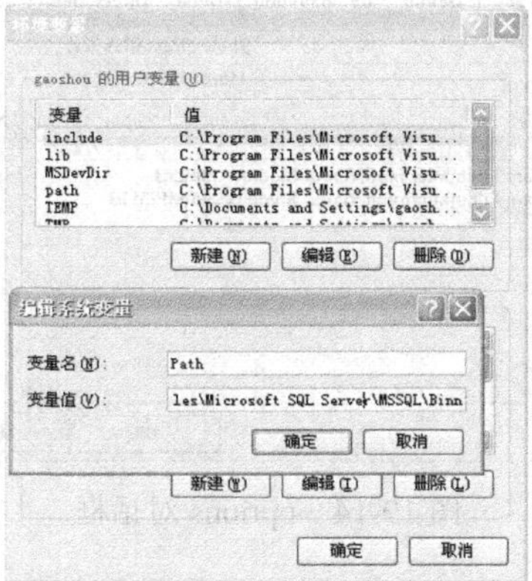

图 19-12 设置环境变量

（3）启动 Visual C++ 6.0，新建一个“Win32 Console Application”类型的工程，工程名为“test”，如图 19-13 所示。在创建向导中选择建立一个空工程。

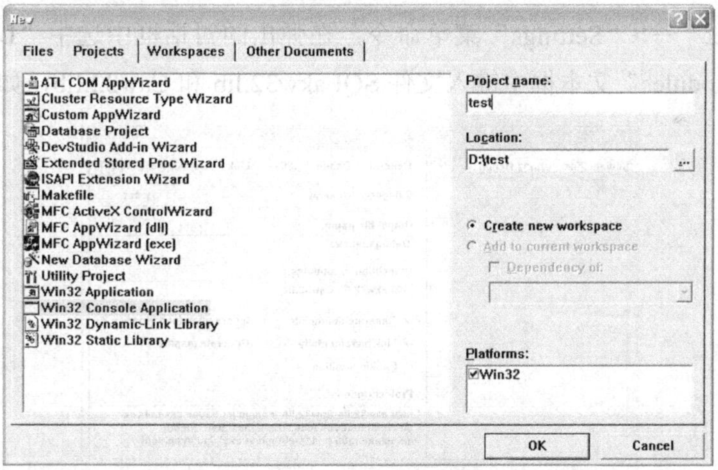

图 19-13 VC 工程向导

（4）初始化 Visual C++ 6.0 环境。在 Visual C++ 6.0 窗口中执行 Tools->options 命令，在弹出的对话框中，选择“directories”选项卡，添加 Include files 和 Lib files。

- 在“Show directories for”下拉框中选择“Include files”，增加 SQL Scrver 开发所需头文件的路径：C:\Program Files\Microsoft SQL Server\devtools\include。

- 在“Show directories for”下拉框中选择“Library files”，增加 SQLServer 开发所需库文件的路径：C:\Program Files\Microsoft SQL Server\devtools\x86lib，如图 19-14 所示。

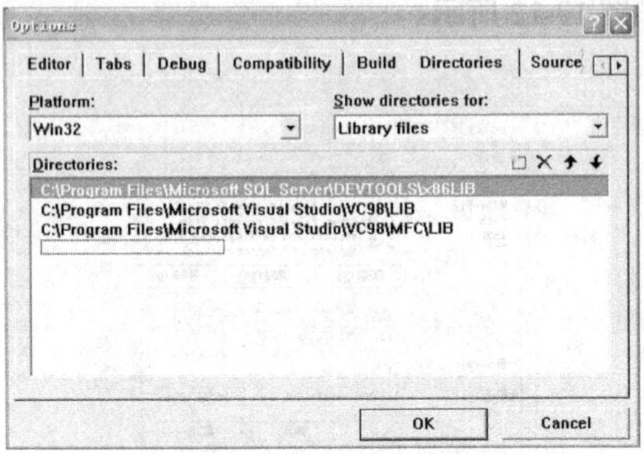

图 19-14　options 对话框

注意　这些路径需要设为第一项。

（5）为 Visual C++ 6.0 添加必要的库文件 SQLakw32.lib 和 Caw32.lib。

执行“Project”—>“Settings”菜单命令，在弹出的对话框中选中“Link”选项卡，在“Object/Library Modules”文本框中键入文件 SQLakw32.lib 和 Caw32.lib，如图 19-15 所示。

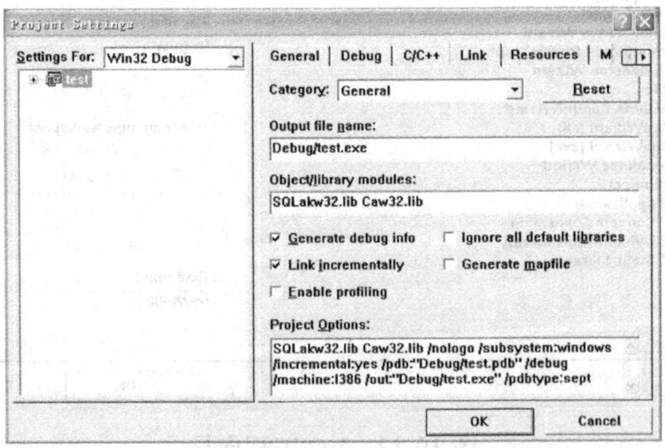

图 19-15　“Settings”对话框

注意　两个文件要用空格分开。

至此，Visual C++ 6.0 编译嵌入式 SQL 环境设置完毕。

19.4.4 编译运行程序

（1）在创建的“test”工程中，选择菜单“Project”—>“Add to Project”—>“Files”，将前面预编译生成的 C 语言源程序“esqlc2.c”添加到此 Project 中。

（2）编译、连接即可生成访问 SQL Server 数据库的可执行程序“test.exe”。运行该程序，得到图 19-16 所示的结果。

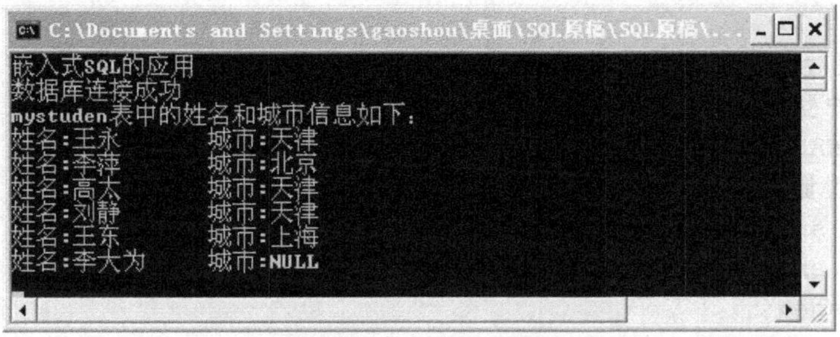

图 19-16 程序运行结果

我们用如下命令查询 mystudent 表内容，结果如图 19-17 所示。

```
SELECT * FROM mystudent
```

	sno	sname	age	city
1	9601	王永	21	天津
2	9602	李萍	19	北京
3	9603	高太	20	天津
4	9604	刘静	20	天津
5	9605	王东	23	上海
6	9606	李大为	22	NULL

图 19-17 mystudent 表的内容

19.5 Oracle 中嵌入式 SQL 的编译运行

本节将介绍实际利用 PROC 在 Visual C++环境下开发数据库程序的方法。这里以 Visual C++ 6.0 为例，其他版本可根据实际情况变更。

19.5.1 嵌入式 SQL 代码

该实例在 C 语言中嵌入 SQL 语句。与 19.4 节类似，在 jszy 数据库中创建一个表 mystudent，向其中插入数据并依次读取、显示数据。

实例 14　Oracle 中嵌入式 SQL 代码

具体代码如下。

```
#include <stdio.h>
#include <stdlib.h>
EXEC SQL INCLUDE sqlca;
int main()
{
   EXEC SQL BEGIN DECLARE SECTION;
   //用于用户登录数据库操作的一些变量
      VARCHAR username[10], password[10], server[10];
      //主变量
      char sno[5];
      char sname[10];
      int age;
      char city[10];
      short cityInd;                                          //指示变量
   EXEC SQL END DECLARE SECTION;
   printf("嵌入式 SQL 的应用\n");
   /*输入用户名、口令以及服务器名*/
   printf("\n 输入用户名: ");
   gets(username.arr);
   username.len=(unsigned short)strlen((char *)username.arr);
   printf("\n 输入口令: ");
   gets(password.arr);
   password.len=(unsigned short)strlen((char *)password.arr);
   printf("\n 输入服务器名: ");
   gets(server.arr);
   server.len=(unsigned short)strlen((char *)server.arr);
   /* 连接到 Oracle 服务器上 */
   EXEC SQL CONNECT :username IDENTIFIED BY :password USING :server;
   printf("\n 以用户%s 成功地连接到了服务器%s 上! \n", username.arr, server.arr);
   //下面为程序的主体部分
EXEC SQL create table mystudent (
   sno  varchar2(5)     primary key,
   sname    varchar2(10)    not null,
   age number,
   city      char(10)  null
   );
   EXEC SQL insert into mystudent values('9601','王永','21','天津');
   EXEC SQL insert into mystudent values('9602','李萍','19','北京');
```

```
    EXEC SQL insert into mystudent values('9603','高太','20','天津');
    EXEC SQL insert into mystudent values('9604','刘静','20','天津');
    EXEC SQL insert into mystudent values('9605','王东','23','上海');
    EXEC SQL insert into mystudent values('9606','李大为','22',null);
    EXEC SQL WHENEVER SQLERROR GOTO error;//错误处理
    EXEC SQL WHENEVER NOT FOUND GOTO done;
    EXEC SQL DECLARE mystudentCursor CURSOR FOR
    SELECT  sname, city
    FROM    mystudent;
    EXEC SQL OPEN mystudentCursor ;
    printf ("mystuden表中的姓名和城市信息如下: \n");
    for ( ; ; ) {
        /* Fetch next row of the result table */
        EXEC SQL FETCH mystudentCursor INTO :sname,:city:cityInd;
        /* display data */
        printf ("姓名:%s  ",sname);
        if ( cityInd< 0)//通过设置指示变量，并判断指示变量的值<0来确认输出null值
            printf ("城市:NULL\n");
        else
            printf ("城市:%s\n",city);
    }

error:
    printf ("SQL error %d\n",sqlca.sqlcode);
done:
    /* Close the cursor before completing*/
    EXEC SQL WHENEVER SQLERROR continue;
    EXEC SQL CLOSE mystudentCursor;
    EXEC SQL COMMIT WORK RELEASE;
    gets(sno);
    return 0;
}
```

代码基本上与 19.4.1 节相同，只是在数据库登录的实现方式以及变量的类型方面稍有不同，这里就不再详细介绍了。使用文本编辑器（如记事本）键入上述代码并将其保存为文件“esqlc2.pc”。

19.5.2 预编译文件

PROC 可以将过程化语言和非过程化语言相结合，形成一种更强的开发工具，可开发出满足各种要求的程序，执行效率高，适合熟悉 Oracle 技术的人员应用。PROC 在 VC 下开发 Oracle 库接口时，需要用到以下几个特殊文件。

- PROC 的可执行文件 PROCUI.EXE：用 Oracle_HOME 代表 Oracle 安装后的根目录，当它以缺省方式安装在计算机的 C 盘时，则 Oracle_HOME 位置是 C:\Oracle。这时 PROC 的可执行文件位于 Oracle_HOME\Ora81\BIN\PROCUI.EXE。
- 支持 SQL 在 VC 环境的库文件 OraSQL8. LIB: OraSQL8. LIB 文件在 Oracle_HOME\Ora81\PRECOMP\LIB\MSVC\OraSQL8.LIB 目录下。
- 支持 SQL 在 VC 环境的头文件：头文件“*.h”在 Oracle_HOME\Ora81 \PRECOMP\PUBLIC*.h 目录下。

说明

*.h 是头文件的总称，通常有十多个，具体内容可在指定路径下查到。另外，如果 Oracle 安装时采用的是典型安装，我们可能找不到上述文件，这时需要自定义安装 PROC。

我们可以直接运行 PROCUI.EXE 预编译文件“esqlc2.pc”，也可以将 PROC 集成到 Visual C++ 6.0 环境中，直接在 C/C++环境中预编译应用程序，然后进行编译和链接，最终生成可执行程序。将 PROC 集成到 VC 环境中的步骤如下。

（1）运行 Visual C++ 6.0，新建一个“Win32 Console Application”类型的工程，工程名为“test2”，在创建向导中建立一个空工程；从菜单项“Tools”中选择“Customize”项，此时出现 Customize 对话框。

（2）单击“Tools”选项卡，双击“Menu contents”框的底部空白区域，输入“PROC”，然后单击“回车”键。

（3）在“Command”框中，输入 PROC 的可执行文件名，即输入“C:\Oracle\Ora81\BIN\PROCUI. EXE”；在“Arguments”框中输入“$(TargetName)”，其作用在从菜单“Tools”中选择“PROC”项时，VC 会将当前项目名传递给 PROC，而后 PROC 会直接打开该目录下扩展名为 .pre 的同名文件。

（4）在“Initial directory”框中输入“$(WkspDir)”，如图 19-18 所示。单击“Close”按钮，完成将 PROC 集成到 VC 环境中的工作。

而后我们就可预编译文件，将预编译源文件 esqlc2.pc 转换成为 esqlc2.c 的 C 程序源文件。将 PROC 集成到 VC 环境中后，我们即可在“Tools”工具栏下找到“PROC”项。单击“PROC”，弹出“PROC 预编译”对话框，单击工具栏上的“+”按钮，将进行预编译的源文件 esqlc2.pc 及其路径添加到输入文件项中。此时“Output”项中自动显示输出文件 esqlc2.c 和路径（必要时可修改文件名和路径），如图 19-19 所示。

说明

如果预编译结束时预编译对话框左边显示的状态图标为黄色（警告）或红色（预编译失败）时，我们应双击该标识，找出出错信息；预编译失败，应当修改源程序，再进行预编译，直到通过预编译。

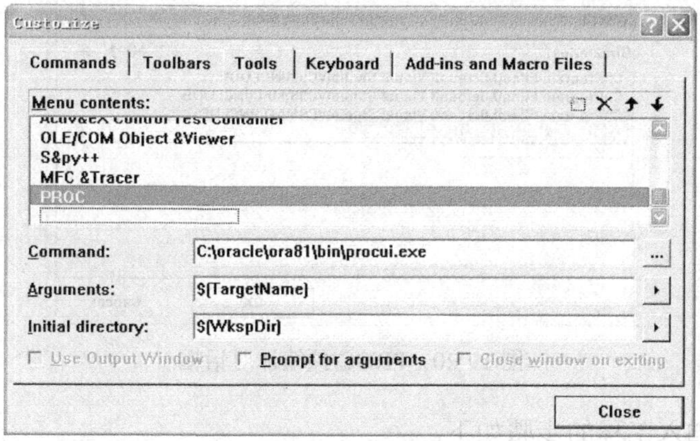

图 19-18 Customize 对话框

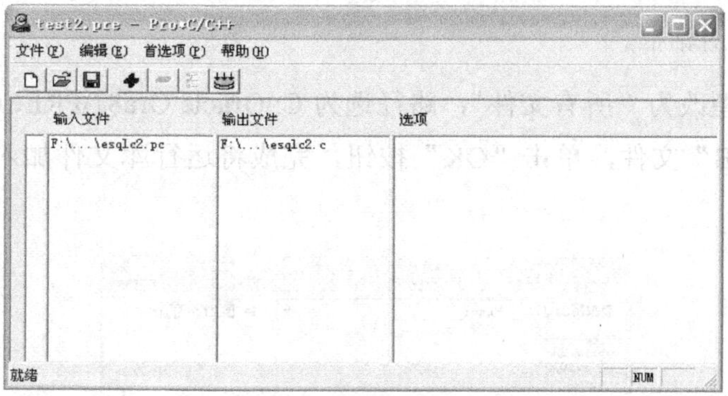

图 19-19 PROC 预编译对话框

19.5.3 设置 Visual C++ 6.0 编译环境

为了顺利完成编译链接，我们需要将 Oracle 提供的头文件和库文件增加到 VC 环境中。指定头文件路径的具体步骤如下。

（1）在 Visual C++ 6.0 中，单击菜单“Tools”—>“Options”命令，出现“Options”对话框。

（2）单击“Directories”选项卡，在“Show directories for:”列表框中选择“Include files”。

（3）双击“Directories”框的底部空白区域，输入包含 Oracle 支持 SQL 在 VC 环境头文件的子目录。根据 19.5.2 节的说明，对缺省安装输入“C:\Oracle\Ora81\PRECOMP\PUBLIC”，如图 19-20 所示。

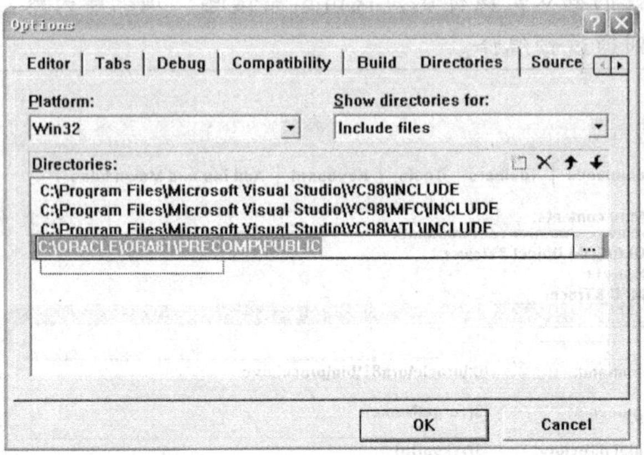

图 19-20　PROC 预编译对话框

将运行库文件加入工程的步骤如下。

（1）在 Visual C++ 6.0 中，单击菜单“Project”—>“Add To Project”—>“Files”选项，弹出“Insert Files”对话框。

（2）将文件类型改为“所有文件”，路径选为 C:\Oracle\Ora81\PRECOMP\ LIB\MSVC，选择“OraSQL8.LIB”文件，单击“OK”按钮，完成将运行库文件加入工程，如图 19-21 所示。

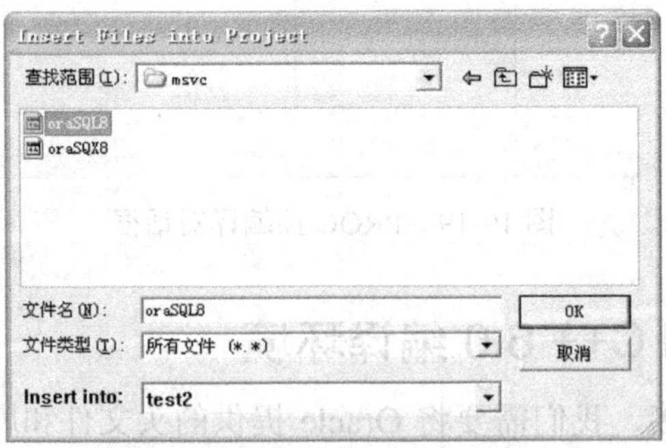

图 19-21　Insert Files 对话框

19.5.4　编译运行程序

在创建的“test2”工程中，选择菜单“Project”—>“Add to Project”—>“Files”命令，将前面生成的 C 语言源程序“esqlc2.c”添加到此 Project 中，然后编译，即可生成访问 Oracle

数据库的可执行程序“test2.exe”。运行该程序，按照提示输入登录数据库的相应信息，即可得到图 19-22 所示的结果。

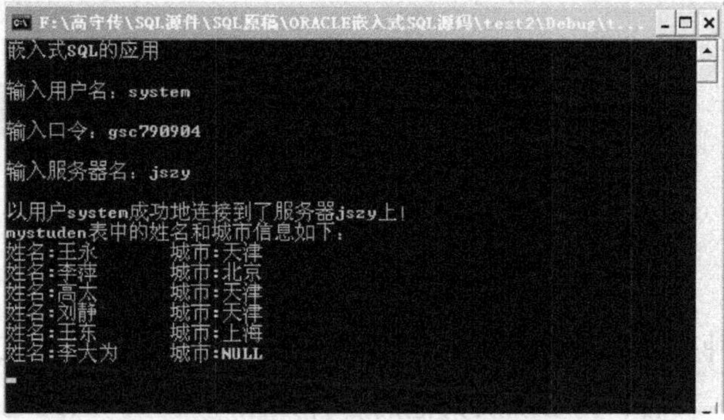

图 19-22　程序运行结果

在 SQL*PLUS 中，查询 mystudent 表内容，结果如图 19-23 所示。

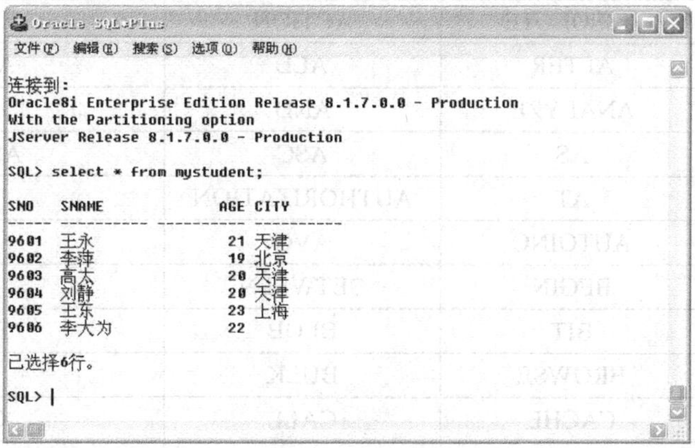

图 19-23　程序运行结果

附录 A SQL 保留字

SQL 是一种由各种关键字组成的语言，这些关键字用于完成各种 SQL 操作。但是它们不能用于命名数据库名、表名、列名以及其他的各种数据库对象，因此这些关键字也被称为保留字。SQL 中常用的保留字（关键字）如附表一所示。

附表一　SQL 中常用的保留字

ABORT	ABSOLUTE	ACTION	ACTIVE
ADD	AFTER	ALL	ALLOCATE
ALTER	ANALYZE	AND	ANY
ARE	AS	ASC	ASCENDING
ASSERTION	AT	AUTHORIZATION	AUTO
AUTO-INCREMENT	AUTOINC	AVG	BACKUP
BEFORE	BEGIN	BETWEEN	BIGINT
BINARY	BIT	BLOB	BOOLEAN
BREAK	BROWSE	BULK	BY
BYTES	CACHE	CALL	CASCADE
CASCADED	CASE	CAST	CATALO
CHANGE	CHAR	CHARACTER	CHARACTER_LENGTH
CHECK	CHECKPOINT	CLOSE	CLUSTER
CLUSTERED	COALESCE	COLLATE	COLUMN
COLUMNS	COMMENT	COMMIT	COMMITTED
COMPUTE	COMPUTED	CONDITIONAL	CONFIRM
CONNECT	CONNECTION	CONSTRAINT	CONSTRAINTS
CONTAINING	CONTAINS	CONTAINSTABLE	CONTINUE
CONTROLROW	CONVERT	COPY	COUNT
CREATE	CROSS	CSTRING	CUBE
CURRENT	CURRENT_DATE	CURRENT_TIME	CURRENT_TIMESTAMP
CURRENT_USER	CURSOR	DATABASE	DATABASES

续表

DATE	DATETIME	DAY	DBCC
DEALLOCATE	DEBUG	DEC	DECIMAL
DECLARE	DEFAULT	DELETE	DENY
DESC	DESCENDING	DESCRIBE	DISCONNECT
DISK	DISTINCT	DISTRIBUTED	DIV
DO	DOMAIN	DOUBLE	DROP
DUMMY	DUMP	ELSE	ELSEIF
ENCLOSED	END	ERRLVL	ERROREXIT
ESCAPE	ESCAPED	EXCEPT	EXCEPTION
EXEC	EXECUTE	EXISTS	EXIT
EXPLAIN	EXTEND	EXTERNAL	EXTRACT
FALSE	FETCH	FIELD	FIELDS
FILE	FILLFACTOR	FILTER	FLOAT
FLOPPY	FOR	FORCE	FOREIGN
FOUND	FREETEXT	FREETEXTTABLE	FROM
FULL	FUNCTION	GENERATOR	GET
GLOBAL	GO	GOTO	GRANT
GROUP	HAVING	HOLDLOCK	HOUR
IDENTITY	IF	IN	INACTIVE
INDEX	INDICATOR	INFILE	INNER
INOUT	INPUT	INSENSITIVE	INSERT
INT	INTEGER	INTERSECT	INTERVAL
INTO	IS	ISOLATION	JOIN
KEY	KILL	LANGUAGE	LAST
LEADING	LEFT	LENGTH	LEVEL
LIKE	LIMIT	LINENO	LINES
LISTEN	LOAD	LOCAL	LOCK
LOGFILE	LONG	LOWER	MANUAL
MATCH	MAX	MERGE	MESSAGE
MIN	MINUTE	MIRROREXIT	MODULE
MONEY	MONTH	MOVE	NAMES
NATIONAL	NATURAL	NCHAR	NEXT
NEW	NO	NOCHECK	NONCLUSTERED
NONE	NOT	NULL	NULLIF
NUMERIC	OF	OFF	OFFSET
OFFSETS	ON	ONCE	ONLY

续表

OPEN	OPTION	OR	ORDER
OUTER	OUTPUT	OVER	OVERFLOW
OVERLAPS	PAD	PAGE	PAGES
PARAMETER	PARTIAL	PASSWORD	PERCENT
PERM	PERMANENT	PIPE	PLAN
POSITION	PRECISION	PREPARE	PRIMARY
PRINT	PRIOR	PRIVILEGES	PROC
PROCEDURE	PROCESSEXIT	PROTECTED	PUBLIC
PURGE	RAISERROR	READ	READTEXT
REAL	REFERENCES	REGEXP	RELATIVE
RENAME	REPEAT	REPLACE	REPLICATION
REQUIRE	RESERV	RESERVING	RESET
RESTORE	RESTRICT	RETAIN	RETURN
RETURNS	REVOKE	RIGHT	ROLLBACK
ROLLUP	ROWCOUNT	RULE	SAVE
SAVEPOINT	SCHEMA	SECOND	SECTION
SEGMENT	SELECT	SENSITIVE	SEPARATOR
SEQUENCE	SESSION_USER	SET	SETUSER
SHADOW	SHARED	SHOW	SHUTDOWN
SINGULAR	SIZE	SMALLINT	SNAPSHOT
SOME	SORT	SPACE	SQL
SQLCODE	SQLERROR	STABILITY	STARTING
STARTS	STATISTICS	SUBSTRING	SUM
SUSPEND	TABLE	TABLES	TAPE
TEMP	TEMPORARY	TEXT	TEXTSIZE
THEN	TIME	TIMESTAMP	TO
TOP	TRAILING	TRAN	TRANSACTION
TRANSLATE	TRIGGER	TRIM	TRUE
TRUNCATE	UNCOMMITTED	UNION	UNIQUE
UNTIL	UPDATE	UPDATETEXT	UPPER
USAGE	USE	USER	USING
VALUE	VALUES	VARCHAR	VARIABLE
VARYING	VERBOSE	VIEW	VOLUME
WAIT	WAITFOR	WHEN	WHERE
WHILE	WITH	WORK	WRITE
WRITETEXT	XOR	YEAR	ZONE

附表一所列的为大多数数据库系统常用的关键字（保留字），关于 SQL 保留字还有以下几点需要注意。

- 不同的 DBMS 产品的关键字（保留字）有着很大的不同，并不是所有的附表一所列的保留字都被 DBMS 产品所采用。
- 许多 DBMS 产品根据自身的应用环境，增加了自己的关键字，因此许多保留字并不在附表一所列的范围之内。使用时，我们建议用户查阅相应的数据库系统的应用手册。
- 为了保证数据库的稳健性和兼容性，用户应该尽量避免使用所有的保留字，即使不是该数据库系统的关键字。

附录 B 常用的 SQL 命令

SQL 中常用的命令及其语法说明如附表二所示。

附表二　SQL 中常用的命令及其语法说明

命　　令	简 单 语 法	说　　明
ALTER DATABASE	ALTER DATABASE database_name	用于改变数据库的大小或设置，其语法格式在不同的数据库系统中变化很大
ALTER USER	ALTER USER user	改变用户的系统设置，如口令等
ALTER TABLE	ALTER TABLE table_name ADD column_name datatype ALTER TABLE table_name DROP COLUMN column_name	在已经存在的表中增加（ADD）或删除（DROP）字段
BEGIN TRANSACTION	BEGIN TRANSACTION transaction_name	指示一个用户事务的开始
CLOSE CURSOR	CLOSE cusor_name	关闭游标并清除数据，要完全删除游标可使用 DEALLOCATE CURSOR
COMMIT TRANSACTION	COMMIT TRAN[SACTION]	提交事务，保存从 BEGIN TRANSACTION 开始的工作
CREATE DATABASE	CREATE DATABASE database_name	创建一个新的数据库，不同的数据库系统的实现有很大的不同
CREATE INDEX	CREATE INDEX index_name ON table_name(column_name1,……)	基于表的某个字段或几个字段创建索引
CREATE PROCEDURE	CREATE PROCEDURE procedure_name ……	用于在数据库中创建存储过程。存储过程可由 SQL 语句构成，用 EXECUTE 命令执行
CREATE TABLE	CREATE TABLE table_name (column_name1 data_type, column_name2 data_type, ...)	用于在数据库中创建一个新表

续表

命 令	简单语法	说 明
CREATE TRIGGER	CREATE TRIGGER trigger_name ON table_name FOR (insert,update,delete) AS SQL_statement	在数据库中创建一个触发器对象，当通过INSERT、UPDATE或DELETE语句修改相应的表时，执行触发器中的SQL语句
CREATE USER	CREATE USER user	创建一个用户账号
CREATE VIEW	CREATE VIEW view_name [(column1,……)] AS SELECT column_name FROM table_name	创建一个视图
DEALLOCATE CURSOR	DEALLOCATE CURSOR cursor_name	删除游标并释放游标名。在释放游标前，需用CLOSE CURSOR关闭游标
DECLARE CURSOR	DECLARE cursor_name CURSOR FOR select_statement	根据SELECT查询语句创建一个新的游标
DELETE	DELETE FROM table_name WHERE column_name = some_value	删除表中的数据
DROP DATEBASE	DROP DATEBASE database_name	删除数据库，包括数据和物理结构
DROP PROCEDURE	DROP PROCEDURE procedure_name	从数据库删除一个存储过程
DROP TABLE	DROP TABLE table_name	从数据库中删除一个表
DROP TRIGGER	DROP TRIGGER trigger_name	从数据库中删除一个触发器
DROP VIEW	DROP VIEW view_name	从数据库中删除一个视图
EXECUTE	EXECUTE procedure_name	执行一个存储过程及其相关的SQL语句
FETCH	FETCH cursor_name INTO target_list	将游标的数据装入指定的程序变量中并将游标滚动到下一条记录
FROM	FROM tableref	指定要使用或连接的表
GRANT	GRANT role TO user	向用户授予一个角色或权限
GROUP BY	GROUP BY col1,……	将具有相同列值的所有行进行分组
HAVING	HAVING search_conditon	选择满足搜索条件的组，与GROUP BY子句一起使用才有效
INSERT INTO	INSERT INTO table_name VALUES (value1, value2,....)	在表中插入新行
ORDER BY	ORDER BY order_list	对指定列的返回值进行排序
REVOKE	REVOKE role FROM user	删除用户的数据库权限，如角色、系统权限等
ROLLBACK TRANSACTION	ROLLBACK TRANS[ACTION]	回滚事务

续表

命　令	简单语法	说　明
SELECT	SELECT select_list [INTO new_table] FROM table_source [WHERE search_condition] [GROUP BY group_by_expression] [HAVING search_condition] [ORDER BY order_expression [ASC | DESC]]	从数据库中选取资料列，并允许从一个或多个资料表中，选取一个或多个资料列或资料行
UPDATE	UPDATE table_name SET column_name = new_value WHERE column_name = some_value	更新表中原有数据
WHERE	WHERE column condition value	用来规定一种选择查询的标准

说明

上述命令的语法在不同数据库系统可能会有不同的实现方式，具体应用时我们要根据数据库系统的具体实现方式确认。